iOS 7 应用开发实战详解

朱元波 管蕾 编著

人民邮电出版社
北京

图书在版编目（CIP）数据

iOS 7应用开发实战详解 / 朱元波，管蕾编著. --
北京 : 人民邮电出版社，2014.5
ISBN 978-7-115-34369-7

Ⅰ. ①i… Ⅱ. ①朱… ②管… Ⅲ. ①移动终端－应用
程序－程序设计 Ⅳ. ①TN929.53

中国版本图书馆CIP数据核字(2014)第005151号

内 容 提 要

iOS 系统从诞生到现在经历了短短的几年时间，凭借其硬件产品 iPhone 和 iPad 强大的用户体验，受到了广大用户和开发者的青睐，目前一直在智能手机操作系统中位居前列。

全书分为 4 篇共 20 章，循序渐进地讲解了 iOS 系统开发的基本知识。本书从搭建开发环境讲起，依次讲解了下载并安装 Xcode 开发工具、基本控件、数据存储、多场景处理、界面旋转、图形图像、动画处理、声音服务、多媒体技术、定位处理、互联网应用、触摸手势、硬件操作、邮箱、地址簿等高级知识。本书几乎涵盖了 iOS 开发所需要的全部内容，读者可以从本书中学到很多有用的知识。全书内容言简意赅，并且讲解方法通俗易懂、详细，特别适合于初学者学习。

本书适合作为 iOS 初学者、iOS 爱好者、iPhone 开发人员、iPad 开发人员的学习用书，也可以作为相关培训学校的培训教材和大专院校相关专业的教学用书。

◆ 编　　著　朱元波　管　蕾
责任编辑　张　涛
责任印制　彭志环　焦志炜
◆ 人民邮电出版社出版发行　　北京市丰台区成寿寺路 11 号
邮编　100164　　电子邮件　315@ptpress.com.cn
网址　http://www.ptpress.com.cn
三河市潮河印业有限公司印刷
◆ 开本：787×1092　1/16
印张：24.5
字数：677 千字　　2014 年 5 月第 1 版
印数：1 – 3 000 册　　2014 年 5 月河北第 1 次印刷

定价：59.00 元

读者服务热线：(010)81055410　印装质量热线：(010)81055316
反盗版热线：(010)81055315
广告经营许可证：京崇工商广字第 0021 号

前　言

2013 年 6 月 11 日，在 WWDC 大会上，苹果公司发布了 iOS 7 系统。这套系统采用了一套全新的配色方案，整个界面为很明显的半透明果冻色，对拨号、天气、日历、短信等几乎所有应用的交互界面都进行了重新设计，整体效果更为动感、时尚。为了帮助读者迅速掌握 iOS 7 的开发知识，笔者在第一时间写作了本书。

iOS 的发展历程

iOS 最早于 2007 年 1 月 9 日的苹果 Macworld 展览会上公布，随后苹果公司于同年 6 月发布第一版 iOS 操作系统，当初的名称为“iPhone 运行 Mac OS X”。当时的苹果公司 CEO 史蒂夫·乔布斯先生说服了各大软件公司以及开发者先搭建低成本的网络应用程序（Web APP），这样可以使得它们能像 iPhone 的本地化程序一样来测试“iPhone 运行 Mac OS X”平台。当前的市场调查显示，搭载 iOS 系统的 iPhone 手机仍然是最受欢迎的一款智能手机，搭载 iOS 系统的 iPad 电脑仍然是最受欢迎的一款平板电脑。下面回忆过去几年中 iOS 的辉煌时刻吧！

2007 年 10 月 17 日，苹果公司发布了第一个本地化 iPhone 应用程序开发包（SDK）。

2008 年 3 月 6 日，苹果公司发布了第一个测试版开发包，并且将“iPhone runs OS X”改名为“iPhone OS”。

2008 年 9 月，苹果公司将 iPod touch 的系统也换成了“iPhone OS”。

2010 年 2 月 27 日，苹果公司发布 iPad，iPad 同样搭载了“iPhone OS”。

2010 年 6 月，苹果公司将“iPhone OS”改名为“iOS”，同时还获得了思科 iOS 的名称授权。

2010 年第四季度，苹果公司的 iOS 占据了全球智能手机操作系统 26%的市场份额。

2011 年 10 月 4 日，苹果公司宣布 iOS 平台的应用程序已经突破 50 万款。

2012 年 2 月，iOS 平台的应用总量达到 552247 个，其中游戏应用最多，达到 95324 个，比重为 17.26%；书籍类以 60604 个位居第二，比重为 10.97%；娱乐应用排在第三，总量为 56998 个，比重为 10.32%。

2012 年 6 月，苹果公司在 WWDC 2012 上推出了全新的 iOS 6，提供了超过 200 项新功能。

本书特色

本书内容十分丰富，实例内容覆盖全面。我们的目标是通过一本图书提供多本图书的价值，读者可以根据自己的需要有选择地阅读。在内容的编写上，本书具有以下一些特色。

（1）结构合理

从用户的实际需要出发，科学安排知识结构。全书详细地讲解了与 iOS 开发有关的所有知识点，内容循序渐进，由浅入深。

（2）易学易懂

本书条理清晰、语言简洁，可帮助读者快速掌握每个知识点，使读者既可以按照本书编排的章节顺序进行学习，也可以根据自己的需求对某一章节进行针对性的学习。

（3）实用性强

本书彻底摒弃枯燥的理论和简单的操作，注重实用性和可操作性，通过实例的实现过程，详细讲解了各个知识点的基本知识。

（4）内容全面

本书可以号称市面上“内容最全面的一本 iOS 书”，无论是搭建开发环境，还是控件接口，或是网络、多媒体和动画，在本书中读者都能找到解决问题的答案。

本书的内容安排

第一部分　必备技术篇

第 1 章　iOS 开发基础

第 2 章　搭建开发环境

第 3 章　Cocoa Touch

第 4 章　Xcode Interface Builder 界面开发

第 5 章　编写 MVC 程序

第二部分　核心技术篇

第 6 章　基本控件

第 7 章　UIView 详解

第 8 章　表视图（VITable）

第 9 章　视图控制器

第 10 章　实现多场景和弹出框

第 11 章　界面旋转、大小和全屏处理

第三部分　进阶技术篇

第 12 章　图形、图像、图层和动画

第 13 章　声音服务

第 14 章　多媒体应用

第 15 章　定位处理

第 16 章　多点触摸和手势识别

第 17 章　和硬件之间的操作

第 18 章　地址簿、邮件和 Twitter

第四部分　综合实战篇

第 19 章　体验 iOS 7 的全新功能

第 20 章　开发一个通讯录系统

读者对象

初学 iOS 编程的自学者

大中专院校的老师和学生

做毕业设计的学生

iOS 编程爱好者

相关培训机构的老师和学员

从事 iOS 开发的程序员

本书在编写过程中，得到了人民邮电出版社工作人员的大力支持，正是由于各位编辑的求实、耐心和高效率，本书才能在这么短的时间内出版。另外也十分感谢我的家人在我写作的时候给予的大力支持。另外，由于编者水平有限，书中纰漏和不尽如人意之处在所难免，诚请读者提出宝贵意见或建议，以便修订并使之更臻完善。

编　者

目　　录

第一部分　必备技术篇

第1章　iOS 开发基础 …… 2
1.1　全新的 iOS 7 系统 …… 2
1.1.1　iOS 发展史 …… 2
1.1.2　iOS 7 的全新功能 …… 3
1.2　从 iPhone 到 iPad …… 4
1.2.1　让世界疯狂的 iPhone …… 4
1.2.2　改变世界的 iPad …… 4
1.3　iOS 的常用开发框架 …… 5
1.3.1　Foundation 框架简介 …… 5
1.3.2　Cocoa 框架简介 …… 6
第2章　搭建开发环境 …… 8
2.1　开发前的准备——加入 iOS 开发团队 …… 8
2.2　安装 Xcode …… 10
2.2.1　Xcode 介绍 …… 10
2.2.2　iOS SDK 介绍 …… 11
2.2.3　下载并安装 Xcode …… 12
2.3　熟悉 Xcode 集成环境 …… 15
2.3.1　创建一个 Xcode 项目并启动模拟器 …… 15
2.3.2　Xcode 集成开发环境概述 …… 18
2.4　常用的第三方工具 …… 28
2.4.1　iPhone Simulator …… 28
2.4.2　Interface Builder …… 29
第3章　Cocoa Touch …… 30
3.1　Cocoa Touch 基础 …… 30
3.1.1　Cocoa Touch 概述 …… 30
3.1.2　Cocoa Touch 中的框架 …… 31
3.1.3　Cocoa Touch 的优势 …… 31
3.2　iPhone 的技术层 …… 32
3.2.1　Cocoa Touch 层 …… 32
3.2.2　多媒体层 …… 36
3.2.3　核心服务层 …… 37
3.2.4　核心 OS 层 …… 38
3.3　Cocoa Touch 中的框架 …… 39
3.3.1　Core Animation（图形处理）框架 …… 39
3.3.2　Core Audio（音频处理）框架 …… 40
3.3.3　Core Data（数据处理）框架 …… 40
3.4　iOS 程序的生命周期 …… 41
3.4.1　从一段代码看 iOS 程序的生命周期 …… 41
3.4.2　iOS 程序生命周期的原理 …… 42
3.4.3　UIViewController 的生命周期 …… 43
3.5　Cocoa 中的类 …… 45
3.5.1　核心类 …… 45
3.5.2　数据类型类 …… 46
3.5.3　UI 界面类 …… 48
3.6　国际化 …… 50
3.7　使用 Xcode 学习 iOS 框架 …… 51
3.7.1　使用 Xcode 文档 …… 51
3.7.2　快速帮助 …… 52
第4章　Xcode Interface Builder 界面开发 …… 54
4.1　Interface Builder 基础 …… 54
4.1.1　Interface Builder 的作用 …… 54
4.1.2　Interface Builder 的新特色 …… 54
4.2　Interface Builder 采用的方法 …… 56
4.3　Interface Builder 的故事板 …… 57

4.3.1 推出的背景 …… 57
4.3.2 故事板的文档大纲 …… 58
4.3.3 文档大纲的区域对象 …… 59
4.4 创建一个界面 …… 59
4.4.1 对象库 …… 60
4.4.2 将对象加入到视图中 …… 61
4.4.3 使用 IB 布局工具 …… 61
4.5 定制界面外观 …… 64
4.5.1 使用属性检查器 …… 64
4.5.2 设置辅助功能属性 …… 65
4.5.3 测试界面 …… 66
4.6 将界面连接到代码 …… 67
4.6.1 打开项目 …… 67
4.6.2 输出口和操作 …… 68
4.6.3 创建到输出口的连接 …… 69
4.6.4 创建到操作的连接 …… 71
第 5 章 编写 MVC 程序 …… 73
5.1 MVC 模式基础 …… 73
5.1.1 MVC 的结构 …… 73
5.1.2 MVC 的特点 …… 74
5.2 Xcode 中的 MVC …… 74
5.3 在 Xcode 中实现 MVC …… 75
5.3.1 Xcode 中的视图 …… 75
5.3.2 Xcode 中的视图控制器 …… 75
5.4 数据模型 …… 77
5.5 使用模板 Single View Application …… 78
5.5.1 创建项目 …… 78
5.5.2 规划变量和连接 …… 83
5.5.3 设计界面 …… 85
5.5.4 创建并连接输出口和操作 …… 86
5.5.5 实现应用程序逻辑 …… 89
5.5.6 生成应用程序 …… 90

第二部分 核心技术篇

第 6 章 基本控件 …… 92
6.1 文本框（UITextField） …… 92
6.1.1 文本框基础 …… 92
6.1.2 实战演练——设置文本输入框的边框线样式 …… 92
6.2 文本视图（UITextView） …… 94
6.2.1 文本视图基础 …… 94
6.2.2 实战演练——在屏幕中换行显示文本 …… 95
6.3 标签（UILabel） …… 96
6.3.1 标签（UILabel）的属性 …… 96
6.3.2 实战演练——使用标签（UILabel）显示一段文本 …… 96
6.4 按钮（UIButton） …… 99
6.4.1 按钮基础 …… 99
6.4.2 实战演练——按下按钮后触发一个事件 …… 100
6.5 滑块（UISlider） …… 101
6.5.1 滑块（UISlider）的属性 …… 101
6.5.2 实战演练——实现各种各样的滑块 …… 101
6.6 步进控件（UIStepper） …… 108
6.7 图像视图控件（UIImageView） …… 108
6.7.1 UIImageView 的常用操作 …… 109
6.7.2 实战演练——在屏幕中显示图像 …… 112
6.8 开关控件（UISwitch） …… 113
6.8.1 开关控件基础 …… 113
6.8.2 联合使用 UISlider 与 UISwitch 控件 …… 113
6.9 分段控件（UISegmentedControl） …… 115
6.9.1 分段控件的属性和方法 …… 115
6.9.2 实战演练——使用 UISegmentedControl 控件 …… 117
6.10 Web 视图（UIWebView） …… 119
6.10.1 Web 视图基础 …… 119
6.10.2 实战演练——在屏幕中显示指定的网页 …… 120
6.11 可滚动的视图（UIScrollView） …… 122
6.11.1 UIScrollView 的基本用法 …… 122

6.11.2 实战演练——使用可滚动视图控件…………122
6.12 提醒视图（UIAlertView）……126
6.12.1 UIAlertView 基础…………126
6.12.2 实战演练——实现一个自定义提醒对话框………128
6.13 操作表（UIActionSheet）………131
6.14 工具栏（UIToolbar）……………131
6.14.1 工具栏基础……………………131
6.14.2 实战演练——实现一个播放、暂停按钮….133
6.15 选择器视图（UIPickerView）……………………135
6.15.1 选择器视图基础…………135
6.15.2 实战演练——实现两个 UIPickerView 控件间的数据依赖………137
6.16 日期选择（UIDatePicker）……140
第 7 章 UIView 详解……………………144
7.1 UIView 基础…………………………144
7.1.1 UIView 的结构……………144
7.1.2 视图架构……………………146
7.1.3 视图层次和子视图管理………………………………146
7.1.4 视图绘制周期……………147
7.2 实战演练——设置 UIView 的位置和尺寸……………………147
7.3 实战演练——隐藏指定的 UIView 区域………………………148
7.4 实战演练——改变背景颜色……150
7.5 实战演练——实现背景透明……152
第 8 章 表视图（UITable）……………154
8.1 表视图基础…………………………154
8.1.1 表视图的外观……………154
8.1.2 表单元格……………………154
8.1.3 添加表视图…………………155
8.1.4 UITableView 详解…………157
8.2 实战演练……………………………157
8.2.1 实战演练——列表显示 18 条数据…………157
8.2.2 实战演练——自定义 UITableViewCell…………158
第 9 章 视图控制器……………………164
9.1 导航控制器（UIViewController）简介………164
9.1.1 UIViewController 基础….164
9.1.2 实战演练——实现不同界面之间的跳转处理………………………………165
9.2 使用 UINavigationController……166
9.2.1 导航栏、导航项和栏按钮项………………………167
9.2.2 UINavigationController 详解…………………………………168
9.2.3 在故事板中使用导航控制器………………………………170
9.2.4 实战演练——使用导航控制器展现 3 个场景………………………………172
9.3 选项卡栏控制器……………………176
9.3.1 选项卡栏和选项卡栏项………………………………177
9.3.2 实战演练——使用选项卡栏控制器构建 3 个场景……………179
第 10 章 实现多场景和弹出框…………185
10.1 多场景故事板…………………………185
10.1.1 多场景故事板基础………185
10.1.2 创建多场景项目…………186
10.1.3 实战演练——实现多个视图之间的切换…………190
第 11 章 界面旋转、大小和全屏处理…196
11.1 启用界面旋转…………………………196
11.2 设计可旋转和调整大小的界面…………………………………197
11.2.1 自动旋转和自动调整大小…………………197
11.2.2 调整框架…………………197
11.2.3 切换视图…………………197
11.2.4 实战演练——使用 Interface Builder 创建可旋转和调整大小的界面……………………197

11.2.5 实战演练——在旋转时调整控件…………200

第三部分　进阶技术篇

第 12 章　图形、图像、图层和动画……208

12.1 图形处理…………208
12.1.1 iOS 的绘图机制…………208
12.1.2 实战演练——在屏幕中绘制一个三角形…………209
12.2 图像处理…………209
12.2.1 实战演练——实现颜色选择器/调色板功能……212
12.2.2 实战演练——实现滑动颜色选择器/调色板功能…………213
12.3 图层…………216
12.3.1 视图和图层…………217
12.3.2 实战演练——在屏幕中实现 3 个重叠的矩形……217
12.4 实现动画…………218
12.4.1 UIImageView 动画…………218
12.4.2 视图动画 UIView…………219
12.4.3 Core Animation 详解……223
12.4.4 实战演练——实现“烟花烟花满天飞”效果…………226

第 13 章　声音服务…………229

13.1 访问声音服务…………229
13.1.1 声音服务基础…………229
13.1.2 实战演练——播放声音文件…………230
13.2 提醒和震动…………235
13.2.1 播放提醒音…………235
13.2.2 实战演练——实现 iOS 的提醒功能…………235

第 14 章　多媒体应用…………246

14.1 Media Player 框架…………246
14.1.1 Media Player 框架中的类…………246
14.1.2 使用电影播放器…………247
14.1.3 处理播放结束…………248
14.1.4 使用多媒体选择器…………248
14.1.5 使用音乐播放器…………249
14.1.6 实战演练——使用 Media Player 播放视频…………249
14.2 AV Foundation 框架…………251
14.2.1 准备工作…………252
14.2.2 使用 AV 音频播放器……252
14.2.3 使用 AV 录音机…………253
14.3 图像选择器（UIImagePickerController）……253
14.3.1 使用图像选择器…………254
14.3.2 图像选择器控制器委托…………254
14.3.3 用 UIImagePickerController 调用系统照相机…………255
14.4 一个多媒体的应用程序…………256
14.4.1 实现概述…………256
14.4.2 创建项目…………256
14.4.3 设计界面…………257
14.4.4 创建并连接输出口和操作…………257
14.4.5 实现电影播放器…………259
14.4.6 实现音频录制和播放……261
14.4.7 使用照片库和相机…………264
14.4.8 实现 Core Image 滤镜……266
14.4.9 访问并播放音乐库…………267

第 15 章　定位处理…………271

15.1 Core Location 框架…………271
15.1.1 Core Location 基础…………271
15.1.2 使用流程…………271
15.2 获取位置…………274
15.2.1 位置管理器委托…………274
15.2.2 处理定位错误…………275
15.2.3 位置精度和更新过滤器…………275
15.2.4 获取航向…………275
15.3 地图功能…………276
15.3.1 Map Kit 基础…………276
15.3.2 为地图添加标注…………277
15.4 实战演练——创建一个支持定位的应用程序…………278
15.4.1 创建项目…………278

15.4.2 设计视图 280
15.4.3 创建并连接输出口 281
15.4.4 实现应用程序逻辑 281
15.4.5 生成应用程序 283
15.5 实战演练——在屏幕中实现一个定位系统 284
15.5.1 设计界面 284
15.5.2 具体编码 285

第 16 章 多点触摸和手势识别 289

16.1 多点触摸和手势识别基础 289
16.2 触摸处理 290
16.2.1 触摸事件和视图 290
16.2.2 实战演练——触摸屏幕中的按钮 294
16.2.3 实战演练——同时滑动屏幕中的两个滑块 295
16.3 手势处理 296
16.3.1 手势处理基础 296
16.3.2 实战演练——实现一个手势识别器 300

第 17 章 和硬件之间的操作 309

17.1 加速计和陀螺仪 309
17.1.1 加速计基础 309
17.1.2 陀螺仪 314
17.1.3 实战演练——检测倾斜和旋转 314
17.2 访问朝向和运动数据 319
17.2.1 两种方法 319
17.2.2 实战演练——检测朝向演练 321

第 18 章 地址簿、邮件和 Twitter 324

18.1 地址簿 324
18.1.1 框架 Address Book UI 324
18.1.2 框架 Address Book 326
18.2 电子邮件 326
18.3 使用 Twitter 发送推特信息 327
18.4 实战演练——联合使用地址簿、电子邮件、Twitter 和地图 328
18.4.1 创建项目 329
18.4.2 设计界面 329
18.4.3 创建并连接输出口和操作 330
18.4.4 实现地址簿逻辑 331
18.4.5 实现地图逻辑 333
18.4.6 实现电子邮件逻辑 335
18.4.7 实现 Twitter 逻辑 336
18.4.8 生成应用程序 337

第四部分 综合实战篇

第 19 章 体验 iOS 7 的全新功能 340

19.1 UI 方面的变化 340
19.1.1 新的 UI 变化改进 340
19.1.2 实战演练——体验扁平化设计风格 340
19.1.3 实战演练——体验 iOS 7 的动画效果 347
19.1.4 实战演练——体验 iOS 7 的模糊效果 349
19.2 使用 SpriteKit 351
19.2.1 Sprite Kit 介绍 352
19.2.2 使用 Sprite Kit 框架 352
19.2.3 实战演练——使用 Sprite Kit 框架开发一个小游戏 354
19.3 全新的 Game Center 359
19.3.1 GameCenter 设置 359
19.3.2 实战演练——使用 GameCenter 开发一个简单的多人游戏 361

第 20 章 开发一个通讯录系统 369

20.1 设计 UI 视图 369
20.2 实现根视图 370
20.3 添加联系人 373
20.4 查看联系人视图 377
20.5 实现编辑视图 379
20.6 视图配置 381

第一部分

必备技术篇

第 1 章　iOS 开发基础

第 2 章　搭建开发环境

第 3 章　Cocoa Touch

第 4 章　Xcode Interface Builder 界面开发

第 5 章　编写 MVC 程序

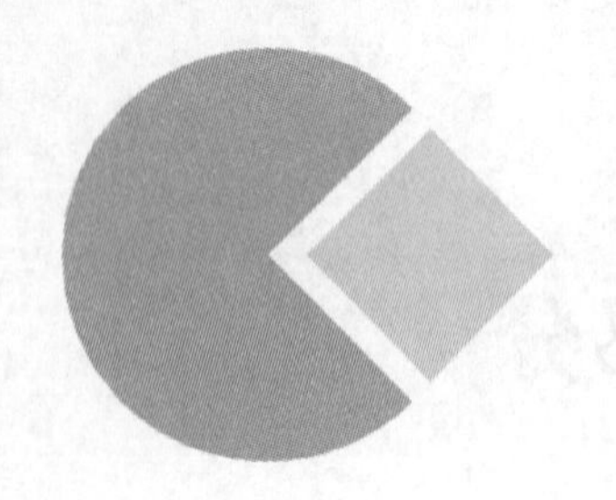

第1章 iOS开发基础

iOS是一款强大的智能手机操作系统，被广泛地应用于iPhone、iPad和iTouch等苹果公司的系列产品设备中。iOS通过这些移动设备，向用户展示了一个多点触摸、可始终在线、视频以及内置众多传感器的界面。本章将带领读者一起来认识iOS这款神奇的系统，为读者进入本书后面知识的学习打下基础。

1.1 全新的iOS 7系统

iOS系统是由苹果公司开发的手持设备操作系统。苹果公司最早于2007年1月9日的Macworld大会上公布这个系统，最初是设计给iPhone使用的，后来陆续套用到iPod touch、iPad以及Apple TV等苹果公司的产品上。iOS与苹果的Mac OS X操作系统一样，最初的系统名为“iPhone OS”，在2010年6月7日WWDC大会上宣布改名为“iOS”。截止至2012年7月，根据Canalys的数据统计资料，iOS已经占据了全球智能手机系统市场份额的37%，在美国市场的占有率为45%。

1.1.1 iOS发展史

iOS最早于2007年1月9日的苹果Macworld展览会上公布，随后苹果公司于同年的6月发布第一版iOS操作系统，当初的名称为“iPhone运行OS X”。当时的苹果公司CEO史蒂夫·乔布斯先生说服了各大软件公司以及开发者先搭建低成本的网络应用程序（Web APP），这样可以使得它们能像iPhone的本地化程序一样来测试“iPhone运行OS X”平台。

2007年10月17日，苹果公司发布了第一个本地化iPhone应用程序开发包（SDK）。

2008年3月6日，苹果发布了第一个测试版开发包，并且将“iPhone runs OS X”改名为“iPhone OS”。

2008年9月，苹果公司将iPod touch的系统也换成了“iPhone OS”。

2010年2月27日，苹果公司发布iPad，iPad同样搭载了“iPhone OS”。

2010年6月，苹果公司将“iPhone OS”改名为“iOS”，同时还获得了思科iOS的名称授权。

2010年第四季度，苹果公司的iOS占据了全球智能手机操作系统26%的市场份额。

2011年10月4日，苹果公司宣布iOS平台的应用程序已经突破50万款。

2012年2月，iOS平台的应用总量达到552247个，其中游戏应用最多，达到95324个，比重为17.26%；书籍类以60,604个排在第二，比重为10.97%；娱乐应用排在第三，总量为56,998个，比重为10.32%。

2012年6月，苹果公司在WWDC 2012上推出了全新的iOS 6，提供了超过200项新功能。

2013年6月11日，在WWDC大会上苹果公司发布了iOS 7系统。这个系统采用了一套全新的配色方案，整个界面有很明显的半透明果冻色，拨号、天气、日历、短信等几乎所有应用的交互界面都进行了重新设计，整体看来更为动感、时尚。全新的 iOS 7 系统可应用在 iPhone 4 及以上机型中。

1.1.2 iOS 7 的全新功能

iOS 7 发布后让人有眼前一亮的感觉，由于新系统加入了大量的 3D 效果，加之部分功能全部采用了悬浮式半透明结构设计，这让 iOS 7 看起来既有科技感又清新。

除了全新的扁平化界面外，苹果还重新设计了 iOS 7 的控制中心，并且新系统支持真正的多任务（卡片式），同时还加入了不少手势操作功能。下面咱们就来看看 iOS 7 的新功能吧。

① iOS 7 增加了 AirDrop 功能，iOS 用户可以在多台设备之间分享文件，操作也非常简单，即选中相关文件，发送给网内指定的人即可。不过，该功能只支持 iPhone 5、iPad 4、iPad mini 以及 iPod touch 5。

② iOS 7 中的 Siri 除了换上了新界面外，还支持车载导航设备（可以在汽车显示屏当中查看信息、拨打电话），并且加入男声和一个全新的接口（整合更多的第三方功能与服务），此外 Siri 还整合了维基百科和 Twitter 的内容。

③ iOS 7 中的 Safari 支持全屏显示、智能搜索功能以及酷炫的窗口切换 3D 效果，同时还改进了收藏夹和标签体验，增加了家长控制和 iCloud 钥匙串功能。

④ iOS 7 还具有全新拍照功能，首先是拍照应用中加入了 Square 特性和各式各样的滤镜效果，同时相册中照片可以按照时间进行自动分类，而用户还可以把照片分享到别人的“相片流”里。

⑤ iOS 7 的原生应用中加入了全新的手势操作，通过手势返回到主界面（多任务处理过程中，用户可以左右滑动来选择切换应用），同时 App Store 具有自动更新的特性，系统可以在后台自动更新软件。

⑥ iOS 7 的控制中心中加入了“手电筒”功能，而天气应用也经过了大幅改动，缩放查看天气综述，采用了动态天气背景。

⑦ iOS 7 整合了苹果新的 iTunes Radio 流媒体音乐服务。

除此之外，iOS 7 还有大量的改进，只是苹果公司没有详细说明，包括邮件搜索的改进、App Store 的购买改进、Safari 的防数据追踪、与腾讯微博的合作、Wi-Fi 的升级、Map 的黑夜模式、智能邮箱系统、PDF 阅读、企业版的登入、单个 APP VPN、长 MMS 短信等。

全新的 iOS 7 界面效果如图 1-1 所示。

▲图 1-1 全新的 iOS 7 界面的效果

1.2 从 iPhone 到 iPad

强大的 iOS 系统被广泛地应用于苹果公司的移动系列产品中。广大开发人员无需纠结于开发的程序是否能在不同的硬件设备中运行，因为只要是 iOS 程序就可以在支持 iOS 系统的设备中运行。不同设备之间的差异只是表现在屏幕大小而已。在当前的 iOS 开发项目中主要存在开发两类程序：iPhone 程序和 iPad 程序，这两者的屏幕大小不一样。本节将简要讲解运行 iOS 系统最火的两个产品——iPhone 和 iPad。

1.2.1　让世界疯狂的 iPhone

iPhone 是一个集合了照相、个人数码助理、媒体播放器以及无线通信设备的掌上智能手机。iPhone 最早由史蒂夫·乔布斯在 2007 年 1 月 9 日举行的 Macworld 上宣布推出，并于 2007 年 6 月 29 日在美国上市。2007 年 6 月 29 日，iPhone 2G 在美国上市；2008 年 7 月 11 日，苹果公司推出 3G iPhone。2010 年 6 月 8 日凌晨 1 点，乔布斯发布了 iPhone 4。2011 年 10 月 5 日凌晨，iPhone 4S 发布。2012 年 9 月 13 日凌晨（美国时间 9 月 12 日上午），iPhone 5 发布。全新的 iPhone 5 如图 1-2 所示。

▲图 1-2　全新的 iPhone 5

与上一代产品 iPhone 4S 相比，iPhone 5 更轻薄，屏幕尺寸更大，它的厚度大概是 7.6mm，比前一代薄了 18%；重量在 112 克左右，比 4S 轻了 20%；采用速度更快的 A6 处理器；整体外观也拉长。iPhone 5 的屏幕尺寸扩大到 4 英寸，屏幕的比例是 16:9，应用软件的图标比前一代增加了一行。iPhone 5 的运算速度两倍于 iPhone 4S，当时因为 iPhone 4S 采用的是 A5 处理器，而新的处理器的尺寸缩小了 22%。iPhone 5 支持 4G 技术的 LTE 网络。

1.2.2　改变世界的 iPad

iPad 是苹果公司于 2010 年发布的一款平板电脑的名称，定位介于苹果的智能手机 iPhone 和笔记本电脑产品之间，通体只有 4 个按键，与 iPhone 布局一样，提供了浏览互联网、收发电子邮件、观看电子书、播放音频和播放视频等功能。

2010 年 1 月 27 日，在美国旧金山欧巴布也那艺术中心（芳草地艺术中心）所举行的苹果公司发布会上，平板电脑 iPad 正式发布。

2012 年 3 月 8 日，苹果公司在美国芳草地艺术中心发布第三代 iPad。受到市场普遍期待的苹果新一代平板电脑全新 iPad 的外形与 iPad 2 相似，但电池容量增大，有 3 块 4000mAh 锂电池；芯片速度更快，使用 A5X 双核处理器，图形处理器功能增强、配四核 GPU，并且在美国的售价与 iPad 2 一样。第三代 iPad 如图 1-3 所示。

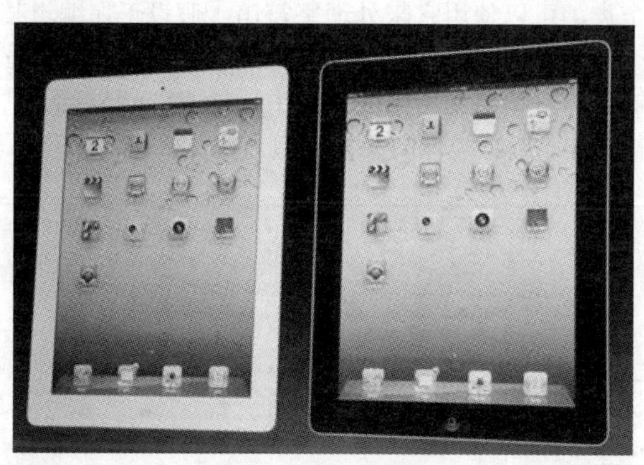

▲图 1-3　第三代 iPad

1.3 iOS 的常用开发框架

为了提高开发 iOS 程序的效率，除了可以使用 Xcode 集成开发工具之外，还可以使用第三方提供的框架。这些框架是由许多类、方法、函数、文档按照一定的逻辑组织起来的集合，为我们提供了完整的项目解决方案，使研发程序变得更容易。OS X 下的 Mac 操作系统中大约存在 80 个框架，这些框架可以用来开发应用程序，处理 Mac 的 Address Book 结构、刻制 CD、播放 DVD，使用 QuickTime 播放电影、播放歌曲等。

在 iOS 的众多框架中有两个最为常用的框架，即 Foundation 框架和 Cocoa 框架。本节将简要讲解这两个框架的基本知识。

1.3.1　Foundation 框架简介

在 Mac 的操作系统中，为所有程序开发奠定基础的框架是 Foundation 框架。该框架允许使用一些基本对象，例如数字和字符串，以及一些对象集合，如数组、字典和集合。其他功能包括处理日期和时间、自动化的内存管理、处理基础文件系统、存储(或归档)对象、处理几何数据结构（如点和长方形）。

Foundation 头文件的存储目录是：

```
/System/Library/Frameworks/Foundation.framework/Headers
```

上述头文件实际上与其存储位置的其他目录相链接。请读者查看这个目录中存储在系统上的 Foundation 框架文档，熟悉它的内容和用法简介。Foundation 框架文档存储在计算机系统中（具体位于/Develop/Documentation 目录中），另外 Apple 网站上也提供了此说明文档。大多数文档为 HTML 格式的文件，读者可以通过浏览器浏览学习。同时 Apple 网站上也提供了 Acrobat pdf 文件，我们可以学习到包含 Foundation 的所有类及其实现的所有方法和函数的描述。

如果正在使用 Xcode 开发程序，可以通过 Xcode 的 Help 菜单中的 Documentation 窗口访问学习文档。通过这个窗口，可以搜索和访问存储在计算机本机中或者在线的文档。如果正在 Xcode 中编辑文件并且想要快速访问某个特定头文件、方法或类的文档，可以通过高亮显示编辑器窗口中的文本并鼠标右键单击的方法来实现。在弹出的快捷菜单中，可以适当选择 Find Selected Text in

Documentation 或者 Find Selected Text in API Reference。Xcode 将搜索文档库，并显示与查询相匹配的结果。

接下来的内容将带领读者一起简单了解 Foundation 框架是如何工作的。NSString 类是 Foundation 框架中的一个类，可以使用它来处理字符串。假设正在编辑某个使用该类的程序，并且想要获得更多关于这个类及其方法的信息，无论何时，当单词 NSString 出现在编辑窗口时，都可以将其高亮显示并右键单击。如果从出现的菜单中选择“Find Selected Text in API Reference”命令，会得到一个外观与图 1-4 所示类似的文档窗口。

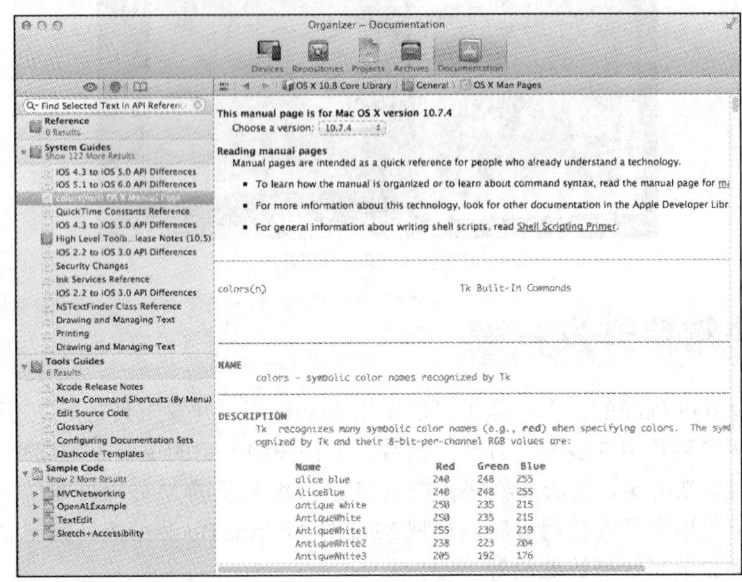

▲图 1-4　NSString 类的文档

如果向下滚动标有 NSString Class Reference 的面板，将发现（在其他内容中间）一个该类支持的所有方法的列表。这是一个能够获得有关实现哪些方法等信息的便捷途径，包括它们如何工作以及它们的预期参数。

读者们可以在线访问 developer.apple.com/referencelibrary，打开 Foundation 参考文档（通过 Cocoa、Frameworks、Foundation Framework Reference 链接），在这个站点中还能够发现一些介绍某些特定编程问题的文档，例如内存管理、字符串和文件管理。除非订阅的是某个特定文档集，否则在线文档要比存储在计算机硬盘中的文档从时间上有更新。

在 Foundation 框架中包括了大量可供使用的类、方法和函数。在 Mac OS X 上大约有 125 个可用的头文件。作为一种简便的形式，我们可以使用如下代码头文件。

```
#import <Foundation/Foundation.h>
```

因为 Foundation.h 文件实际上导入了其他所有 Foundation 头文件，所以不必担心是否导入了正确的头文件，Xcode 会自动将这个头文件插入到程序中。虽然使用上述代码会显著地增加程序的编译时间，但是通过使用预编译的头文件，可以避免这些额外的时间开销。预编译的头文件是经过编译器预先处理过的文件。在默认情况下，所有 Xcode 项目都会受益于预编译的头文件。在本章使用每个对象时都会用到这些特定的头文件，这会有助于我们熟悉每个头文件所包含的内容。

1.3.2　Cocoa 框架简介

在 iOS 应用中，通过使用 Application Kit 框架包提供了与窗口、按钮、列表等相关的类。

Application Kit 框架包含广泛的类和方法，它们能够开发交互式图形应用程序，使得开发文本、菜单、工具栏、表、文档、剪贴板和窗口等应用变得十分简便。在 Mac OS X 操作系统中，术语 Cocoa 是指 Foundation 框架和 Application Kit 框架。术语 Cocoa Touch 是指 Foundation 框架和 UIKit 框架。由此可见，Cocoa 是一种支持应用程序提供丰富用户体验的框架，它实际上由如下两个框架组成。

- Foundation 框架。
- Application Kit（或 AppKit）框架。

其中后者用于提供与窗口、按钮、列表等相关的类。在编程语言中，通常使用示意图来说明框架最顶层应用程序与底层硬件之间的层次。例如图 1-5 就是一个这样的图。

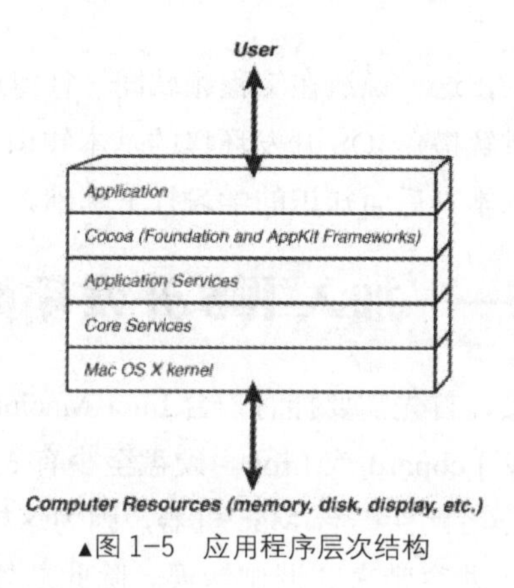

▲图 1-5　应用程序层次结构

图 1-5 中各个层次的具体说明如下所示。

- User：用户。
- Application：应用程序。
- Cocoa（Foundation and AppKit Frameworks）：Cocoa（Foundation 和 AppKit 框架）。
- Application Services：应用程序服务。
- Core Services：核心服务。
- Mac OS X kernel：Mac OS X 内核。
- Computer Resources(memory, disk,display, etc.)：计算机资源（内存、磁盘、显示器等）。

内核及设备驱动程序能够提供与硬件的底层通信，它负责管理系统资源，包括调度要执行的程序、管理内存和电源，以及执行基本的 I/O 操作。

核心服务提供的支持比它上面的层次更加底层或更加“核心”，例如，在 Mac OS X 中主要实现了对集合、网络、调试、文件管理、文件夹、内存管理、线程、时间和电源的管理。

应用程序服务层包含对打印和图形呈现的支持，包括 Quartz、OpenGL 和 QuickTime。由此可见，Cocoa 层直接位于应用程序层之下。正如图中指出的那样，Cocoa 包括 Foundation 和 AppKit 框架。Foundation 框架提供的类用于处理集合、字符串、内存管理、文件系统、存档等。通过 AppKit 框架中提供的类，可以管理视图、窗口、文档等用户界面。在很多情况下，Foundation 框架为底层核心服务层（主要用过程化的 C 语言编写）中定义的数据结构定义了一种面向对象的映射。

Cocoa 框架用于 Mac OS X 桌面与笔记本电脑的应用程序开发，而 Cocoa Touch 框架用于 iPhone 与 iTouch 的应用程序开发。Cocoa 和 Cocoa Touch 都有 Foundation 框架。然而在 Cocoa Touch 下，UIKit 代替了 AppKit 框架，以便为很多相同类型的对象提供支持，比如窗口、视图、按钮、文本域等。另外，Cocoa Touch 还提供使用加速器（它与 GPS 和 Wi-Fi 信号一样都能跟踪位置）的类和触摸式界面，并且去掉了不需要的类，比如支持打印的类。

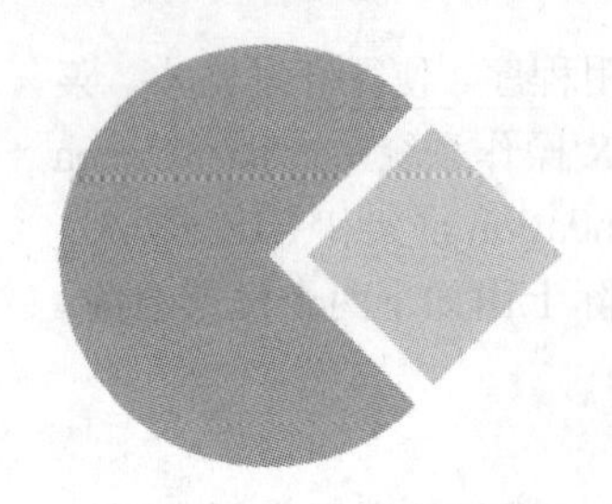

第2章　搭建开发环境

"工欲善其事，必先利其器"，这一说法在编程领域同样行得通，学习 iOS 开发也离不开好的开发工具的帮助。本章将详细讲解搭建 iOS 开发环境的基本知识，并详细讲解开发所需要的第三方工具的基本知识，为读者进入本书后面知识的学习打下基础。

2.1　开发前的准备——加入 iOS 开发团队

要想成为一名 iOS 开发人员，首先需要拥有一台 Intel Macintosh 台式机或笔记本电脑，并运行苹果的操作系统，例如 Snow Leopard 或 Lion。硬盘至少有 6GB 的可用空间，并且开发系统的屏幕越大越好。建议广大初学者购买一台 Mac 机器，因为这样开发效率更高，更能获得苹果公司的支持，也避免一些因为不兼容带来的调试错误。除此之外，还需要加入 Apple 开发人员计划。

其实无需使用任何花费即可加入到 Apple 开发人员计划（Developer Program），然后下载 iOS SDK（软件开发包），编写 iOS 应用程序，并且在 Apple iOS 模拟器中运行它们。但是毕竟收费与免费之间还是存在一定的区别，免费会受到较多的限制，例如只有付费成员才能获得 iOS 和 SDK 的 beta 版。要将编写的应用程序加载到 iPhone 中或通过 App Store 发布它们，也需支付会员费。

注意

本书的大多数应用程序都可在免费工具提供的模拟器中正常运行。如果不确定成为付费成员是否合适，建议读者先不要急于成为付费会员，而是先成为免费成员，在编写一些示例应用程序并在模拟器中运行它们后再升级为付费会员。因为模拟器不能精确地模拟移动传感器输入和 GPS 数据等应用，所以建议有条件的读者付费成为付费会员。

如果读者准备选择付费模式，付费的开发人员计划提供了两种等级，即标准计划（99 美元）和企业计划（299 美元），前者适用于要通过 App Store 发布其应用程序的开发人员，而后者适用于开发的应用程序要在内部（而不是通过 App Store）发布的大型公司（雇员超过 500）。其实无论是公司用户还是个人用户，都可选择标准计划（99 美元）。在将应用程序发布到 App Store 时，如果需要指出公司名，则在注册期间会给出标准的"个人"或"公司"计划选项。

以开发人员的身份注册。

无论是大型企业还是小型公司，无论是要成为免费成员还是付费成员，都要先登录 Apple 的官方网站，并访问 Apple iOS 开发中心（http://www.apple.com.cn/developer/ios/index.html），注册成为会员，如图 2-1 所示。

▲图 2-1　Apple iOS 的开发中心页面

如果通过使用 iTunes、iCloud 或其他 Apple 服务获得了 Apple ID，可以将该 ID 用作开发账户。如果目前还没有 Apple ID，或者需要新注册一个专门用于开发的新 ID，可通过注册的方法创建一个新 Apple ID。注册界面如图 2-2 所示。

▲图 2-2　注册 Apple ID 的界面

单击如图 2-2 中所示的“Create Apple ID”按钮后可以创建一个新的 Apple ID 账号，注册成功后输入登录信息登录，登录成功后的界面如图 2-3 所示。

在成功登录 Apple ID 后，用户可以决定是否加入付费的开发人员计划还是继续使用免费资源。要加入付费的开发人员计划，需要再次将浏览器指向 iOS 开发计划网页（http://developer.apple.com/programs/ios/），并单击“Enron New”链接，可以马上加入。阅读说明性文字后，单击“Continue”按钮，按照提示加入。当系统提示时选择“I'm Registered as a Developer with Apple and Would Like to Enroll in a Paid Apple Developer Program"，再单击"Continue"按钮。注册工具会引导我们申请加入付费的开发人员计划，包括在个人和公司选项之间做出选择。

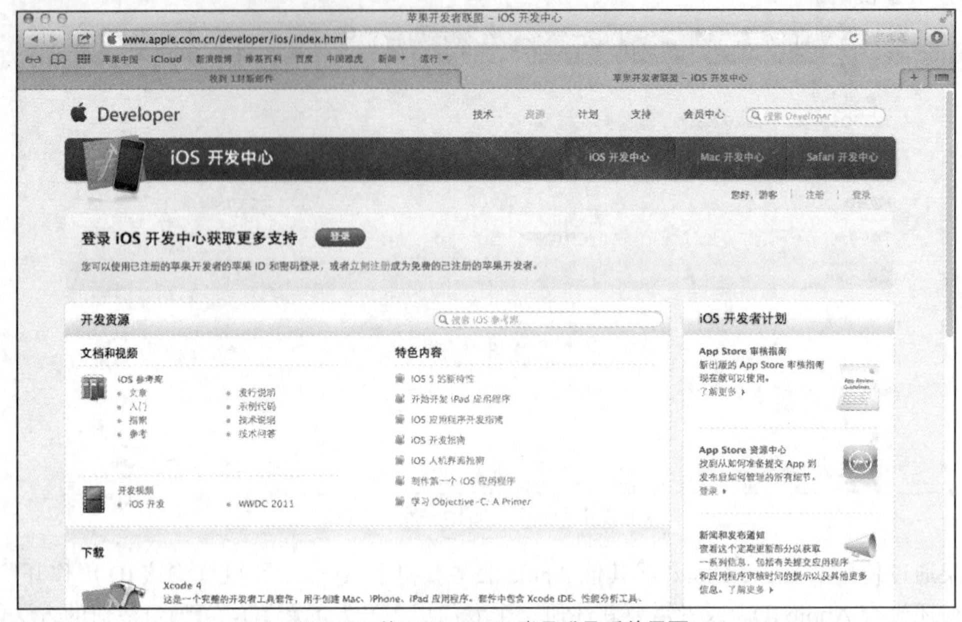

▲图 2-3 使用 Apple ID 账号登录后的界面

2.2 安装 Xcode

对于程序开发人员来说，好的开发工具能够带来事半功倍的效果，学习 iOS 开发也是如此。如果使用的是 Lion 或更高版本，下载 iOS 开发工具将会变得非常容易，只需通过简单的单击操作即可。具体方法是在 Dock 中打开 Apple Store，搜索 Xcode 并免费下载它，然后等待 Mac 下载大型安装程序（约 3GB）。如使用的不是 Lion，可以从 iOS 开发中心（http://developer.apple.com/ios）下载最新版本的 iOS 开发工具。

注意：如果是免费成员，登录 iOS 开发中心后，很可能只能看到一个安装程序，它可安装 Xcode 和 iOS SDK（最新版本的开发工具）；如果您是付费成员，可能看到指向其他 SDK 版本（5.1、6.0 等）的链接。本书的示例基于 7.0+系列 iOS SDK，因此如果看到该选项，请务必选择它。

2.2.1 Xcode 介绍

要开发 iOS 的应用程序，需要有一台安装 Xcode 工具的 Mac OS X 电脑。Xcode 是苹果提供的开发工具集，提供了项目管理、代码编辑、创建执行程序、代码调试、代码库管理和性能调节等功能。这个工具集的核心就是 Xcode 程序，提供了基本的源代码开发环境。

Xcode 是一款强大的专业开发工具，简单快速，而且以我们熟悉的方式执行绝大多数常见的软件开发任务。相对于创建单一类型的应用程序所需要的能力而言，Xcode 要强大得多，它的设计目的是使我们可以创建任何想像得到的软件产品类型，从 Cocoa 及 Carbon 应用程序，到内核扩展及 Spotlight 导入器等各种开发任务，Xcode 都能完成。通过使用 Xcode 独具特色的用户界面，我们能以各种不同的方式来漫游工具中的代码，并且可以访问工具箱下面的大量功能，包括 GCC、 javac、jikes 和 GDB，这些功能都是制作软件产品所需要的。Xcode 是一个由专业人员设计和使用的工具。

由于能力出众，Xcode 已经被 Mac 开发者社区广泛采纳。而且随着苹果电脑向基于 Intel 的 Macintosh 迁移，转向 Xcode 变得比以往的任何时候更加重要。这是因为使用 Xcode 可以创建通用的二进制代码，这里所说的通用二进制代码是一种可以把 PowerPC 和 Intel 架构下的本地代码同时放到一个程序包的执行文件格式。事实上，对于还没有采用 Xcode 的开发人员，转向 Xcode 是将应用程序连编为通用二进制代码的第一个必要的步骤。

注意　当前最新的版本是 Xcode 5，是伴随着全新的 iOS 7 而推出的，在笔者写作此书时，只有 Xcode 5 的测试版本。

2.2.2 iOS SDK 介绍

iOS SDK 是苹果公司提供的 iPhone 开发工具包，包括了界面开发工具、集成开发工具、框架工具、编译器、分析工具、开发样本和模拟器。在 iOS SDK 中包含了 Xcode IDE 和 iPhone 模拟器等一系列其他工具。苹果官方发布的 iOS SDK 则将这部分底层 API 进行了包装，用户的程序只能和苹果提供的 iOS SDK 中定义的类进行对话，而这些类再和底层的 API 进行对话。

1. iOS SDK 的优点和缺点

苹果官方 iOS SDK 的优点如下所示。

- 开发环境几乎和开发 Mac 软件一样，一样的 XCode、Interface Builder、Instruments 工具。
- 最新版本的 iOS SDK 可以使用 Interface Builder 制作界面。
- 环境搭建非常容易。
- 需要代码签名以避免恶意软件。

使用官方 iOS SDK 开发的软件需要经过苹果的认可，才能发布到苹果未来内置在 App Store 程序中。用户可以通过 App Store 直接下载或通过 iTunes 下载软件并安装到 iPhone 中。

苹果官方 iOS SDK 的缺点如下所示。

- 无法实现 CoreSurface（硬件显示设备）、Celestial（硬件音频设备）以及其他几乎所有与硬件相关的处理。
- 无法开发后台运行的程序。
- 需要代码签名才能够在真机调试。
- 只能在 Leopard 10.5.2 以上版本、Inter Mac 机器进行开发。

2. iOS 程序框架

iOS 程序一共有两类框架，一类是游戏框架，另一类是非游戏框架，接下来将要介绍的是非游戏框架，即基于 iPhone 用户界面标准控件的程序框架。

典型的 iOS 程序包含一个 Window（窗口）和几个 UIViewController（视图控制器），每个 UIViewController 可以管理多个 UIView（在 iPhone 里看到的、摸到的都是 UIView，可能是 UITableView、UIWebView、UIImageView 等）。这些 UIView 之间如何进行层次迭放、显示、隐藏、旋转、移动等都由 UIViewController 进行管理，而 UIViewController 之间，通常通过 UINavigationController、UITabBarController 或 UISplitViewController 进行切换。

（1）UINavigationController

UINavigationController 是用于构建分层应用程序的主要工具，它维护了一个视图控制器栈，任何类型的视图控制器都可以放入。UINavigationController 在管理以及换入和换出多个内容视图方面与 UITabBarController（标签控制器）类似。两者间的主要不同在于 UINavigationController 是作为栈来实现的，它更适合用于处理分层数据。另外，UINavigationController 还可以用作顶部菜单。

当我们的程序具有层次化的工作流时，就比较适合使用 UINavigationController 来管理 UIViewController，即用户可以从上一层界面进入下一层界面，在下一层界面处理完以后又可以简单地返回到上一层界面，UINavigationController 使用堆栈的方式来管理 UIViewController。

（2）UITabBarController

当应用程序需要分为几个相对比较独立的部分时，就比较适合使用 UITabBarController 来组织用户界面。如图 2-4 所示，屏幕下方被划分成了两个部分。

（3）UISplitViewController

UISplitViewController 属于 iPad 特有的界面控件，适合用于“主—从”界面的情况（Master View→Detail View），Detail View 跟随 Master View 进行更新。如图 2-5 所示，屏幕左边（Master View）是主菜单，单击每个菜单则屏幕右边（Detail View）就进行刷新，屏幕右边的界面内容又可以通过 UINavigationController 进行组织，以便用户进入 Detail View 进行更多操作，用户界面以这样的方式进行组织，使得程序内容清晰，非常有条理，是组织用户界面导航很好的方式。

▲图 2-4　UITabBarController 的作用

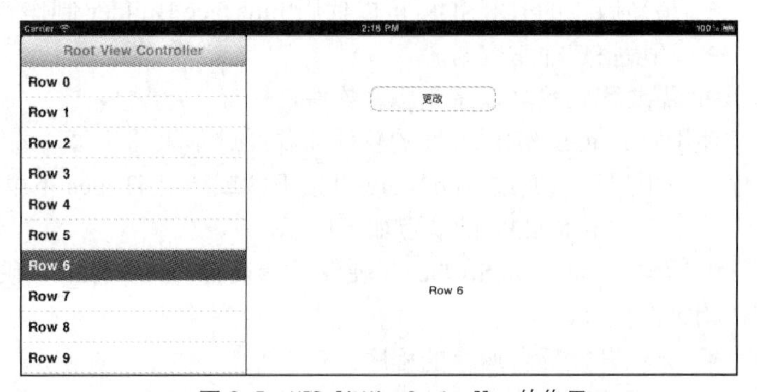

▲图 2-5　UISplitViewController 的作用

2.2.3　下载并安装 Xcode

其实对初学者来说，我们只需安装 Xcode 即可完成大多数的 iOS 开发工作。通过使用 Xcode，不但可以开发 iPhone 程序，而且可以开发 iPad 程序。并且 Xcode 还是完全免费的，通过它提供的模拟器就可以在电脑上测试我们的 iOS 程序。如果要发布 iOS 程序或在真实机器上测试 iOS 程序的话，则需要花费 99 美元。

1. 下载 Xcode

① 下载的前提是先注册成为一名开发人员，来到苹果开发页面主页 https://developer.apple.com/，如图 2-6 所示。

② 登录 Xcode 的下载页面 http://developer.apple.com/devcenter/ios/index.action，如图 2-7 所示。

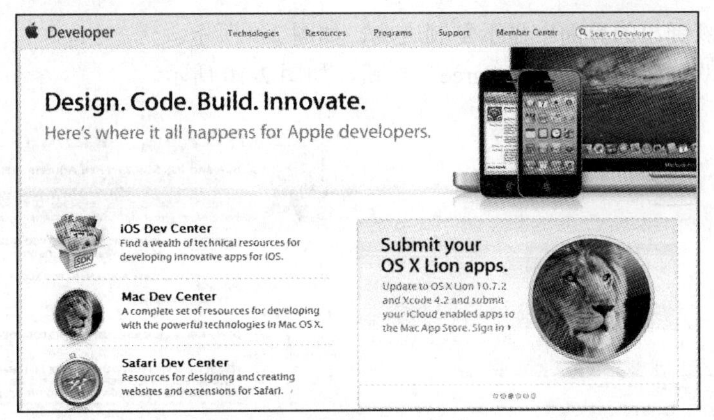

▲图 2-6 苹果开发页面主页

▲图 2-7 Xcode 的下载页面

③ 单击“Download Xcode 5”按钮，在新界面中显示“必须在 iOS 系统中使用”的提示信息。单击下方的“Download now”链接后弹出下载提示框。

注意　我们可以使用 App Store 来获取 Xcode，这种方式的优点是完全自动，操作方便。

2. 安装 Xcode

① 下载完成后会发现安装文件“xcode_5_developer_preview”，双击“.dmg”格式文件开始安装。

② 在弹出的对话框中将左侧的“Xcode5-DP”拖曳至右侧的 Applications 中，如图 2-8 所示。

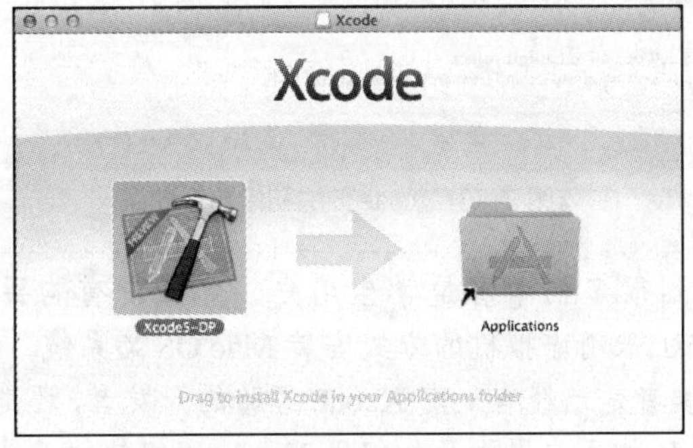

▲图 2-8 拖曳“Xcode5-DP”

③ 完成后在新弹出的界面中显示复制进度，如图 2-9 所示。

④ 在弹出的欢迎界面中单击“Agree”按钮，如图 2-10 所示。

▲图 2-9　显示复制进度

▲图 2-10　单击“Continue”按钮

⑤ 在弹出的对话框中单击“Install”按钮开始安装，如图 2-11 所示。

⑥ 在弹出的对话框中输入用户名和密码，然后单击“好”按钮，如图 2-12 所示。

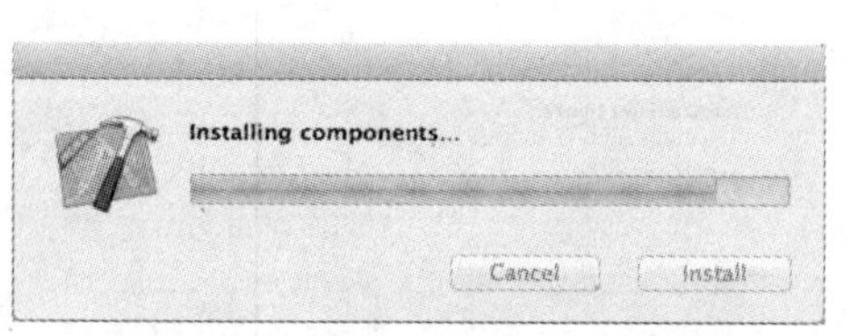

▲图 2-11　单击“Install”按钮

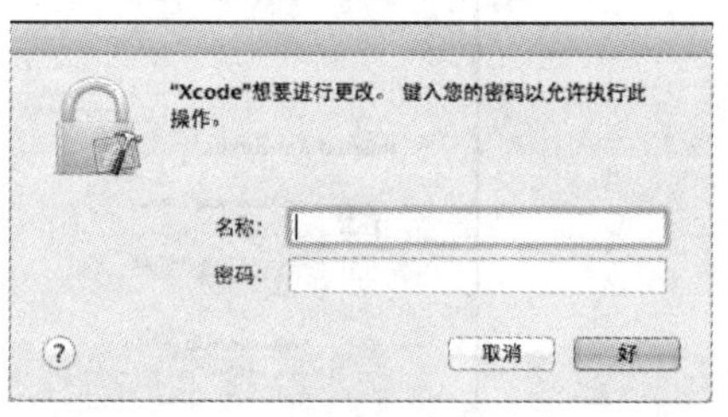

▲图 2-12　单击“Agree”按钮

⑦ 在弹出的新对话框中显示安装进度，安装完成后会显示 Xcode 5 的初始启动界面，如图 2-13 所示。

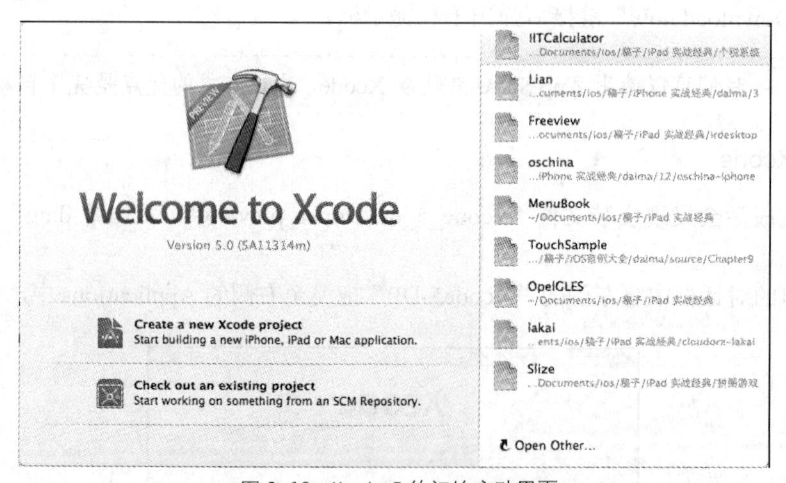

▲图 2-13　Xcode 5 的初始启动界面

注意

① 考虑到很多初学者是学生用户，如果没有购买苹果机的预算，可以在 Windows 系统上采用虚拟机的方式安装 Mac OS X 系统。

② 无论读者是已经有一定 Xcode 经验的开发者，还是刚刚开始迁移的新用户，都需要对 Xcode 的用户界面及如何用 Xcode 组织软件工具有一些理解，这样才能真

正高效地使用这个工具。这种理解可以大大加深读者对隐藏在 Xcode 背后的哲学的认识，并帮助读者更好地使用 Xcode。

③ 建议读者将 Xcode 安装在 OS X 的 Mac 机器上，也就是装有苹果系统的苹果机上。通常来说，在苹果机器的 OS X 系统中已经内置了 Xcode，默认目录是“/Developer/Applications”。

2.3 熟悉 Xcode 集成环境

经过本书前面内容的讲解之后，接下来开始讲解使用 Xcode 集成开发环境的基本知识，为读者进入后面知识的学习打下坚实的基础。

2.3.1 创建一个 Xcode 项目并启动模拟器

Xcode 是一款功能全面的应用程序，通过此工具可以轻松输入、编译、调试并执行 Objective-C（开发 iOS 项目的最佳语言）程序。如果想在 Mac 上快速开发 iOS 应用程序，则必须学会使用这个强大的工具的方法。接下来将简单介绍使用 Xcode 创建项目，并启动 iOS 模拟器的方法。

① Xcode 位于“Developer”文件夹内中的“Applications”子文件夹中，快捷图标如图 2-14 所示。

▲图 2-14　Xcode 快捷图标

② 启动 Xcode，单击“Create a new Xcode project”选项后弹出“选择模板”对话框，如图 2-15 所示。

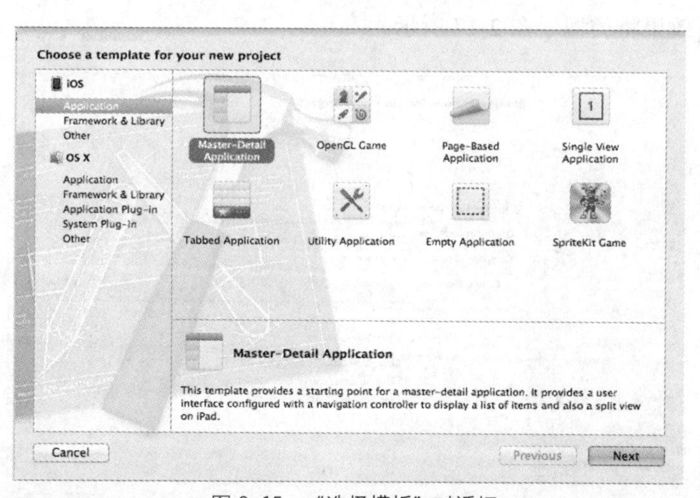

▲图 2-15　“选择模板”对话框

在 New Project 窗口的左侧，显示了可供选择的模板类别，因为我们的重点类别是 iOS Application，所以在此需要确保选择了它。而在右侧显示了当前类别中的模板以及当前选定模板的描述。就这里而言，请单击模板“Empty Application（空应用程序）”，再单击 Next（下一步）

按钮。

③ 单击“Next”按钮后，在新界面中 Xcode 将要求用户指定产品名称和公司标识符。产品名称就是应用程序的名称，而公司标识符则是创建应用程序的组织或个人的域名，但按相反的顺序排列。这两者组成了束标识符，它将用户的应用程序与其他 iOS 应用程序区分开来，如图 2-16 所示。

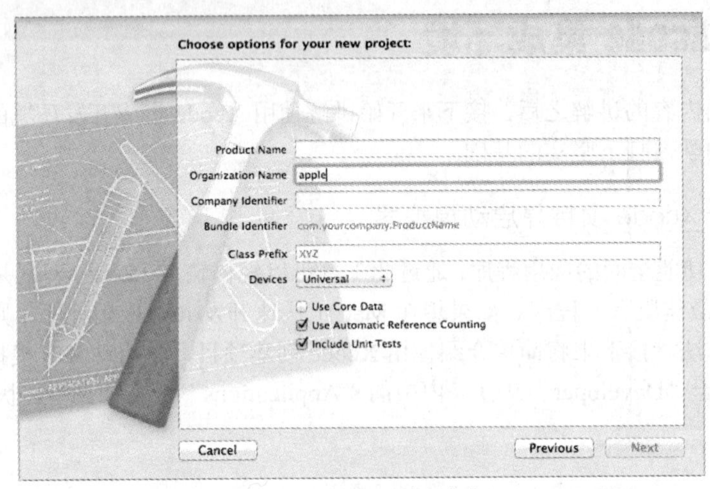

▲图 2-16　Xcode 文件列表窗口

例如将要创建一个名为“Hello”的应用程序，这是产品名。设置域名为“teach.com”，因此将公司标识符设置为“com.teach”。如果没有域名，开始开发时可使用默认标识符。

④ 将产品名设置为“Hello”，再提供我们选择的公司标识符。保留文本框“Class Prefix”为空。从下拉列表“Device Family”中选择使用的设备（iPhone 或 iPad），并确保选中了复选框“Use Automatic Reference Counting（使用自动引用计数）”。不要选中复选框“Include Unit Tests（包含单元测试）”，界面效果将类似于图 2-17 所示。

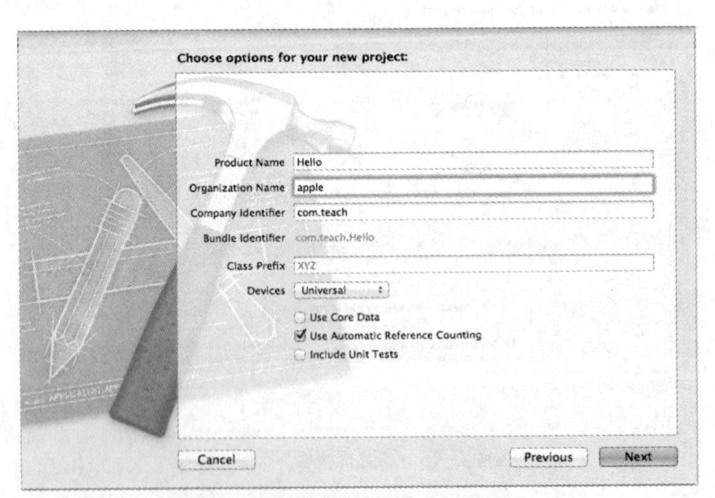

▲图 2-17　指定产品名和公司标示符

⑤ 单击“Next”按钮后，Xcode 将要求我们选择项目的存储位置。切换到硬盘中合适的文件夹，确保没有选择复选框“Source Control”，再单击“Create（创建）”按钮。Xcode 将创建一个

名称与项目名相同的文件夹，并将所有相关联的模板文件都放到该文件夹中，如图 2-18 所示。

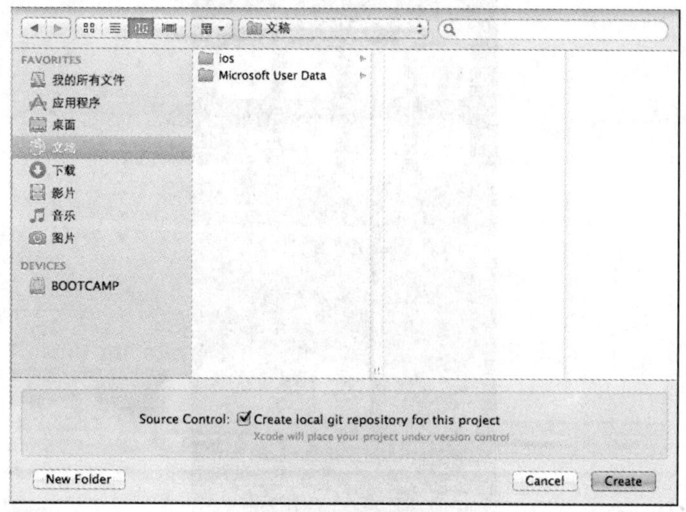

▲图 2-18 选择保存位置

⑥ 在 Xcode 中创建或打开项目后，将出现一个类似于 iTunes 的窗口，可以使用它来完成所有的工作，从编写代码到设计应用程序界面。如果是第一次接触 Xcode，会发现有很多复杂的按钮、下拉列表和图标。下面首先介绍该界面的主要功能区域，如图 2-19 所示。

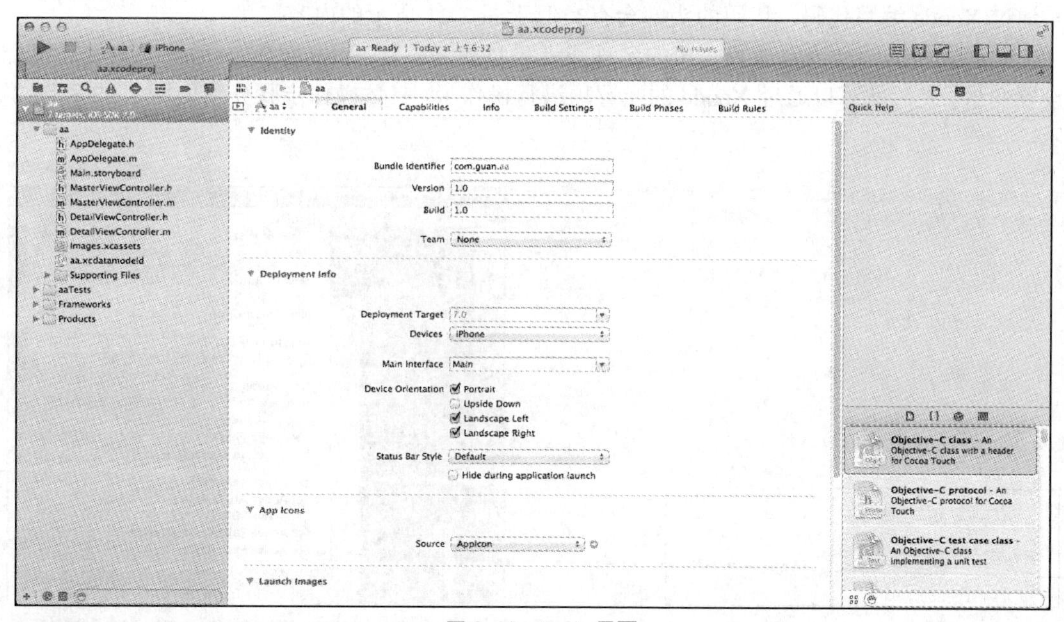

▲图 2-19 Xcode 界面

⑦ 运行 iOS 模拟器的方法十分简单，只需单击左上角的按钮即可。例如 iPhone 模拟器的运行效果如图 2-20 所示。

注意 在笔者写作本书时，Xcode 的测试版还不能使用 iPad 模拟器，苹果公司建议在最新的完整版本中使用 iPad 模拟器。

▲图 2-20　iPone 模拟器的运行效果

2.3.2　Xcode 集成开发环境概述

1．改变公司名称

通过 Xcode 编写代码，代码的头部会有类似于图 2-21 所示的内容。

在此需要将这部分内容改为公司的名称或者项目的名称，在 Xcode 3.2.x 版本之前，需要命令行设置变量。之后就可以通过 Xcode 的配置项进行操作了，具体操作步骤分别如图 2-22 和图 2-23 所示。

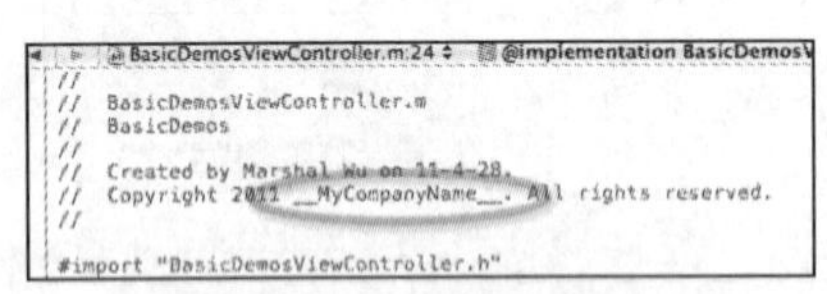

▲图 2-21　头部内容

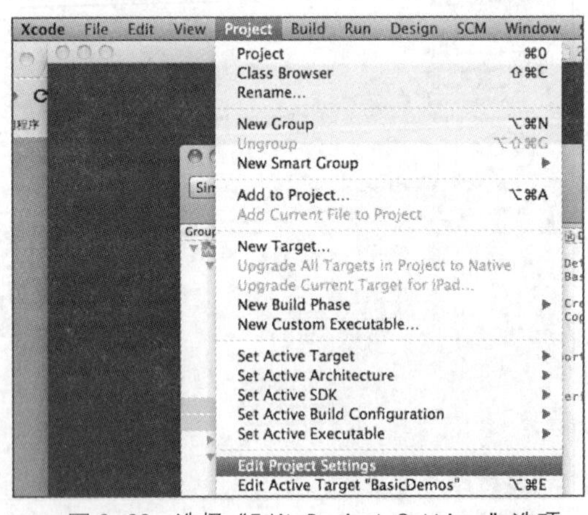

▲图 2-22　选择 "Edit Project Settings" 选项

这样如果再创建文件，就会产生与图 2-24 类似的效果。

2．通过搜索框缩小文件范围

当项目开发到一段时间后，源代码文件会越来越多。如果这时再从 Groups & Files 的界面去点选，开发效率比较差。可以借助 Xcode 的浏览器窗口，如图 2-25 所示。

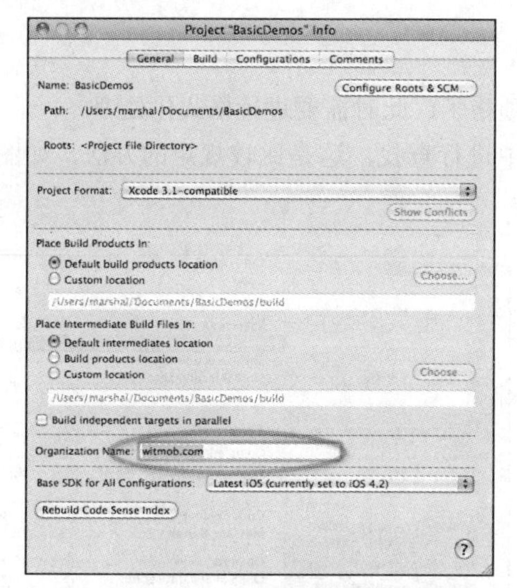

▲图 2-23　设置显示的内容

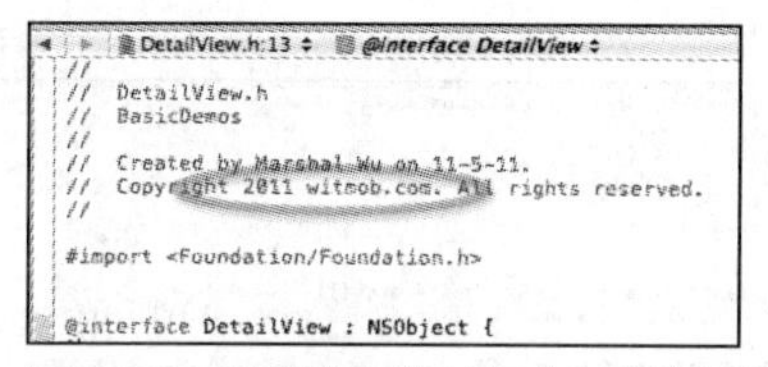

▲图 2-24　新创建文件时自动生成的内容

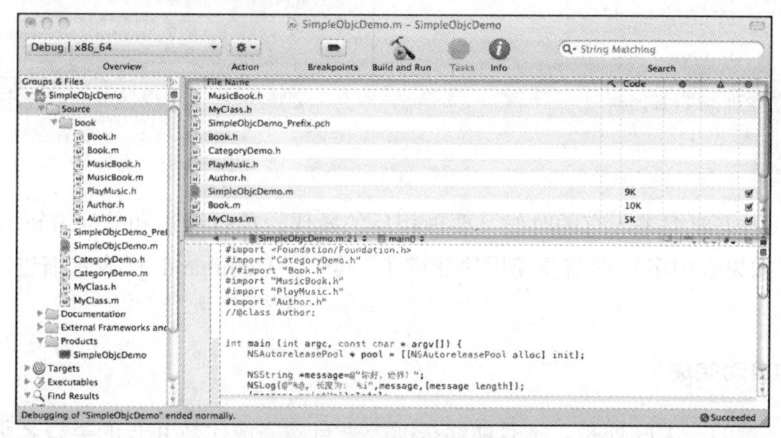

▲图 2-25　Xcode 的浏览器窗口

如果不喜欢显示这个窗口，也可以通过快捷键“Shift+Command+E”来切换是否显示。在图 2-25 的搜索框中可以输入关键字，这样浏览器窗口里只显示带关键字的文件了，比如只想看 Book 相关的类，如图 2-26 所示。

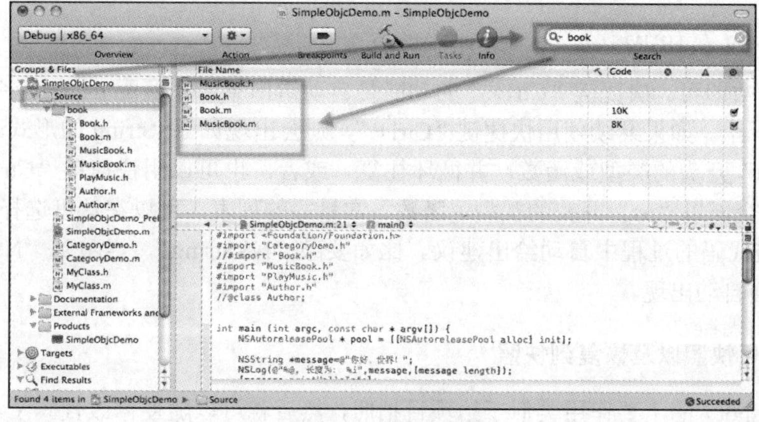

▲图 2-26　输入关键字

3. 格式化代码

例如在如图 2-27 所示的界面中，有很多行都顶格了，此时需要进行格式化处理。

选中需要格式化的代码，然后在上下文菜单中进行查找，这是比较规矩的办法，如图 2-28 所示。

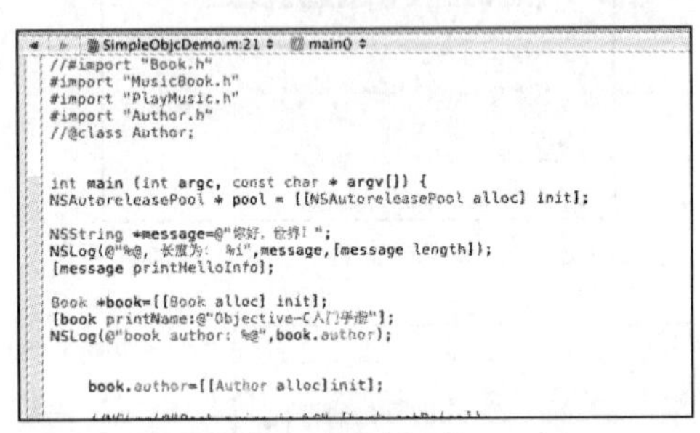

▲图 2-27　多行都顶格

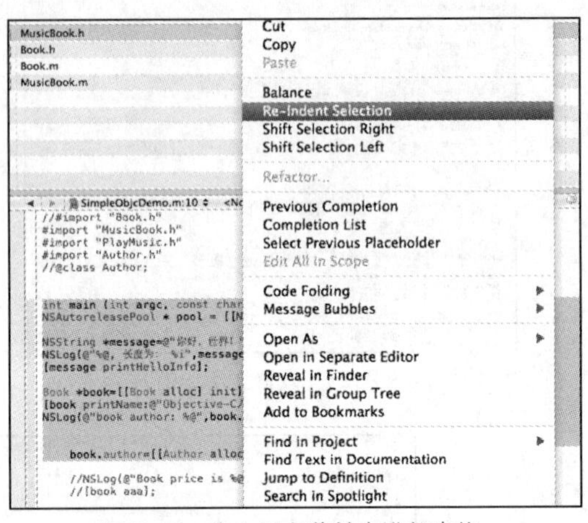

▲图 2-28　在上下文菜单中进行查找

4. 缩进代码

有的时候代码需要缩进，有的时候又要做相反的操作。单行缩进和其他编辑器类似，只需使用 Tab 键即可。如果选中多行则需要使用快捷键了，其中，“Command+]”表示缩进，“Command+[”表示反向缩进。

5. 代码的自动完成

使用 IDE 工具的一大好处是，工具能够帮助大家自动完成比较冗长的类型名称。Xcode 提供了这方面的功能，比如下面的输出日志：

```
NSLog(@"book author: %@",book.author);
```

如果手动输入上述代码会非常麻烦，可以先敲 ns，然后使用快捷键“Ctrl+.”，会自动出现如下代码：

```
NSLog(NSString * format)
```

然后填写参数即可。快捷键“Ctrl+.”的功能是自动给出第一个匹配 ns 关键字的函数或类型，而 NSLog 是第一个。如果继续使用快捷键“Ctrl+.”，则会出现如 NSString 的形式。依次类推，会显示所有以“ns”开头的类型或函数，并循环往复。或者，也可以用快捷键“Ctrl+,”，比如还是 ns，那么会显示全部以“ns”开头的类型、函数、常量等的列表，可以在这里选择。其实，Xcode 也可以在用户敲代码的过程中自动给出建议。比如要敲“NSString”，当敲到“NSStr”的时候，后面的“ing”会自动出现。

6. 设置项目快照以及恢复到快照

快照（snapshot）的主要作用类似于给项目拍照，然后就可以随便修改代码了，而不必担心因为改乱了而无法回退到之前的版本。如果确实改乱了，只需恢复到快照就可以了，恢复后好像什么也没发生过。

可以使用“Make Snapshot”命令创建快照，如图 2-29 所示。另外也可以使用快捷键“Ctrl+Command+S 来完成。

恢复的时候使用“Snapshots”命令实现，如图 2-30 所示。

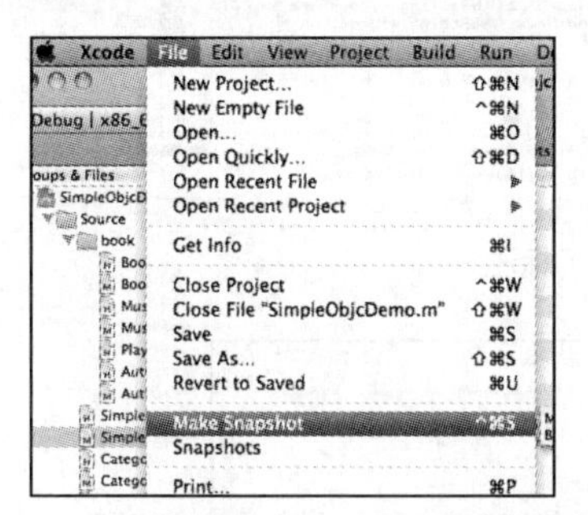

▲图 2-29 使用“Make Snapshot”命令创建快照

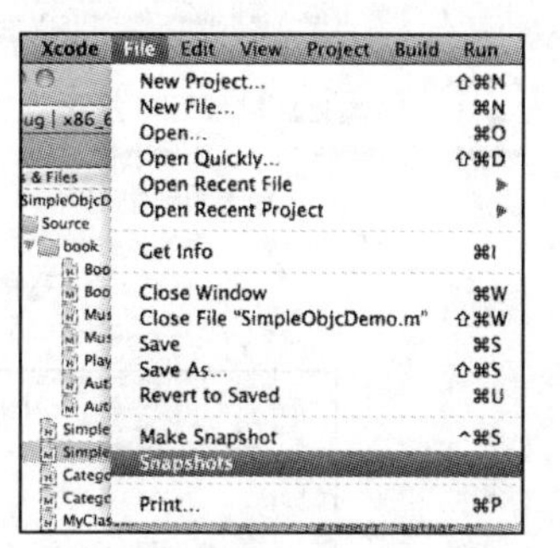

▲图 2-30 使用“Snapshots”命令恢复

然后选中要做快照的版本，如图 2-31 所示。

按下“Make”按钮可以给当前项目拍照，并生成新的快照。可以在“Comments”框中写下该快照的备注信息，便于以后恢复时辨别，按下“Delete”按钮可以删除不必要的快照，按下“Restore”按钮可以用选中的快照覆盖当前项目，按下“Show Files”按钮可以列出选中快照和当前项目文件的差异。

例如在如图 2-32 所示的界面中列出了两个不同的文件，再选中文件时可以看到在不同的地方给出了标注，如图 2-33 所示。

7. 文件内查找和替代

在编辑代码的过程中经常会做查找和替代的操作，如果只是查找则直接按“Command+F”即可，在代码的右上角会出现如图 2-34 所示的对话框。只需在里面输入关键字，不论大小写，代码中所有命中的文字都高亮显示。

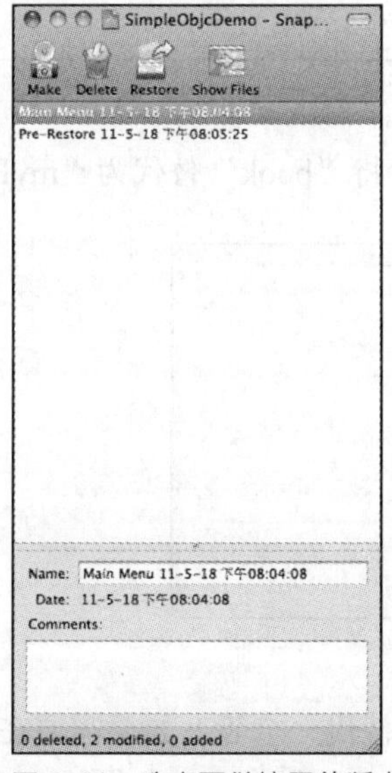

▲图 2-31 选中要做快照的版本

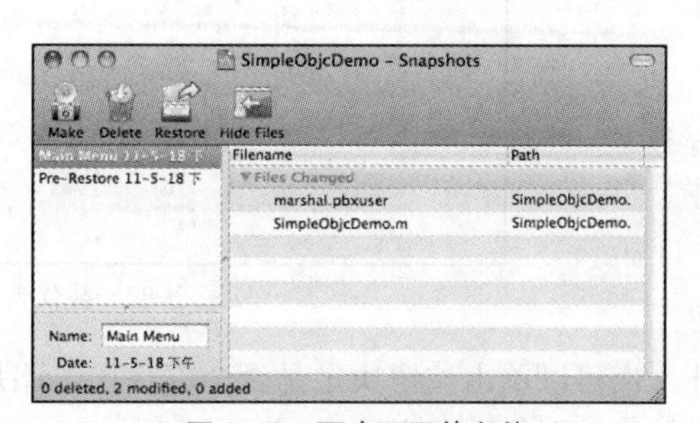

▲图 2-32 两个不同的文件

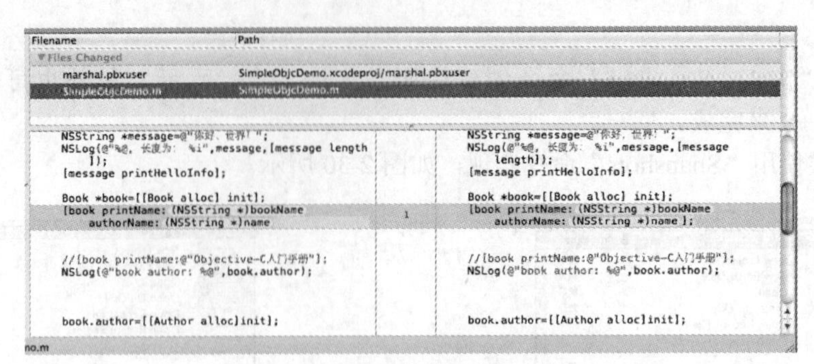

▲图 2-33　不同的地方给出了标注

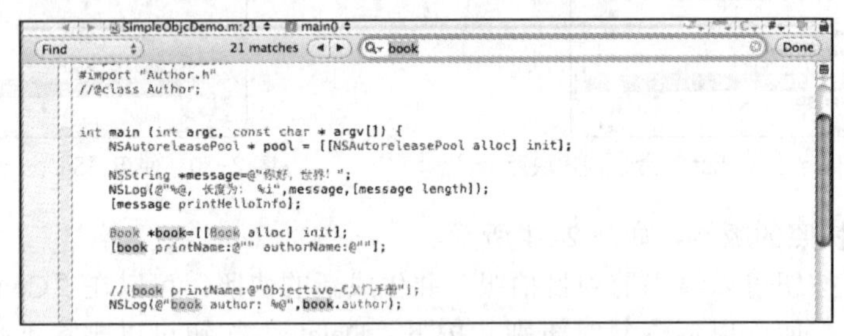

▲图 2-34　查找界面

也可以实现更复杂的查找，比如是否大小写敏感，是否使用正则表达式等。设置界面如图 2-35 所示。

通过图 2-36 中的“Find & Replace”可以切换到替代界面。

▲图 2-35　复杂查找设置

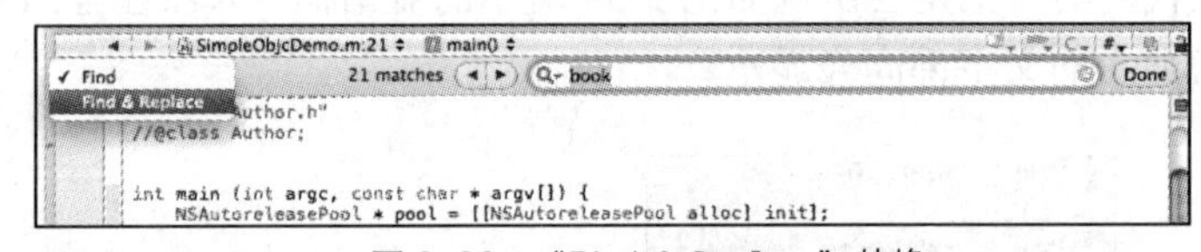

▲图 2-36　“Find & Replace”替换

例如，图 2-37 所示的界面将查找设置为大小写敏感，然后将“book”替代为“myBook”。

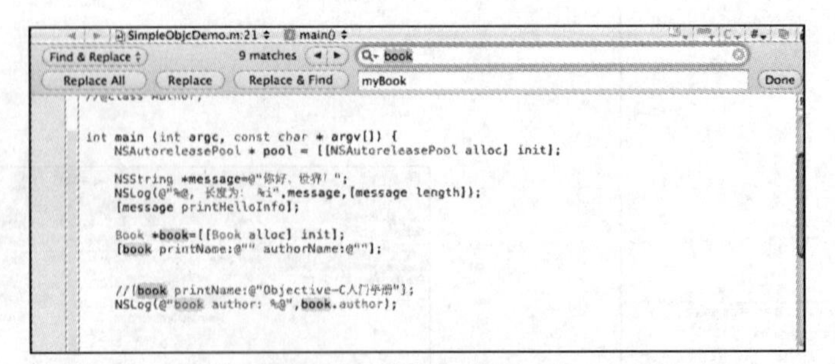

▲图 2-37　替代为“myBook”

另外，也可以单击按钮决定是否全部替代，还是查找一个替代一个等。如果需要在整个项目内查找和替代，则依次单击“Edit”→“Find”→“Find in Project…”命令，如图 2-38 所示。

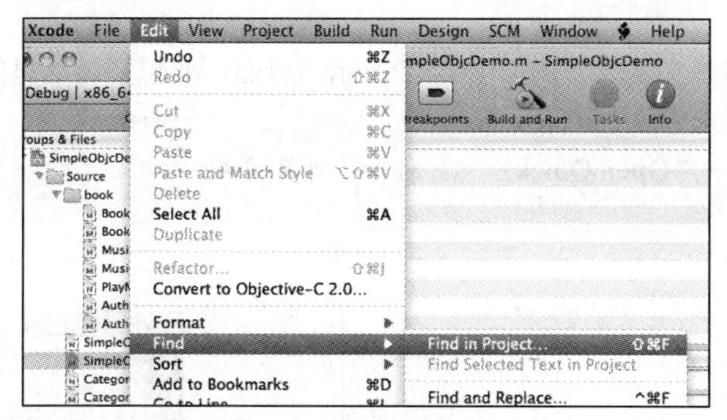

▲图 2-38 "Find in Project..." 命令

还是以找关键字"book"为例，则实现界面如图 2-39 所示。

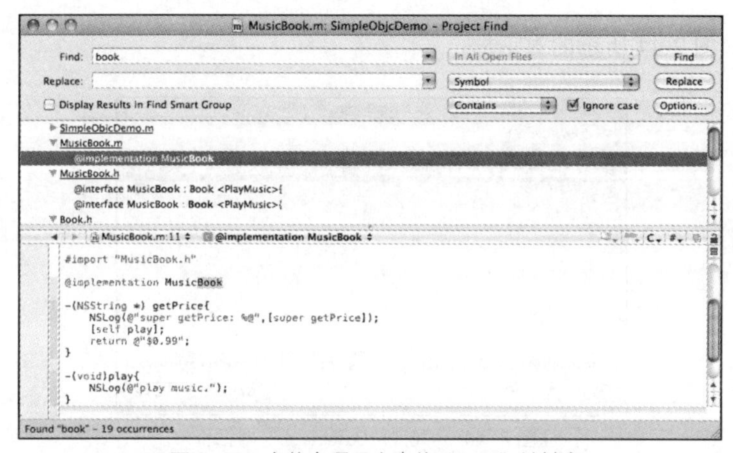

▲图 2-39 在整个项目内查找"book"关键字

替代操作的过程也与之类似，在此不再进行详细讲解。

8. 快速定位到代码行

如果想定位光标到选中文件的行上，可以使用快捷键"Command+L"来实现，也可以依次单击"Edit"→"Go to Line"命令实现，如图 2-40 所示。

在使用菜单或者快捷键时都会出现下面的对话框，输入行号和按回车键后就会来到该文件的指定行，如图 2-41 所示。

▲图 2-40 "Go to Line" 命令

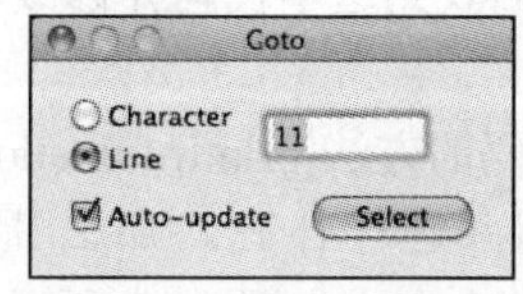

▲图 2-41 输入行号

9. 快速打开文件

有时候需要快速打开头文件，例如图 2-42 所示的界面。要想知道这里的文件 Cocoa.h 到底是什么内容，可以用鼠标选中文件 Cocoa.h。

依次单击“File”→“Open Quickly...”命令，如图 2-43 所示。

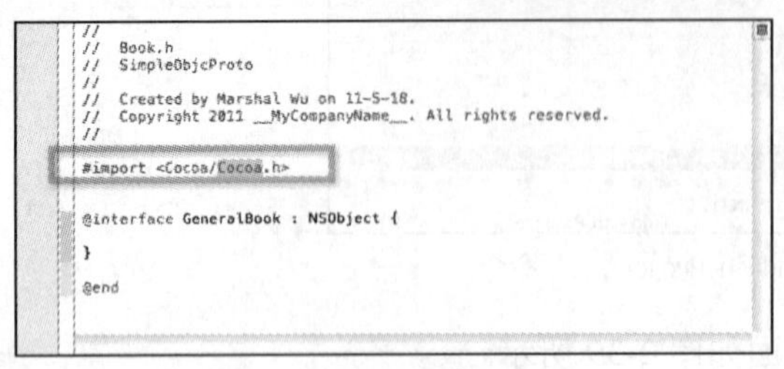

▲图 2-42　一个头文件

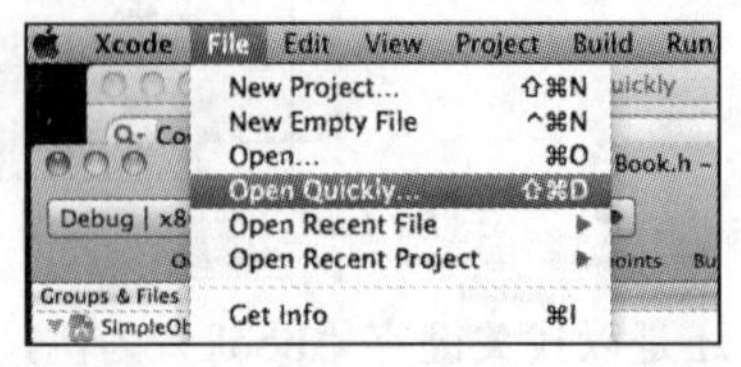

▲图 2-43　“Open Quickly...”命令

此时会弹出如图 2-44 所示的对话框。

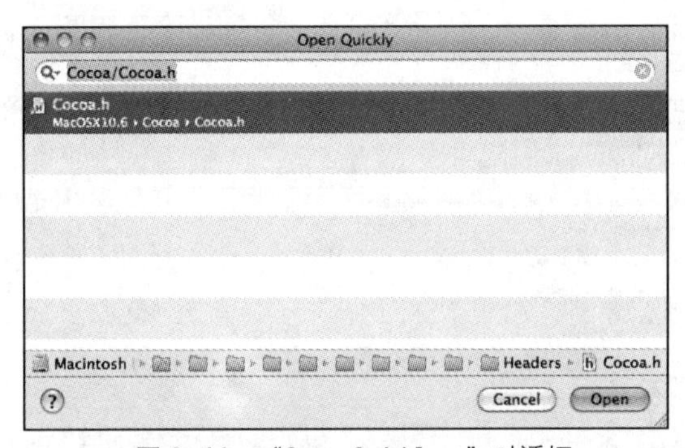

▲图 2-44　“Open Quickly...”对话框

此时双击文件 Cocoa.h 的条目就可以看到如图 2-45 所示的界面。

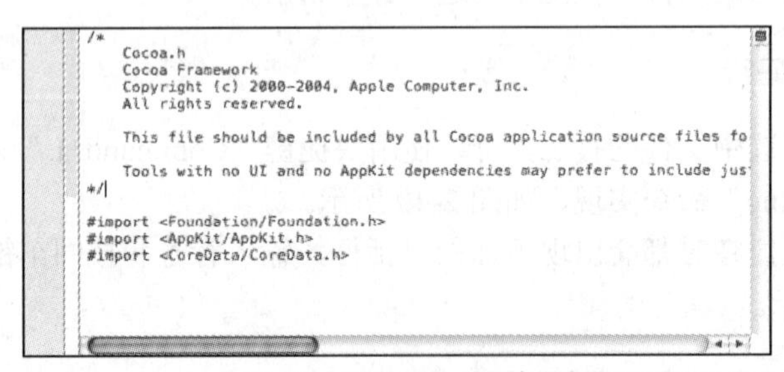

▲图 2-45　文件 Cocoa.h 的内容

10. 使用书签

使用 Eclipse 的用户会经常用到 TODO 标签，比如正在编写代码的时候需要做其他事情，或者提醒自己以后再实现的功能时，可以写一个 TODO 注释，这样可以在 Eclipse 的视图中可以找到，方便以后找到这个代码并修改。其实 Xcode 也有类似的功能，比如存在一段如图 2-46 所示的代码。

这段代码的方法 printInfomation 是空的，暂时不需要具体实现。但是需要做一个标记，便于以后能找到并进行补充。那么让光标停留在方法内部，然后单击鼠标右键，选择“Add to Bookmarks”命令，如图 2-47 所示。

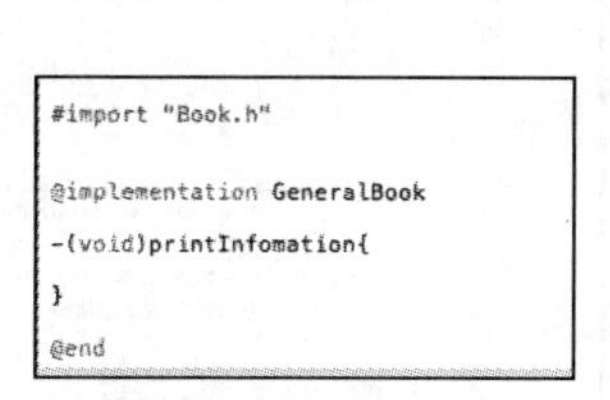

```
#import "Book.h"

@implementation GeneralBook
-(void)printInfomation{
}
@end
```

▲图 2-46　一段代码

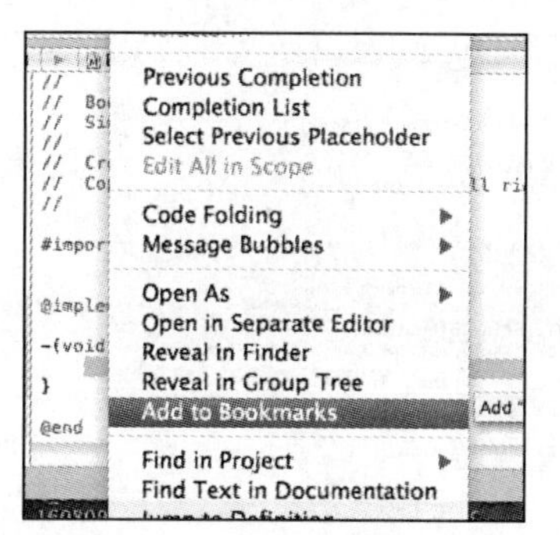

▲图 2-47　选择“Add to Bookmarks”命令

此时会弹出一个对话框，可以在里面填写标签的内容，如图 2-48 所示。

这样就可以在项目的书签节点找到这个条目了，如图 2-49 所示。此时点击该条目，可以回到刚才添加书签时光标的位置。

▲图 2-48　填写标签的内容

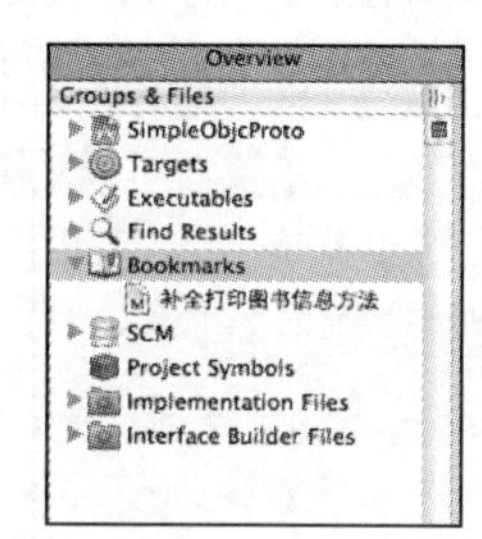

▲图 2-49　在项目的书签节点找到这个条目

11. 自定义导航条

在代码窗口上面有一个工具条，此工具条提供了很多导航功能，例如图 2-50 所示的功能。

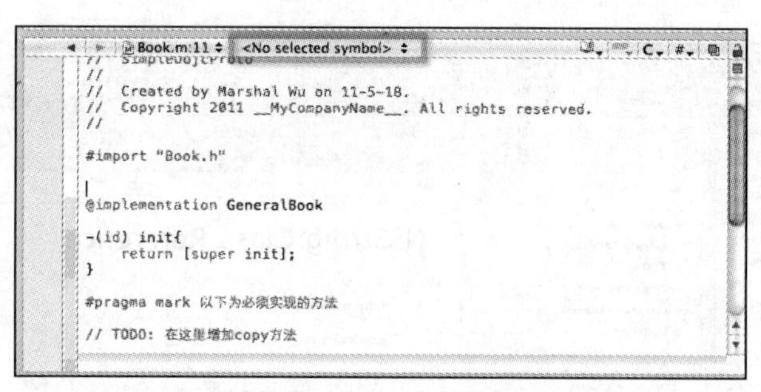

▲图 2-50　一个导航条

此导航条也可以用来实现上面 TODO 的需求。这里有两种自定义导航条的写法，标准写法如下。

```
#pragma mark
```

而下面是 Xcode 兼容的格式。

```
// TODO: xxx
// FIXME: xxx
```

完整的代码如图 2-51 所示。

此时会产生如图 2-52 所示的导航条效果。

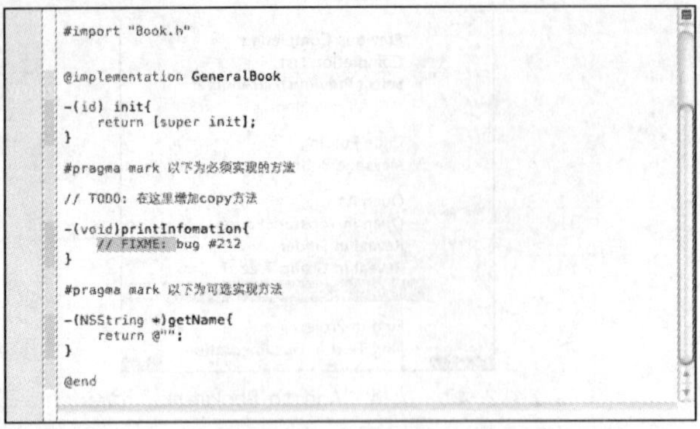

```
#import "Book.h"

@implementation GeneralBook

-(id) init{
    return [super init];
}

#pragma mark 以下为必须实现的方法

// TODO: 在这里增加copy方法

-(void)printInfomation{
    // FIXME: bug #212
}

#pragma mark 以下为可选实现方法

-(NSString *)getName{
    return @"";
}

@end
```

▲图 2-51　完整的代码

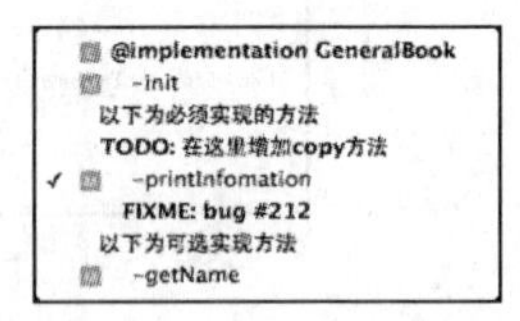

▲图 2-52　产生的导航条效果

12. 使用 Xcode 帮助

如果想快速地查看官方 API 文档，可以在源代码中按下“Option”键并用鼠标双击该类型（函数、变量等），比如下面图 2-53 所示的是 NSString 的 API 文档对话框。

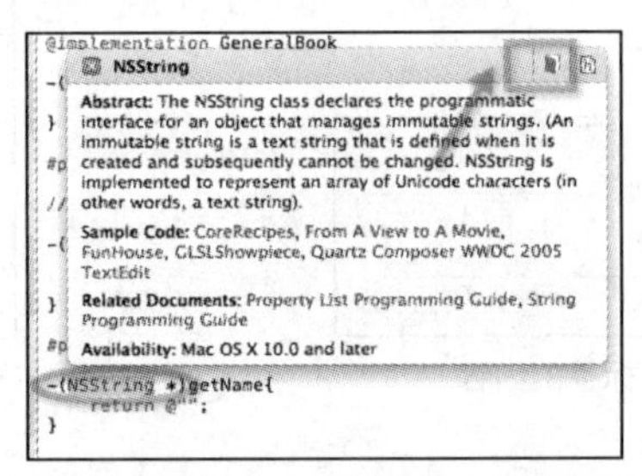

▲图 2-53　NSString 的 API 文档对话框

如果单击上图中标识的按钮，会弹出完整文档的窗口，如图 2-54 所示。

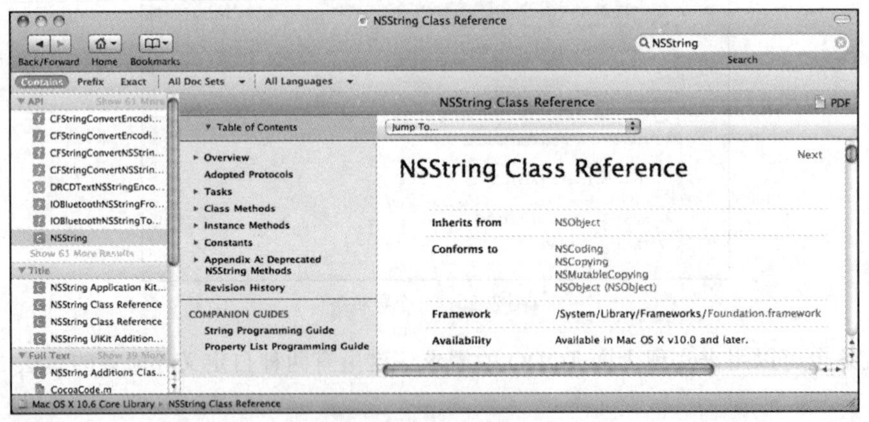

▲图 2-54　完整文档的窗口

13. 调试代码

最简单的调试方法是通过 NSLog 打印出程序运行中的结果，然后根据这些结果判断程序运行的流程和结果值是否符合预期。对于简单的项目，通常使用这种方式就足够了。但是，如果开发的是商业项目，需要借助 Xcode 提供的专门调试工具。所有的编程工具的调试思路都是一样的。首先要在代码中设置断点，此时可以想象一下，程序的执行是顺序的，可能怀疑某个地方的代码除了问题（引发 Bug），那么就在这段代码开始的地方，比如一个方法的第一行，或者循环的开始部分，设置一个断点。那么程序在调试时会在运行到断点时中止，接下来可以一行一行地执行代码，判断执行顺序是否是自己预期的，或者变量的值是否和自己想的一样。

设置断点的方法非常简单，比如想对红框表示的行设置断点，就单击该行左侧的红圈位置，如图 2-55 所示。

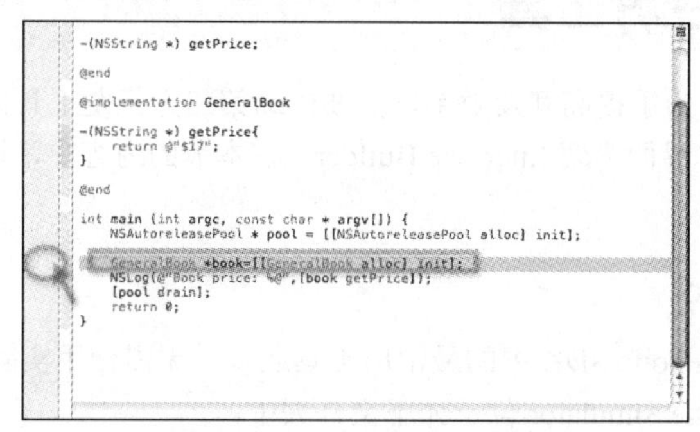

▲图 2-55　单击该行左侧红圈位置

单击后会出现断点标志，如图 2-56 所示。

然后运行代码，比如使用“Command+Enter”命令，这时将运行代码，并且停止在断点处，如图 2-57 所示。

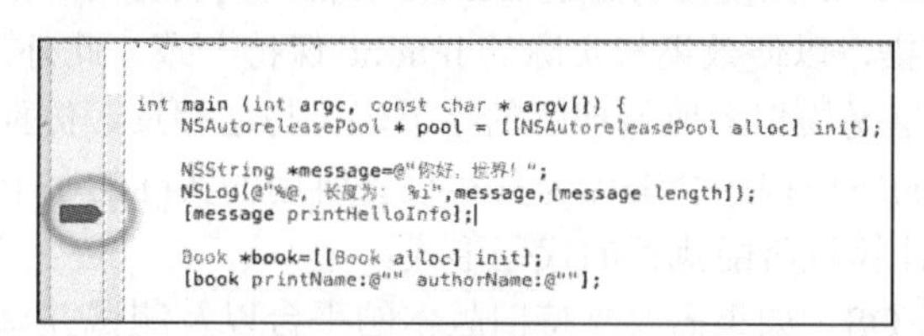

▲图 2-56　出现断点标志

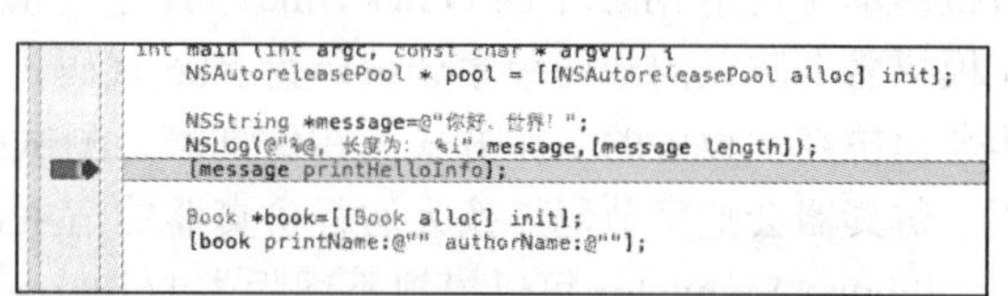

▲图 2-57　停止在断点处

可以通过“Shift+Command+Y”命令调出调试对话框，如图 2-58 所示。

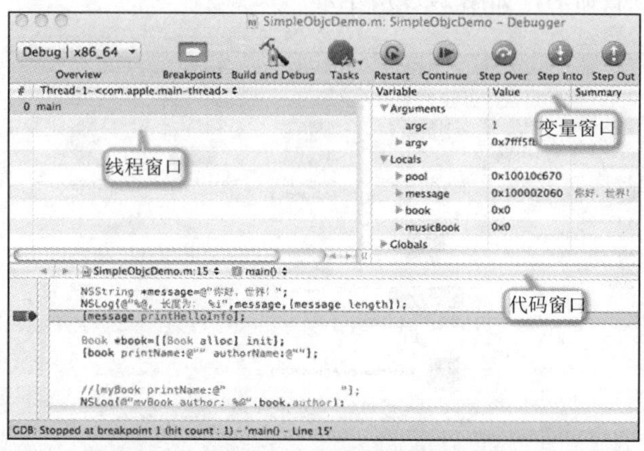

▲图 2-58　调试对话框

这和其他语言 IDE 工具的界面大同小异，而且都具有类似的功能。在下面只列出了最为常用的命令。

- Continue：继续执行程序。
- step over, step into, step out：用于单步调试，分别表示如下 3 点说明。

- step over：将执行当前方法内的下一个语句。
- step into：如果当前语句是方法调用，将单步执行当前语句调用方法内部的第一行。
- step out：将跳出当前语句所在方法，到方法外的第一行。

通过调试工具，可以对应用做全面和细致的调试。

2.4 常用的第三方工具

在 iOS 开发应用中，为了提高开发效率，需要借助第三方开发工具。例如测试程序需要模拟器 iPhone Simulator，设计界面需要 Interface Builder。在本节的内容中，将简单介绍这两个工具的基本知识。

2.4.1 iPhone Simulator

iPhone Simulator 是 iPhone SDK 中的最常用工具之一，无需使用实际的 iPhone/iPod Touch 就可以测试应用程序。iPhone Simulator 位于如下文件夹中。

```
/Developer/iPhone OS <version> /Platforms/iPhoneSimulator.platform/Developer/Applications/
```

通常不需要直接启动 iPhone Simulator，它在 Xcode 运行（或是调试）应用程序时会自动启动。Xcode 会自动将应用程序安装到 iPhone Simulator 上。iPhone Simulator 是一个模拟器，并不是仿真器。模拟器会模仿实际设备的行为。iPhone Simulator 会模仿实际的 iPhone 设备的真实行为。但模拟器本身使用 Mac 上的 QuickTime 等库进行渲染，以便效果与实际的 iPhone 保持一致。此外，在模拟器上测试的应用程序会编译为 X86 代码，这是模拟器所能理解的字节码。与之相反，仿真器会模仿真实设备的工作方式。在仿真器上测试的应用程序会编译为真实设备所用的实际的字节码。仿真器会把字节码转换为运行仿真器的宿主计算机所能执行的代码形式。

iPhone Simulator 可以模拟不同版本的 iPhone OS。如果需要支持旧版本的平台以及测试并调试特定版本的 OS 上的应用程序所报告的错误，该功能就很有用。

启动 Xcode 后选择左边的“iPhone OS”下面的“Application”，然后依次选择“View”→“based Application”，然后为项目命名，如图 2-59 所示。

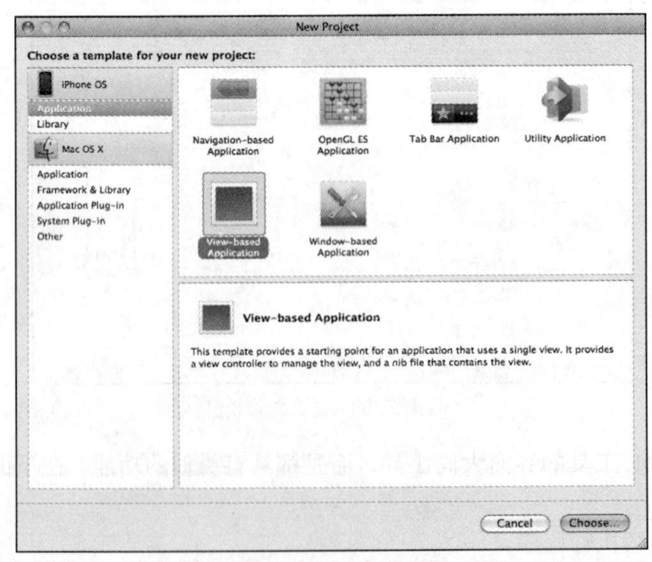

▲图 2-59　Xcode 界面

在新建的项目中不做任何操作，直接单击“Build and Run”按钮，即可在模拟器中运行程序，如图 2-60 所示。

▲图 2-60 模拟器界面

2.4.2 Interface Builder

Interface Builder（IB）是 Mac OS X 平台下的用于设计和测试用户界面（GUI）的应用程序（非开源）。为了生成 GUI，IB 并不是必需的，实际上，Mac OS X 下所有的用户界面元素都可以使用代码直接生成，但是 IB 能够使开发者简单快捷地开发出符合 Mac OS X human-interface guidelines 的 GUI。通常只需要通过简单的拖曳（drag-n-drop）操作来构建 GUI 就可以了。

IB 使用 Nib 文件储存 GUI 资源，同时适用于 Cocoa 和 Carbon 程序。在需要的时候，Nib 文件可以被快速地载入内存。Interface Builder 是一个可视化工具，用于设计 iPhone 应用程序的用户界面。可以在 Interface Builder 中将视图拖拽到窗口上并将各种视图连接到插座变量和动作上，这样它们就能以编程的方式与代码交互。

Interface Builder 的设计界面如图 2-61 所示。

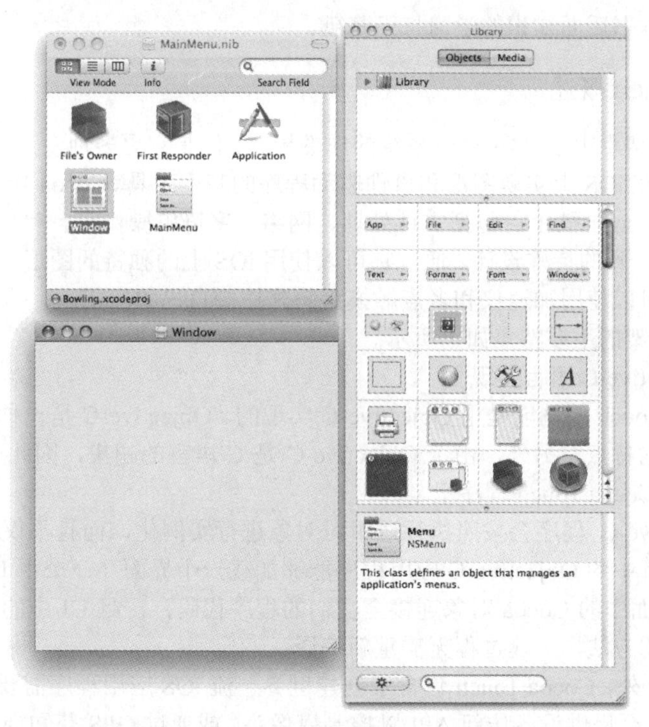

▲图 2-61 Interface Builder 界面

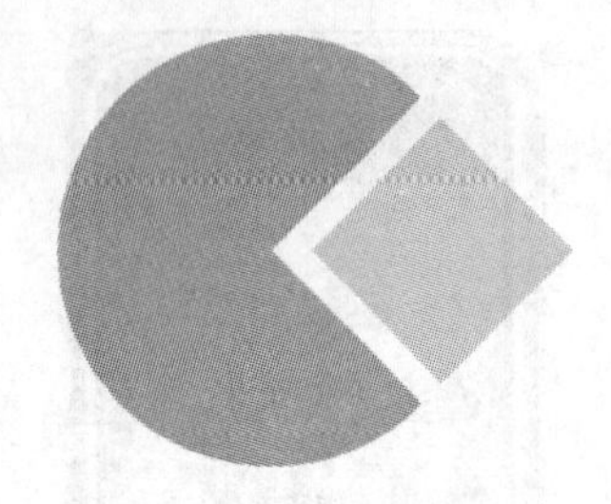

第3章 Cocoa Touch

Cocoa Touch 是苹果公司提供的专门用于程序开发的 API，可以开发 iPhone、iPod 和 iPad 中的软件。另外，Cocoa Touch 也是苹果公司针对 iPhone 应用程序快速开发提供的一个类库，这个库以一系列框架库的形式存在，支持开发人员使用用户界面元素构建图像化的事件驱动的应用程序。本章将详细讲解 Cocoa Touch 的基本知识，为读者进入本书后面知识的学习打下基础。

3.1 Cocoa Touch 基础

Cocoa Touch 是开发 iOS 程序的一个重要框架之一。本节将简要介绍 Cocoa Touch 框架的基本知识，为读者进入本书后面知识的学习打下基础。

3.1.1 Cocoa Touch 概述

Cocoa Touch 框架重用了许多 Mac 系统的成熟模式，但是它更多地专注于触摸的接口和优化。例如，UIKit 提供了在 iOS 上实现图形和事件驱动程序的基本工具。Cocoa Touch 建立在和 Mac OS X 中一样的 Foundation 框架上，包括文件处理、网络、字符串操作等。并且，Cocoa Touch 具有和 iPhone 用户接口一致的特殊设计，通过它可以使用 iOS 上的独特的图形接口控件、按钮以及全屏视图的功能，还可以使用加速仪和多点触摸手势来控制自己的应用。

Cocoa Touch 框架的主要特点如下所示。

（1）基于 Objective-C 语言实现

大部分 Cocoa Touch 的功能是用 Objective-C 实现的。Objective-C 是一种面向对象的语言，具有编译运行速度快的特点。另外，由于 Objective-C 是 C 语言的超集，因此可以很容易地将 C 甚至 C++代码添加到 Cocoa Touch 程序里。

运行的 Objective-C 程序会按照执行逻辑对对象进行实例化，而且不仅仅是按照编译时的定义。例如，一个运行中的 Objective-C 应用程序能够加载一个界面（一个由 Interface Builder 创建的 nib 文件），将界面中的 Cocoa 对象连接至我们的程序代码，一旦 UI 中的某个按钮被按下，程序便能够执行对应的方法，上述过程无需重新编译。

其实除了 UIKit 外，Cocoa Touch 包含了创建世界一流 iOS 应用程序需要的所有框架，从三维图形到专业音效，甚至提供设备访问 API 以控制摄像头，或通过 GPS 获知当前位置。Cocoa Touch 既包含只需要几行代码就可以完成全部任务的强大的 Objective-C 框架，也能够在需要时提供基础的 C 语言 API 来直接访问系统。

（2）强大的 Core Animation

使用 Core Animation，就可以通过一个基于组合独立图层的简单的编程模型来创建丰富的用户体验。

（3）强大的 Core Audio

Core Audio 是播放、处理和录制音频的专业技术，能够为应用程序添加强大的音频功能。

（4）强大的 Core Data

Core Data 提供了一个面向对象的数据管理解决方案，它易于使用和理解，甚至可处理任何应用或大或小的数据模型。

3.1.2 Cocoa Touch 中的框架

在 Cocoa Touch 中提供了如下几类十分常用的框架。

（1）音频和视频

- Core Audio。
- OpenAL。
- Media Library。
- AV Foundation。

（2）数据管理

- Core Data。
- SQLite。

（3）图形和动画

- Core Animation。
- OpenGL ES。
- Quartz 2D。

（4）网络

- Bonjour。
- WebKit。
- BSD Sockets。

（5）用户应用

- Address Book。
- Core Location。
- Map Kit。
- Store Kit。

3.1.3 Cocoa Touch 的优势

和 Andriod 等开发平台相比，Cocoa Touch 的最大优点是更加成熟。尽管 iOS 还是一种相对年轻的 Apple 平台，但是其 Cocoa 框架已经十分成熟了。Cocoa 始于在 20 世纪 80 年代中期使用的平台——NeXT Computer（一种 NeXTSTEP）。在 20 世纪 90 年代初，NeXTSTEP 发展成了跨平台的 OpenStep。Apple 于 1996 年收购了 NeXT Computer。在随后的 10 年中，NeXTSTEP/OpenStep 框架成为 Macintosh 开发的事实标准，并更名为 Cocoa。

> 注意
>
> Cocoa 和 Cocoa Touch 的区别
>
> Cocoa 是用于开发 Mac OS X 应用程序的框架。iOS 虽然以 Mac OS X 的众多基本技术为基础，但并不完全相同。Cocoa Touch 针对触摸界面进行了大量的定制，并受手持系统的约束。传统上需要占据大量屏幕空间的桌面应用程序组件被更简单的多视图组件取代，而鼠标单击事件则被“轻按”和“松开”事件取代。
>
> 另外，令开发者高兴的是：如果决定从 iOS 开发转向 Mac 开发，在这两种平台上将遵循很多相同的开发模式，而不用从头开始学习。

3.2 iPhone 的技术层

Cocoa Touch 层由多个框架组成，他们为应用程序提供了核心功能。 Apple 以一系列层的方式来描述 iOS 实现的技术，其中每层都可以使用不同的技术框架组成。在 iPhone 的技术层中，Cocoa Touch 层位于最上面。iPhone 的技术层结构如图 3-1 所示。

▲图 3-1 iPhone 的技术层结构

本节将简单介绍 iPhone 应用中各个技术层的基本知识。

3.2.1 Cocoa Touch 层

Cocoa Touch 层是由多个框架组成的，它们为应用程序提供核心功能（包括 iOS 4.x 中的多任务和广告功能）。在这些框架中，UIKit 是最常用的 UI 框架，能够实现各种绚丽的界面效果功能。Cocoa Touch 层包含了构建 iOS 程序的关键 framework。此层定义了程序的基本结构，支持如多任务、基于触摸的输入、push notification 等关键技术，以及很多上层系统服务。

1. Cocoa Touch 层的关键技术

（1）多任务

对于 iOS SDK 4.0 以及之后的 SDK 构建的程序（且运行在 iOS 4.0 和以后版本的设备上），用户按下 Home 按钮的时候程序不会结束，它们会挪到后台运行。UIKit 帮助实现的多任务支持使得程序可以平滑切换到后台，或者切换回来。

为了节省电力，大多数程序进入后台后马上就会被系统暂停。暂停的程序还在内存里，但是不执行任何代码。这样程序在需要重新激活的时候可以快速恢复，而且同时不浪费任何电力。然而，在如下原因下，程序也可以在后台下运行。

- 程序可以申请有限的时间完成一些重要的任务。
- 程序可以声明支持某种特定的服务，需要周期的后台运行时间。
- 程序可以使用本地通知在指定的时间给用户发信息，不管程序是否在运行。
- 不管程序在后台是被暂停还是继续运行，支持多任务都不需要用户做什么额外的事情。系统会在切换到后台或者切换回来的时候通知程序。在这个时刻，程序可以直接执行一些重要的任务，例如保存用户数据等。

（2）打印

从 iOS 4.2 开始，UIKit 开始引入了打印功能，允许程序把内容通过无线网路发送给附近的打印机。关于打印，大部分重体力劳动由 UIKit 承担。它管理打印接口，和用户的程序协作渲染打印的内容，管理打印机里打印作业的计划和执行。

程序提交的打印作业会被传递给打印系统，它管理真正的打印流程。设备上所有程序的打印作业会被排成队列，先入先出地打印。用户可以从打印中心程序看到打印作业的状态。所有这些打印细节都由系统自动处理。

注意 仅有支持多任务的设备才支持无线打印。读者的程序可使用 UIPrintInteraction-Controller 对象来检测设备是否支持无线打印。

（3）数据保护

从 iOS 4.0 起引入了数据保护功能，需要处理敏感用户数据的应用程序可以使用某些设备内建的加密功能（某些设备不支持）。当程序指定某文件受保护的时候，系统就会把这个文件用加密的格式保存起来。设备锁定的时候，用户的程序和潜在入侵者都无法访问这些数据。然而，当设备由用户解锁后，会生成一个密钥让用户的程序访问文件。

要想实现良好的数据保护，需要仔细考虑如何创建和管理自己需要保护的数据。应用程序必须在数据创建时确保数据安全，并适应设备上锁与否带来的文件可访问性的变化。

（4）苹果的推通知服务

从 iOS 3.0 开始，苹果发布了苹果推通知服务。推通知服务提供了一种机制，即使程序已经退出，仍旧可以发送一些新信息给用户。使用这种服务，可以在任何时候推送文本通知给用户的设备，可以包含程序图标作为标识，发出提示声音。这些消息提示用户，应该打开程序接收并查看相关的信息。

从设计的角度看，要让 iOS 程序可以发送推通知，需要做两部分的工作。首先，程序必须请求通知的发送，且在送达的时候能够处理通知数据。然后，用户需要提供一个服务端流程去生成这些通知。这一流程发生在用户自己的服务器上，和苹果的推通知服务一起触发通知。

（5）本地通知

从 iOS 4.0 开始，苹果推出了本地通知，作为推通知机制的补充，应用程序使用这一方法可以在本地创建通知信息，而不用依赖于一个外部的服务器。运行在后台的程序，可以在重要时间发生的时候利用本地通知提醒用户注意。例如，一个运行在后台的导航程序可以利用本地通知，提示用户该转弯了。程序还可以预定在未来的某个时刻发送本地通知，即使程序已经被终止这种通知也是可以被发送的。

本地通知的优势在于它独立与我们的程序。一旦通知被预定，系统就会来管理它的发送。在消息发送的时候，甚至不需要应用程序运行。

（6）手势识别器

从 iOS 3.2 开始引入了手势识别器这一概念，可以把它附加到 View 上，然后用它们检测划过或者捏合等通用的手势。当将手势识别器附加到 View 后，可以设置手势发生时执行哪些操作。手势识别器会跟踪原始的触摸事件，使用系统预置的算法判断目前的手势。

UIKit 包含了 UIGestureRecognizer 类，定义了所有手势识别器的标准行为。用户可以定义自己的定制手势识别器子类，或者是使用 UIKit 提供的手势识别器子类来处理如下的标准手势。

- 点击（任何次数）。
- 捏合缩放。
- 平移或者拖动。
- 划过（任何方向）。
- 旋转（手指分别向相反方向）。
- 长按。
- 文件共享支持。

文件共享功能是从 iOS 3.2 才开始引入的，利用它，程序可以把用户的数据文件开放给 iTunes 9.1 以及以后版本。程序一旦声明支持文件共享，那么它的“/Documents@”目录下的文件就会开放给用户。要打开文件共享支持，需要做如下几项的工作。

- 在程序的 Info.ppst 文件内加入键 UIFileSharingEnabled，值设置为“YES”。
- 把要共享的文件放在程序的“Documents”目录内。
- 设备插到用户电脑时，iTunes 在选定设备的程序页下面显示文件共享块。
- 用户可以在桌面上增加和删除文件。

由此可以看出，要想实现支持文件共享的程序，程序必须能够识别放到“Documents”目录中的文件，并且能够正确地处理它们。

（7）点对点对战服务

从 iOS 3.0 起引入的 Game Kit 框架提供了基于蓝牙的点对点对战功能。可以使用点对点连接和附近的设备建立通信，虽然这主要是用于游戏的，但是也可以用于其他类型的程序中。

（8）标准系统 View Controller

Cocoa Touch 层的很多框架提供了用来展现标准系统接口的 View Controller。应该尽量使用这些 View Controller，以保持用户体验的一致性。当需要做如下操作的时候应该使用对应框架提供的 View Controller。

- 显示和编辑联系人信息：使用 Address Book UI 框架提供的 View Controller。
- 创建和编辑日历事件：使用 Event Kit UI 框架提供的 View Controller。
- 编写 Email 或者短消息：使用 Message UI 框架提供的 View Controller。
- 打开或者预览文件的内容：使用 UIKit 框架里的 UIDocumentInteractionController 类。
- 拍摄一张照片，或者从用户的照片库里面选择一张照片：使用 UIKit 框架内的 UIImagePickerController 类。
- 拍摄一段视频：使用 UIKit 框架内的 UIImagePickerController 类。

（9）外部显示支持

从 iOS 3.2 开始引入了外部显示支持，允许一些 iOS 设备通过支持的线缆连接到外部的显示器上。连接时，程序可以用对应的屏幕来显示内容。例如可以用这个框架来把程序的窗口连接到一个屏幕，或另外一个屏幕。

2. Cocoa Touch 层包含的框架

在 Cocoa Touch 层中，主要包含以下几个框架。

（1）UIKit

UIKit 提供了大量的功能。它负责启动和结束应用程序，控制界面和多点触摸事件，并让我们能够访问常见的数据视图（如网页以及 Word 和 Excel 文档等）。另外，UIKit 还负责 iOS 内部的众多集成功能。访问多媒体库、照片库和加速计也可以使用 UIKit 中的类和方法来实现。

对 UIKit 框架来说，其强大的功能是通过自身的一系列的 Class（类）来实现的。通过这些类可以建立和管理 iPhone OS 应用程序的用户界面接口、应用程序对象、事件控制、绘图模型、窗口、视图，还可以控制触摸屏等接口。

在 iOS 中的每个应用程序中，都可以使用这个框架实现以下几种核心功能。

- 应用程序管理。
- 用户界面管理。

- 图形和窗口支持。
- 多任务支持。
- 支持对触摸的处理以及基于动作的事件。
- 展现标准系统 View 和控件的对象。
- 对文本和 Web 内容的支持。
- 对剪切、复制和粘贴的支持。
- 用户界面动画支持。
- 通过 URL 模式和系统内其他程序交互。
- 支持苹果推通知。
- 对残障人士的易用性支持。
- 本地通知的预定和发送。
- 创建 PDF。
- 支持使用行为类似于系统键盘的定制输入 View。
- 支持创建和系统键盘交互定制的 text View。

除了提供程序的基础代码支持外，UIKit 还包括了以下几种设备支持特性。

- 加速度传感器数据。
- 内建的摄像头（如果有的话）。
- 用户的照片库。
- 设备名和型号信息。
- 电池状态信息。
- 接近传感器信息。
- 耳机线控信息。

（2）Map Kit

Map Kit 框架允许开发人员在任何应用程序中添加 Google 地图视图，包括标注、定位和事件处理功能。在 iOS 设备中使用 Map Kit 框架的效果如图 3-2 所示。

从 iOS 3.0 开始正式引入了 Map Kit 框架（MapKit.framework），此框架提供了一个可以嵌入到程序里的地图接口。基于该接口的行为，它提供了可缩放的地图 View，可标记定制的信息。我们可以把它嵌入在程序的 View 里面，编程设置地图的属性，保存当前显示的地图区域和用户的位置。还可以定义定制标记，或者使用标准标记（大头针标记），突出地图上的区域，显示额外的信息。

从 iOS 4.0 开始，这个框架加入了可拖动标记和定制覆盖对象的功能。拖动标记可以使用户移动一个已经被放置到地图上的标记，还可以通过编程或者用户行为。覆盖对象提供了创建比标记点更复杂的地图标记的能力。可以使用覆盖对象在地图上放置信息，例如公交路线、选区图、停车区域、天气信息（如雷达数据）。

（3）Game Kit

Game Kit 框架进一步提高了 iOS 应用程序的网络交互性。Game Kit 提供了创建并使用对等网络的机制，例如语音聊天。可以将这些功能加入到任何应用程序中，而不仅仅是游戏中。在当前市面中，有很多利用 Game Kit 框架实现的 iOS 游戏产品，如图 3-3 所示的游戏就是其中之一。

▲图 3-2　使用 Map Kit 框架的效果

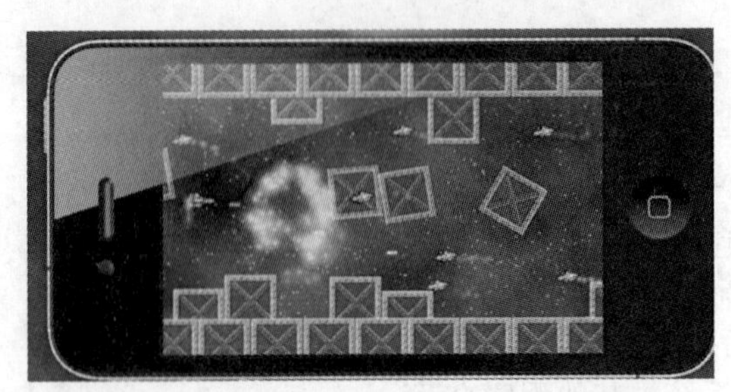

▲图 3-3 用 Game Kit 框架实现的 iOS 游戏

（4）Message UI/Address Book UI/Event Kit UI

这些框架可以实现 iOS 应用程序之间的集成功能。框架 Message UI、Address Book UI 和 Event Kit UI 让我们可以在任何应用程序中访问电子邮件、联系人和日历事件。

（5）iAd

iAd 框架是一个广告框架，通过此框架可以在我们的应用程序中加入广告。iAd 框架是一个交互式的广告组件，通过简单的拖放操作就可以将其加入到我们开发的软件产品中。在应用程序中，用户无需管理 iAd 交互，这些工作由 Apple 自动完成。

从 iOS 4.0 版本开始才正式引入了 iAd 框架（iAd.framework），支持程序中显示 banner 广告。广告由标准的 View 构成，可以把它们插入到用户界面中，并在恰当的时候显示。View 本身和苹果的广告服务通信，处理一切载入和展现广告内容以及响应点击等工作。

（6）Event Kit UI 框架

从 iOS 4.0 版本开始正式引入了 Event Kit UI 框架（EventKitUI.framework），提供了用来显示和编辑事件的 View Controller。

3.2.2 多媒体层

当 Apple 设计计算设备时，已经考虑到了多媒体功能。iOS 设备可以创建复杂的图形，播放音频和视频，甚至可生成实时的三维图形。这些功能都是由多媒体层中的框架处理的。

1. AV Foundation

AV Foundation 框架可以播放和编辑复杂的音频和视频。该框架用于实现高级功能，如电影录制、音轨管理和音频平移。

2. Core Audio

Core Audio 框架提供了在 iPhone 中播放和录制音频的方法，还包含了 Toolbox 框架和 AudioUnit 框架，其中前者可用于播放警报声或导致短暂震动，而后者可用于处理声音。

3. Core Image

通过使用 Core Image 框架，开发人员可以在应用程序中添加高级图像和视频处理功能，而无需它们后面复杂的计算。例如，Core Image 提供了人脸识别和图像过滤功能，可轻松地将这些功能加入到任何应用程序中。

4. Core Graphics

通过使用 Core Graphics 框架，可以在应用程序中添加 2D 绘画和合成功能。在本书的内容中，大部分情况下都将在应用程序中使用现有的界面类和图像，但可以使用 Core Graphics 以编程方式操纵 iPhone 的视图。

5. Core Text

Core Text 实现了对 iPhone 屏幕上显示的文本进行精确的定位和控制。应将 Core Text 用于移动文本处理应用程序和软件，它们需要快速显示高品质的样式化文本。

6. Image I/O

Image I/O 框架可以导入和导出图像数据和图像元数据，这些数据能够以 iOS 支持的任何文件格式存储。

7. Media Player

Media Player 框架让开发人员能够使用典型的屏幕控件来轻松地播放电影，可以在应用程序中直接调用播放器。

8. OpenGL ES

OpenGL ES 是深受欢迎的 OpenGL 框架的子集，适用于嵌入式系统（ES）。OpenGL ES 可用于在应用程序中创建 2D 和 3D 动画。

9. Quartz Core

Quartz Core 框架用于创建需要使用硬件设备相结合的动画。

3.2.3 核心服务层

核心服务层用于访问较低级的操作系统服务，如文件存取、联网和众多常见的数据对象类型。

1. Accounts

鉴于其始终在线的特征，iOS 设备经常用于存储众多不同服务的账户信息。Accounts 框架简化了存储账户信息以及对用户进行身份验证的过程。

2. Address Book

Address Book 框架用于直接访问和操作地址簿。该框架用于在应用程序中更新和显示通信录。

3. CFNetwork

CFNetwork 让用户您能够访问 BSD 套接字、HTTP 和 FTP 协议请求以及 Bonj our 发现。

4. Core Data

Core Data 框架可用于创建 iOS 应用程序的数据模型，它提供了一个基于 SQLite 的关系数据库模型，可用于将数据绑定到界面对象，从而避免了使用代码进行复杂的数据操纵。

5. Core Foundation

Core Foundation 提供的大部分功能与 Foundation 框架相同，但它是一个过程型 C 语言框架，因此需要采用不同的开发方法，这些方法的效率比 Objective-C 面向对象模型低。除非绝对必要，否则应避免使用 Core Foundation。

6. Foundation

Foundation 框架提供了一个 Obj ective-C 封装器（wrapper），其中封装了 Core Foundation 的功能。操纵字符串、数组和字典等都是通过 Foundation 框架进行的。其他必需的应用程序功能也可以通过 Foundation 框架进行，如管理应用程序首选项、线程和本地化。

7. Event Kit

Event Kit 框架用于访问存储在 iOS 设备中的日历信息，还允许开发人员新建事件，其中包括闹钟。

8. Core Location

Core Location 框架可用于从 iPhone 和 iPad 3G 的 GPS（非 3G 设备支持基于 Wi-Fi 的定位服务，但精度要低得多）获取经度和纬度以及测量精度信息。

9. Core Motion

Core Motion 框架管理 iOS 平台中大部分与运动相关的事件，如使用加速计和陀螺仪。

10. Quick Look

Quick Look 框架在应用程序中实现文件浏览功能，即使应用程序不知道如何打开特定的文件类型。这旨在浏览下载到设备中的文件。

11. Store Kit

Store Kit 框架让开发人员能够在应用程序中创建购买事务，而无需退出程序。所有交互都是通过 App Store 进行的，因此无需通过 Store Kit 方法请求或传输金融数据。

12. SystemConfiguration

System Configuration 框架用于确定设备网络配置的当前状态，如连接的是哪个网络，哪些设备可达。

3.2.4 核心 OS 层

核心 OS 层由最低级的 iOS 服务组成。这些功能包括线程、复杂的数学运算、硬件配件和加密。需要访问这些框架的情况很少。

1. Accelerate

Accelerate 框架简化了计算和大数操作任务，其中包括数字信号处理功能。

2. Extemal Accessory

Extemal Accessory 框架用于开发到配件的接口，这些配件是基于接口或蓝牙连接的。

3. Security

Security 框架提供了执行加密（加密/解密数据）的函数，这包括与 iOS 密钥链交互以添加、删除和修改密钥项。

4. System

通过使用 System 框架，开发人员能够访问不受限制的 Unix 开发环境中的一些典型工具。

3.3 Cocoa Touch 中的框架

基础 Cocoa Touch 框架重用了许多 Mac 系统的成熟模式，但是它更多地专注于触摸的接口和优化。UIKit 提供了在 iOS 上实现图形和事件驱动程序的基本工具，其建立在和 Mac OS X 中一样的 Foundation 框架上，包括文件处理、网络、字符串操作等。Cocoa Touch 具有和 iPhone 用户接口一致的特殊设计，同时也拥有各色俱全的框架。除了 UIKit 外，Cocoa Touch 包含了创建世界一流 iOS 应用程序需要的所有框架，从三维图形到专业音效，甚至提供设备访问 API 以控制摄像头，或通过 GPS 获知当前位置。本节将简单讲解 Cocoa Touch 中的主要框架。

3.3.1 Core Animation（图形处理）框架

使用 Core Animation，就可以通过一个基于组合独立图层的简单的编程模型来创建丰富的用户体验。iOS 提供了一系列的图形图像技术，这是建立动人的视觉体验的基础。通过 Core Animation 可以处理 2D、3D 和动画效果。动画是按定义好的关键步骤创建的，步骤描述了文字层、图像层和 OpenGL ES 图形是如何交互的。Core Animation 在运行时按照预定义的步骤处理，平稳地将视觉元素从一步移至下一步，并自动填充动画中的过渡帧。

和 iOS 中的许多场景切换功能一样，Core Animation 也可以用来创建引人瞩目的效果，例如在屏幕上平滑地移动用户接口元素，并加入渐入渐出的效果，所有这些功能仅需几行 Core Animation 代码即可完成。

通过使用带有硬件加速的 OpenGL ES API 技术，可利用 iPhone 和 iPod touch 的强大的图形处理能力。OpenGL ES 具有比其他桌面版本更加简单的 APL，但使用了相同的核心理念，包括可编程着色器和其他能够使用户的 3D 程序或游戏脱颖而出的扩展。

1. Quartz 2D

Quartz 2D 是 iOS 下强大的 2D 图形 API，提供了专业的 2D 图形功能，如贝赛尔曲线、变换和渐变等。使用 Quartz 2D 来定制接口元素可以为用户的程序带来个性化外观。

2. 独立的分辨率

iPhone 4 高像素密度 Retina 屏可让任意尺寸的文本和图像都显得平滑流畅。如果需要支持早期的 iPhone，则可以使用 iOS SDK 中的独立分辨率，它可让应用程序运行于不同的屏幕分辨率环境。只需要对应用程序的图标、图形及代码稍做修改，便可确保它在各种 iOS 设备中都具有极好的视觉效果，并在 iPhone 4 设备上达到最佳状态。

3. 照片库

应用程序可以通过 UIKit 访问用户的照片库。例如，可以通过照片选取器界面浏览用户照片库，选取某张图片后再返回应用程序，能够控制是否允许用户对返回的图片进行拖动或编辑。另外，UIKit 还提供相机接口。通过该接口，应用程序可直接加载相机拍摄的照片。

3.3.2 Core Audio（音频处理）框架

Core Audio 是一门集播放、处理和录制音频为一体的专业技术，能够为应用程序添加强大的音频功能。在 iOS 中提供了丰富的音频和视频功能，我们可以轻松地在程序中使用媒体播放框架来传输和播放全屏视频。Core Audio 能够完全控制 iPod touch 和 iPhone 的音频处理功能。对于非常复杂的效果，OpenAL 能够让用户建立 3D 音频模型。

使用媒体播放框架能够让程序轻松地全屏播放视频。视频源可以是程序包中或者远程加载的一个文件。在影片播放完毕时会有一个简单的回调机制通知用户的程序，从而可以进行相应的操作。

1. HTTP 在线播放

通过使用 HTTP 在线播放的内置支持，程序可以在 iPhone 和 iPod touch 中播放标准 Web 服务器提供的高质量的音频流和视频流。并且在设计时就考虑了移动性的支持，HTTP 在线播放可以动态地调整播放质量以适应 Wi-Fi 或蜂窝网络的速度。

2. AV Foundation

在 iOS 系统中，所有音频和视频播放及录制技术都源自 AV Foundation。通常情况下，应用程序可以使用媒体播放器框架（Media Player framework）实现音乐和电影播放功能。如果所需实现的功能不止于此，而媒体播放器框架又没有相应支持，则可考虑使用 AV Foundation。AV Foundation 对媒体项的处理和管理提供高级支持。诸如媒体资产管理、媒体编辑、电影捕捉及播放、曲目管理及立体声声像等都在支持之列。

AV Foundation 程序可以访问 iPod touch 或 iPhone 中的音乐库，从而利用用户自己的音乐定制自己的用户体验。例如赛车游戏可以在赛车加速时将玩家最喜爱的播放列表变成虚拟广播电台，甚至可以让玩家直接在程序中选择定制的播放列表，无需退出程序即可直接播放。

Core Audio 是集播放、处理和录制音频为一体的专业级技术。通过 Core Audio，程序可以同时播放一个或多个音频流，甚至录制音频。Core Audio 能够透明管理音频环境，并自动适应耳机、蓝牙耳机或底座配件，同时它也可触发振动。

3.3.3 Core Data（数据处理）框架

此框架提供了一个面向对象的数据管理解决方案，它易于使用和理解，甚至可处理任何应用或大或小的数据模型。iOS 操作系统提供一系列用于存储、访问和共享数据的完整的工具和框架。

Core Data 是一个针对 Cocoa Touch 程序的全功能的数据模型框架，而 SQLite 非常适合用于关系数据库操作。应用程序可以通过 URL 在整个 iOS 范围内共享数据。Web 应用程序可以利用 HTML5 数据存储 API 在客户端缓冲保存数据。iOS 程序甚至可访问设备的全局数据，如地址簿里的联系人和照片库里的照片。

1. Core Data

Core Data 为创建基于“模型—视图—控制器（MVC）”模式的良好架构的 Cocoa 程序提供了一个灵活和强大的数据模型框架。Core Data 提供了一个通用的数据管理解决方案，用于处理所有应用程序的数据模型需求，不论程序的规模大小。用户可以在此基础上构建任何应用程序。只有想不到的，没有做不到的。

Core Data 能够以图形化的方式快速定义程序的数据模型，并方便地在代码中访问该数据模型。Core Data 提供了一套基础框架，不仅可以处理常见的功能，如保存、恢复、撤销、重做等，还可以在应用程序中方便地添加新的功能。由于 Core Data 使用内置的 SQLite 数据库，因此不需要单独安装数据库系统。

Interface Builder 是苹果的图形用户界面编辑器，提供了预定义的 Core Data 控制器对象，用于消除应用程序的用户界面和数据模型之间的大量粘合代码。读者不必担心 SQL 的语法，不必维护逻辑树来跟踪用户行为，也不必创建一个新的持久化机制。这一切都已经在您将应用程序的用户界面连接到 Core Data 模型时自动完成了。

2. SQLite

iOS 包含时下流行的 SQLite 库，这是一个轻量级但功能强大的关系数据库引擎，能够很容易地嵌入到应用程序中。SQLite 被多种平台上的无数应用程序所使用，事实上它已经被认为是轻量级嵌入式 SQL 数据库编程的工业标准。与面向对象的 Core Data 框架不同，通过 SQLite 通过使用过程化的针对 SQL 的 API 直接操作数据表。

3.4 iOS 程序的生命周期

任何程序的生命周期都是指从程序加载到程序结束这一短时间。本节将详细讲解 iOS 程序生命周期的基本知识，为读者步入本书后面知识的学习打下基础。

3.4.1 从一段代码看 iOS 程序的生命周期

在 iOS 应用中，通过单击主页面上的程度图标的方式可以启动一个程序。单击后，系统会显示一个过渡的画面，然后调用 main()函数来加载程序。从这一刻开始，大量的初始化工作都交给了 UIKit，它加载程序的用户界面并启动事件循环。在时间循环过程中，UIKit 将传入的时间和自定义对象相关联，并响应程序的命令事件。如果用户的某个操作引起程序的退出，UIKit 会通知程序并开始结束程序过程。

在 iOS 程序中，很少使用函数 main()。绝大多数实际的工作都交给函数 UIApplicationMain()来处理。因此当我们在 Xcode 中新建一个工程时，任何工程的模板生成的 main()函数几乎都是一样的，代码如下所示：

```
#import <UIKit/UIKit.h>
int main(int argc, char *argv[])
{
    NSAutoreleasePool * pool = [[NSAutoreleasePool alloc] init];
    int retVal = UIApplicationMain(argc, argv, nil, nil);
    [pool release];
    return retVal;
}
#import <UIKit/UIKit.h>
int main(int argc, char *argv[])
{
    NSAutoreleasePool * pool = [[NSAutoreleasePool alloc] init];
    int retVal = UIApplicationMain(argc, argv, nil, nil);
    [pool release];
    return retVal;
}
```

main()函数主要完成如下 3 个工作。

① 创建了一个自动释放池。

② 调用 UIApplicationMain()函数。

③ 释放自动释放池。一般来说，开发者不需要修改 main()函数。

函数 UIApplicationMain()是初始化程序的核心，它接受 4 个参数，并且开发者永远不需要修改传入的这 4 个参数。其中，argc 和 argv 两个参数来自于 main()接受的两个参数；另外两个 String 型参数分别表示程序的主要类(principal class)和代理类（delegate class)。

如果主要类（principal class）为 nil，则默认为 UIApplication；如果代理类（delegate class）为 nil，则程序假设程序的代理来自 Main nib 文件。如果这两个参数中的任意一个都不为 nil，UIApplicationMain()函数会根据参数创建相应的功能类。因此，如果程序中使用自定义的 UIApplication 类的子类（不建议继承 UIApplication 类建立自定义的子类），用户需要将自定义类名作为第 3 个参数传进来。

3.4.2 iOS 程序生命周期的原理

每一个 iOS 应用程序都包含一个 UIApplication 对象，iOS 系统通过该 UIApplication 对象监控应用程序生命周期的全过程。每一个 iOS 应用程序都要为其 UIApplication 对象指定一个代理对象，并由该代理对象处理 UIApplication 对象监测到的应用程序生命周期事件。

通常来说，一个 iOS 应用程序拥有如下所示的 5 种状态。

1. Not running

应用还没有启动，或者应用正在运行但是途中被系统停止。

2. Inactive

当前应用正在前台运行，但是并不接收事件（当前或许正在执行其他代码）。一般每当应用要从一个状态切换到另一个不同的状态时，中途过渡会短暂停留在此状态。唯一在此状态停留时间比较长的情况是用户锁屏时，或者系统提示用户去响应某些（诸如电话来电，有未读短信等）事件的时候。

3. Active

当前应用正在前台运行，并且接收事件。这是应用正在前台运行时所处的正常状态。

4. Background

应用处在后台，并且还在执行代码。大多数将要进入 Suspended 状态的应用会先短暂进入此状态。然而，对于请求需要额外的执行时间的应用，会在此状态保持更长一段时间。另外，如果一个应用要求启动时直接进入后台运行，这样的应用会直接从 Notrunning 状态进入 Background 状态，中途不会经过 Inactive 状态。例如没有界面的应用，注意，此处并不特指没有界面的应用，其实也可以是有界面的应用，只是如果要直接进入 Background 状态的话，该应用界面不会被显示。

5. Suspended

应用处在后台，并且已停止执行代码。系统自动地将应用移入此状态，且在此举之前不会对应用作任何通知。当处在此状态时，应用依然驻留内存但不执行任何程序代码。当系统发生低内存告警时，系统会将处于 Suspended 状态的应用清除出内存，以为正在前台运行的应用提供足够的内存。

由此可见，执行 iOS 程序的过程如图 3-4 所示。

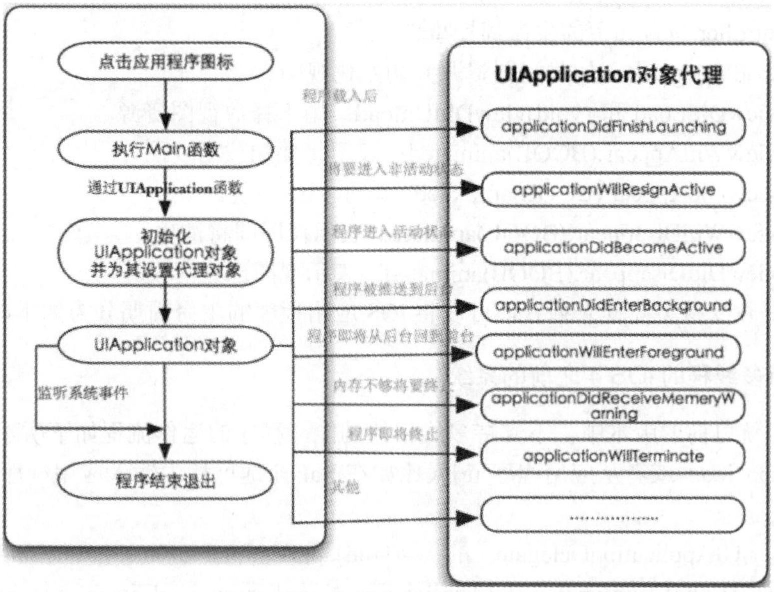

▲图 3-4 执行 iOS 程序的过程

作为 UIApplication 的代理类，必须要先实现 UIApplicationDelegate 协议，协议里明确了作为代理应该做或可以做哪些事情。UIApplication 对象负责监听应用程序的生命周期事件，并将生命周期事件交由 UIApplication 代理对象处理。

在 UIApplication 代理对象中，与生命周期有关的函数的具体说明如下所示。

- -(void)applicationWillResignActive:(UIApplication *)application：当应用程序将要进入非活动状态执行，在此期间，应用程序不接收消息或事件，比如来电话了。
- -(void)applicationDidBecomeActive:(UIApplication *)application：当应用程序进入活动状态执行，这个刚好跟上面那个方法相反。
- -(void)applicationDidEnterBackground:(UIApplication *)application：当程序被推送到后台的时候调用。所以要设置后台继续运行，则在这个函数里面设置即可。
- -(void)applicationWillEnterForeground:(UIApplication *)application：当程序从后台将要重新回到前台时候调用，这个刚好跟上面的那个方法相反。
- -(void)applicationWillTerminate:(UIApplication *)application：当程序将要退出时被调用，通常用来保存数据和一些退出前的清理工作。这个需要设置 UIApplicationExitsOnSuspend 的键值为"YES"，iOS 5 设置 Application does not run in background 的键值为"YES"。
- -(void)applicationDidReceiveMemoryWarning:(UIApplication *)application：iOS 设备只有有限的内存，如果为应用程序分配了太多内存操作系统会终止应用程序的运行，在终止前会执行这个方法，通常可以在这里进行内存清理工作，防止程序被终止。
- -(void)applicationDidFinishLaunching:(UIApplication*)application：当程序载入后执行。
- -(BOOL)application:(UIApplication*)application handleOpenURL:(NSURL*)url：当打开 URL 时执行。

3.4.3 UIViewController 的生命周期

UIViewController 是 iOS 顶层视图的载体及控制器，用户与程序界面的交互都是由

UIViewController 来控制的。UIViewController 用于管理 UIView 的生命周期及资源的加载与释放，而 UIView 与 UIWindow 共同展示了应用用户界面。

UIViewController 包含如下的生命周期事件。

- -(void)loadView：用于加载视图资源并初始化视图。
- -(void)viewDidLoad 和-(void)viewDidUnload：用于释放视图资源。
- -(void)viewWillAppear:(BOOL)animated：表示将要加载出视图。
- -(void)viewDidAppear:(BOOL)animated：表示视图出现。
- -(void)viewWillDisappear:(BOOL)animated：表示视图即将消失。
- -(void)viewDidDisappear:(BOOL)animated：表示视图已经消失。

根据系统是否支持多线程来划分，可以将 iOS 应用程序的生命周期分为如下两种。

1. 不支持多线程的 iOS 4 之前的系统

在 iOS 4 系统以前的版本中，不支持多线程的功能，程序的运作流程如下所示。

① 点击 app icon 或者从应用程序 url（比如在 Safari 地址栏中输入应用程序 url）启动应用程序。

② 进入 UIApplicationDelegate 的 -(void)applicationDidFinishLaunching:(UIApplication *)application;或- (BOOL)application:(UIApplication *)application didFinishLaunchingWithOptions:(NSDictionary *)launchOptions。

③ 如果是从 url 启动的则先进入 UIApplicationDelegate 的 - (BOOL)application:(UIApplication *)application handleOpenURL:(NSURL *)url，然后再跳转到第四步；否则直接跳转到第四步。

④ 进入 UIApplicationDelegate 的 - (void)applicationDidBecomeActive:(UIApplication *)application;。

⑤ 进入应用程序主循环，这时应用程序已经是活动的了，用户可以与应用程序交互。

⑥ 在第五步状态下，如果按住 home 键或者进行任务切换操作，将跳转到第八步；

⑦ 在第五步状态下，应用程序被中断（如来电，来短信），进入 UIApplicationDelegate 的 -(void)applicationWillResignActive:(UIApplication *)application。如果用户选择不处理继续留在当前应用程序，则回到第四步；如果用户选择处理，则跳转到⑧。

⑧ 进入 UIApplicationDelegate 的 - (void)applicationWillTerminate:(UIApplication *)application，当前应用程序关闭。

注意　这里所说的进入，并非真正的调用该消息，只是走流程。因为 UIApplicationDelegate 的方法都是@optional 的，实现了则真正执行，没有实现则什么也不做。

2. 支持多线程的 iOS 4 及其之后的系统

在支持多线程之后，只是比以前版本多了一个后台模式而已，具体说明如下。

① 在程序被中断之后，先进入后台：- (void)applicationDidEnterBackground:(UIApplication *)application;。

② 在程序被中断后继续时，要从后台模式切换到前台：- (void)applicationWillEnterForeground:(UIApplication *)application。

注意

iOS 3.2 下构建的程序也会进入 applicationDidEnterBackground:，然后马上关闭掉。而 iOS 4.x 下构建的程序，进入 applicationDidEnterBackground:后，不会马上关闭掉，而是留在后台状态。在后台状态下，无论是通过点击 app icon 还是任务切换回到前台，首先进入的是 applicationWillEnterForeground，然后才是 applicationDidBecomeActive。

当系统内存不足时，系统会强行关闭那些尚在内存中但处于后台状态的 app，以腾出足够的内存供使用。但是那些被强行关闭的程序不会调用任何 UIApplicationDelegate 的委托方法，只会得到一个 KILL 信号。长按 app icon，强行关闭 app，也是同样的处理过程。在 iOS 4 及之后的系统中，在 app 运行过程中接电话/查看短信，应用程序不会被关闭，它会进入后台模式。我们可以双击 home 键查看所有当前运行着的应用程序。

3.5 Cocoa 中的类

iOS SDK 中有数千个类，但是编写的大部分应用程序都可以通过使用很少的类去实现 90%的功能。为了让读者熟悉这些类及其用途，本节将介绍在本书后面几章中会经常遇到的类。

3.5.1 核心类

在新建一个 iOS 应用程序时，即使它只支持最基本的用户交互，也将使用一系列常见的核心类。在这些类中，虽然有很多在日常编码过程中并不会用到，但是它们仍扮演了重要的角色。在 Cocoa 中，常用的核心类有以下几种。

1. 根类（NSObject）

根类是所有类的子类。面向对象编程的最大好处是当我们创建子类时，它可以继承父类的功能。NSObject 是 Cocoa 的根类，几乎所有 Objective-C 类都是从它派生来的。这个类定义了所有类都有的方法，如 alloc 和 init。在开发中我们无需手工创建 NSObject 实例，但是我们可以使用从这个类继承的方法来创建和管理对象。

2. 应用程序类（UIApplication）

UIApplication 的作用是提供了 iOS 程序运行期间的控制和协作工作。每一个程序在运行期间必须有且仅有一个 UIApplication（或其子类）的一个实例。UIApplication 的主要工作是处理用户事件，它会提供一个队列，把所有用户事件都放入队列中并逐个处理，在处理的时候会发送当前事件到一个合适的处理事件的目标控件。此外，UIApplication 实例还维护一个在本应用中打开的 Window 列表（UIWindow 实例），这样它就可以接触应用中的任何一个 UIView 对象。UIApplication 实例会被赋予一个代理对象，以处理应用程序的生命周期事件（比如程序启动和关闭）、系统事件（比如来电、记事项警告）等。

3. 窗口类（UIWindow）

UIWindow 提供了一个用于管理和显示视图的容器。在 iOS 中，视图更像是典型桌面应用程序的窗口，而 UIWindow 的实例不过是用于放置视图的容器。在本书中将只使用一个 UIWindow 实例，它将在 Xcode 提供的项目模板中自动创建。

窗口是视图的一个子类，主要有如下两个功能。

- 提供一个区域来显示视图
- 将事件（event）分发给视图

4. 视图（UIView）

UIView 类定义了一个矩形区域，并管理该区域内的所有屏幕显示，我们将其称为视图。在现实中编写的大多数应用程序都首先将一个视图加入到一个 UIWindow 实例中。视图可以使用嵌套形成层次结构，例如顶级视图可能包含按钮和文本框，这些控件被称为子视图，而包含它们的视图称为父视图。几乎所有视图都可以在 Interface Builder 中以可视化的方式创建。

5. 响应者（UIResponder）

在 iOS 中，一个 UIResponder 类表示一个可以接收触摸屏上的触摸事件的对象，通俗一点来说，就是表示一个可以接收事件的对象。在 iOS 中，所有显示在界面上的对象都是从 UIResponder 直接或间接继承来的。UIResponder 类让继承它的类能够响应 iOS 生成的触摸事件。UIControl 是几乎所有屏幕控件的父类，它是从 UIView 派生而来的，而后者又是从 UIResponder 派生而来的。UIResponder 的实例被称为响应者。

6. 屏幕控件（UIControl）

UIControl 类是从 UIView 派生而来的，且是几乎所有屏幕控件（如按钮、文本框和滑块）的父类，此类负责根据触摸事件（如按下按钮）触发操作。例如可以为按钮定义几个事件，并且可以对这些事件做出响应。通过使用 Interface Builder，可以将这些事件同编写的操作关联起来。UIControl 负责在幕后实现这种行为。

UIControl 类是 UIView 的子类，当然也是 UIResponder 的子类。UIControl 是诸如 UIButton、UISwitch、UITextField 等控件的父类，它本身也包含了一些属性和方法，但是不能直接使用 UIControl 类，它只是定义了子类都需要使用的方法。

7. 视图控制器（UIViewController）

几乎在本书的所有应用程序项目中都将使用 UIViewController 类来管理视图的内容。此类提供了一个用于显示的 view 界面，同时包含 view 加载、卸载事件的重定义功能。在此需要注意的是，在自定义其子类实现时，必须在 Interface Builder 中手动关联 view 属性。

3.5.2　数据类型类

在 Cocoa 中，常用的数据类型类如下所示。

1. 字符串（NSString/NSMutableString）

字符串是一系列字符——数字、字母和符号，本书中将经常使用字符串来收集用户输入以及创建和格式化输出。和我们平常使用的众多数据类型对象一样，Cocoa 中也有两个字符串类，即 NSString 和 NSMutableString。两者的差别如下所示。

- NSMutableString：用于创建可被修改的字符串，NSMutableString 实例是可修改的（加长、缩短、替换等）。
- NSString 实例在初始化后就保持不变。

在 Cocoa Touch 应用程序中，使用字符串的频率非常高，这导致 Apple 允许使用语法@"<my string value>"来创建并初始化 NSString 实例。例如，如果要将对象 myLabel 的 text 属性设置为字符串"Hello World!"，可使用如下代码实现。

```
myLabel.text=@"Hello World!";
```

另外还可使用其他变量的值（如整数、浮点数等）来初始化字符串。

2. 数组（NSArray/NSMutableArray）

NSArray 是一种集合数据类型，可以存储多个对象，这些对象可通过数字索引来访问。例如我们可能创建一个数组，它包含想在应用程序中显示所有用户反馈的字符串。

```
myMessages=[[NSArray alloc] initWithObjects:@"Good boy!",@"Bad boy!",nil];
```

在初始化数组时，总是使用 nil 来结束对象列表。要访问字符串，可使用索引。索引是表示位置的数字，从 0 开始。要返回"Bad boy!"，可使用方法 objectAtIndex 实现。

```
[myMessages objectAtIndex:1];
```

与字符串一样，NSMutableArray 用于创建初始化后可被修改的数组。

通常在创建的时候就包含了所有对象，我们不能增加或删除其中任何一个对象，这种特定称为 immutable。

3. 字典（NSDictionary/NSMutableDictionary）

字典也是一种集合数据类型，但是和数组有所区别。数组中的对象可以通过数字索引进行访问，而字典以"对象.键对"的方式存储信息。键可以是任何字符串，而对象可以是任何类型，例如可以是字符串。如果使用前述数组的内容来创建一个 NSDictionary 对象，则可以用下面的代码实现。

```
myMessages=[[NSDictionary alloc] initwithObjectsAndKeys: @"Good boy!",
@"positive",@"Bad boy! ",@"negative",nil];
```

现在要想访问字符串，不能使用数字索引，而需使用方法 objectForKey、positive 或 negative，例如下面的代码。

```
[myMessages objectForKey:@"negative"]
```

字典能够以随机的方式（而不是严格的数字顺序）存储和访问数据。通常，也可以使用字典的修改的形式 NSMutableDictionary，这种用法可在初始化后进行修改。

4. 数字（NSNumber/NSDecimalNumber）

如果需要使用整数，可使用 C 语言数据类型 int 来存储。如果需要使用浮点数，可以使用数据类型 float 来存储。类 NSNumber 用于将 C 语言中的数字数据类型存储为 NSNumber 对象，例如通过下面的代码可以创建一个值为 100 的 NSNumber 对象。

```
myNumberObject=[[NSNumber alloc]numberWithInt:100];
```

这样，我们便可以将数字作为对象，将其加入到数组、字典中等。NSDecimalNumber 是 NSNumber 的一个子类，可用于对非常大的数字执行算术运算，但只在特殊情况下才需要它。

5. 日期（NSDate）

通过使用 NSDate，可以用当前日期创建一个 NSDate 对象（date 方法可自动完成这项任务）。例如：

```
myDate=[NSDate date];
```

然后使用方法 earlierDate 可以找出这两个日期中哪个更早。

```
[myDate earlierDate: userDate]
```

由此可见，通过使用 NSDate 对象可以避免进行讨厌的日期和时间操作。

6. URL（NSURL）

URL 显然不是常见的数据类型，但在诸如 iPhone 和 iPad 等连接到 Internet 的设备中，能够非常方便地操纵 URL。NSURL 类让开发者能够轻松地管理 URL，例如，假设开发者有 URL http://www.floraphotographs.com/index.html，并只想从中提取主机名，该如何办呢？可创建一个 NSURL 对象。

```
MyURL=[[NSURL alloc]  initWithString:
@“http://www.floraphotographs.com/index.html”]
```

然后使用 host 方法自动解析该 URL 并提取文本 www.floraphotographs.com。

```
[MyURL host]
```

这在您创建支持 Internet 的应用程序时非常方便。当然，还有很多其他的数据类型对象。正如前面指出的，有些对象存储了自己的数据，例如，您无需维护一个独立的字符串对象，以存储屏幕标签的文本。

注意	如果您以前使用过 C 或类似于 C 的语言，可能发现这些数据类型对象与 Apple 框架外定义的数据类型类似。通过使用框架 Foundation，可使用大量超出了 C/C++ 数据类型的方法和功能。另外，还可以通过 Objective-C 使用这些对象，就像使用其他对象一样。

3.5.3　UI 界面类

iPhone 和 iPad 等 iOS 设备之所以具有这么好的用户体验，其中有相当部分原因是可以在屏幕上创建触摸界面。接下来将要讲解的 UI 界面类是用来实现界面效果的，Cocoa 框架中常用的 UI 界面类如下所示。

1. 标签（UILabel）

在应用程序中添加 UILabel 标签可以实现如下两个功能。

① 在屏幕上显示静态文本（这是标签的典型用途）。

② 将其作为可控制的文本块，必要时程序可以对其进行修改。

2. 按钮（UIButton）

按钮是 iOS 开发中使用的最简单的用户输入方法之一。按钮可响应众多触摸时间，还让用户能够轻松地做出选择。

3. 开关（UISwitch）

开关对象可用于从用户那里收集“开”和“关”响应。它显示为一个简单的开关，常用于启用或禁用应用程序功能。

4. 分段控件（UISegmentedControl）

分段控件用于创建一个可触摸的长条，其中包含多个命名的选项，即类别 1、类别 2 等。触摸选项可激活分段控制，还可能导致应用程序执行操作，如更新屏幕以隐藏或显示。

5. 滑块（UISlider）

滑块向用户提供了一个可拖曳的小球，以便从特定范围内选择一个值。例如滑块可用于控制音量、屏幕亮度以及以模拟方式表示的其他输入。

6. 步进控件（UIStepper）

步进控件（UIStepper）类似于滑块。与滑块类似，步进控件也提供了一种以可视化方式输入指定范围内值的方式。按这个控件的一边将给一个内部属性加 1 或减 1。

7. 文本框（UITextField/UITextView）

文本框用于收集用户通过屏幕（或蓝牙）键盘输入的内容。其中，UITextField 是单行文本框，类似于网页订单，其包含如下所示的常用方法。

- @property(nonatomic, copy) NSString *text：输入框中的文本字符串。
- @property(nonatomic, copy) NSString *placeholder：当输入框中无输入文字时显示的灰色提示信息。

而 UITextView 类能够创建一个较大的多行文本输入区域，让用户可以输入较多的文本。此组件与 UILabel 的主要区别是 UITextView 支持编辑模式，而且 UITextView 继承自 UIScrollView，所以当内容超出显示区域范围时，不会被自动截短或修改字体大小，而会自动添加滑动条。与 UITextField 不同的是，UITextView 中的文本可以包含换行符，所以如果要关闭其输入键盘，应有专门的事件处理。UITextView 类包含如下所示的常用方法。

- @property(nonatomic, copy) NSString *text：文本域中的文本内容。
- @property(nonatomic, getter=isEditable) BOOL editable：文本域中的内容是否可以编辑。

8. 选择器（UIDatePicker/UIPicker）

选择器（picker）是一种有趣的界面元素，类似于自动贩卖机。通过让用户修改转盘的每个部分，选择器可用于输入多个值的组合。Apple 为用户实现了一个完整的选择器：UIDatePicker 类。通过这种对象，用户可快速输入日期和时间。通过继承 UIPicker 类，用户还可以创建自己的选择器。

9. 弹出框（UIPopoverController）

弹出框（popover）是 iPad 特有的，它既是一个 UI 元素，又是一种显示其他 UI 元素的手段。它让用户能够在其他视图上面显示一个视图，以便用户选择其中的一个选项。例如，iPad 的 Safari 浏览器使用弹出框显示一个书签列表，供用户从中选择。

10. UIColor 类

本类用于指定 Cocoa 组件的颜色。

11. UITableView 类

VITableView 用于显示列表条目。需要注意的是，iPhone 中没有二维表的概念，每行都只有一个单元格。如果一定要实现二维表的显示，则需要重定义每行的单元格，或者并列使用多个 TableView。一个 TableView 至少有一个 section，每个 section 中可以有 0 行、1 行或者多行 cell。

3.6 国际化

在开发 iOS 项目时无需关注显示语言的问题，在代码中任何地方显示文字时都这样调用下面格式的代码。

```
NSLocalizedString(@"AAA", @"bbb");
```

这里的 AAA 相当于关键字，它用于以后从文件中取出相应语言对应的文字。bbb 相当于注释，翻译人员可以根据 bbb 的内容来翻译 AAA，这里的 AAA 与显示的内容可以没有一点关系，只要程序员自己能看懂就行。比如，一个页面用于显示联系人列表，这里可以用如下所示的写法。

```
NSLocalizedString(@"shit_or_anything_you_want", @"联系人列表标题");
```

写好项目后，取出全部的文字内容送给翻译去翻译。这里取出所有的文字列表很简单，使用 Mac 的 genstrings 命令，具体方法如下所示。

① 打开控制台，切换到项目所在目录。

② 输入命令：genstrings ./Classes/*.m。

③ 这时在项目目录中会有一个 Localizable.strings 文件。其中内容如下：

```
/* 联系人列表标题 */
"shit_or_anything_you_want" = "shit_or_anything_you_want"
```

④ 翻译只需将等号右边改好就行了。这里如果是英文，修改后的代码如下：

```
/* 联系人列表标题 */
"shit_or_anything_you_want" = "Buddies";
```

如果是法文，翻译后如下：

```
/* 联系人列表标题 */
"shit_or_anything_you_want" = "Copains";
```

翻译好语言文件以后，将英语文件拖入项目中，然后单击鼠标右键→Get Info，选择 Make Localization。此时 XCode 会自动复制文件到 English.lproj 目录下，再添加其他语言。

程序编译后，运行在 iPhone 上，程序会根据当前系统设置的语言来自动选择相应的语言包。

> 注意　将 genstrings 产生的文件拖入 XCode 中可能是乱码，这时只要在 XCode 中右击文件→Get Info→General→File Encoding 下选择“UTF-16”格式即可解决。

3.7 使用 Xcode 学习 iOS 框架

经过本章前面内容的学习，了解到 iOS 的框架非常多，而每个框架都可能包含数十个类，并且每个类都可能有数百个方法。需要了解的信息量非常大，非常不利于初学者的记忆。为了更深入地学习它们，最有效的方法是选择一个感兴趣的对象或框架，并借助 Xcode 文档系统进行学习。Xcode 让我们能够访问浩瀚的 Apple 开发库，可以通过类似于浏览器的可搜索界面进行快速访问，也可使用上下文敏感的搜索助手（Research Assistant）。在接下来的内容中，将简要介绍这两种功能，以提高读者们的学习效率。

3.7.1 使用 Xcode 文档

打开 Xcode 文档的方法非常简单，依次选择菜单栏中的 Help→Documentation→API Reference 选项后，将启动帮助系统，如图 3-5 所示。

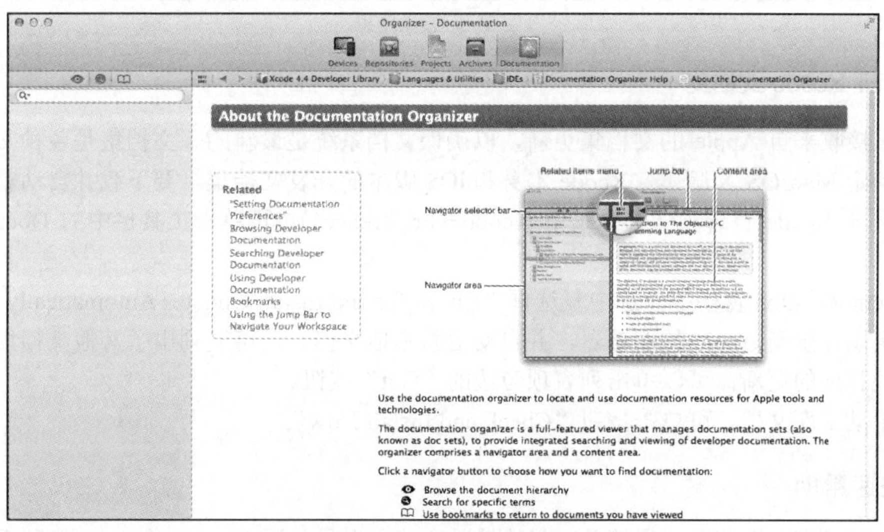

▲图 3-5 Xcode 的帮助系统

单击眼睛图标以探索所有的文档。导航器左边显示了主题和文档列表，而右边显示了相应的内容，就像 Xcode 项目窗口一样。进入感兴趣的文档后，用户就可阅读它并使用蓝色链接在文档中导航。用户还可以使用内容窗格上方的箭头按钮在文档之间切换，就像浏览网页一样。事实上，用户确实可以像浏览网页一样，添加书签，以便以后阅读。要创建书签，可右击导航器中的列表项或内容本身，再从上下文菜单中选择“Add Bookmark”。还可访问所有的文档标签，方法是单击导航器顶部的书籍图标。

1. 在文档库中搜索

浏览是一种不错的探索方式，但对查找有关特定主题的内容（如类方法或属性）来说不那么有用。要在 Xcode 文档中搜索，可单击放大镜图标，再在搜索文本框中输入要查找的内容。用户可输入类、方法或属性的名称，也可输入感兴趣的概念的名称。例如当输入“UILabel”时，Xcode 将在搜索文本框下方返回结果，如图 3-6 所示。

搜索结果被分组，包括 Reference（API 文档）、System Guides/Tools Guides（解释 / 教程）和 Sample Code（Xcode 示例项目）。

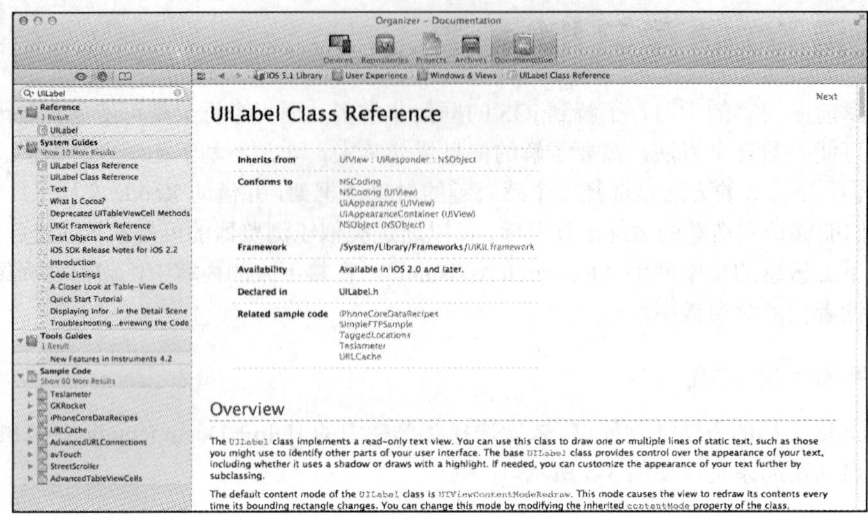

▲图 3-6　搜索结果

2. 管理 Xcode 文档集

Xcode 接收来自 Apple 的文档集更新，以确保文档系统是最新的。文档集是各种文档类别，包括针对特定 Mac OS X 版本、Xcode 本身和 iOS 版本的开发文档集。要下载并自动获得文档集更新，可打开 Xcode 首选项（选择菜单 Xcode→Preferences），再单击工具栏中的 Documentation 图标。

在 Documentation 窗格中，选中复选框“Check for and Install Updates Automatically”，这样，Xcode 将定期连接到 Apple 的服务器，并自动更新本地文档。还可能列出了其他文档集，要在以后自动下载相应的更新，可以单击列表项旁边的“Get”按钮。

要想手动更新文档，可单击按钮“Check and Install Now”。

3.7.2　快速帮助

要在编码期间获取帮助，最简单、最快捷的方式之一是使用 Xcode Quick Help 助手。要打开该助手，可按住“Option”键并双击 Xcode 中的符号（如类名或方法名），也可以依次选择菜单 Help→Quick Help，此时会打开一个小窗口，里面包含了有关该符号的基本信息，还有到其他文档资源的链接。

1. 使用快速帮助

假如有如下所示的一段代码。

```
- (void)viewWillAppear:(BOOL)animated
{
   [super viewWillAppear:animated];
}
```

在上述演示代码中，涉及了 viewWillAppear 的信息，按住“Option”键并单击“viewWillAppear”会打开如图 3-7 所示的 Quick Help 弹出框。

要打开有关该符号的完整 Xcode 文档，单击右上角的书籍图标；还可单击 Quick Help 结果中的任何超链接，这样可以跳转到特定的文档部分或代码。

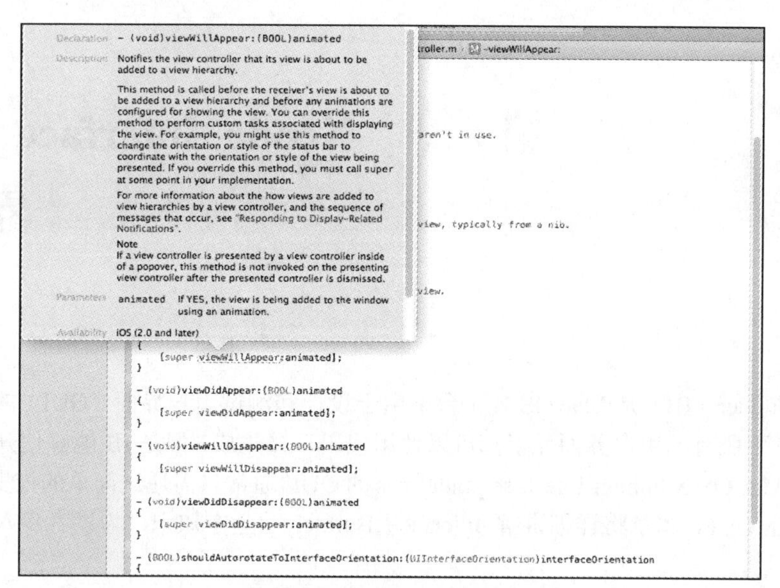

▲图 3-7 Quick Help 弹出框

注意 通过将鼠标指向代码，可知道单击它是否能获得快速帮助；因为如果答案是肯定的，Xcode 编辑器中将出现蓝色虚线，而鼠标将显示问号。

2. 激活快速帮助检查器

如果发现快速帮助很有用，并喜欢能够更快捷地访问它，那么您很幸运，因为任何时候都可使用快速帮助检查器来显示帮助信息。实际上，在用户输入代码时，Xcode 就能根据输入的内容显示相关的帮助信息。

要打开快速帮助检查器，可以单击工具栏的 View 部分的第三个按钮，以显示实用工具（Utility）区域。然后，单击显示快速帮助检查器的图标（包含波浪线的深色方块），它位于 Utility 区域的顶部，如图 4.15 所示。这样，快速帮助将自动显示有关光标所处位置的代码的参考资料。

3. 解读 Quick Help 结果

Quick Help 最多可在 10 个部分显示与代码相关的信息，具体显示哪些部分取决于当前选定的符号（代码）类型。例如类属性没有返回类型，而类方法有返回类型。

- Abstract（摘要）：描述类、方法或其他符号提供的功能。
- Availability（可用性）：支持该功能的操作系统版本。
- Declaration（声明）：方法的结构或数据类型的定义。
- Parameters（参数）：必须提供给方法的信息以及可选的信息。
- Return Value（返回值）：方法执行完毕后将返回的信息。
- Related API（相关 API）：选定方法所属类的其他方法。
- Declared In（声明位置）：定义选定符号的文件。
- Reference（参考）：官方参考文档。
- Related Documents（相关文档）：提到了选定符号的其他文档。
- Sample Code（示例代码）：包含类、方法或属性的使用示例的示例代码文件。

在需要对对象调用正确的方法时，Quick Help 简化了查找过程，用户无需试图记住 10 个实例方法，而只需了解基本知识，并在需要时让 Quick Help 指出对象暴露的所有方法。

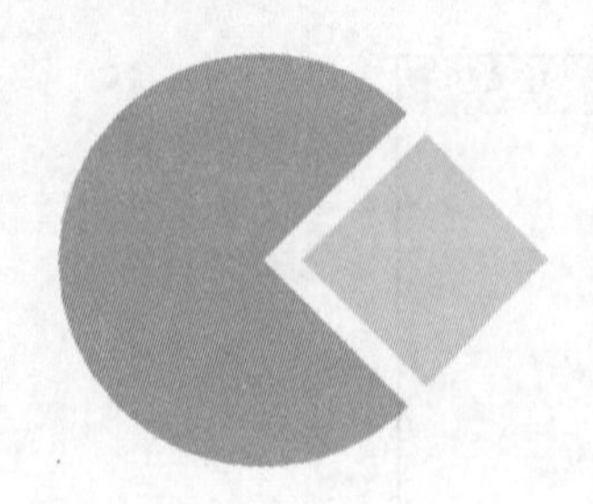

第4章 Xcode Interface Builder 界面开发

Interface Builder（IB）是 Mac OS X 平台下用于设计和测试用户界面（GUI）的应用程序。实际上 Mac OS X 下所有的用户界面元素都可以使用代码直接生成，但是 IB 能够使开发者简单快捷地开发出符合 Mac OS X human-interface guidelines 的 GUI。通常只需通过简单的拖曳（drag-n-drop）操作就可以构建 GUI。本章将详细讲解 Interface Builder 的基本知识，为读者步入本书后面知识的学习打下基础。

4.1 Interface Builder 基础

通过使用 Interface Builder (IB)，可以快速地创建一个应用程序界面。这不仅是一个 GUI 绘画工具，而且还可以在不编写任何代码的情况下添加应用程序。这样不但可以减少 bug，而且缩短了开发周期，并且让整个项目更容易维护。

4.1.1 Interface Builder 的作用

IB 向 Objective-C 开发者提供了包含一系列用户界面对象的工具箱，这些对象包括文本框、数据表格、滚动条和弹出式菜单等控件。IB 的工具箱是可扩展的，也就是说，所有开发者都可以开发新的对象，并将其加入 IB 的工具箱中。

开发者只需要从工具箱中简单地向窗口或菜单中拖曳控件即可完成界面的设计。然后，用连线将控件可以提供的“动作”（Action）、控件对象分别和应用程序代码中对象“方法”（Method）、对象“接口”（Outlet）连接起来，就完成了整个创建工作。与其他图形用户界面设计器，例如 Microsoft Visual Studio 相比，这样的过程减小了 MVC 模式中控制器和视图两层的耦合，提高了代码质量。

在代码中，使用 IBAction 标记可以接受动作的方法，使用 IBOutlet 标记可以接受对象接口。IB 将应用程序界面保存为捆绑状态，其中包含了界面对象及其与应用程序的关系。这些对象被序列化为 XML 文件，扩展名为“.nib”。在运行应用程序时，对应的 NIB 对象调入内存，与其应用程序的二进制代码联系起来。与绝大多数其余 GUI 设计系统不同，IB 不是生成代码以在运行时产生界面（如 Glade，Codegear 的 C++ Builder），而是采用与代码无关的机制，通常称为“freeze dried”。从 IB 3.0 开始，加入了一种新的文件格式，其扩展名为“.xib”。这种格式与原有的格式功能相同，但是为单独文件而非捆绑，以便于版本控制系统的运作，以及类似 diff 的工具的处理。

4.1.2 Interface Builder 的新特色

当把 Interface Builder 集成到 Xcode 中后，和原来的版本相比，主要有如下不同的 4 点。

① 在导航区选择 XIB 文件后，会在编辑区显示 XIB 文件的详细信息。由此可见，Interface Builder 和 Xcode 整合在一起了，如图 4-1 所示。

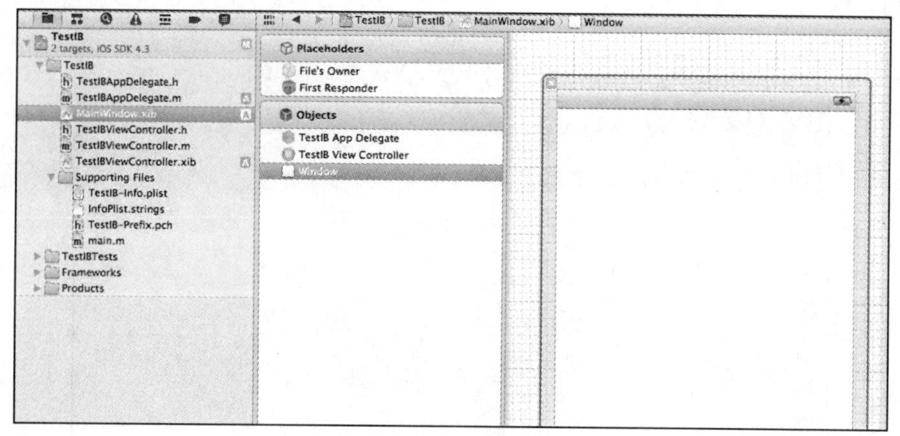

▲图 4-1　显示 XIB 文件

② 在工具栏选择“View 控制按钮”，单击图 4-2 中最右边的按钮可以调出工具区，如图 4-3 所示。

View

▲图 4-2　View 控制按钮

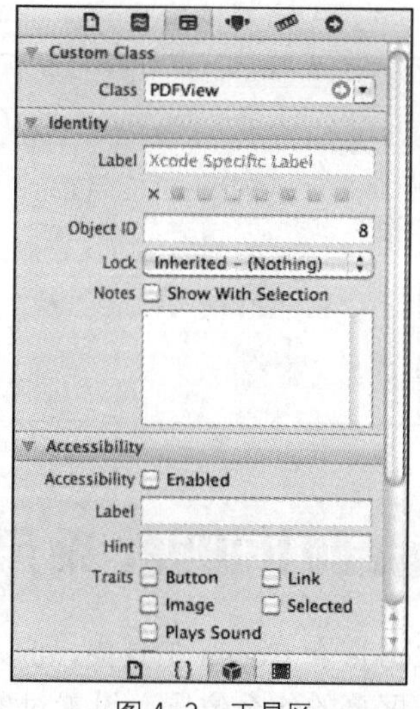

▲图 4-3　工具区

在图 4-3 所示的工具区中，最上面的按钮分别是如下 4 个 inspector。

- Identity。
- Attributes。
- Size。
- Connections。

工具区下面是可以往 View 中拖的控件。

③ 隐藏导航区。

在前面提到的“View 控制按钮”中点第一个选项，可以隐藏导航区，如图 4-4 所示。

④ 关联方法和变量。

这是一个所见即所得功能，涉及了 View:Assistant View，是编辑区的一部分。如图 4-5 所示。此时只需将按钮（或者其他控件）拖到代码指定地方即可。在“拖”时需要按住“Ctrl”键。怎么让 Assistant View 显示我们要对应的“.h”文件呢？只需使用这个 View 上面的选择栏进行选择即可。

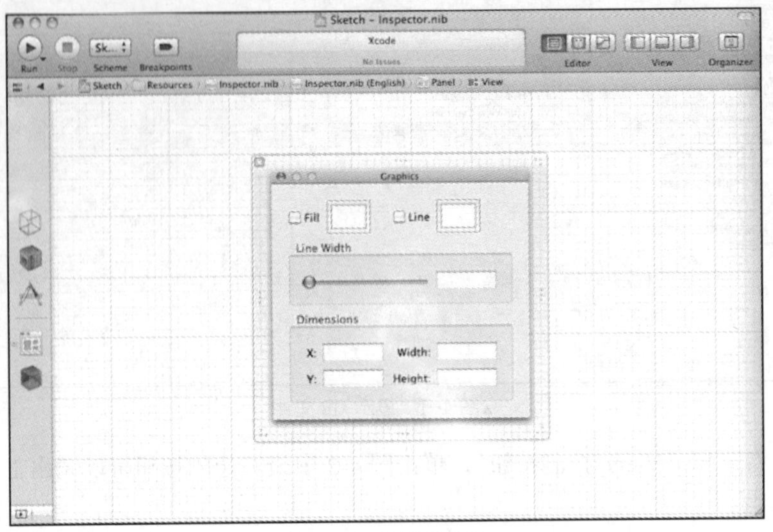

▲图 4-4　隐藏导航区

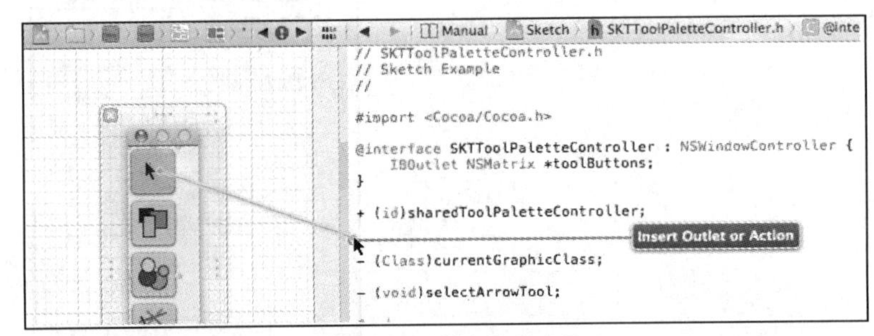

▲图 4-5　关联方法和变量

4.2　Interface Builder 采用的方法

通过使用 Xcode 和 Cocoa 工具集，可以手工编写生成 iOS 界面的代码，实现实例化界面对象，指定它们出现在屏幕的什么位置，设置对象的属性以及使其可见。例如通过下面的代码，可以在 iOS 设备屏幕设备的一角中显示文本“Hello Xcode”。

```
- (BOOL)application:(UIApplication *)application
     didFinishLaunchingWithOptions:(NSDictionary *)launchOptions
{
    self.window = [[UIWindow alloc]
                initWithFrame:[[UIScreen mainScreen] bounds]];
    // Override point for customization after application launch.
    UILabel *myMessage;
    UILabel *myUnusedMessage;
    myMessage=[[UILabel alloc]
             initWithFrame:CGRectMake(30.0,50.0,300.0,50.0)];
    myMessage.font=[UIFont systemFontOfSize:48];
    myMessage.text=@"Hello Xcode";
    myMessage.textColor = [UIColor colorWithPatternImage:
                       [UIImage imageNamed:@"Background.png"]];
    [self.window addSubview:myMessage];
    self.window.backgroundColor = [UIColor whiteColor];
    [self.window makeKeyAndVisible];
    return YES;
}
```

如果要创建一个包含文本、按钮、图像以及数十个其他控件的界面，会需要编写很多事件。而 Interface Builder 不是自动生成界面代码，也不是将源代码直接关联到界面元素，而是生成实时的对象，并通过称为“连接（connection）”的简单关联将其连接到应用程序代码。需要修改应用程序功能的触发方式时，只需修改连接即可。要改变应用程序使用我们创建的对象的方式，只需连接或重新连接即可。

4.3 Interface Builder 的故事板

Storyboarding（故事板）是从 iOS 5 开始新加入的 Interface Builder（IB）的功能，其功能是在一个窗口中显示整个 App 用到的所有或者部分的页面，并且可以定义各页面之间的跳转关系，大大增加了 IB 便利性。本节将详细讲解 Interface Builder 故事板的基本知识。

4.3.1 推出的背景

Interface Builder 是 Xcode 开发环境自带的用户图形界面设计工具，通过它可以方便地将控件或对象（Object）拖曳到视图中。这些控件被存储在一个 XIB（发音为“zib”）或 NIB 文件中。其实，XIB 文件是一个 XML 格式的文件，可以通过编辑工具打开并改写这个 XIB 文件。当编译程序时，这些视图控件被编译成一个 NIB 文件。

通常来说，NIB 是与 View Controller 相关联的，很多 View Controller 都有对应的 NIB 文件。NIB 文件的作用是描述用户界面、初始化界面元素对象。其实，开发者在 NIB 中所描述的界面和初始化的对象都能够在代码中实现。之所以用 Interface Builder 来绘制页面，是为了减少那些设置界面属性的重复而枯燥的代码，让开发者能够集中在功能的实现上。

在 XCode 4.2 之前， 每当创建一个视图时会生成一个相应的 XIB 文件。当一个应用有多个视图时，视图之间的跳转管理将变得十分复杂。为了解决这个问题，便推出了 Storyboard。

NIB 文件无法描述从一个 View Controller 到另一个 View Controller 的跳转，这种跳转功能只能靠手写代码的形式来实现，通常会用到如下所示的两个方法。

- -presentModalViewController:animated。
- -pushViewController:animated。

随着 Storyboard 的出现，取而代之的方法是 Segue[Segwei]。Segue 定义了从一个 View Controller 到另一个 View Controller 的跳转。在 Stroyboard 中，可以通过 Segue 将 View Controller 连接起来，而不再需要手写代码。如果想自定义 Segue，也只需编写 Segue 的实现即可，而无需编写调用的代码，Storyboard 会自动调用。在使用 Storyboard 机制时必须严格遵守 MVC 原则，View 与 Controller 需完全解耦，并且不同的 Controller 之间也要充分解耦。

在开发 iOS 应用程序时，有如下两种创建视图（View）的方法。

- 在 Interface Builder 中拖曳一个 UIView 控件：这种方式看似简单，但是会在 View 之间跳转，所以不便操控。
- 通过原生代码方式：需要编写的代码工作量巨大，哪怕仅仅创建几个 Label，就得手写上百行代码，需要为每个 Label 设置坐标。为解决以上问题，从 iOS 5 开始新增了 Storyboard 功能。

Storyboard 是 Xcode 4.2 自带的工具，主要用于 iOS 5 以上版本。早期的 Interface Builder 所创建的 View 是互相独立的，之间没有相互关联。当一个应用程序有多个 View 时，View 之间的跳转很是复杂。为此 Apple 为开发者带来了 Storyboard，尤其是使用导航栏和标签栏的应用。Storyboard 简化了各个视图之间的切换，并由此简化了管理视图控制器的开发过程，完全可以指定视图的切换顺序，而不用手工编写代码。

Storyboard 能够包含一个程序的所有的 ViewController 以及它们之间的连接。在开发应用程序时，可以将 UI Flow 作为 Storyboard 的输入，一个看似完整的 UI 在 Storyboard 唾手可得。故事板可以根据需要包含任意数量的场景，并通过切换（Segue）将场景关联起来。然而故事板不仅可以创建视觉效果，还能够让我们创建对象，而无需手工分配或初始化它们。当应用程序在加载故事板文件中的场景时，其描述的对象将被实例化，可以通过代码访问它们。

4.3.2 故事板的文档大纲

为了更加说明问题，我们打开一个演示工程来观察故事板文件的真实面目。双击光盘中本章工程中的文件“Empty.storyboard”，此时将打开 Interface Builder，并在其中显示该故事板文件的骨架。该文件的内容将以可视化方式显示在 IB 编辑器区域，而在编辑器区域左边的文档大纲（Document Outline）区域，将以层次方式显示其中的场景，如图 4-6 所示。

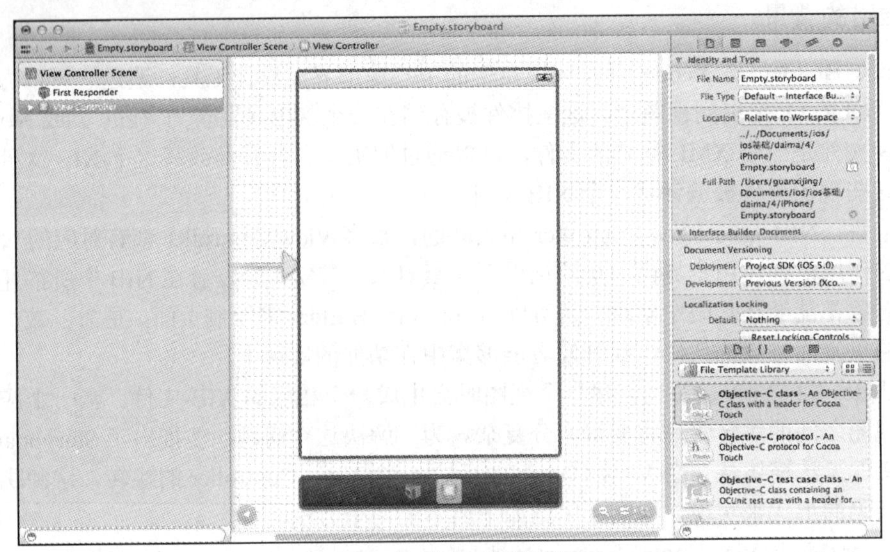

▲图 4-6 故事板场景对象

本章演示的工程文件中只包含了一个场景：View Controller Scene。在本书中讲解的创建界面演示工程在大多数情况下都是从单场景故事板开始的，因为它们提供了丰富的空间，让开发者能够收集用户输入和显示输出。我们将探索多场景故事板。

在 View Controller Scene 中有如下 3 个图标。

- First Responder（第一响应者）。
- View Controller（视图控制器）。
- View（视图）。

其中前两个特殊图标用于表示应用程序中的非界面对象，在我们使用的所有故事板场景中都包含它们。

- First Responder：该图标表示用户当前正在与之交互的对象。当用户使用 iOS 应用程序时，可能有多个对象响应用户的手势或键击。第一响应者是当前与用户交互的对象。例如，当用户在文本框中输入时，该文本框将是第一响应者，直到用户移到其他文本框或控件。
- View Controller：该图标表示加载应用程序中的故事板场景并与之交互的对象。场景描述的其他所有对象几乎都是由它实例化的。第 6 章将更详细地介绍界面和视图控制器之间的关系。
- View：该图标是一个 UIView 实例，表示将被视图控制器加载并显示在 iOS 设备屏幕中的布局。从本质上说，视图是一种层次结构，这意味着当在界面中添加控件时，它们将包含在视图中。您甚至可在视图中添加其他视图，以便将控件编组或创建可作为一个整体进行显示或隐藏的界面元素。

使用独特的视图控制器名称/标签还有利于场景命名。Interface Builder 自动将场景名设置为视图控制器的名称或标签（如果设置了标签），并加上后缀。例如给视图控制器设置了标签 Recipe Listing，场景名将变成“Recipe Listing Scene”。在本项目中包含一个名为“View Controller”的通用类，此类负责与场景交互。

在最简单的情况下，视图(UIView)是一个矩形区域，可以包含内容以及响应用户事件（触摸等）。事实上，我们将加入到视图中的所有控件（按钮、文本框等）都是 UIView 的子类。对于这一点您不用担心，只是您在文档中可能遇到这样的情况，即将按钮和其他界面元素称为子视图，而将包含它们的视图称为父视图。

4.3.3 文档大纲的区域对象

在故事板中，文档大纲区域显示了表示应用程序中对象的图标，这样可以展现给用户一个漂亮的列表，并且通过这些图标能够以可视化方式引用它们代表的对象。开发人员可以从这些图标拖曳到其他位置或从其他地方拖曳到这些图标，从而创建让应用程序能够工作的连接。假如我们希望一个屏幕控件（如按钮）能够触发代码中的操作。通过从该按钮拖曳到 View Controller 图标，可将该 GUI 元素连接到希望它激活的方法，甚至可以将有些对象直接拖放到代码中，这样可以快速地创建一个与该对象交互的变量或方法。

当在 Interface Builder 中使用对象时，Xcode 为开发人员提供了很大的灵活性。例如可以在 IB 编辑器中直接与 UI 元素交互，也可以与文档大纲区域中表示这些 UI 元素的图标交互。另外，在编辑器中的视图下方有一个图标栏，所有在用户界面中不可见的对象（如第一响应者和视图控制器）都可在这里找到，如图 4-7 所示。

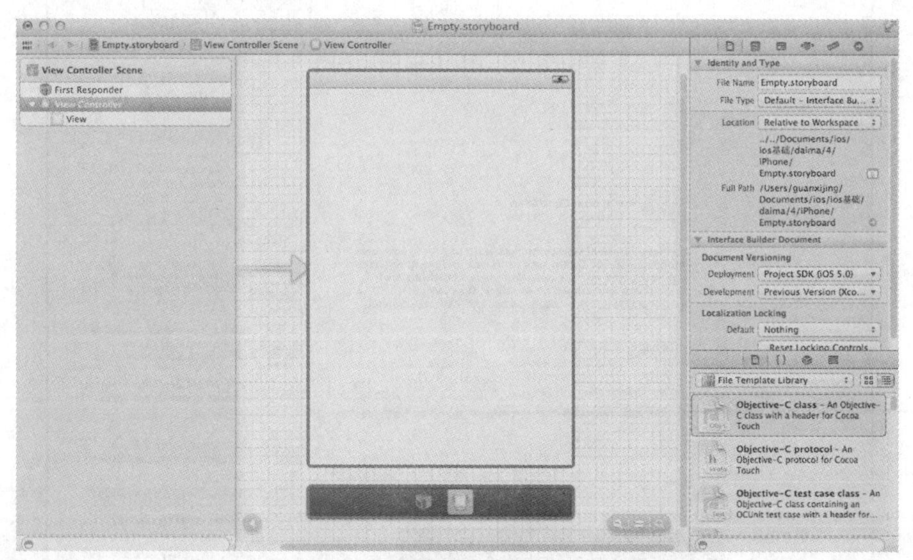

▲图 4-7　在编辑器和文档大纲中对象交互

4.4 创建一个界面

本节将详细讲解如何使用 Interface Builder 创建界面的方法。在开始之前，需要先创建一个

Empty.storyboard 文件。

4.4.1 对象库

添加到视图中的任何控件都来自对象库(Object Library)，从按钮到图像再到 Web 内容。可以依次选择 Xcode 菜单"View"→"Utilities"→"Show Object Library"("Control+Option+Command+3")来打开对象库。如果对象库以前不可见，此时将打开 Xcode 的 Utility 区域，并在右下角显示对象库。确保从对象库顶部的下拉列表中选择了 Objects，这样将列出所有的选项。

其实在 Xcode 中有多个库，对象库包含将添加到用户界面中的 UI 元素，但还有文件模板（File Template)、代码片段（Code Snippet）和多媒体（Media）库。通过单击 Library 区域上方的图标的操作来显示这些库。如果发现在当前的库中没有显示期望的内容，可单击库上方的立方体图标或再次选择菜单"View"→"Utilities"→"Show Object Library"，如图 4-8 所示，这样可以确保处于对象库中。

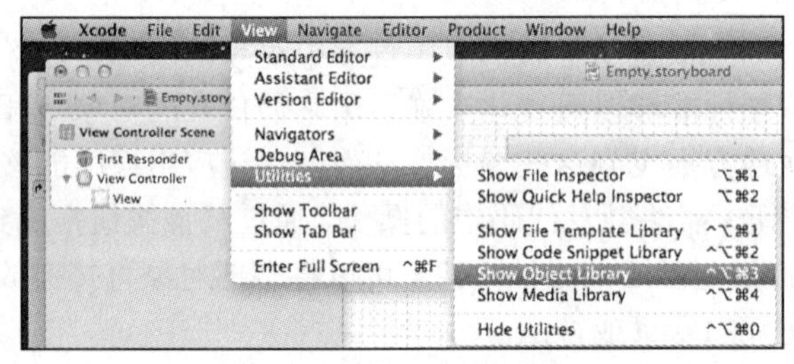

▲图 4-8 打开对象库命令

再单击对象库中的元素并将鼠标指向它时会出现一个弹出框，其中包含了如何在界面中使用该对象的描述，如图 4-9 所示。这样无需打开 Xcode 文档便可以得知 UI 元素的真实功能。

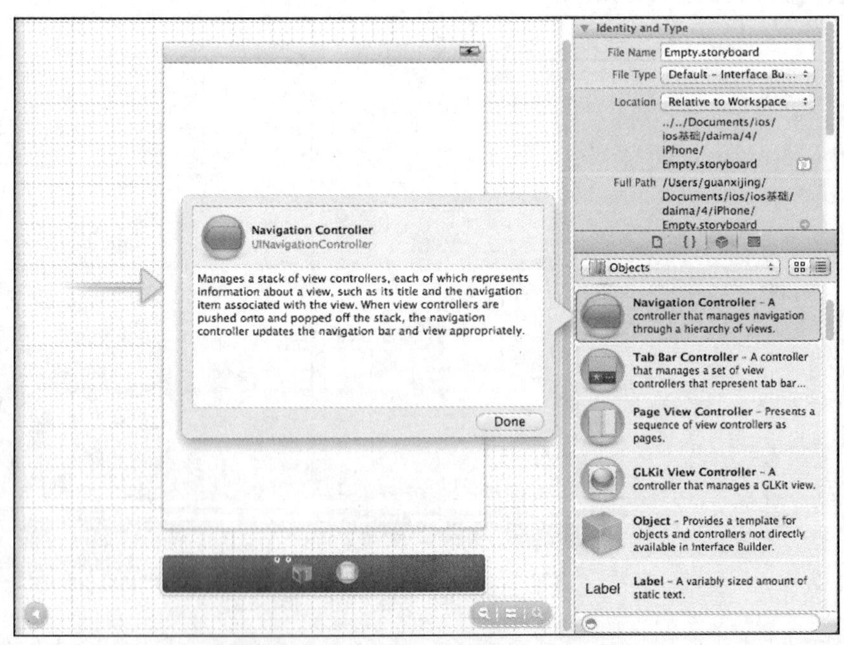

▲图 4-9 对象库包含大量可添加到视图中的对象

另外，通过使用对象库顶部的视图按钮，可以在列表视图和图标视图之间进行切换。如果只想显示特定的 UI 元素，可以使用对象列表上方的下拉列表。如果知道对象的名称，但是在列表中找不到它，可以使用对象库底部的过滤文本框快速找到。

4.4.2 将对象加入到视图中

在添加对象时，只需在对象库中单击某一个对象，并将其拖放到视图中就可以将这个对象加入到视图中。例如在对象库中找到标签对象(Label)，并将其拖放到编辑器中的视图中央。此时标签将出现在视图中，并显示 Label 信息。假如双击 Label 并输入文本“how are you”，这样显示的文本将更新，如图 4-10 所示。

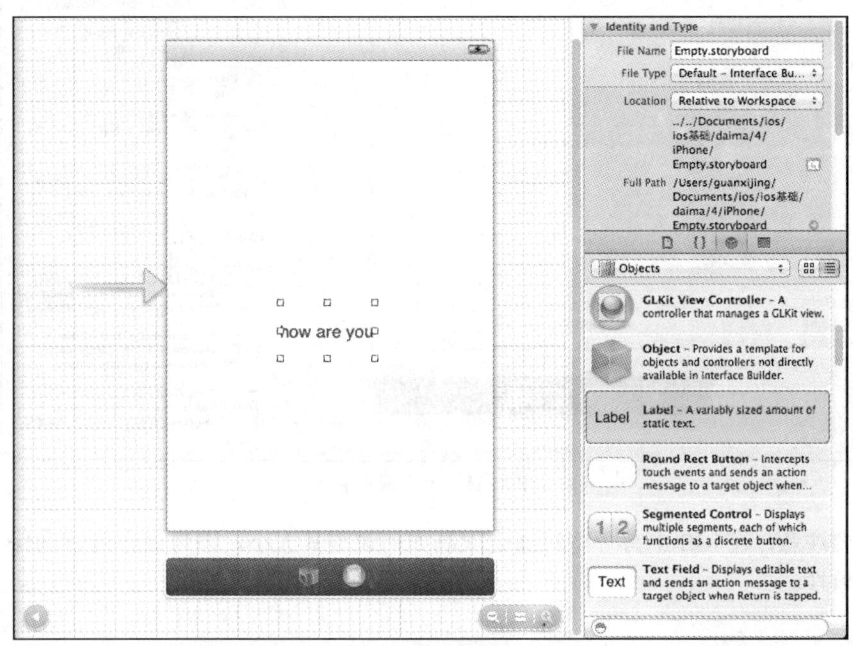

▲图 4-10 插入了一个 Label 对象

其实我们可以继续尝试将其他对象（按钮、文本框等）从对象库中拖放到视图，原理和实现方法都是一样的。在大多数情况下，对象的外观和行为都符合开发人员的预期。要将对象从视图中删除，可以单击选择对象，再按 Delete 键。另外还可以使用 Edit 菜单中的选项，在视图间复制并粘贴对象以及在视图内复制对象多次。

4.4.3 使用 IB 布局工具

通过使用 Apple 提供的调整布局的工具，可以很方便地指定对象在视图中的位置。其中常用的辅助工具如下所示。

1. 参考线

当我们在视图中拖曳对象时，将会自动出现蓝色的帮助我们布局的参考线。通过这些蓝色的虚线能够将对象与视图边缘、视图中其他对象的中心以及标签和对象名中使用的字体的基线对齐。并且当间距接近 Apple 界面指南要求的值时，参考线将自动出现以指出这一点。也可以手工添加参考线，方法是依次选择菜单“Editor”→“Add Horizontal Guide”或“Editor”→“Add Vertical Guide”实现。

2. 选取手柄

除了可以使用布局参考线外，大多数对象都有选取手柄，可以使用它们沿水平、垂直或这两个方向缩放对象。当对象被选定后在其周围会出现小框，单击并拖曳它们可调整对象的大小，例如下面的图 4-11 通过一个按钮演示了这一点。

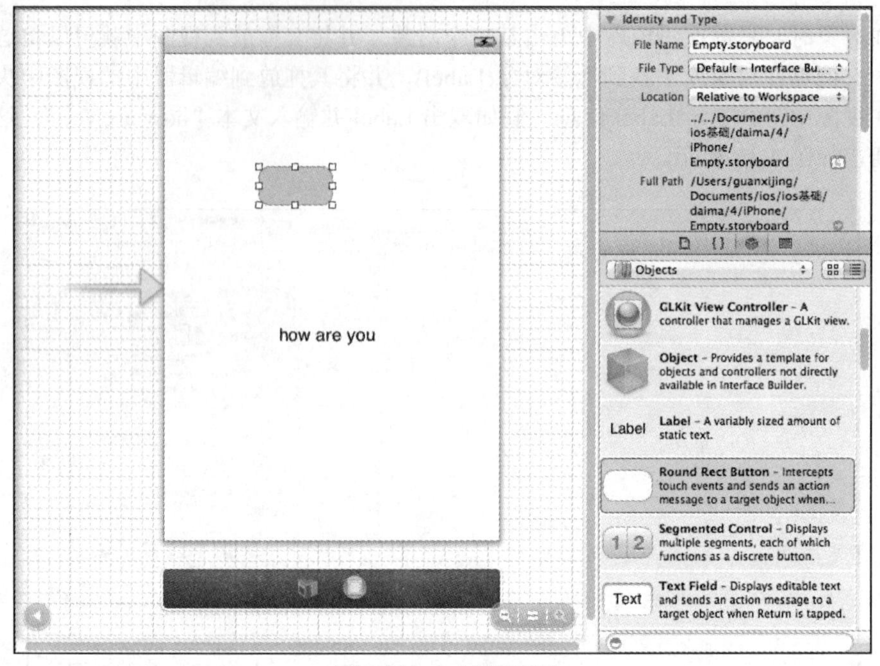

▲图 4-11　大小调整手柄

读者需要注意，在 iOS 中有一些对象会限制如何调整其大小，因为这样可以确保 iOS 应用程序界面的一致性。

3. 对齐

要快速对齐视图中的多个对象，可单击并拖曳出一个覆盖它们的选框，或按住 Shift 键并单击以选择它们，然后从菜单“Editor”→“Align”中选择合适的对齐方式。

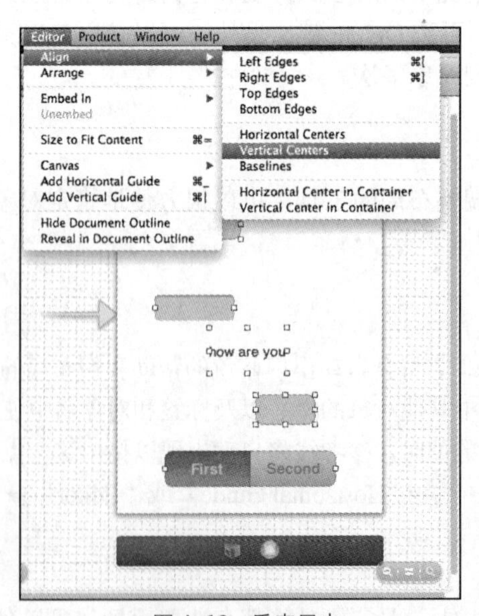

▲图 4-12　垂直居中

4. 大小检查器

为了控制界面布局，有时需要使用 Size Inspector（大小检查器）工具。Size Inspector 为我们提供了和大小有关的信息，以及有关位置和对齐方式的信息。要想打开 Size Inspector，需要先选择要调整的一个或多个对象，再单击 Utility 区域顶部的标尺图标，也可以依次选择菜单“View”→“Utilities”→“Show Size Inspector”或按“Option+ Command+5”快捷键组合。打开后的界面效果如图 4-13 所示。

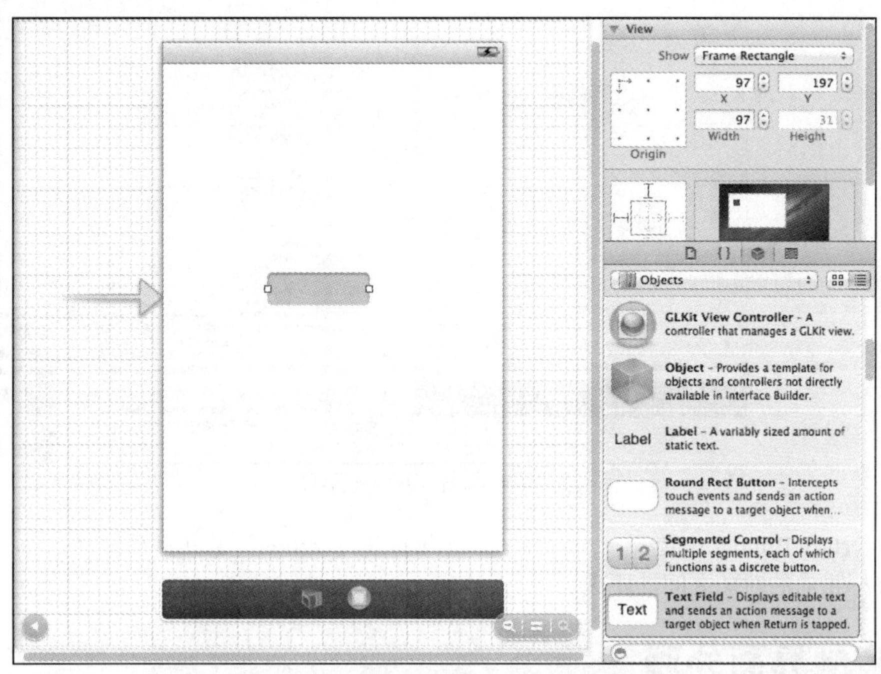

▲图 4-13 打开 Size Inspector 后的界面效果

另外，使用该检查器顶部的文本框可以查看对象的大小和位置，还可以通过修改文本框 Height/Width 和 X/Y 中的坐标调整大小和位置。另外，通过单击网格中的黑点（它们用于指定读数对应的部分）可以查看对象特定部分的坐标，如图 4-14 所示。

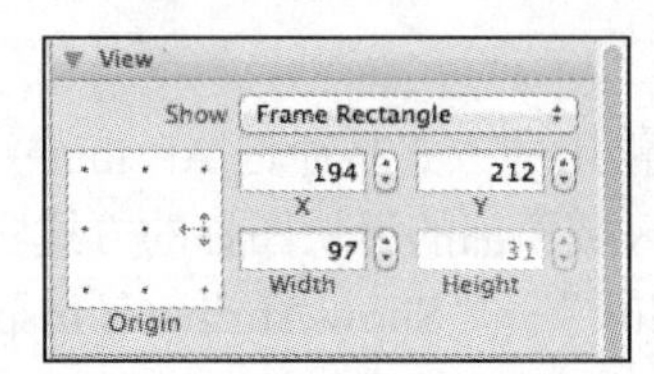

▲图 4-14 单击黑点查看特定部分的坐标

注意

在 Size&Position 部分，有一个下拉列表，可通过它选择 Frame Rectangle 或 Layout Rectangle。这两个设置的方法通常十分相似，但也有细微的差别。具体说明如下。

- 当选择 Frame Rectangle 时，将准确指出对象在屏幕上占据的区域。
- 当选择 Layout Rectangle 时，将考虑对象周围的间距。

使用 Size Inspector 中的 Autosizing 可以设置当设备朝向发生变化时，控件如何调整其大小和位置。并且该检查器底部有一个下拉列表，此列表包含了与菜单“Editor”→“Align”中的菜单项对应的选项。当选择多个对象后，可以使用该下拉列表指定对齐方式，如图 4-15 所示。

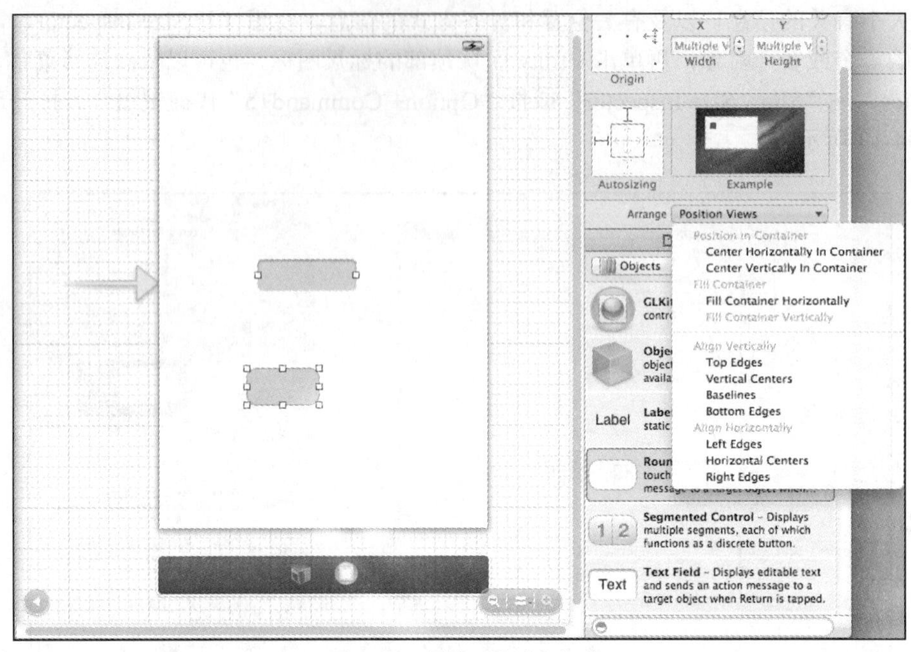

▲图 4-15　另外一种对齐方式

当在 Interface Builder 中选择一个对象后，如果按住“Option”键并移动鼠标，会显示选定对象与当前鼠标指向的对象之间的距离。

4.5 定制界面外观

在 iOS 应用中，用户最终看到的界面不仅仅取决于控件的大小和位置。对很多对象来说，有数十个不同的属性可供我们进行调整，在调整时可以使用 Interface Builder 中的工具来达到事半功倍的效果。

4.5.1 使用属性检查器

为了调整界面对象的外观，最常用的方式是通过 Attributes Inspector（属性检查器）。要想打开该检查器，可以通过单击 Utility 区域顶部的滑块图标的方式实现。如果当前 Utility 区域不可见，可以依次选择菜单“View”→“Utility”→“Show Attributes Inspector”（或“Option+ Command+4”快捷键实现）。

接下来通过一个简单演示来说明使用 Attributes Inspector 的方法。假设存在一个空工程文件 Empty.storyboard，并在该视图中添加了一个文本标签。选择该标签，再打开 Attributes Inspector，如图 4-16 所示。

在“Attributes Inspector”面板的顶部包含了当前选定对象的属性，例如标签对象 Label 包括的属性有字体、字号、颜色和对齐方式等。而在“Attributes Inspector”面板的底部是继承而来的其他属性，在很多情况下，我们不会修改这些属性，但背景和透明度属性很有用。

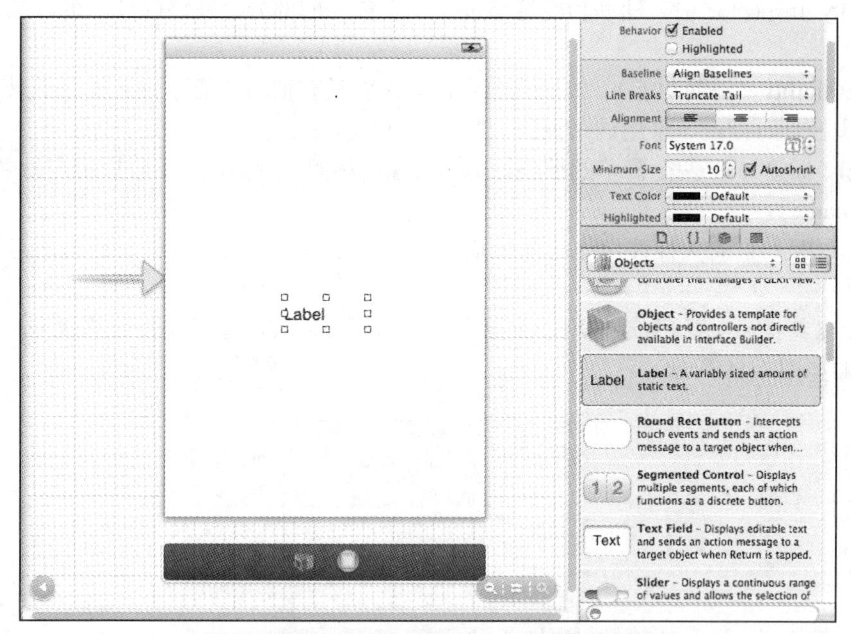

▲图 4-16　打开 AttributesInspector 后的界面效果

4.5.2　设置辅助功能属性

在 iOS 应用中，可以使用专业触摸阅读器技术 Voiceover，此技术集成了语音合成功能，可以帮助开发人员实现导航应用程序。在使用 Voiceover 后，当触摸界面元素时会听到有关其用途和用法的简短描述。虽然我们可以免费获得这种功能，但是通过在 Interface Builder 中配置辅助功能（Accessibility）属性，可以提供其他协助。要想访问辅助功能设置，需要打开 Identity Inspector（身份检查器），为此可单击 Utility 区域顶部的窗口图标，也可以依次选择菜单“View”→“Utility”→“Show Identity Inspector”，或按下“Option+Command+3”快捷键，如图 4-17 所示。

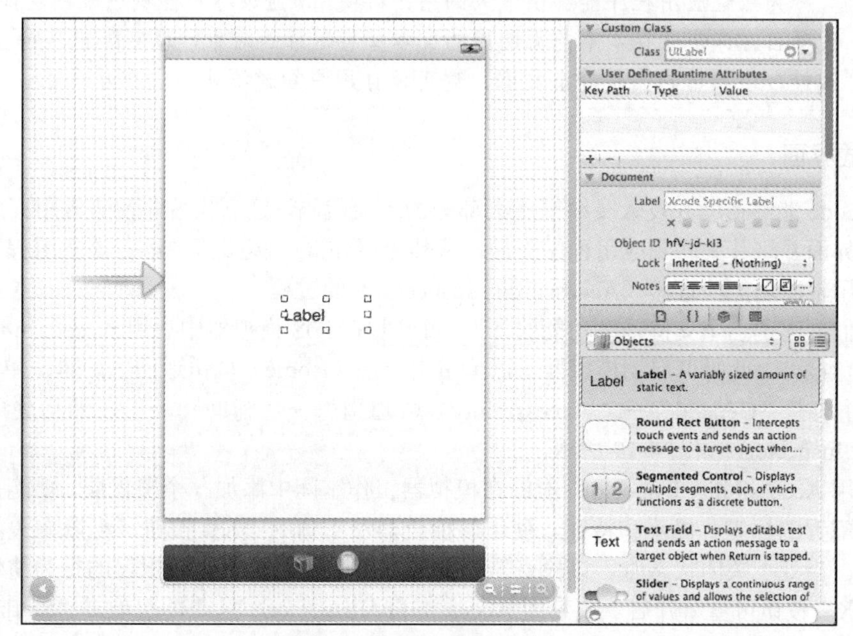

▲图 4-17　打开 Identity Inspector

在 Identity Inspector 中，辅助功能选项位于一个独立的部分。在该区域，可以配置如下所示的 4 组属性。

- Accessibility（辅助功能）：如果选中它，对象将具有辅助功能。如果创建了只有看到才能使用的自定义控件，则应该禁用这个设置。
- Label（标签）：一两个简单的单词，用作对象的标签。例如，对于收集用户姓名的文本框，可使用 your name。
- Hint（提示）：有关控件用法的简短描述。仅当标签本身没有提供足够的信息时才需要设置该属性。
- Traits（特征）：这组复选框用于描述对象的特征——其用途以及当前的状态。

具体界面如图 4-18 所示。

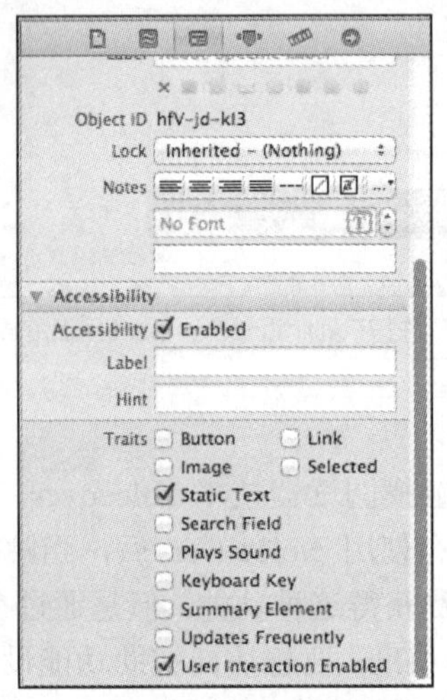

▲图 4-18　4 组属性

> **注意**　为了让应用程序能够供最大的用户群使用，应该尽可能利用辅助功能工具来开发项目。即使像在本章前面使用的文本标签这样的对象，也应配置其特征（Traits）属性，以指出它们是静态文本，这可以让用户知道不能与之交互。

4.5.3　测试界面

使用 Xcode 能够帮助开发人员编写绝大部分的界面代码。这意味着即使该应用程序还未编写好，在创建界面并将其关联到应用程序类后，依然可以在 iOS 模拟器中运行该应用程序。接下来开始介绍启用辅助功能检查器（Accessibility Inspector）的过程。

如果我们创建了一个支持辅助功能的界面，可能想在 iOS 模拟器中启用 Accessibility Inspector（辅助功能检查器）。此时可启动模拟器，再单击主屏幕（Home）按钮返回主屏幕。单击“Setting（设置）”，并选择“General”→“Accessibility”（“通用”→“辅助功能”），然后使用开关启用 Accessibility Inspector，如图 4-19 所示。

通过使用 Accessibility Inspector，能够在模拟器工作空间中添加一个覆盖层，功能是显示我们为界面元素配置的标签、提示和特征。使用该检查器左上角的“X”按钮，可以在关闭和开启模式之间切换。当处于关闭状态时，该检查器折叠成一个小条，而 iOS 模拟器的行为将恢复正常。在此单击“X”按钮可重新开启。要禁用 Accessibility Inspector，只需再次单击“Setting”并选择“General”→“Accessibility”即可。

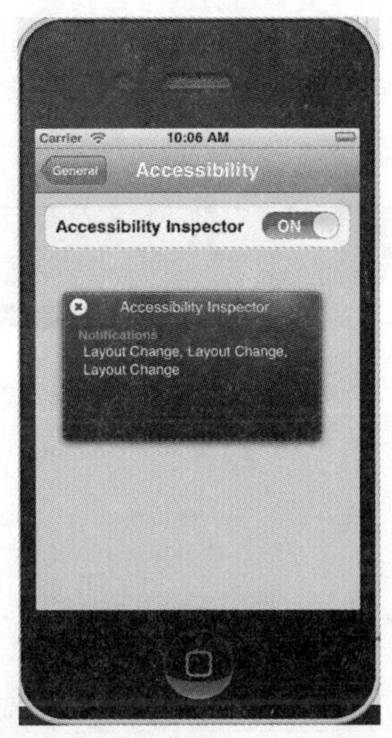

▲图 4-19 启用 Accessibility Inspector 功能

4.6 将界面连接到代码

经过本章前面内容的学习，读者应该已经掌握了创建界面的基本知识。但是如何才能使设计的界面起作用呢？本节将详细讲解将界面连接到代码并让应用程序运行的方法。

实例 4-1	将 Xcode 界面连接到代码
源码路径	光盘:\daima\4\lianjie

4.6.1 打开项目

首先，我们将使用本章 Projects 文件夹中的项目“lianjie”。打开该文件夹，并双击文件“lianjie.xcworkspace”，这将在 Xcode 中打开该项目，如图 4-20 所示。

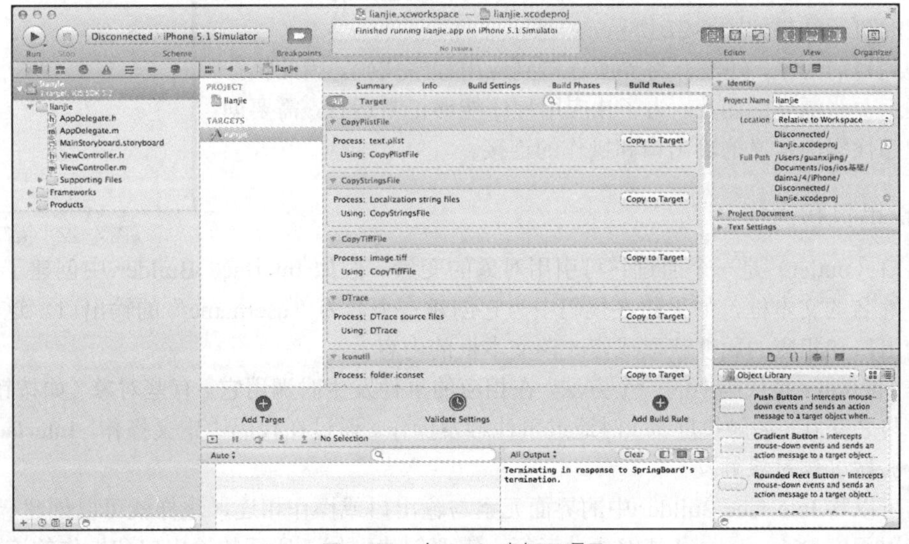

▲图 4-20 在 Xcode 中打开项目

加载该项目后，展开项目代码编组（Disconnected），并单击文件“MainStoryboard.storyboard”。此故事板文件包含该应用程序将把它显示为界面的场景和视图，并且会在 Interface Builder 编辑器中显示场景，如图 4-21 所示。

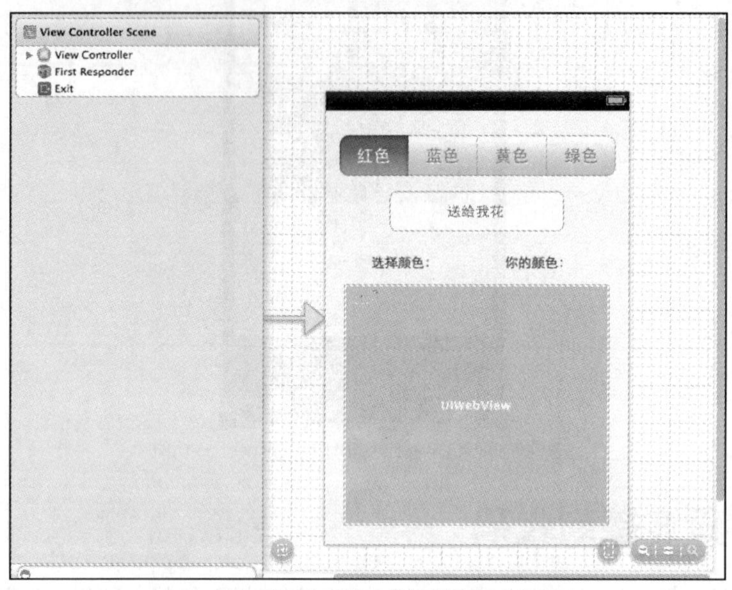

▲图 4-21　显示应用程序的场景和相应的视图

由图 4-21 所示的效果可知，该界面包含了如下 4 个交互式元素。

- 一个按钮栏（分段控件）。
- 一个按钮。
- 一个输出标签。
- 一个 Web 视图（一个集成的 Web 浏览器组件）。

这些控件将与应用程序代码交互，当用户选择花朵颜色并单击“获取花朵”按钮时，文本标签将显示选择的颜色，并从网站 http://www.floraphotographs.com 随机取回一朵这种颜色的花朵。假设我们期望的执行结果如图 4-22 所示。

但是到目前为止，还没有将界面连接到应用程序代码，因此执行后只是显示一张漂亮的图片。为了让应用程序能够正常运行，需要创建应用程序代码中定义的输出口和操作的连接。

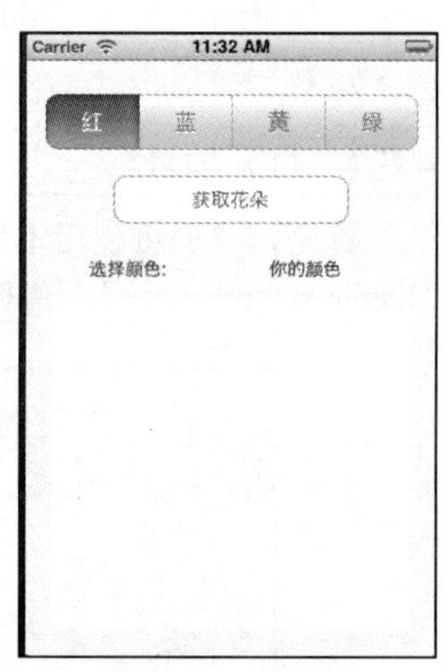

▲图 4-22　执行效果

4.6.2　输出口和操作

输出口（outlet）是一个通过它可引用对象的变量，假如 Interface Builder 中创建了一个用于收集用户姓名的文本框，如果想在代码中为它创建一个名为“username”的输出口。这样便可以使用该输出口和相应的属性获取或修改该文本框的内容。

操作（action）是代码中的一个方法，在相应的事件发生时调用它。有些对象（如按钮和开关）可在用户与之交互（如触摸屏幕）时通过事件触发操作。通过在代码中定义操作，Interface Builder 可使其能够被屏幕对象触发。

我们可以将 Interface Builder 中的界面元素与输出口或操作相连，这样就可以创建一个连接。为了让应用程序 Disconnected 能够成功运行，需要创建到如下所示的输出口和操作的连接。

- ColorChoice：一个对应于按钮栏的输出口，用于访问用户选择的颜色。
- GetFlower：这是一个操作，它从网上获取一幅花朵图像并显示它，然后将标签更新为选择的颜色。
- ChosedColor：对应于标签的输出口，将被 getFlower 更新以显示选定颜色的名称。
- FlowerView：对应于 Web 视图的输出口，将被 getFlower 更新以显示获取的花朵图像。

4.6.3 创建到输出口的连接

要想建立从界面元素到输出口的连接，可以先按住“Control”键，并同时从场景的“View Controller”图标（它出现在文档大纲区域和视图下方的图标栏中）拖曳到视图中对象的可视化表示或文档大纲区域中的相应图标。读者可以尝试对按钮栏（分段控件）进行这样的操作。在按住“Control”键的同时，再单击文档大纲区域中的“View Controller”图标，并将其拖曳到屏幕上的按钮栏。拖曳时将出现一条线，这样我们能够轻松地指向要连接的对象。

当松开鼠标时会出现一个下拉列表，在其中列出了可供选择的输出口，如图 4-23 所示。再次选择“选择颜色”。

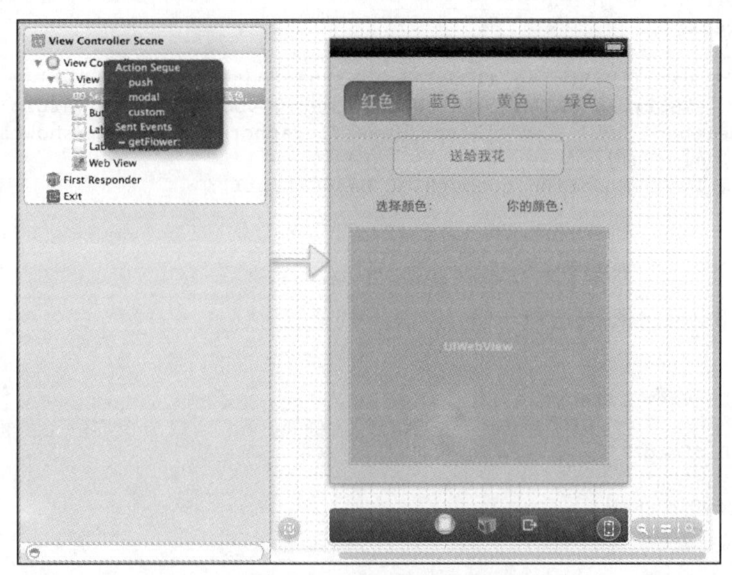

▲图 4-23 出现一个下拉列表

因为 Interface Builder 知道什么类型的对象可以连接到给定的输出口，所以只显示适合当前要创建的连接的输出口。对文本“你的颜色”的标签和 Web 视图重复上述过程，将它们分别连接到输出口 chosenColor 和 flowerView。

在我们这个演示工程中，其核心功能是通过文件 ViewController.m 实现的，其主要代码如下所示：

```
#import "ViewController.h"

@implementation ViewController

@synthesize colorChoice;
@synthesize chosenColor;
@synthesize flowerView;
```

```
-(IBAction)getFlower:(id)sender {
  NSString *outputHTML;
  NSString *color;
  NSString *colorVal;
  int colorNum;
  colorNum=colorChoice.selectedSegmentIndex;
  switch (colorNum) {
      case 0:
             color=@"Red";
             colorVal=@"red";
             break;
      case 1:
             color=@"Blue";
             colorVal=@"blue";
             break;
      case 2:
             color=@"Yellow";
             colorVal=@"yellow";
             break;
      case 3:
             color=@"Green";
             colorVal=@"green";
             break;
  }
  chosenColor.text=[[NSString alloc] initWithFormat:@"%@",color];
  outputHTML=[[NSString alloc] initWithFormat:@"<body style='margin: 0px; padding: 
0px'><img height='1200' src='http://www.floraphotographs.com/showrandom.php?color=
%@'></body>",colorVal];
  [flowerView loadHTMLString:outputHTML baseURL:nil];
}

- (void)didReceiveMemoryWarning
{
    [super didReceiveMemoryWarning];
}

#pragma mark - View lifecycle

- (void)viewDidLoad
{
    [super viewDidLoad];
}

- (void)viewDidUnload
{
    [self setFlowerView:nil];
    [self setChosenColor:nil];
    [self setColorChoice:nil];
    [super viewDidUnload];
}

- (void)viewWillAppear:(BOOL)animated
{
    [super viewWillAppear:animated];
}

- (void)viewDidAppear:(BOOL)animated
{
    [super viewDidAppear:animated];
}

- (void)viewWillDisappear:(BOOL)animated
```

```
{
    [super viewWillDisappear:animated];
}

- (void)viewDidDisappear:(BOOL)animated
{
    [super viewDidDisappear:animated];
}

-
(BOOL)shouldAutorotateToInterfaceOrientation:(UIInterfaceOrientation)interfaceOrient
ation
{
    return (interfaceOrientation != UIInterfaceOrientationPortraitUpsideDown);
}

@end
```

4.6.4 创建到操作的连接

选择将调用操作的对象，并单击 Utility 区域顶部的箭头图标以打开 Connections Inspector（连接检查器）。另外，也可以选择菜单“View”→“Utilities”→“Show Connections Inspector”(“Option+Command+6”)。

Connections Inspector 显示了当前对象（这里是按钮）支持的事件列表，如图 4-24 所示。每个事件旁边都有一个空心圆圈，要将事件连接到代码中的操作，可单击相应的圆圈并将其拖曳到文档大纲区域中的“View Controller”图标。

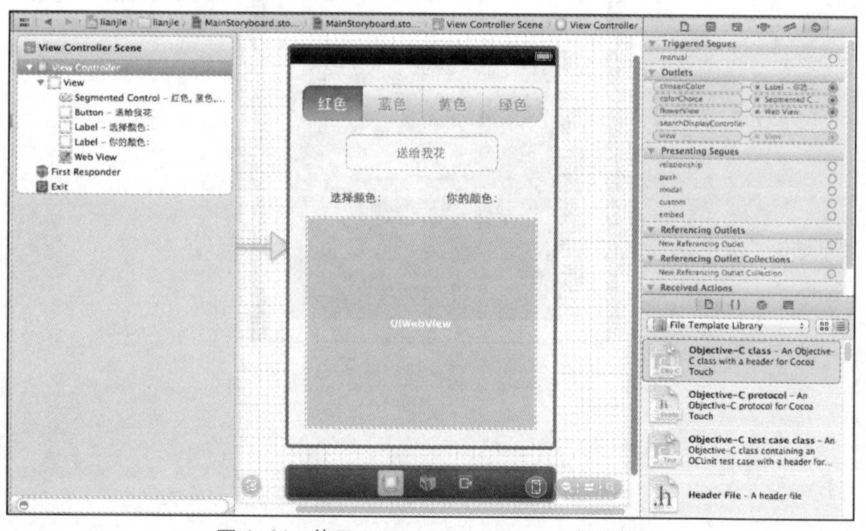

▲图 4-24 使用 Connections Inspector 操作连接

假如要将按钮“送给我花”连接到方法 getFlower，可选择该按钮并打开 Connections Inspector（“Option+Command+6”）。然后将“Touch Up Inside”事件旁边的圆圈拖曳到场景的“View Controller”图标，再松开鼠标。当系统询问时选择操作 getFlower，如图 4-25 所示。

在建立连接后检查器会自动更新，以显示事件及其调用的操作。如果单击了其他对象，Connections Inspector 将显示该对象到输出口和操作的连接。到此为止，已经将界面连接到了支持它的代码。单击 Xcode 工具栏中的“Run”按钮，在 iOS 模拟器或 iOS 设备中便可以生成并运行该应用程序。执行效果如图 4-26 所示。

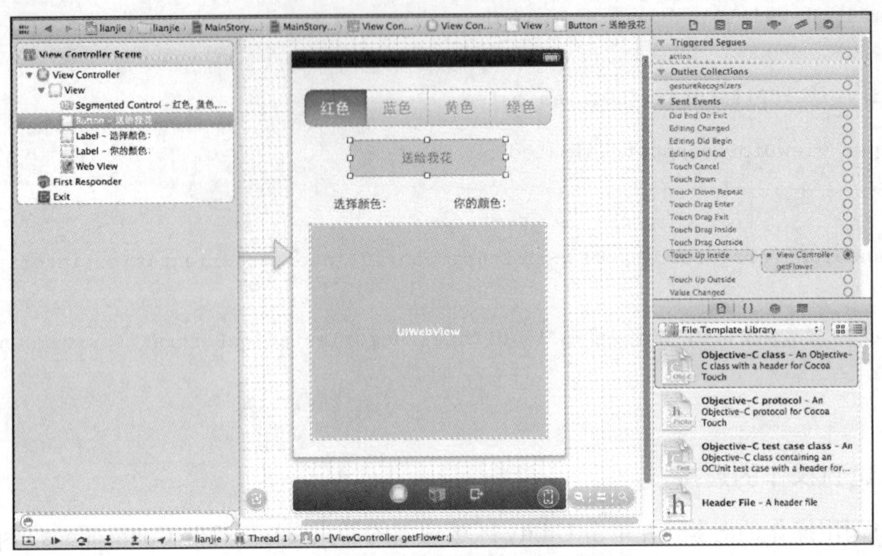

▲图 4-25　选择希望界面元素触发的操作

▲图 4-26　执行效果

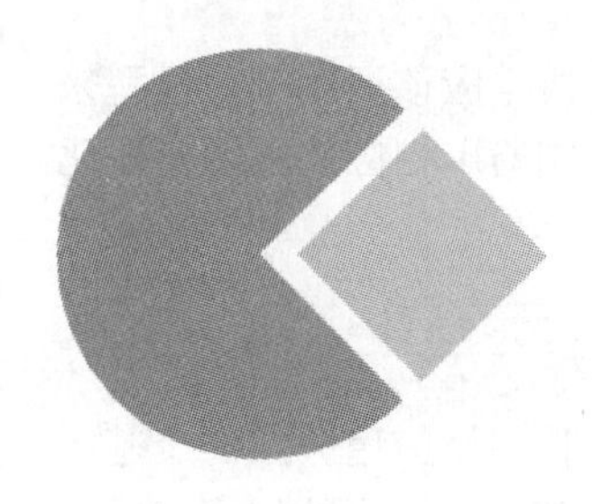

第5章　编写MVC程序

在本书前面的内容中，我们已经学习了 Cocoa Touch、Xcode 和 Interface Builder 编辑器的基本用法。虽然我们已经使用了多个创建好的项目，但是还没有从头开始创建一个项目。本章将向读者详细讲解“模型–视图–控制器”应用程序的设计模式，并从头到尾介绍创建一个 iOS 应用程序的过程，为读者步入本书后面知识的学习打下基础。

5.1 MVC 模式基础

在开发 iOS 应用程序的过程中，最常用的设计方法被称为“模型–视图–控制器”模式，这种模式被简称为 MVC，可以帮助开发人员创建出整洁、高效的应用程序。

5.1.1 MVC 的结构

MVC 最初存在于 Desktop 程序中，M 是指数据模型，V 是指用户界面，C 则是控制器。使用 MVC 的目的是将 M 和 V 的实现代码分离，从而使同一个程序可以使用不同的表现形式。

MVC 即“模型－视图－控制器”，是 Xerox PARC 在 19 世纪 80 年代为编程语言 Smalltalk 发明的一种软件设计模式，至今已被广泛使用，特别是 ColdFusion 和 PHP 的开发者。

MVC 是一个设计模式，它能够强制性地使应用程序的输入、处理和输出分开。使用 MVC 的应用程序被分成 3 个核心部件，分别是模型、视图、控制器，具体说明如下。

（1）视图

视图是用户看到并与之交互的界面。对于老式的 Web 应用程序来说，视图就是由 HTML 元素组成的界面。在新式的 Web 应用程序中，HTML 依旧在视图中扮演着重要的角色，但一些新的技术已层出不穷，包括 Adobe Flash 和像 XHTML、XML/XSL、WML 等一些标识语言和 Web services。如何处理应用程序的界面变得越来越有挑战性。MVC 一个大的好处是它能为开发人员的应用程序处理很多不同的视图。在视图中其实没有真正的处理发生，不管这些数据是联机存储的还是一个雇员列表，作为视图来讲，它只是作为一种输出数据并允许用户操纵的方式。

（2）模型

模型表示企业数据和业务规则。在 MVC 的 3 个部件中，模型拥有最多的处理任务。例如它可能用像 EJBs 和 ColdFusion Components 这样的构件对象来处理数据库。被模型返回的数据是中立的，就是说模型与数据格式无关，这样一个模型能为多个视图提供数据。由于应用于模型的代码只需写一次就可以被多个视图重用，所以减少了代码的重复性。

（3）控制器

控制器用于接受用户的输入并调用模型和视图去完成用户的需求。所以当单击 Web 页面中的超链接和发送 HTML 表单时，控制器本身不输出任何东西和做任何处理。它只是接收请求并决定调用哪个模型构件去处理请求，然后确定用哪个视图来显示模型处理返回的数据。

现在我们总结 MVC 的处理过程，首先控制器接收用户的请求，并决定应该调用哪个模型来进行处理，然后模型用业务逻辑来处理用户的请求并返回数据，最后控制器用相应的视图格式化模型返回数据，并通过表示层呈现给用户。

5.1.2　MVC 的特点

MVC 是所有面向对象程序设计语言都应该遵守的规范，MVC 思想将一个应用分成 3 个基本部分，即 Model（模型）、View（视图）和 Controller（控制器）。这 3 个部分以最少的耦合协同工作，从而提高了应用的可扩展性及可维护性。

在经典的 MVC 模式中，事件由控制器处理，控制器根据事件的类型改变模型或视图。具体来说，每个模型对应一系列的视图列表，这种对应关系通常采用注册来完成，即把多个视图注册到同一个模型。当模型发生改变时，模型向所有注册过的视图发送通知，然后视图从对应的模型中获得信息，然后完成视图显示的更新。

MVC 模式具有如下 4 个特点。

① 多个视图可以对应一个模型。按 MVC 设计模式，一个模型对应多个视图，可以减少代码的复制及代码的维护量，一旦模型发生改变能够易于维护。

② 模型返回的数据与显示逻辑分离。模型数据可以应用任何的显示技术，例如使用 JSP 页面、Velocity 模板或者直接产生 Excel 文档等。

③ 应用被分隔为 3 层，降低了各层之间的耦合，提供了应用的可扩展性。

④ 在控制层中把不同的模型和不同的视图组合在一起完成不同的请求，由此可见，控制层包含了用户请求权限的概念。

MVC 更符合软件工程化管理的精神。不同的层各司其职，每一层的组件具有相同的特征，有利于通过工程化和工具化产生管理程序代码。

令开发者振奋的是，Xcode 中的 MVC 模式是天然存在的，当我们新建项目并开始编码时，会自动被引领到 MVC 设计模式。由此可见，在 Xcode 开发环境中可以很容易地创建结构良好的应用程序。

5.2　Xcode 中的 MVC

MVC 模式和 Xcode 密切相关，在 Xcode 中提供了若干模板，通过这些模板可以在应用程序中实现 MVC 架构。

1. view-based application（基于视图的应用程序）

如果应用程序仅使用一个视图，建议使用这个模板。一个简单的视图控制器会管理应用程序的主视图，而界面设置则使用一个 Interface Builder 模板来定义。特别是那些未使用任何导航功能的简单应用程序应该使用这个模板。如果应用程序需要在多个视图之间切换，建议考虑使用基于导航的模板。

2. navigation-based application（基于导航的应用程序）

基于导航的模板用于需要在多个视图之间进行切换的应用程序。如果可以预见应用程序中，某些画面上带有一个“回退”按钮，此时就应该使用这个模板。导航控制器会完成所有关于建立导航按钮以及在视图“栈”之间切换的内部工作。这个模板提供了一个基本的导航控制器以及一个用来显示信息的根视图（基础层）控制器。

3. utility application（工具应用程序）

utility application 是适合于微件（Widget）类型的应用程序，这种应用程序有一个主视图，并且可以将其“翻”过来，例如 iPhone 中的天气预报和股票程序等就是这类程序。这个模板还包括一个信息按钮，可以将视图翻转过来显示应用程序的反面，这部分常常用来对设置或者显示的信息进行修改。

4. OpenGL ES application（OpenGL ES 应用程序）

在创建 3D 游戏或者图形时可以使用这个模板，它会创建一个配置好的视图，专门用来显示 GL 场景，并提供了一个例子计时器，可以令其演示动画。

5. tab bar application（标签栏应用程序）

Xcode 中提供了一种特殊的控制器，会沿着屏幕底部显示一个按钮栏。这个模板适用于像 iPod 或者电话这样的应用程序，它们都会在底部显示一行标签，提供一系列的快捷方式，来使用应用程序的核心功能。

6. window-based application（基于窗口的应用程序）

Xcode 中提供了一个简单的、带有一个窗口的应用程序。这是一个应用程序所需的最小框架，开发人员可以用它作为开始来编写自己的程序。

5.3 在 Xcode 中实现 MVC

在本书前面的内容中，已经讲解了 Xcode 及其集成的 Interface Builder 编辑器的知识。并且在本书上一章的内容中，曾经将故事板场景中的对象连接到了应用程序中的代码。本节将详细讲解将视图绑定到控制器的知识。

5.3.1 Xcode 中的视图

在 Xcode 中，虽然可以使用编程的方式创建视图，但是在大多数情况下是使用 Interface Builder 以可视化的方式设计它们。在视图中可以包含众多界面元素，在加载运行阶段程序时，视图可以创建基本的交互对象，例如当轻按文本框时会打开键盘。要想让视图中的对象能够与应用程序逻辑交互，必须定义相应的连接。连接的东西有两种，即输出口和操作。输出口定义了代码和视图之间的一条路径，可以用于读写特定类型的信息，例如对应于开关的输出口让我们能够访问描述开关是开还是关的信息；而操作定义了应用程序中的一个方法，可以通过视图中的事件触发，例如轻按按钮或在屏幕上轻扫。

如何将输出口和操作连接到代码呢？必须在实现视图逻辑的代码（即控制器）中定义输出口和操作。

5.3.2 Xcode 中的视图控制器

控制器在 Xcode 中被称为视图控制器，功能是负责处理与视图的交互工作，并为输出口和操作建立一个连接。为此需要在项目代码中使用两个特殊的编译指令——IBAction 和 IBOutlet。IBAction 和 IBOutlet 是 Interface Builder 能够识别的标记，它们在 Objective-C 中没有其他用途。我们在视图控制器的接口文件中添加这些编译指令。我们不但可以手工添加，而且也可以用

Interface Builder 的一项特殊功能自动生成它们。

> **注意**　视图控制器可包含应用程序逻辑，但这并不意味着所有代码都应包含在视图控制器中。虽然在本书中，大部分代码都放在视图控制器中，但当您创建应用程序时，可在合适的时候定义额外的类，以抽象应用程序逻辑。

1. 使用 IBOutlet

IBOutlet 对编译器来说是一个标记，编译器会忽略这个关键字。Interface Builder 则会根据 IBOutlet 来寻找可以在 Builder 里操作的成员变量。在此需要注意的是，任何一个被声明为 IBOutlet 并且在 Interface Builder 里被连接到一个 UI 组件的成员变量，会被额外记忆一次，例如：

```
IBOutlet UILabel *label;
```

这个 label 在 Interface Builder 里被连接到一个 UILabel。此时，这个 label 的 retainCount 为 2。所以，只要使用了 IBOutlet 变量，一定需要在 dealloc 或者 viewDidUnload 中释放这个变量。

IBOutlet 的功能是让代码能够与视图中的对象交互。假设在视图中添加了一个文本标签（UILabel），而我们想在视图控制器中创建一个实例“变量/属性”myLabel。此时可以显式地声明它们，也可使用编译指令@property 隐式地声明实例变量，并添加相应的属性：

```
@property (strong, nonatomic) UILabel *myLabel;
```

这个应用程序提供了一个存储文本标签引用的地方，还提供了一个用于访问它的属性，但还需将其与界面中的标签关联起来。为此，可在属性声明中包含关键字“IBOutlet”。

```
@property (strong, nonatomic) IBOutlet UILabel *myLabel;
```

添加该关键字后，就可以在 Interface Builder 中以可视化方式将视图中的标签对象连接到“变量/属性”MyLabel，然后可以在代码中使用该属性与该标签对象交互，如修改其文本、调用其方法等。这样，这行代码便声明了实例变量、属性和输出口。

2. 使用编译指令 property 和 synthesize 简化访问

@property 和@synthesize 是 Objective-C 语言中的两个编译指令。实例变量存储的值或对象引用可在类的任何地方使用。如果需要创建并修改一个在所有类方法之间共享的字符串，就应声明一个实例变量来存储它。良好的编程惯例是，不直接操作实例变量。所以要使用实例变量，需要有相应的属性。

编译指令@property 定义了一个与实例变量对应的属性，该属性通常与实例变量同名。虽然可以先声明一个实例变量，再定义对应的属性，但是也可以使用@property 隐式地声明一个与属性对应的实例变量。例如要声明一个名为“myString”的实例变量（类型为 NSString）和相应的属性，可以编写如下所示的代码。

```
@property (strong, nonatomic) NSString *myString;
```

这与下面两行代码等效：

```
NSString *myString;
@property (strong, nonatomic) NSString *myString;
```

> **注意**　Apple Xcode 工具通常建议隐式地声明实例变量，所以建议大家也这样做。

这同时创建了实例变量和属性，但是要想使用这个属性则必须先合成它。编译指令@synthesize创建获取函数和设置函数，让我们很容易访问和设置底层实例变量的值。对于接口文件（.h）中的每个编译指令@property，实现文件（.m）中都必须有对应的编译指令@synthesize：

```
@synthesize myString;
```

3. 使用IBAction

IBAction用于指出在特定的事件发生时应调用代码中相应的方法。假如按下了按钮或更新了文本框，则可能希望应用程序采取措施并做出合适的反应。编写实现事件驱动逻辑的方法时，可在头文件中使用IBAction声明它，这将向Interface Builder编辑器暴露该方法。在接口文件中声明方法（实际实现前）被称为创建方法的原型。

例如，下面可能是方法doCalculation的原型。

```
-(IBAction)doCalculation: (id) sender;
```

注意到该原型包含一个sender参数，其类型为id。这是一种通用类型，当不知道（或不需要知道）要使用的对象的类型时可以使用它。通过使用类型id，可以编写不与特定类相关联的代码，使其适用于不同的情形。创建将用作操作的方法（如doCalculation）时，可以通过参数sender确定调用了操作的对象并与之交互。如果要设计一个处理多种事件（如多个按钮中的任何一个按钮被按下）的方法，这将很方便。

5.4 数据模型

Core Data抽象了应用程序和底层数据存储之间的交互，它还包含一个Xcode建模工具，该工具像Interface Builder那样可帮助开发人员设计应用程序，但不是让我们能够以可视化的方式创建界面，而是以可视化的方式建立数据结构。数据模型中类的关系图如图5-1所示。

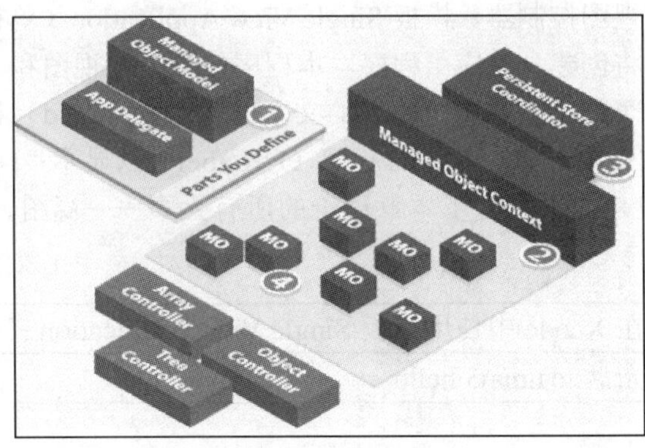

▲图5-1　类关系图

在图5-1中，我们可以看到有如下5个相关的模块。

（1）Managed Object Model

Managed Object Model是描述应用程序的数据模型，这个模型包含实体（Entity）、特性（Property）、读取请求（Fetch Request）等。

（2）Managed Object Context

Managed Object Context参与对数据对象进行各种操作的全过程，并监测数据对象的变化，以提供对undo/redo的支持及更新绑定到数据的UI。

（3）Persistent Store Coordinator

Persistent Store Coordinator 相当于数据文件管理器，处理底层的对数据文件的读取与写入。一般我们无需与它打交道。

（4）Managed Object 数据对象

Managed Object 数据对象与 Managed Object Context 相关联。

（5）Controller 图中绿色的 Array Controller、Object Controller 和 Tree Controller

这些控制器一般都是通过“control+drag”将 Managed Object Context 绑定到它们，这样就可以在 nib 中以可视化的方式操作数据。

上述模块的运作流程如下。

① 应用程序先创建或读取模型文件（后缀为“.xcdatamodeld”）生成 NSManagedObjectModel 对象。Document 应用程序一般是通过 NSDocument（或其子类 NSPersistentDocument）从模型文件（后缀为“.xcdatamodeld”）读取。

② 然后生成 NSManagedObjectContext 和 NSPersistentStoreCoordinator 对象，前者对用户透明地调用后者对数据文件进行读写。

③ NSPersistentStoreCoordinator 从数据文件（XML、SQLite、二进制文件等）中读取数据，生成 Managed Object，或保存 Managed Object，写入数据文件。

④ NSManagedObjectContext 对数据进行各种操作的整个过程，它持有 Managed Object。我们通过它来监测 Managed Object。监测数据对象有两个作用，即支持 undo/redo 以及数据绑定。

⑤ Array Controller、Object Controller 和 Tree Controller 等控制器一般与 NSManagedObject Context 关联，因此可以通过它们在 nib 中可视化地操作数据对象。

5.5 使用模板 Single View Application

Apple 在 Xcode 中提供了一种很有用的应用程序模板，可以快速地创建包含一个故事板、一个空视图和相关联结构的视图控制器。模板 Single View Application（单视图应用程序）是最简单的模板。在本节的内容中将创建一个应用程序，本程序包含一个视图和一个视图控制器。本节的实例非常简单，先创建一个用于获取用户输入的文本框（UITextField）和一个按钮，当用户在文本框中输入内容并按下按钮时，将更新屏幕标签（UILabel）以显示“Hello”和用户输入。虽然本实例程序比较简单，但是几乎包含了本章讨论的所有元素——视图、视图控制器、输出口和操作。

实例 5-1	在 Xcode 中使用模板 Single View Application
源码路径	光盘:\daima\5\hello

5.5.1 创建项目

首先在 Xcode 中新建一个项目，并将其命名为“hello”。

① 从文件夹 Developer/Applications 或 Launchpad 的 Developer 编组中启动 Xcode。

② 启动后在左侧导航选择第一项“Creat a new Xcode project”，如图 5-2 所示。

③ 在弹出的新界面中选择项目类型和模板。在 New Project 窗口的左侧，确保选择了项目类型 iOS 中的“Application”，在右边的列表中选择“Single View Application”，再单击“Next”按钮，如图 5-3 所示。

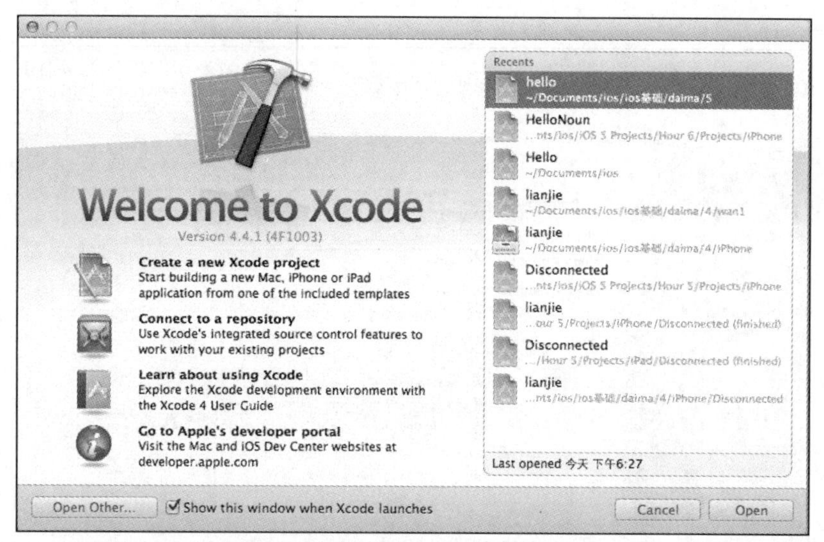

▲图 5-2 新建一个 Xcode 工程

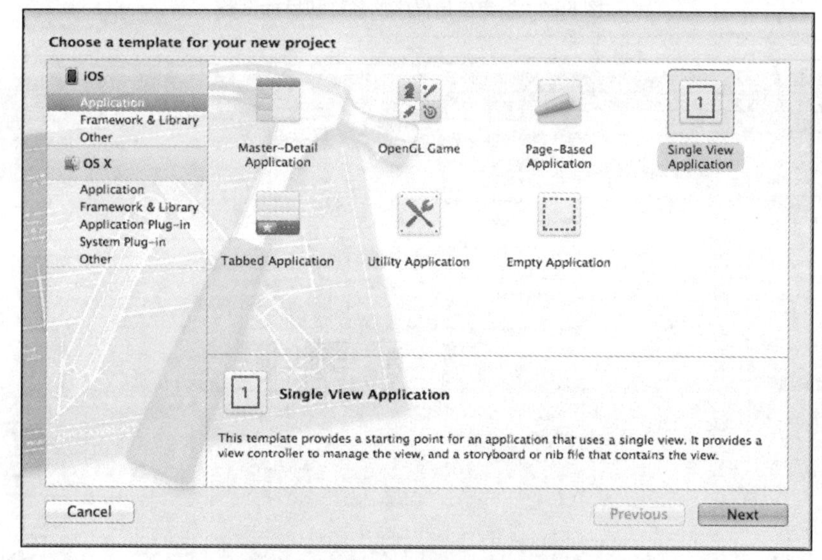

▲图 5-3 选择 Single View Application

④ 在 Product Name 文本框中输入“Hello”。公司标识符可以随意设置，但是建议设置一个易于记忆的，例如笔者在此使用的是“com.guan”。保留文本框 Class Prefix 为空，并确保从下拉列表 Device Family 中选择“iPhone”或“iPad”，笔者再次选择的是“iPhone”，然后确保选择了复选框“Use Storyboard”和“Use Automatic Reference Counting”，但没有选择复选框“Include Unit Tests”，如图 5-4 所示。然后，单击“Next”按钮。

⑤ 在 Xcode 提示时指定存储位置，再单击“Create”按钮创建项目。这将创建一个简单的应用程序结构，它包含一个应用程序委托、一个窗口、一个视图（在故事板场景中定义的）和一个视图控制器。几秒钟后，项目窗口将打开，如图 5-5 所示。

1. 类文件

展开项目代码编组（名为“HelloNoun”），会看到如下所示的 5 个文件。

- AppDelegate.h。

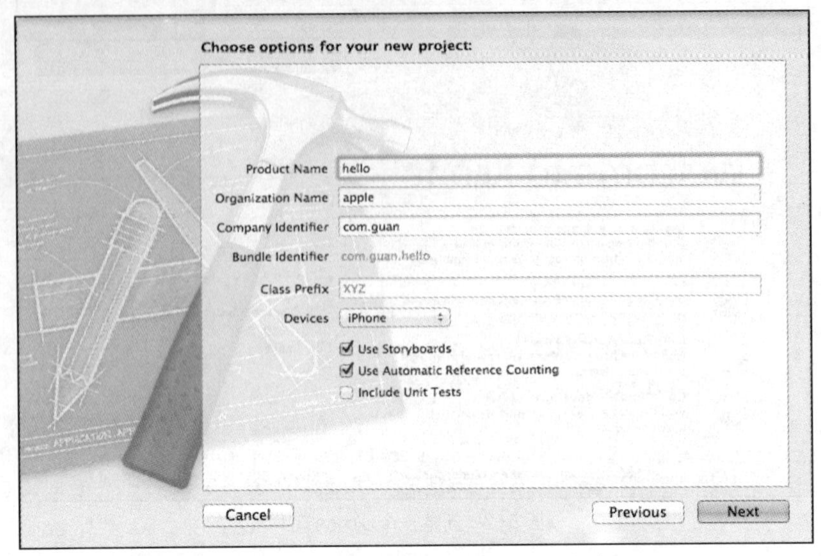

▲图 5-4　指定应用程序的名称和目标设备

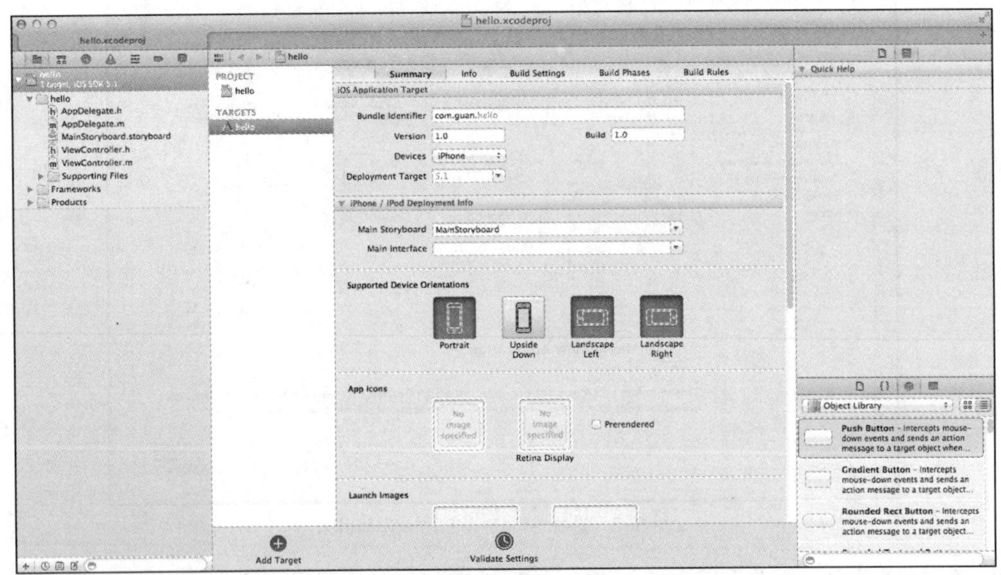

▲图 5-5　新建的工程

- AppDelegate.m。
- ViewController.h。
- ViewController.m。
- MainStoryboard.storyboard。

其中，文件 AppDelegate.h 和 AppDelegate.m 组成了该项目将创建的 UIApplication 实例的委托，也就是说可以对这些文件进行编辑，以添加控制应用程序运行时如何工作的方法。可以修改委托，在启动时执行应用程序级设置，以告知应用程序进入后台时该如何做，以及告知应用程序被迫退出时应该如何处理。其中文件 AppDelegate.h 的代码如下：

```
#import <UIKit/UIKit.h>

@interface AppDelegate : UIResponder <UIApplicationDelegate>
```

```
@property (strong, nonatomic) UIWindow *window;

@end
```

文件 AppDelegate.m 的代码如下所示：

```
#import "AppDelegate.h"

@implementation AppDelegate
-   (BOOL)application:(UIApplication   *)application   didFinishLaunchingWithOptions:
(NSDictionary *)launchOptions
{
}
- (void)applicationWillResignActive:(UIApplication *)application
{
}
- (void)applicationDidEnterBackground:(UIApplication *)application
{
}
- (void)applicationWillEnterForeground:(UIApplication *)application
{
}
- (void)applicationDidBecomeActive:(UIApplication *)application
{
}
- (void)applicationWillTerminate:(UIApplication *)application
{
}
@end
```

上述两个文件的代码都是自动生成的。

文件 ViewController.h 和 ViewController.m 实现了一个视图控制器（UIViewController），这个类包含控制视图的逻辑。一开始这些文件几乎是空的，只有一个基本结构，此时如果您单击 Xcode 窗口顶部的"Run"按钮，应用程序将编译并运行，运行后一片空白，如图 5-6 所示。

▲图 5-6　执行后为空

注意　如果在 Xcode 中新建项目时指定了类前缀，所有类文件名都将以指定的内容打头。在以前的 Xcode 版本中，Apple 将应用程序名作为类的前缀。要让应用程序有一定的功能，需要处理前面讨论过的两个地方：视图和视图控制器。

2. 故事板文件

除了类文件之外，该项目还包含了一个故事板文件，它用于存储界面设计。单击故事板文件MainStoryboarcLstoryboard，在 Interface Builder 编辑器中打开它，如图 5-7 所示。

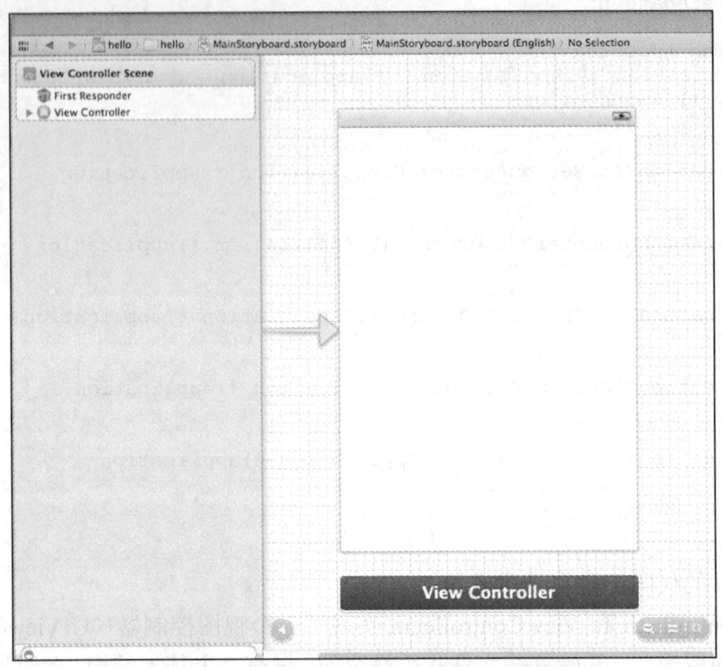

▲图 5-7　MainStoryboarcLstoryboard 界面

在 MainStoryboard.storyboard 界面中包含了如下所示的 3 个图标。

- First Responder（一个 UIResponder 实例）。
- View Controller（ViewController 类）。
- 应用程序视图（一个 UIView 实例）。

视图控制器和第一响应者还出现在图标栏中，该图标栏位于编辑器中视图的下方。如果在该图标栏中没有看到图标，单击图标栏后就会显示出来。

当应用程序加载故事板文件时会实例化其中的对象，成为应用程序的一部分。就本项目“hello”来说，当它启动时会创建一个窗口并加载 MainStoryboard.storyboard，实例化 ViewController 类及其视图，并将其加入到窗口中。

在文件 HelloNoun-Info.plist 中，通过属性 Main storyboard file base name（主故事板文件名）指定了加载的文件是 MainStoryboard.storyboard。要想核实这一点，读者可展开文件夹 Supporting Files，再单击 plist 文件显示其内容。另外也可以单击项目的顶级图标，确保选择了目标“hello”，再查看选项卡 Summary 中的文本框 Main Storyboard，如图 5-8 所示。

如果有多个场景，在 Interface Builder 编辑器中会使用很不明显的方式指定初始场景。在前面的图 5-7 中，会发现编辑器中有一个灰色箭头，它指向视图的左边缘。这个箭头是可以拖动的，当有多个场景时可以拖动它，使其指向任何场景对应的视图。这就自动配置了项目，使其在应用程序启动时启动该场景的视图控制器和视图。

总之，对应用程序进行了配置，使其加载 MainStoryboard.storyboard，而 MainStoryboard.storyboard 查找初始场景，并创建该场景的视图控制器类（文件 ViewController.h 和

ViewControUer.m 定义的 ViewController）的实例。视图控制器加载其视图，而视图被自动添加到主窗口中。

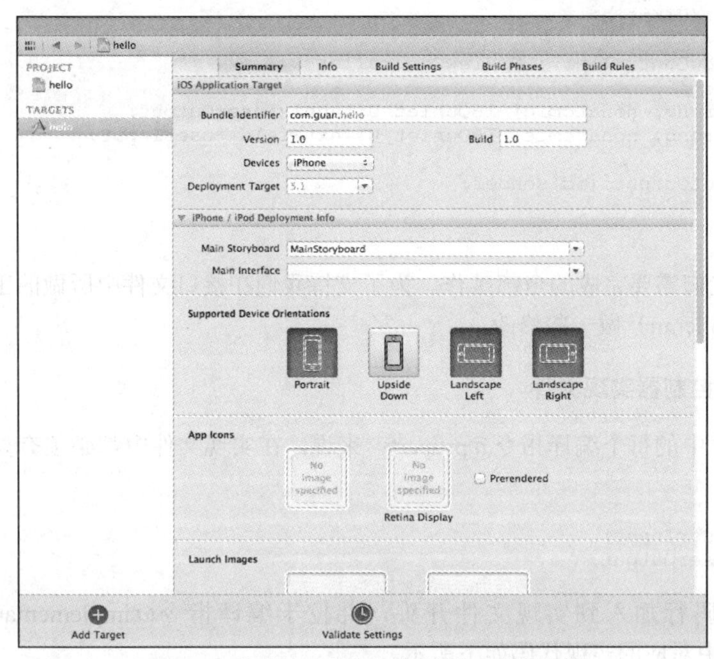

▲图 5-8　指定应用程序启动时将加载的故事板

5.5.2　规划变量和连接

要创建该应用程序，第一步是确定视图控制器需要的东西。为了引用要使用的对象，必须与如下 3 个对象进行交互。

- 一个文本框（UITextField）。
- 一个标签（UILabel）。
- 一个按钮（UIButton）。

其中，前两个对象分别是用户输入区域（文本框）和输出（标签），而第 3 个对象（按钮）触发代码中的操作，以便将标签的内容设置为文本框的内容。

1. 修改视图控制器接口文件

基于上述信息，便可以编辑视图控制器（ViewController.h）类的接口文件，在其中定义需要用来引用界面元素的实例变量以及用来操作它们的属性（和输出口）。我们将用于收集用户输入的文本框（UITextField）命名为“user@property”，将提供输出的标签（URLabel）命名为“userOutput”。前面说过，通过使用编译指令@property 可同时创建实例变量和属性，而通过添加关键字“Iboutlet”可以创建输出口，以便在界面和代码之间建立连接。

综上所述，可以添加如下两行代码：

```
@property (strong, nonatomic) IBOutlet UILabel *userOutput;
@property (strong, nonatomic) IBOutlet UITextField *userInput;
```

为了完成接口文件的编写工作，还需添加一个在按钮被按下时执行的操作，将该操作命名为“setOutput”，具体代码如下：

```
- (IBAction)setOutput: (id)sender;
```

添加这些代码后，文件 ViewController.h 的代码如下所示，其中以粗体显示的代码行是我们新增的。

```
#import <UIKit/UIKit.h>

@interface ViewController : UIViewController

@property (strong, nonatomic) IBOutlet UILabel *userOutput;
@property (strong, nonatomic) IBOutlet UITextField *userInput;

- (IBAction)setOutput:(id)sender;

@end
```

但是这并非我们需要完成的全部工作。为了支持我们在接口文件中所做的工作，还需对实现文件（ViewController.m）做一些修改。

2. 修改视图控制器实现文件

对于接口文件中的每个编译指令@property 来说，在实现文件中都必须有如下对应的编译指令@synthesize:

```
@synthesize userInput;
@synthesize userOutput;
```

应将这些代码行加入到实现文件开头，并位于编译指令@implementation 后面，文件 ViewController.m 中对应的实现代码如下所示。

```
#import "ViewController.h"
@implementation ViewController
@synthesize userOutput;
@synthesize userInput;
```

在确保使用完视图后，应该使代码中定义的实例变量（即 userInput 和 userOutput）不再指向对象，这样做的好处是这些文本框和标签占用的内存可以被重复使用。实现这种方式的方法非常简单，只需将这些实例变量对应的属性设置为 nil 即可：

```
[self setUserlnput:nil];
[self setUserOutput:nil];
```

上述清理工作是在视图控制器的一个特殊方法中进行的，这个方法名为“viewDiDUnload”，在视图成功地从屏幕上删除时被调用。为添加上述代码，需要在实现文件 ViewController.h 中找到这个方法，并添加代码行。同样，这里演示的是手工准备输出口、操作、实例变量和属性时，需要完成的设置工作。

文件 ViewController.m 中对应清理工作的实现代码如下所示。

```
- (void)viewDidUnload
{
    self.userInput = nil;
    self.userOutput = nil;
    [self setUserOutput:nil];
    [self setUserInput:nil];
    [super viewDidUnload];
}
```

注意　如果浏览 HelloNoun 的代码文件，可能发现其中包含绿色的注释（以字符“//”打头的代码行）。为节省篇幅，通常在本书的程序清单中删除了这些注释。

5.5.3 设计界面

添加对象

本节的演示程序“hello”的界面很简单，只需提供一个输出区域、一个用于输入的文本框以及一个将输出设置成与输入相同的按钮。请按如下步骤创建该 UI。

① 在 Xcode 项目导航器中选择“MainStoryboard.storyboard”，以打开它。

② 打开它的是 Interface Builder 编辑器。其中，文档大纲区域显示了场景中的对象，而编辑器中显示了视图的可视化表示。

③ 选择菜单“View”→“Utilities”→“Show Object Library”(“Control+Option+Command+3”)，在右边显示对象库。在对象库中确保从下拉列表中选择了“Objects”，这样将显示可拖放到视图中的所有控件。此时的工作区类似于如图 5-9 所示。

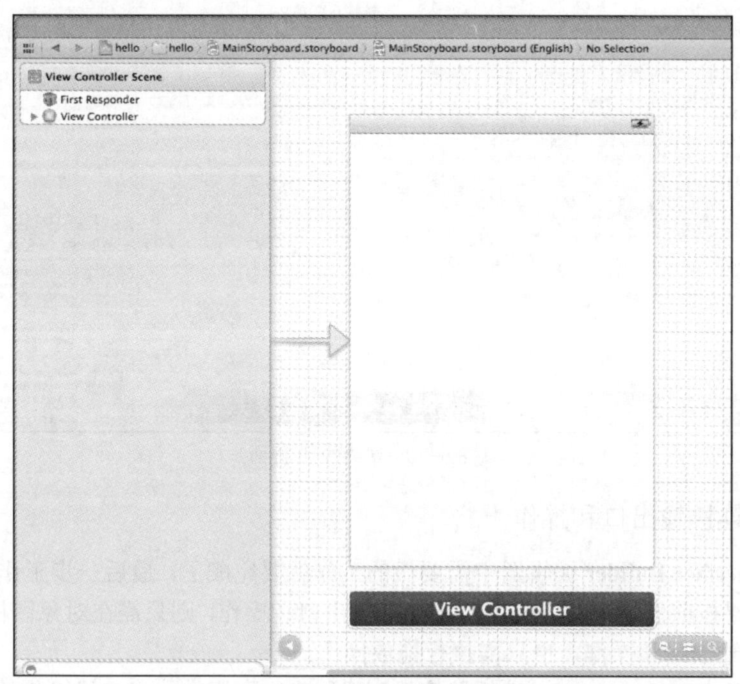

▲图 5-9 初始界面

④ 通过在对象库中单击标签（UILabel）对象并将其拖曳到视图中，在视图中添加两个标签。

⑤ 第一个标签应包含静态文本 Hello，为此双击该标签的默认文本 Label 并将其改为“你好”。选择第二个标签，它将用作输出区域。这里将该标签的文本改为“请输入信息”，将此作为默认值，直到用户提供新字符串为止。我们可能需要增大该文本标签以便显示这些内容，为此可单击并拖曳其手柄。

我们还将这些标签居中对齐，此时可以通过单击选择视图中的标签，再按下“Option+Command+4”或单击 Utility 区域顶部的滑块图标，打开标签的 Attributes Inspector。

使用 Alignment 选项调整标签文本的对齐方式。另外还可能会使用其他属性来设置文本的显示样式，例如字号、阴影、颜色等。现在整个视图应该包含两个标签。

⑥ 为了添加文本框，在对象库中找到文本框对象（UITextField），单击并将其拖曳到两个标签下方，使用手柄将其增大到与输出标签等宽。

⑦ 再次按“Option+Command+4”组合键，打开 Attribute Inspector，并将字号设置成与标签的字号相同。如果要修改文本框的高度，在 Attributes Inspector 中单击包含方形边框的按钮 Border Style，然后便可随意调整文本框的大小。

⑧ 在对象库单击圆角矩形按钮（UIButton）并将其拖曳到视图中，将其放在文本框下方。双击该按钮给它添加一个标题，如“Set Label”。再调整按钮的大小，使其能够容纳该标题。

最终 UI 界面效果如图 5-10 所示，其中包含了 4 个对象，分别是 2 个标签、1 个文本框和 1 个按钮。

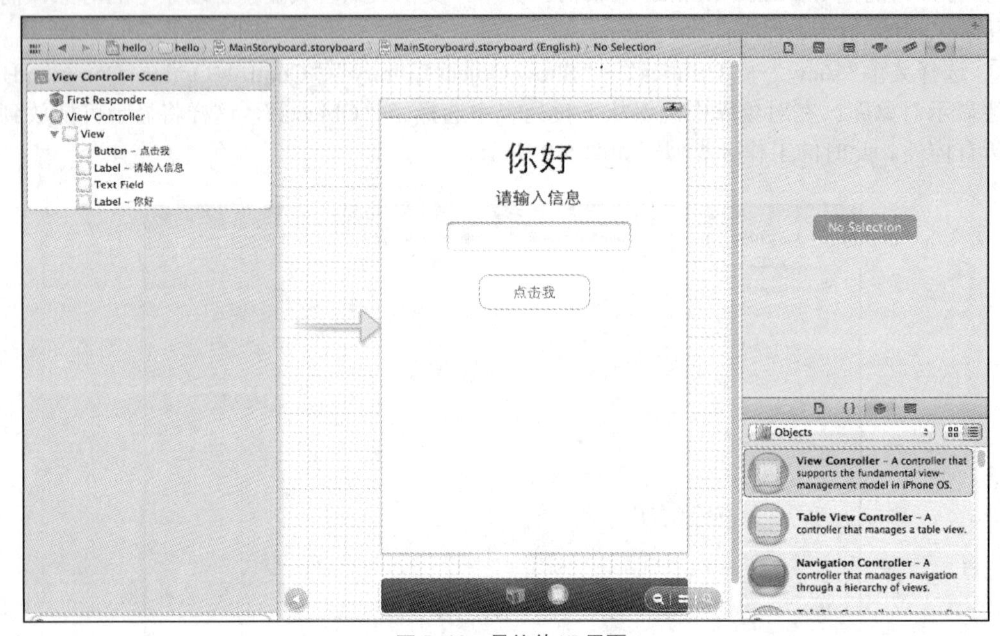

▲图 5-10　最终的 UI 界面

5.5.4　创建并连接输出口和操作

现在，在 Interface Builder 编辑器中需要做的工作就要完成了，最后一步工作是将视图连接到视图控制器。如果按前面介绍的方式手工定义了输出口和操作，则只需在对象图标之间拖曳即可。但即使就地创建输出口和操作，也只需执行拖放操作。

为此，需要从 Interface Builder 编辑器拖放到代码中需要添加输出口或操作的地方，即需要能够同时看到接口文件 VeiwController.h 和视图。在 Interface Builder 编辑器中还显示了刚设计的界面的情况下，单击工具栏的 Edit 部分的“Assistant Editor”按钮，这将在界面右边自动打开文件 ViewController.h，因为 Xcode 知道我们在视图中必须编辑该文件。

另外，如果我们使用的开发计算机是 MacBook，或编辑的是 iPad 项目，屏幕空间将不够用。为了节省屏幕空间，单击工具栏中 View 部分最左边和最右边的按钮，以隐藏 Xcode 窗口的导航区域和 Utility 区域。您也可以单击 Interface Builder 编辑器左下角的展开箭头将文档大纲区域隐藏起来。这样屏幕将类似于如图 5-11 所示。

1．添加输出口

下面首先连接用于显示输出的标签，用一个名为“userOutput”的实例变量/属性来表示它。

① 按住“Control”键，并拖曳用于输出的标签（在这里，其标题为“请输入信息”）或文档大纲中表示它的图标。将其拖曳到包含文件 ViewController.h 的代码编辑器中，当鼠标位于

@interface 行下方时松开。当您拖曳时，Xcode 将指出如果您此时松开鼠标，将插入哪些内容，如图 5-12 所示。

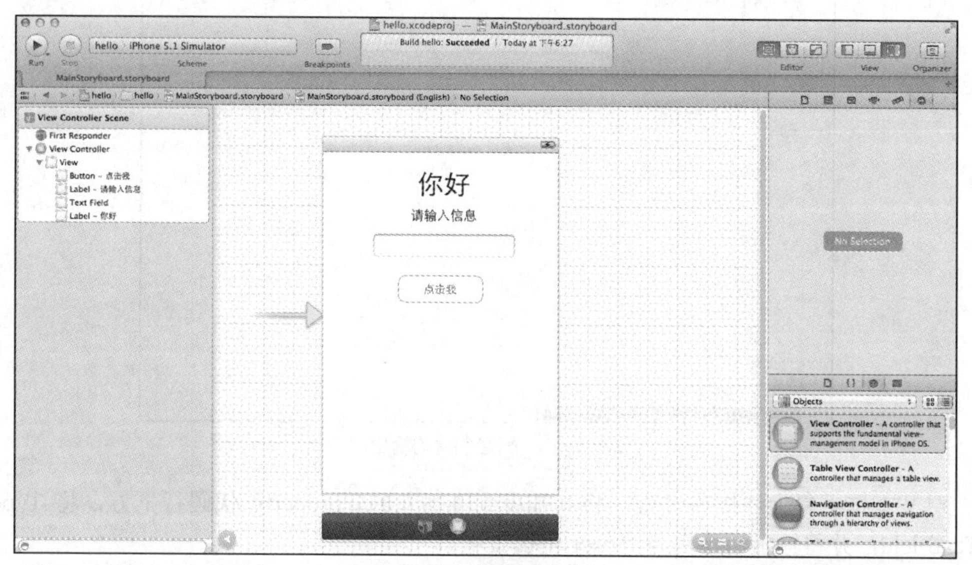

▲图 5-11 切换工作空间

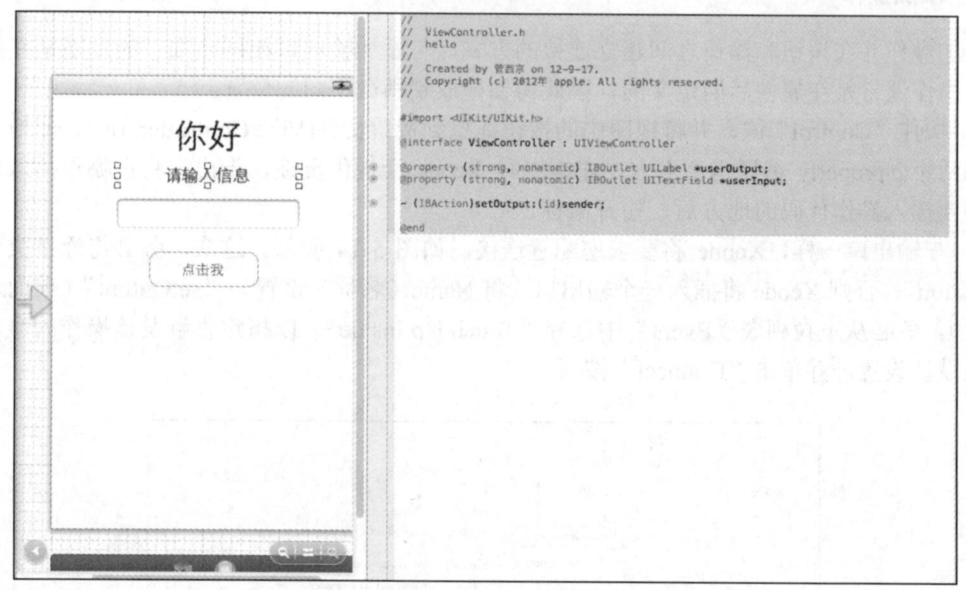

▲图 5-12 生成代码

② 当松开鼠标时会要求我们定义输出口。接下来首先确保从下拉列表“Connection”中选择了“Outlet”，从“Storage”下拉列表中选择了“Strong”，并从“Type”下拉列表中选择了“UILabel”。最后指定我们要使用的实例“变量/属性”名“(userOutput)”，最后再单击 Connect 按钮，如图 5-13 所示。

③ 当单击“Connect”按钮时，Xcode 将自动插入合适的编译指令@property 和关键字“IBOut:put”（隐式地声明实例变量）、编译指令@synthesize（插入到文件 ViewController.m 中）以及清理代码（也是文件 ViewController.m 中）。更重要的是，还在刚创建的输出口和界面对象之间建立连接。

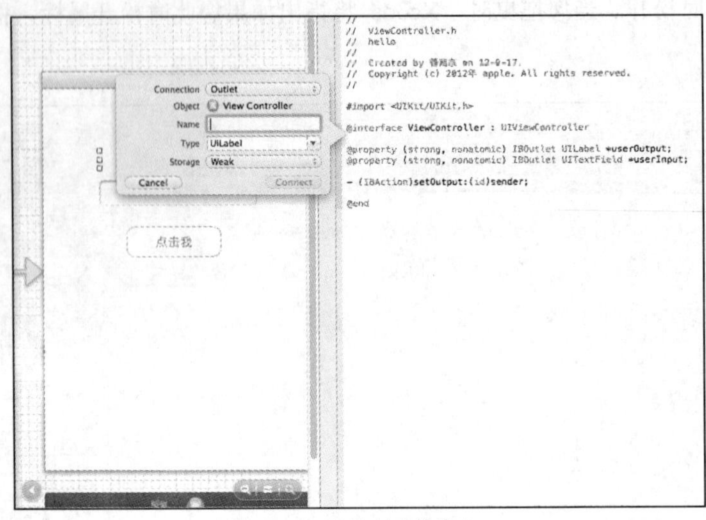

▲图 5-13　配置创建的输出口

④ 对文本框重复上述操作过程。将其拖曳到刚插入的@property 代码行下方，将 Type 设置为 UITextField，并将输出口命名为“userInput”。

2. 添加操作

添加操作并在按钮和操作之间建立连接的方式，与添加输出口相同，唯一的差别是在接口文件中，操作通常是在属性后面定义的，因此需要拖放到稍微不同的位置。

① 按住“Control”键，并将视图中的按钮拖曳到接口文件(ViewController.h)中，即拖放到刚添加的两个@property 编译指令下方。在拖曳时 Xcode 会提供反馈，指出它将在哪里插入代码。拖曳到要插入操作代码的地方后，松开鼠标。

② 与输出口一样，Xcode 将要求您配置连接，如图 5-14 所示。这次，务必将连接类型设置为“Action”，否则 Xcode 将插入一个输出口。将 Name（名称）设置为“setOutput”（前面选择的方法名）。务必从下拉列表“Event”中选择“Touch Up Inside”，以指定将触发该操作的事件。保留其他默认设置，并单击“Connect”按钮。

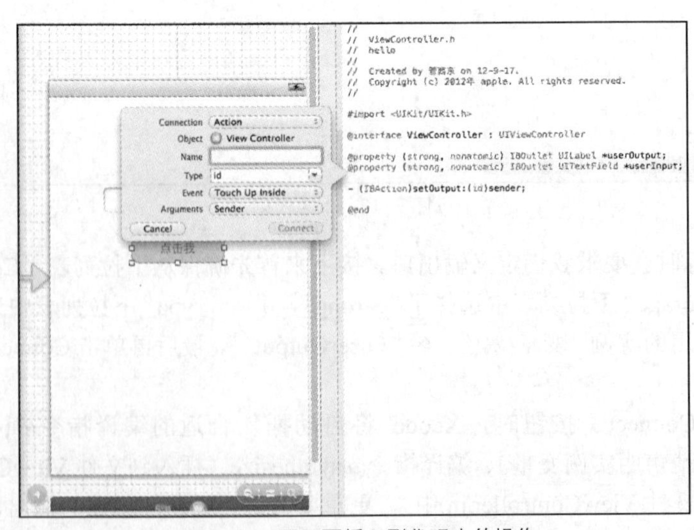

▲图 5-14　配置要插入到代码中的操作

5.5.5 实现应用程序逻辑

创建好视图并建立到视图控制器的连接后，接下来的唯一任务便是实现逻辑。setOutput 方法将输出标签的内容设置为用户在文本框中输入的内容。UILabel 和 UITextField 都有包含其内容的 text 属性，通过读写该属性，只需一个简单的步骤便可将 userOutput 的内容设置为 userInput 的内容。

打开文件 ViewController.m 并滚动到末尾，会发现 Xcode 在创建操作连接代码时自动编写了空的方法定义（这里是 setOutput），我们只需填充内容即可。找到方法 setOutput，其实现代码如下所示。

```
- (IBAction)setOutput:(id)sender {
  //    [[self userOutput]setText:[[self userInput] text]];
  self.userOutput.text=self.userInput.text;
}
```

通过这条赋值语句便完成了所有的工作。

接下来我们整理核心文件 ViewController.m 的实现代码：

```
#import "ViewController.h"

@implementation ViewController
@synthesize userOutput;
@synthesize userInput;

- (void)didReceiveMemoryWarning
{
    [super didReceiveMemoryWarning];
    // Release any cached data, images, etc that aren't in use.
}

#pragma mark - View lifecycle

- (void)viewDidLoad
{
    [super viewDidLoad];
     // Do any additional setup after loading the view, typically from a nib.
}

- (void)viewDidUnload
{
    self.userInput = nil;
    self.userOutput = nil;
    [self setUserOutput:nil];
    [self setUserInput:nil];
    [super viewDidUnload];
    // Release any retained subviews of the main view.
    // e.g. self.myOutlet = nil;
}

- (void)viewWillAppear:(BOOL)animated
{
    [super viewWillAppear:animated];
}

- (void)viewDidAppear:(BOOL)animated
{
    [super viewDidAppear:animated];
}

- (void)viewWillDisappear:(BOOL)animated
{
     [super viewWillDisappear:animated];
}
```

```
- (void)viewDidDisappear:(BOOL)animated
{
      [super viewDidDisappear:animated];
}

-
(BOOL)shouldAutorotateToInterfaceOrientation:(UIInterfaceOrientation)interfaceOrient
ation
{
    // Return YES for supported orientations
    return (interfaceOrientation != UIInterfaceOrientationPortraitUpsideDown);
}

- (IBAction)setOutput:(id)sender {
    //    [[self userOutput]setText:[[self userInput] text]];
    self.userOutput.text=self.userInput.text;
}

@end
```

上述代码几乎都是由 Xcode 自动实现的。

5.5.6　生成应用程序

现在可以生成并测试我们的演示程序了，执行后的效果如图 5-15 所示。在文本框中输入信息并点击“点击我”按钮后，会在上方显示我们输入的文本，如图 5-16 所示。

▲图 5-15　执行效果

▲图 5-16　显示输入的信息

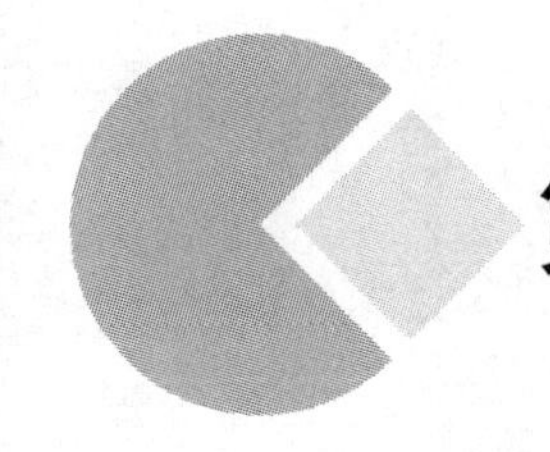

第二部分

核心技术篇

第 6 章　基本控件

第 7 章　UIView 详解

第 8 章　表视图（UITable）

第 9 章　视图控制器

第 10 章　实现多场景和弹出框

第 11 章　界面旋转、大小和全屏处理

第 6 章　基本控件

经过本书前面内容的学习，读者应该已经了解了 iOS 开发所必须具备的基本知识，并学习了 iOS 应用程序基础框架和图形界面基础框架方面的内容。本章将详细介绍 iOS 应用中的基本控件，通过具体的演示实例向读者讲解使用这些控件的具体方法，为读者步入本书后面知识的学习打下基础。

6.1 文本框（UITextField）

在 iOS 应用中，文本框和文本视图都是用于实现文本输入的。本节将首先详细讲解文本框的基本知识，为读者步入本书后面知识的学习打下基础。

6.1.1 文本框基础

在 iOS 应用中，文本框（UITextField）是一种常见的信息输入机制，类似于 Web 表单中的表单字段。当在文本框中输入数据时，可以使用各种 iOS 键盘将其输入限制为数字或文本。和按钮一样，文本框也能响应事件，但是通常将其实现为被动（passive）界面元素，这意味着视图控制器可随时通过 text 属性读取其内容。

控件 UITextField 的常用属性如下。

① borderStyle 属性：设置输入框的边框线样式。

② backgroundColor 属性：设置输入框的背景颜色，使用其 font 属性设置字体。

③ ClearButtonMode 属性：设置一个清空按钮，通过设置 clearButtonMode 可以指定是否以及何时显示清除按钮。此属性主要有如下几种类型。

- UITextFieldViewModeAlways：不为空，获得焦点与没有获得焦点都显示清空按钮。
- UITextFieldViewModeNever：不显示清空按钮。
- UITextFieldViewModeWhileEditing：不为空，且在编辑状态时（及获得焦点）显示清空按钮。
- UITextFieldViewModeUnlessEditing：不为空，且不在编译状态时（焦点不在输入框上）显示清空按钮。

④ Background 属性：设置一个背景图片。

6.1.2 实战演练——设置文本输入框的边框线样式

在本实例中，首先使用 UITextField 控件设置了 4 个文本输入框，然后使用 borderStyle 属性为这 4 个输入框设置了不同的边框线样式。

实例 6-1	设置文本输入框的边框线样式
源码路径	光盘:\daima\6\quan

注意　为了便于对比，本书中的很多实例在同一个工程文件中实现。

实例文件 UIKitPrjSimple.m 的具体实现代码如下所示。

```
#import "UIKitPrjSimple.h"
@implementation UIKitPrjSimple
- (void)dealloc {
  [textFields_ release];
  [super dealloc];
}
- (void)viewDidLoad {
  [super viewDidLoad];
  self.view.backgroundColor = [UIColor whiteColor];

  UITextField* textField1 = [[[UITextField alloc] init] autorelease];
  textField1.delegate = self;
  textField1.frame = CGRectMake( 20, 20, 280, 30 );
  textField1.borderStyle = UITextBorderStyleLine;
  textField1.text = @"aaaaaaaa";
  textField1.returnKeyType = UIReturnKeyNext;
  [self.view addSubview:textField1];

  UITextField* textField2 = [[[UITextField alloc] init] autorelease];
  textField2.delegate = self;
  textField2.frame = CGRectMake( 20, 60, 280, 30 );
  textField2.borderStyle = UITextBorderStyleBezel;
  textField2.text = @"bbbbbbbbb";
  textField2.returnKeyType = UIReturnKeyNext;
  [self.view addSubview:textField2];

  UITextField* textField3 = [[[UITextField alloc] init] autorelease];
  textField3.delegate = self;
  textField3.frame = CGRectMake( 20, 100, 280, 30 );
  textField3.borderStyle = UITextBorderStyleRoundedRect;
  textField3.text = @"cccccccccc";
  textField3.returnKeyType = UIReturnKeyNext;
  [self.view addSubview:textField3];

  UITextField* textField4 = [[[UITextField alloc] init] autorelease];
  textField4.delegate = self;
  textField4.frame = CGRectMake( 20, 140, 280, 30 );
  textField4.borderStyle = UITextBorderStyleNone;
  textField4.text = @"dddddddddd";
  textField4.returnKeyType = UIReturnKeyNext;
  [self.view addSubview:textField4];

  textFields_ = [[NSArray alloc] initWithObjects:textField1, textField2, textField3,
textField4, nil];
}
- (void)textFieldDidBeginEditing:(UITextField*)textField {
  currentFieldIndex_ = [textFields_ indexOfObject:textField];
}
- (BOOL)textFieldShouldReturn:(UITextField*)textField {
  if ( textFields_.count <= ++currentFieldIndex_ ) {
   currentFieldIndex_ = 0;
  }
  UITextField* newField = [textFields_ objectAtIndex:currentFieldIndex_];
  if ( [newField canBecomeFirstResponder] ) {
    [newField becomeFirstResponder];
  }
  return YES;
}
@end
```

执行后的效果如图 6-1 所示。

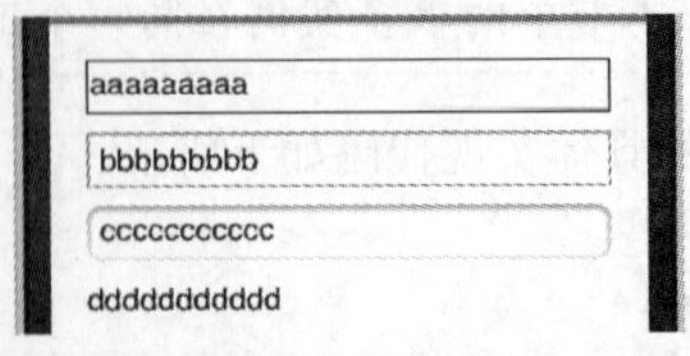

▲图 6-1　执行效果

6.2　文本视图（UITextView）

文本视图（UITextView）与文本框类似，差别在于文本视图可显示一个可滚动和编辑的文本块，供用户阅读或修改。仅当需要的输入很多时，才应使用文本视图。

6.2.1　文本视图基础

在 iOS 应用中，UITextView 的 Attribute Inspector 分为 3 部分，分别是 Text Field、Control 和 View 部分。其中，Text Field 部分有以下选项。

① Text ：设置文本框的默认文本。

② Placeholder ： 可以在文本框中显示灰色的字，用于提示用户应该在这个文本框输入哪些内容。当这个文本框中输入了数据时，用于提示的灰色的字将会自动消失。

③ Background：设置背景。

④ Disabled：若选中此项，用户将不能更改文本框内容。

⑤ 接下来是 3 个按钮，用来设置对齐方式。

⑥ Border Style：选择边界风格。

⑦ Clear Button：这是一个下拉菜单，可以选择清除按钮什么时候出现。所谓清除按钮就是一个出现在文本框右边的小 X，用户可以进行以下选择。

- Never appears：从不出现。
- Appears while editing：编辑时出现。
- Appears unless editing：编辑时不出现。
- Is always visible：总是可见。

⑧ Clear when editing begins：若选中此项，则当开始编辑这个文本框时，文本框中之前的内容会被清除掉。

⑨ Text Color：设置文本框中文本的颜色。

⑩ Font：设置文本的字体与字号。

⑪ Min Font Size：设置文本框可以显示的最小字体（用得不是很多）。

⑫ Adjust To Fit：指定当文本框尺寸减小时，文本框中的文本是否也要缩小。选择它，可以使得全部文本都可见，即使文本很长。但是这个选项要跟 Min Font Size 配合使用，文本再缩小，也不会小于设定的 Min Font Size。

接下来的部分用于设置键盘如何显示。

⑬ Captitalization：设置大写。下拉菜单中有 4 个选项。

- None：不设置大写。
- Words：每个单词首字母大写，这里的单词指的是以空格分开的字符串。
- Sentances：每个句子的第一个字母大写，这里的句子是以句号加空格分开的字符串。
- All Characters：所有字母大写。

⑭ Correction：检查拼写，默认是 YES。

⑮ Keyboard：选择键盘类型，比如全数字、字母和数字等。

⑯ Return Key：选择返回键，可以选择 Search、Return、Done 等。

⑰ Auto-enable Return Key：如选择此项，则只有至少在文本框输入一个字符后，键盘的返回键才有效。

⑱ Secure：当文本框用作密码输入框时，可以选择这个选项，此时，字符显示为星号。

在 iOS 应用中，可以使用 UITextView 在屏幕中显示文本，并且能够同时显示多行文本。UITextView 的常用属性有如下几种。

① textColor 属性：设置文本的的颜色。

② font 属性：设置文本的字体和大小。

③ editable 属性：如果设置为 YES，可以将这段文本设置为可编辑的。

④ textAlignment 属性：设置文本的对齐方式，此属性有如下 3 个值。

- UITextAlignmentRight：右对齐。
- UITextAlignmentCenter：居中对齐。
- UITextAlignmentLeft：左对齐。

6.2.2　实战演练——在屏幕中换行显示文本

在本实例中，使用控件 UITextView 在屏幕中同时显示了 12 行文本，并且设置了文本的颜色是白色，设置了字体大小是 32。

实例 6-2	在屏幕中换行显示文本
源码路径	光盘:\daima\6\wenshi

实例文件 UIKitPrjTextView.m 的具体代码如下所示。

```
#import "UIKitPrjTextView.h"
@implementation UIKitPrjTextView
- (void)viewDidLoad {
  [super viewDidLoad];
  UITextView* textView = [[[UITextView alloc] init] autorelease];
  textView.frame = self.view.bounds;
  textView.autoresizingMask =
    UIViewAutoresizingFlexibleWidth | UIViewAutoresizingFlexibleHeight;
  //textView.editable = NO; //< 不可编辑

  textView.backgroundColor = [UIColor blackColor];      //< 背景为黑色
  textView.textColor = [UIColor whiteColor];            //< 字符为白色
  textView.font = [UIFont systemFontOfSize:32];         //< 字体的设置
  textView.text = @"学习 UITextView!\n"
                  "第 2 行\n"
                  "第 3 行\n"
                  "4 行\n"
                  "第 5 行\n"
                  "第 6 行\n"
                  "第 7 行\n"
                  "第 8 行\n"
                  "第 9 行\n"
                  "第 10 行\n"
                  "第 11 行\n"
                  "第 12 行\n";
  [self.view addSubview:textView];
}
@end
```

执行后的效果如图 6-2 所示。

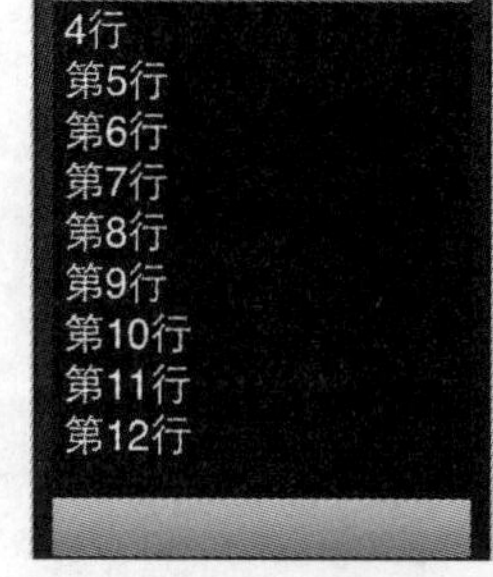

▲图 6-2　执行效果

6.3 标签（UILabel）

在 iOS 应用中，使用标签（UILabel）可以在视图中显示字符串，这一功能是通过设置其 text 属性实现的。标签中可以控制文本的属性有很多，例如字体、字号、对齐方式以及颜色。通过标签可以在视图中显示静态文本，也可显示我们在代码中生成的动态输出。本节将详细讲解标签控件的基本用法。

6.3.1　标签（UILabel）的属性

标签（UILabel）有如下 5 个常用的属性。

① font 属性：设置显示文本的字体。

② size 属性：设置文本的大小。

③ backgroundColor 属性：设置背景颜色，并分别使用如下 3 个对齐属性设置了文本的对齐方式。

- UITextAlignmentLeft：左对齐。
- UITextAlignmentCenter：居中对齐。
- UITextAlignmentRight：右对齐。

④ textColor 属性：设置文本的颜色。

⑤ adjustsFontSizeToFitWidth 属性：如果将 adjustsFontSizeToFitWidth 的值设置为 YES，表示文本文字自适应大小。

6.3.2　实战演练——使用标签（UILabel）显示一段文本

本节下面的内容将通过一个简单的实例来说明使用标签（UILabel）的方法。

实例 6-3	在屏幕中用标签（UILabel）显示一段文本
源码路径	光盘:\daima\6\UILabelDemo

① 新打开 Xcode，建一个名为“UILabelDemo”的“Single View Applicatiom”项目，如图 6-3 所示。

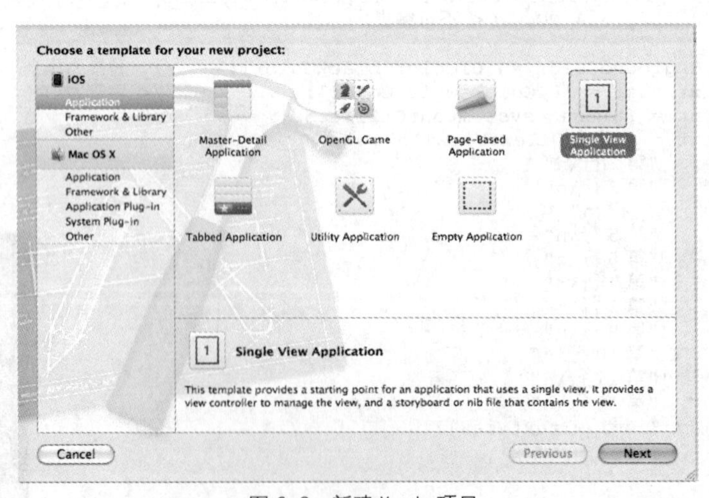

▲图 6-3　新建 Xcode 项目

② 设置新建项目的工程名，然后设置设备为“iPhone”，如图 6-4 所示。

③ 设置一个界面，整个界面为空，效果如图 6-5 所示。

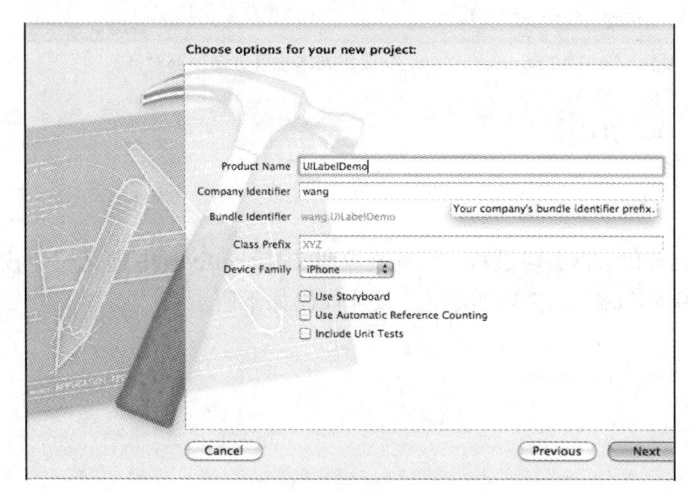

▲图 6-4 设置设备

▲图 6-5 空界面

④ 编写文件 ViewController.m，在此创建了一个 UIlabel 对象，并分别设置了显示文本的字体、颜色、背景颜色和水平位置等。并且，在此文件中使用了自定义控件 UILabelEx，此控件可以设置文本的垂直方向位置。文件 ViewController.m 的实现代码如下所示。

```
- (void)viewDidLoad
{
    [superviewDidLoad];
#if 0
//创建
- (void)viewDidLoad
{
    [superviewDidLoad];

#if 0
//创建UIlabel对象
UILabel* label = [[UILabel alloc] initWithFrame:self.view.bounds];
    //设置显示文本
    label.text = @"This is a UILabel Demo,";
  //设置文本字体
    label.font = [UIFont fontWithName:@"Arial" size:35];
  //设置文本颜色
    label.textColor = [UIColor yellowColor];
  //设置文本水平显示位置
   label.textAlignment = UITextAlignmentCenter;
  //设置背景颜色
    label.backgroundColor = [UIColor blueColor];
  //设置单词折行方式
    label.lineBreakMode = UILineBreakModeWordWrap;
  //设置label是否可以显示多行，0则显示多行
    label.numberOfLines = 0;
  //根据内容大小，动态设置UILabel的高度
    CGSize  size  =  [label.text  sizeWithFont:label.font  constrainedToSize:self.view.
bounds.size lineBreakMode:label.lineBreakMode];
    CGRect rect = label.frame;
    rect.size.height = size.height;
    label.frame = rect;
#endif
#if 1
//使用自定义控件UILabelEx,此控件可以设置文本的垂直方向位置
UILabelEx* label = [[UILabelExalloc] initWithFrame:self.view.bounds];
    label.text = @"This is a UILabel Demo,";
```

```
    label.font = [UIFontfontWithName:@"Arial"size:35];
    label.textColor = [UIColoryellowColor];
    label.textAlignment = UITextAlignmentCenter;
    label.backgroundColor = [UIColorblueColor];
    label.lineBreakMode = UILineBreakModeWordWrap;
    label.numberOfLines = 0;
    label.verticalAlignment = VerticalAlignmentTop;//设置文本垂直方向顶部对齐

#endif
  //将 label 对象添加到 view 中，这样才可以显示
    [self.view addSubview:label];
    [label release];
}
```

⑤ 接下来开始自定义控件 UILabelEx 的实现过程。首先在文件 UILabelEx.h 中定义一个枚举类型，在里面分别设置了顶部、居中和底部对齐 3 种类型。具体代码如下所示。

```
#import <UIKit/UIKit.h>
//定义一个枚举类型，顶部，居中，底部对齐，3 种类型
typedef enum {
    VerticalAlignmentTop,
    VerticalAlignmentMiddle,
    VerticalAlignmentBottom,
} VerticalAlignment;
@interface UILabelEx : UILabel
{
    VerticalAlignment _verticalAlignment;
}
@property (nonatomic, assign) VerticalAlignment verticalAlignment;
@end
```

然后看文件 UILabelEx.m，在此设置了文本显示类型，并重写了两个父类。具体代码如下所示。

```
@implementation UILabelEx

@synthesize verticalAlignment = _verticalAlignment;

-(id) initWithFrame:(CGRect)frame
{
    if (self = [super initWithFrame:frame]) {
        self.verticalAlignment = VerticalAlignmentMiddle;
    }

    return self;
}
 //设置文本显示类型
-(void) setVerticalAlignment:(VerticalAlignment)verticalAlignment
{
    _verticalAlignment = verticalAlignment;
    [selfsetNeedsDisplay];
}
 //重写父类(CGRect) textRectForBounds:(CGRect)bounds limitedToNumberOfLines:(NSInteger)
numberOfLines
-(CGRect) textRectForBounds:(CGRect)bounds limitedToNumberOfLines:(NSInteger)numberOfLines
{
    CGRect textRect = [supertextRectForBounds:bounds limitedToNumberOfLines:numberOfLines];
    switch (self.verticalAlignment) {
        caseVerticalAlignmentTop:
            textRect.origin.y = bounds.origin.y;
            break;

        caseVerticalAlignmentBottom:
            textRect.origin.y = bounds.origin.y + bounds.size.height - textRect.size.
height;
            break;
```

```
        caseVerticalAlignmentMiddle:
        default:
            textRect.origin.y = bounds.origin.y + (bounds.size.height - textRect.size.
height) / 2.0;
    }
    return  textRect;
}
//重写父类 -(void) drawTextInRect:(CGRect)rect
-(void) drawTextInRect:(CGRect)rect
{
    CGRect realRect = [selftextRectForBounds:rect limitedToNumberOfLines:self.numberOfLines];
    [super drawTextInRect:realRect];
}
@end
```

这样整个实例就讲解完毕了，执行后的效果如图 6-6 所示。

▲图 6-6　执行效果

6.4 按钮（UIButton）

按钮在 iOS 中是一个视图元素，用于响应用户在界面中触发的事件。按钮通常用 Touch Up Inside 事件来体现，能够抓取用户用手指按下按钮并松开该按钮时发生的事件。当检测到事件后，便可能触发相应视图控件中的操作（IBAction）。本节将详细讲解按钮控件的基本知识。

6.4.1　按钮基础

在 iOS 应用中，使用 UIButton 控件可以实现不同样式的按钮效果。通过使用方法 ButtonWithType 可以指定几种不同的 UIButtonType 的类型常量，用不同的常量可以显示不同外观样式的按钮。UIButtonType 属性指定了一个按钮的风格，其中有如下几种常用的外观风格。

- UIButtonTypeCustom：无按钮的样式。
- UIButtonTypeRoundedRect：一个圆角矩形样式的按钮。
- UIButtonTypeDetailDisclosure：一个详细披露按钮。
- UIButtonTypeInfoLight：一个信息按钮，有一个浅色背景。
- UIButtonTypeInfoDark：一个信息按钮，有一个黑暗的背景。
- UIButtonTypeContactAdd：一个联系人添加按钮。

另外，通过设置 Button 控件的 setTitle:forState:方法可以设置在按钮的状态发生变化时标题字符串的变化形式。例如，setTitleColor:forState:方法可以设置标题颜色的变化形式，setTitleShadowColor:forState:方法可以设置标题阴影的变化形式。

6.4.2　实战演练——按下按钮后触发一个事件

在本实例中设置了一个“危险!请勿触摸!”按钮，按下按钮后会执行 buttonDidPush 方法，并弹出一个对话框，在对话框中显示“哈哈，这是笑话!!”。

实例 6-4	按下按钮后触发一个事件
源码路径	光盘:\daima\6\anniu

实例文件 UIKitPrjButtonTap.m 的具体实现代码如下所示。

```
#import "UIKitPrjButtonTap.h"
@implementation UIKitPrjButtonTap
- (void)viewDidLoad {
  [super viewDidLoad];
  UIButton* button = [UIButton buttonWithType:UIButtonTypeRoundedRect];
  [button setTitle:@"危险!请勿触摸!" forState:UIControlStateNormal];
  [button sizeToFit];
  [button addTarget:self
           action:@selector(buttonDidPush)
   forControlEvents:UIControlEventTouchUpInside];
  button.center = self.view.center;
  button.autoresizingMask = UIViewAutoresizingFlexibleLeftMargin |
                            UIViewAutoresizingFlexibleRightMargin |
                            UIViewAutoresizingFlexibleTopMargin |
                            UIViewAutoresizingFlexibleBottomMargin;
  [self.view addSubview:button];
}
- (void)buttonDidPush {
  UIAlertView* alert = [[[UIAlertView alloc] init] autorelease];
  alert.message = @"哈哈，这是笑话!!";
  [alert addButtonWithTitle:@"OK"];
  [alert show];
}
@end
```

执行后的效果如图 6-7 所示。

▲图 6-7　执行效果

6.5 滑块（UISlider）

滑块（UISlider）是常用的界面组件，能够让用户用可视化方式设置指定范围内的值。假设我们想让用户提高或降低速度，采取让用户输入值的方式并不合理，可以提供一个如图 6-8 所示的滑块，让用户能够轻按并来回拖曳。在幕后将设置一个 value 属性，应用程序可使用它来设置速度。这不要求用户理解幕后的细节，也不需要用户执行除使用手指拖曳之外的其他操作。

▲图 6-8 使用滑块收集特定范围内的值

和按钮一样，滑块也能响应事件，还可像文本框一样被读取。如果希望用户对滑块的调整能立刻影响应用程序，则需要让它触发操作。

6.5.1 滑块（UISlider）的属性

滑块为用户提供了一种可见的针对范围的调整方法，可以通过拖动一个滑动条改变它的值，并且可以对其进行配置以合适不同值域。用户可以设置滑块值的范围，也可以在两端加上图片，以及进行各种调整使它更美观。滑块非常适合用于表示在很大范围（但不精确）的数值中进行选择，比如音量设置、灵敏度控制等诸如此类的用途。

UI UISlider 控件的常用属性有如下几种。

- minimumValue 属性：设置滑块的最小值。
- maximumValue 属性：设置滑块的最大值。
- UIImage 属性：为滑块设置表示放大和缩小的图像素材。

6.5.2 实战演练——实现各种各样的滑块

在本节的内容中将通过一个简单实例来说明使用 UISlider 控件的方法。

实例 6-5	在屏幕中现各种各样的滑块
源码路径	光盘:\daima\6\test_project

① 打开 Xcode，新建一个名为“test_project”的工程，如图 6-9 所示。

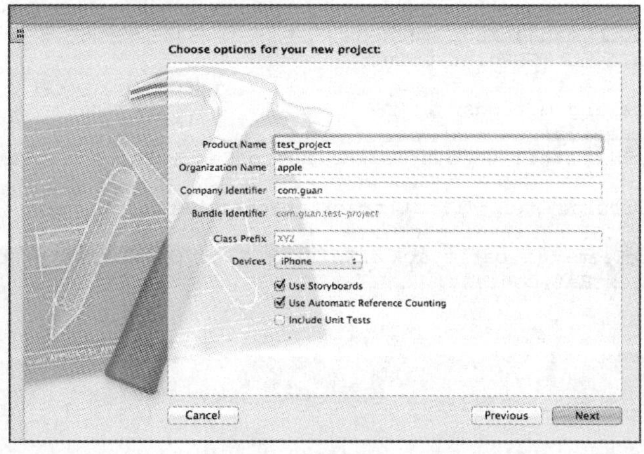

▲图 6-9 新建 Xcode 工程

② 准备一副名为“circularSliderThumbImage.png”的图片作为素材，如图 6-10 所示。

③ 设计 UI 界面，在界面中设置了如下 3 个控件。

- UISlider：放在界面的顶部，用于实现滑块功能。
- UIProgressView：这是一个进度条控件，放在界面中间，能够实现进度条效果。
- UICircularSlider：这是一个自定义滑块控件，放在界面底部，能够实现圆环状的滑块效果。

▲图 6-10　素材图片

最终的 UI 界面效果如图 6-11 所示。

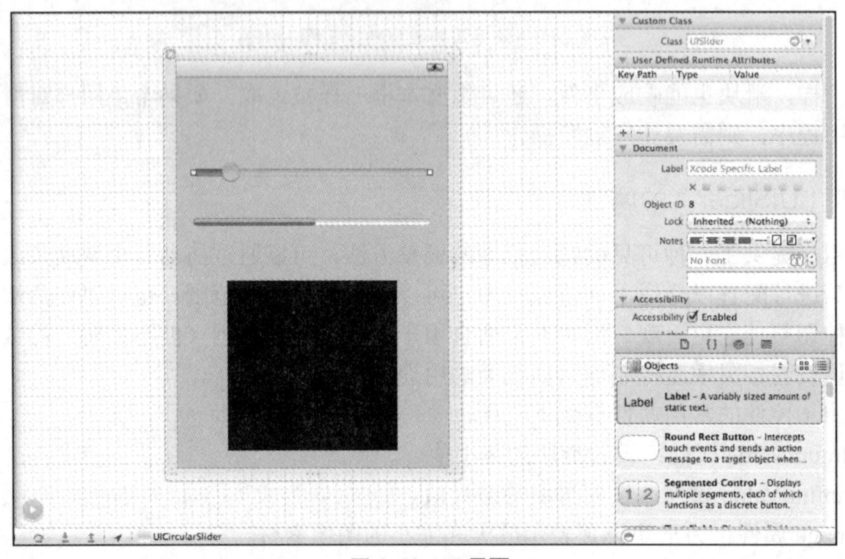

▲图 6-11　UI 界面

④ 看文件 UICircularSlider.m 的源码，此文件是 UICircularSlider Library 的一部分，这里的 UICircularProgressView 是一款自由软件，读者们可以免费获取这个软件，并且可以重新分配和（或）修改使用，读者可以从网络中免费获取 UICircularProgressView。此文件的最终代码如下所示。

```
#import "UICircularSlider.h"
@interface UICircularSlider()
@property (nonatomic) CGPoint thumbCenterPoint;
#pragma mark - Init and Setup methods
- (void)setup;

#pragma mark - Thumb management methods
- (BOOL)isPointInThumb:(CGPoint)point;

#pragma mark - Drawing methods
- (CGFloat)sliderRadius;
-  (void)drawThumbAtPoint:(CGPoint)sliderButtonCenterPoint  inContext:(CGContextRef)
context;
- (CGPoint)drawCircularTrack:(float)track atPoint:(CGPoint)point withRadius:(CGFloat)
radius inContext:(CGContextRef)context;
- (CGPoint)drawPieTrack:(float)track atPoint:(CGPoint)point withRadius:(CGFloat)radius
inContext:(CGContextRef)context;

@end

#pragma mark -
@implementation UICircularSlider

@synthesize value = _value;
```

```
- (void)setValue:(float)value {
    if (value != _value) {
        if (value > self.maximumValue) { value = self.maximumValue; }
        if (value < self.minimumValue) { value = self.minimumValue; }
        _value = value;
        [self setNeedsDisplay];
        [self sendActionsForControlEvents:UIControlEventValueChanged];
    }
}
@synthesize minimumValue = _minimumValue;
- (void)setMinimumValue:(float)minimumValue {
    if (minimumValue != _minimumValue) {
        _minimumValue = minimumValue;
        if (self.maximumValue < self.minimumValue) { self.maximumValue = self.minimum
Value; }
        if (self.value < self.minimumValue) { self.value = self.minimumValue; }
    }
}
@synthesize maximumValue = _maximumValue;
- (void)setMaximumValue:(float)maximumValue {
    if (maximumValue != _maximumValue) {
        _maximumValue = maximumValue;
        if (self.minimumValue > self.maximumValue) { self.minimumValue = self.maximum
Value; }
        if (self.value > self.maximumValue) { self.value = self.maximumValue; }
    }
}

@synthesize minimumTrackTintColor = _minimumTrackTintColor;
- (void)setMinimumTrackTintColor:(UIColor *)minimumTrackTintColor {
    if (![minimumTrackTintColor isEqual:_minimumTrackTintColor]) {
        _minimumTrackTintColor = minimumTrackTintColor;
        [self setNeedsDisplay];
    }
}

@synthesize maximumTrackTintColor = _maximumTrackTintColor;
- (void)setMaximumTrackTintColor:(UIColor *)maximumTrackTintColor {
    if (![maximumTrackTintColor isEqual:_maximumTrackTintColor]) {
        _maximumTrackTintColor = maximumTrackTintColor;
        [self setNeedsDisplay];
    }
}

@synthesize thumbTintColor = _thumbTintColor;
- (void)setThumbTintColor:(UIColor *)thumbTintColor {
    if (![thumbTintColor isEqual:_thumbTintColor]) {
        _thumbTintColor = thumbTintColor;
        [self setNeedsDisplay];
    }
}

@synthesize continuous = _continuous;

@synthesize sliderStyle = _sliderStyle;
- (void)setSliderStyle:(UICircularSliderStyle)sliderStyle {
    if (sliderStyle != _sliderStyle) {
        _sliderStyle = sliderStyle;
        [self setNeedsDisplay];
    }
}

@synthesize thumbCenterPoint = _thumbCenterPoint;

/** @name Init and Setup methods */
#pragma mark - Init and Setup methods
- (id)initWithFrame:(CGRect)frame {
    self = [super initWithFrame:frame];
    if (self) {
```

```
        [self setup];
    }
    return self;
}
- (void)awakeFromNib {
    [self setup];
}

- (void)setup {
    self.value = 0.0;
    self.minimumValue = 0.0;
    self.maximumValue = 1.0;
    self.minimumTrackTintColor = [UIColor blueColor];
    self.maximumTrackTintColor = [UIColor whiteColor];
    self.thumbTintColor = [UIColor darkGrayColor];
    self.continuous = YES;
    self.thumbCenterPoint = CGPointZero;

    UITapGestureRecognizer *tapGestureRecognizer = [[UITapGestureRecognizer alloc]
initWithTarget:self action:@selector(tapGestureHappened:)];
    [self addGestureRecognizer:tapGestureRecognizer];

    UIPanGestureRecognizer *panGestureRecognizer = [[UIPanGestureRecognizer alloc]
initWithTarget:self action:@selector(panGestureHappened:)];
    panGestureRecognizer.maximumNumberOfTouches = panGestureRecognizer.minimum-
NumberOfTouches;
    [self addGestureRecognizer:panGestureRecognizer];
}

/** @name Drawing methods */
#pragma mark - Drawing methods
#define kLineWidth 5.0
#define kThumbRadius 6.0
- (CGFloat)sliderRadius {
    CGFloat radius = MIN(self.bounds.size.width/2, self.bounds.size.height/2);
    radius -= MAX(kLineWidth, kThumbRadius);
    return radius;
}
- (void)drawThumbAtPoint:(CGPoint)sliderButtonCenterPoint inContext:(CGContextRef)context {
    UIGraphicsPushContext(context);
    CGContextBeginPath(context);

    CGContextMoveToPoint(context, sliderButtonCenterPoint.x, sliderButtonCenterPoint.y);
    CGContextAddArc(context, sliderButtonCenterPoint.x, sliderButtonCenterPoint.y,
kThumbRadius, 0.0, 2*M_PI, NO);

    CGContextFillPath(context);
    UIGraphicsPopContext();
}

- (CGPoint)drawCircularTrack:(float)track atPoint:(CGPoint)center withRadius:(CGFloat)
radius inContext:(CGContextRef)context {
    UIGraphicsPushContext(context);
    CGContextBeginPath(context);

    float angleFromTrack = translateValueFromSourceIntervalToDestinationInterval(track,
self.minimumValue, self.maximumValue, 0, 2*M_PI);

    CGFloat startAngle = -M_PI_2;
    CGFloat endAngle = startAngle + angleFromTrack;
    CGContextAddArc(context, center.x, center.y, radius, startAngle, endAngle, NO);

    CGPoint arcEndPoint = CGContextGetPathCurrentPoint(context);

    CGContextStrokePath(context);
    UIGraphicsPopContext();

    return arcEndPoint;
}
```

```
- (CGPoint)drawPieTrack:(float)track atPoint:(CGPoint)center withRadius:(CGFloat)
radius inContext:(CGContextRef)context {
  UIGraphicsPushContext(context);

  float angleFromTrack = translateValueFromSourceIntervalToDestinationInterval(track,
self.minimumValue, self.maximumValue, 0, 2*M_PI);

  CGFloat startAngle = -M_PI_2;
  CGFloat endAngle = startAngle + angleFromTrack;
  CGContextMoveToPoint(context, center.x, center.y);
  CGContextAddArc(context, center.x, center.y, radius, startAngle, endAngle, NO);

  CGPoint arcEndPoint = CGContextGetPathCurrentPoint(context);

  CGContextClosePath(context);
  CGContextFillPath(context);
  UIGraphicsPopContext();

  return arcEndPoint;
}

- (void)drawRect:(CGRect)rect {
   CGContextRef context = UIGraphicsGetCurrentContext();

  CGPoint middlePoint;
  middlePoint.x = self.bounds.origin.x + self.bounds.size.width/2;
  middlePoint.y = self.bounds.origin.y + self.bounds.size.height/2;

  CGContextSetLineWidth(context, kLineWidth);

  CGFloat radius = [self sliderRadius];
  switch (self.sliderStyle) {
      case UICircularSliderStylePie:
          [self.maximumTrackTintColor setFill];
          [self drawPieTrack:self.maximumValue atPoint:middlePoint withRadius:radius
inContext:context];
          [self.minimumTrackTintColor setStroke];
          [self drawCircularTrack:self.maximumValue atPoint:middlePoint withRadius:
radius inContext:context];
          [self.minimumTrackTintColor setFill];
          self.thumbCenterPoint = [self drawPieTrack:self.value atPoint:middlePoint
withRadius:radius inContext:context];
          break;
      case UICircularSliderStyleCircle:
      default:
          [self.maximumTrackTintColor setStroke];
          [self drawCircularTrack:self.maximumValue atPoint:middlePoint withRadius:
radius inContext:context];
          [self.minimumTrackTintColor setStroke];
          self.thumbCenterPoint = [self drawCircularTrack:self.value atPoint:
middlePoint withRadius:radius inContext:context];
          break;
  }

  [self.thumbTintColor setFill];
  [self drawThumbAtPoint:self.thumbCenterPoint inContext:context];
}

/** @name Thumb management methods */
#pragma mark - Thumb management methods
- (BOOL)isPointInThumb:(CGPoint)point {
  CGRect thumbTouchRect = CGRectMake(self.thumbCenterPoint.x - kThumbRadius,
self.thumbCenterPoint.y - kThumbRadius, kThumbRadius*2, kThumbRadius*2);
  return CGRectContainsPoint(thumbTouchRect, point);
}

/** @name UIGestureRecognizer management methods */
#pragma mark - UIGestureRecognizer management methods
```

```
- (void)panGestureHappened:(UIPanGestureRecognizer *)panGestureRecognizer {
  CGPoint tapLocation = [panGestureRecognizer locationInView:self];
  switch (panGestureRecognizer.state) {
     case UIGestureRecognizerStateChanged: {
          CGFloat radius = [self sliderRadius];
          CGPoint sliderCenter = CGPointMake(self.bounds.size.width/2, self.bounds.
size.height/2);
          CGPoint  sliderStartPoint  =  CGPointMake(sliderCenter.x,  sliderCenter.y  -
radius);
          CGFloat  angle  =  angleBetweenThreePoints(sliderCenter,  sliderStartPoint,
tapLocation);

          if (angle < 0) {
             angle = -angle;
          }
          else {
             angle = 2*M_PI - angle;
          }

         self.value = translateValueFromSourceIntervalToDestinationInterval(angle, 0,
2*M_PI, self.minimumValue, self.maximumValue);
          break;
      }
      default:
          break;
  }
}
- (void)tapGestureHappened:(UITapGestureRecognizer *)tapGestureRecognizer {
  if (tapGestureRecognizer.state == UIGestureRecognizerStateEnded) {
      CGPoint tapLocation = [tapGestureRecognizer locationInView:self];
      if ([self isPointInThumb:tapLocation]) {
      }
      else {
      }
  }
}

@end
/** @name Utility Functions */
#pragma mark - Utility Functions
float translateValueFromSourceIntervalToDestinationInterval(float sourceValue, float
sourceIntervalMinimum, float sourceIntervalMaximum, float destinationIntervalMinimum,
float destinationIntervalMaximum) {
  float a, b, destinationValue;

  a = (destinationIntervalMaximum - destinationIntervalMinimum) / (sourceInterval-
Maximum - sourceIntervalMinimum);
  b = destinationIntervalMaximum - a*sourceIntervalMaximum;

  destinationValue = a*sourceValue + b;

  return destinationValue;
}

CGFloat angleBetweenThreePoints(CGPoint centerPoint, CGPoint p1, CGPoint p2) {
  CGPoint v1 = CGPointMake(p1.x - centerPoint.x, p1.y - centerPoint.y);
  CGPoint v2 = CGPointMake(p2.x - centerPoint.x, p2.y - centerPoint.y);

  CGFloat angle = atan2f(v2.x*v1.y - v1.x*v2.y, v1.x*v2.x + v1.y*v2.y);

  return angle;
}
```

⑤ 再看文件 UICircularSliderViewController.m，此文件也借助了自由软件 UICircularProgress View。读者们可以免费获取这个软件，并且可以重新分配或修改使用，读者可以从网络中免费获取 UICircularProgressView。此文件的最终代码如下所示。

```
#import "UICircularSliderViewController.h"
#import "UICircularSlider.h"

@interface UICircularSliderViewController ()

@property (unsafe_unretained, nonatomic) IBOutlet UISlider *slider;
@property (unsafe_unretained, nonatomic) IBOutlet UIProgressView *progressView;
@property (unsafe_unretained, nonatomic) IBOutlet UICircularSlider *circularSlider;
@end

@implementation UICircularSliderViewController
@synthesize slider = _slider;
@synthesize progressView = _progressView;
@synthesize circularSlider = _circularSlider;

- (void)viewDidLoad {
    [super viewDidLoad];
   [self.circularSlider addTarget:self action:@selector(updateProgress:) forControlEvents:
UIControlEventValueChanged];
   [self.circularSlider setMinimumValue:self.slider.minimumValue];
   [self.circularSlider setMaximumValue:self.slider.maximumValue];
}

- (void)viewDidUnload {
   [self setProgressView:nil];
   [self setCircularSlider:nil];
   [self setSlider:nil];
    [super viewDidUnload];
}

-
(BOOL)shouldAutorotateToInterfaceOrientation:(UIInterfaceOrientation)interfaceOrient
ation {
   return YES;
}

- (IBAction)updateProgress:(UISlider *)sender {
  float progress = translateValueFromSourceIntervalToDestinationInterval(sender.value,
sender.minimumValue, sender.maximumValue, 0.0, 1.0);
   [self.progressView setProgress:progress];
   [self.circularSlider setValue:sender.value];
   [self.slider setValue:sender.value];
}
@end
```

这样整个实例就介绍完毕了，执行后的效果如图 6-12 所示。

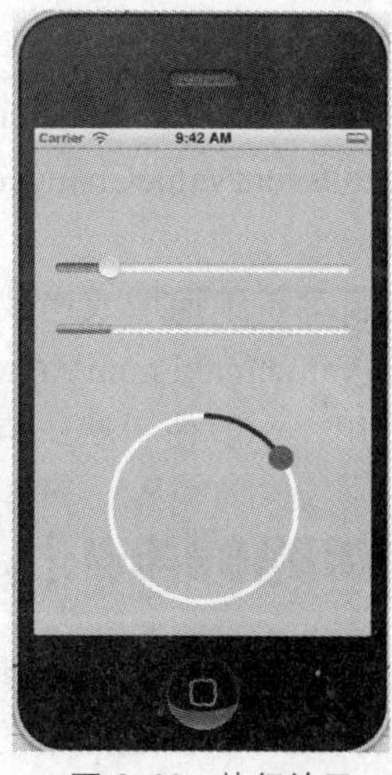

▲图 6-12　执行效果

6.6 步进控件（UIStepper）

步进控件是从 iOS 5 开始新增的一个控件，可用于替换传统的用于输入值的文本框，如设置定时器或控制屏幕对象的速度。由于步进控件没有显示当前的值，必须在用户单击步进控件时在界面的某个地方指出相应的值发生了变化。步进控件支持的事件与滑块相同，这使得用户可轻松地对变化做出反应或随时读取内部属性 value。在 iOS 应用中，步进控件（UIStepper）类似于滑块。像滑块控件一样，步进控件也提供了一种可视化方式输入指定范围值的数字，但它实现这一点的方式稍有不同。如图 6-13 所示，步进控件同时提供了“+”和“—”按钮，按下其中一个按钮可让内部属性 value 的值递增或递减。

▲图 6-13　步进控件的作用类似于滑块

IStepper 继承自 UIControl，它主要的事件是 UIControlEventValueChanged，每当它的值改变时就会触发这个事件。IStepper 主要有下面几个属性。

- Value：当前所表示的值，默认为 0.0。
- MinimumValue：最小可以表示的值，默认为 0.0。
- MaximumValue：最大可以表示的值，默认为 100.0。
- StepValue：每次递增或递减的值，默认为 1.0。

在设置以上几个值后，用户就可以很方便地使用了，例如下面的演示代码。

```
UIStepper *stepper = [[UIStepper alloc] init];
stepper.minimumValue = 2;
stepper.maximumValue = 5;
stepper.stepValue = 2;
stepper.value = 3;
stepper.center = CGPointMake(160, 240);
[stepper addTarget:self action:@selector(valueChanged:) forControlEvents:UIControl-
EventValueChanged];
```

在上述演示代码中，设置 stepValue 的值是 2，当前 value 值是 3，最小值是 2。但如果我们点击“—”，这时 value 会变成 2，而不是 1。即每次改变都是 value±stepValue，然后将最终的值限制在[minimumValue,maximumValue]区间内。

除此之外，UIStepper 还有如下 3 个控制属性。

- Continuous：控制是否持续触发 UIControlEventValueChanged 事件，默认为 YES，即当按住时，每次值改变都触发一次 UIControlEventValueChanged 事件，否则只有在释放按钮时触发 UIControlEventValueChanged 事件。
- Autorepeat：控制是否在按住时自动持续递增或递减，默认为 YES。
- Wraps：控制值是否在[minimumValue,maximumValue]区间内循环，默认为 NO。

这几个控制属性只在特殊情况下使用，一般使用默认值即可。

6.7 图像视图控件（UIImageView）

在 iOS 应用中，图像视图（UIImageView）用于显示图像，可以将其加入到应用程序中，并用于向用户呈现信息。UIImageView 实例还可以创建简单的基于帧的动画，其中包括开始、停止和设置动画播放速度的控件。在使用 Retina 屏幕的设备中，图像视图可利用其高分辨率屏幕。令我们开发人员兴奋的是，我们无需编写任何特殊代码，无需检查设备类型，而只需将多幅图像加入到项目中，图像视图将在正确的时间加载正确的图像。

6.7.1 UIImageView 的常用操作

UIImageView 是用来放置图片的，当使用 Interface Builder 设计界面时，可以直接将控件拖进去并设置相关属性。

1. 创建一个 UIImageView

在 iOS 应用中，创建一个 UIImageView 对象有如下 5 种方法。

```
UIImageView *imageView1 = [[UIImageView alloc] init];
UIImageView *imageView2 = [[UIImageView alloc] initWithFrame:(CGRect)];
UIImageView *imageView3 = [[UIImageView alloc] initWithImage:(UIImage *)];
UIImageView   *imageView4   =   [[UIImageView   alloc]   initWithImage:(UIImage   *)
highlightedImage:(UIImage *)];
UIImageView *imageView5 = [[UIImageView alloc] initWithCoder:(NSCoder *)];
```

其中比较常用的是前 3 个，当第 4 个 ImageView 的 highlighted 属性是 YES 时，显示的就是参数 highlightedImage，一般情况下显示的是第一个参数 UIImage。

2. frame 与 bounds 属性

在上述创建 UIImageView 的 5 种方法中，第二个方法是在创建时就设定位置和大小。当以后想改变位置时，可以重新设定 frame 属性：

```
imageView.frame = CGRectMake(CGFloat x, CGFloat y, CGFloat width, CGFloat heigth);
```

在此需要注意 UIImageView 还有一个 bounds 属性：

```
imageView.bounds = CGRectMake(CGFloat x, CGFloat y, CGFloat width, CGFloat heigth);
```

这个属性跟 frame 有一点区别，frame 属性用于设置其位置和大小，而 bounds 属性只能设置其大小，其参数中的 x、y 不起作用，即便是之前没有设定 frame 属性，控件最终的位置也不是 bounds 所设定的参数。bounds 实现的是将 UIImageView 控件以原来的中心为中心进行缩放。例如有如下代码：

```
imageView.frame = CGRectMake(0, 0, 320, 460);
imageView.bounds = CGRectMake(100, 100, 160, 230);
```

执行之后，这个 imageView 的位置和大小是（80，115，160，230）。

3. contentMode 属性

这个属性用来设置图片的显示方式，如居中、居右，是否缩放等，有以下几个常量可供设定。

- UIViewContentModeScaleToFill。
- UIViewContentModeScaleAspectFit。
- UIViewContentModeScaleAspectFill。
- UIViewContentModeRedraw。
- UIViewContentModeCenter。
- UIViewContentModeTop。
- UIViewContentModeBottom。

- UIViewContentModeLeft。
- UIViewContentModeRight。
- UIViewContentModeTopLeft。
- UIViewContentModeTopRight。
- UIViewContentModeBottomLeft。
- UIViewContentModeBottomRight。

在上述常量中，凡是没有带“Scale”的，当图片尺寸超过 ImageView 尺寸时，只有部分显示在 ImageView 中。UIViewContentModeScaleToFill 属性会导致图片变形。UIViewContentModeScaleAspectFit 会保证图片比例不变，而且全部显示在 ImageView 中，这意味着 ImageView 会有部分空白。UIViewContentModeScaleAspectFill 也会保证图片比例不变，但是填充整个 ImageView，可能只有部分图片能显示出来。

其中前 3 个效果如下图 6-14 所示。

▲图 6-14 显示效果

4. 更改位置

更改一个 UIImageView 的位置，可以：

① 直接修改其 frame 属性。

② 修改其 center 属性：

```
imageView.center = CGPointMake(CGFloat x, CGFloat y);
```

center 属性指的就是这个 ImageView 的中间点。

③ 使用 transform 属性。

```
imageView.transform = CGAffineTransformMakeTranslation(CGFloat dx, CGFloat dy);
```

其中，dx 与 dy 表示想要往 x 或者 y 方向移动多少，而不是移动到多少。

5. 旋转图像

```
imageView.transform = CGAffineTransformMakeRotation(CGFloat angle);
```

要注意它是按照顺时针方向旋转的，而且旋转中心是原始 ImageView 的中心，也就是 center 属性表示的位置。这个方法的参数 angle 的单位是弧度，而不是我们最常用的度数，所以可以写一个宏定义：

```
#define degreesToRadians(x) (M_PI*(x)/180.0)
```

用于将度数转化成弧度。图 6-15 所示是旋转 45 度的情况。

▲图 6-15 旋转后的效果

6. 缩放图像

还是使用 transform 属性：

```
imageView.transform = CGAffineTransformMakeScale(CGFloat scale_w, CGFloat scale_h);
```

其中，CGFloat scale_w 与 CGFloat scale_h 分别表示将原来的宽度和高度缩放到多少倍，图 6-16 所示是缩放到原来的 0.6 倍的效果图。

▲图 6-16 缩放效果

7. 播放一系列图片

```
imageView.animationImages = imagesArray;
// 设定所有的图片在多少秒内播放完毕
imageView.animationDuration = [imagesArray count];
// 不重复播放多少遍，0 表示无数遍
imageView.animationRepeatCount = 0;
```

```
// 开始播放
[imageView startAnimating];
```

其中，imagesArray 是一些列图片的数组，如图 6-17 所示。

▲图 6-17　播放多个图片

8. 为图片添加单击事件

```
imageView.userInteractionEnabled = YES;
UITapGestureRecognizer *singleTap = [[UITapGestureRecognizer alloc] initWithTarget:self
action:@selector(tapImageView:)];
[imageView addGestureRecognizer:singleTap];
```

一定要先将 userInteractionEnabled 置为 YES，这样才能响应单击事件。

9. 其他设置

```
imageView.hidden = YES 或者 NO;          // 隐藏或者显示图片
imageView.alpha = (CGFloat) al;         // 设置透明度
imageView.highlightedImage = (UIImage *)hightlightedImage;     // 设置高亮时显示的图片
imageView.image = (UIImage *)image; // 设置正常显示的图片
[imageView sizeToFit];                  // 将图片尺寸调整为与内容图片相同
```

6.7.2　实战演练——在屏幕中显示图像

在本实例中，使用 UIImageView 控件在屏幕中显示一副指定的图像。

实例 6-6	在屏幕中显示图像
源码路径	光盘:\daima\8\tuxiang

实例文件 UIKitPrjUIImageView.m 的具体实现代码如下所示。

```
#import "UIKitPrjUIImageView.h"
@implementation UIKitPrjUIImageView
- (void)viewDidLoad {
  [super viewDidLoad];
  // 读入图片文件
  UIImage* image = [UIImage imageNamed:@"dog.jpg"];
  // UIImageView 的创建
  UIImageView* imageView = [[[UIImageView alloc] initWithImage:image] autorelease];
  // 设置中心位置以及自动调节参数
  imageView.center = self.view.center;
  imageView.autoresizingMask = UIViewAutoresizingFlexibleTopMargin |
                               UIViewAutoresizingFlexibleBottomMargin;
```

```
    // 将图片 View 追加到 self.view 中
    [self.view addSubview:imageView];
}
@end
```

执行效果如图 6-18 所示。

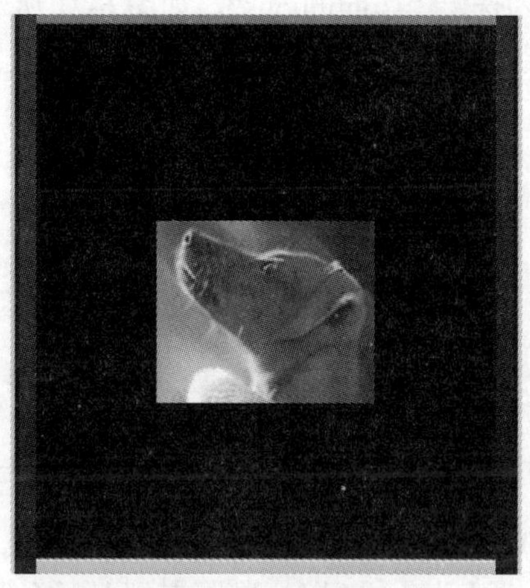

▲图 6-18 执行效果

6.8 开关控件（UISwitch）

在 iOS 应用中，使用开关控件（UISwitch）来实现“开/关”UI 元素，它类似于传统的物理开关，如图 6-19 所示。开关的可配置选项很少，应将其用于处理布尔值。

▲图 6-19 开关控件向用户提供了“开”和“关”两个选项

注意：复选框和单选按钮虽然不包含在 iOS UI 库中，但通过 UIButton 类并使用按钮状态和自定义按钮图像来创建它们。Apple 让开发人员能够随心所欲地进行定制，但建议不要在设备屏幕上显示出乎用户意料的控件。

6.8.1 开关控件基础

为了利用开关，我们将使用其 Value Changed 事件来检测开关切换，并通过属性 on 或实例方法 isOn 来获取当前值。检查开关时将返回一个布尔值，这意味着可将其与 TRUE 或 FALSE（YES/NO）进行比较以确定其状态，还可直接在条件语句中判断结果。例如，要检查开关 mySwitch 是否是开的，可使用类似于下面的代码。

```
if([mySwitch isOn]){
<switch is on>
}
else{
<switch is off>
}
```

6.8.2 联合使用 UISlider 与 UISwitch 控件

我们知道，UISlider 控件就像其名字一样，是一个类似于滑动变阻器的控件。接下来将通过简单的小例子来说明联合使用 UISlider 与 UISwitch 控件的方法。

① 假设我们已经建立了一个 Single View Application，打开 ViewController.xib，在 IB 中添加一个 UISlider 控件和一个 Label，这个 Label 用来显示 Slider 的值，如图 6-20 所示。

② 选中新加的 Slider 控件，打开 Attribute Inspector，修改属性值，设置最小值为 0，最大值为 100，当前值为 50，并确保勾选上“Continuous”，如图 6-21 所示。

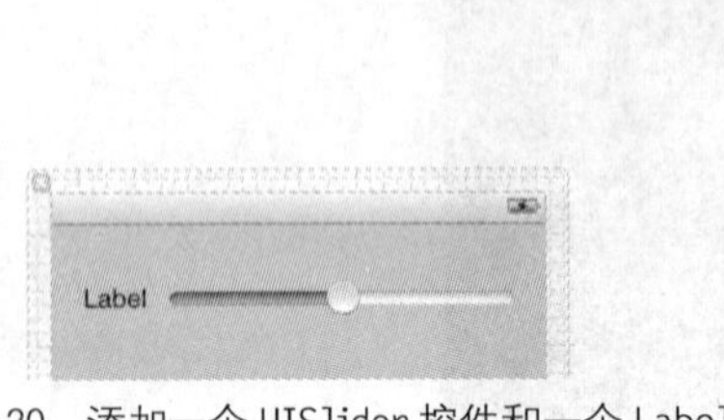

▲图 6-20 添加一个 UISlider 控件和一个 Label

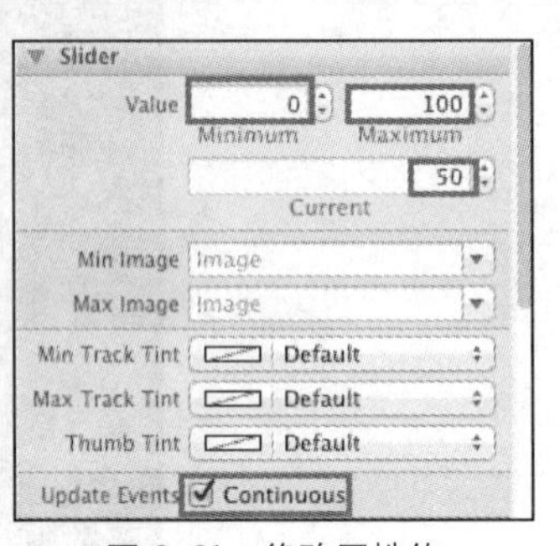

▲图 6-21 修改属性值

③ 修改 Label 的文本为 50。

④ 接下来还是建立映射，将 Label 和 Slider 都映射到 ViewController.h 中。其中，Label 映射为 Outlet，名称为“sliderLabel”，Switch 映射为 Action，事件类型为默认的 Value Changed，方法名称为“sliderChanged”，如图 6-22 所示。

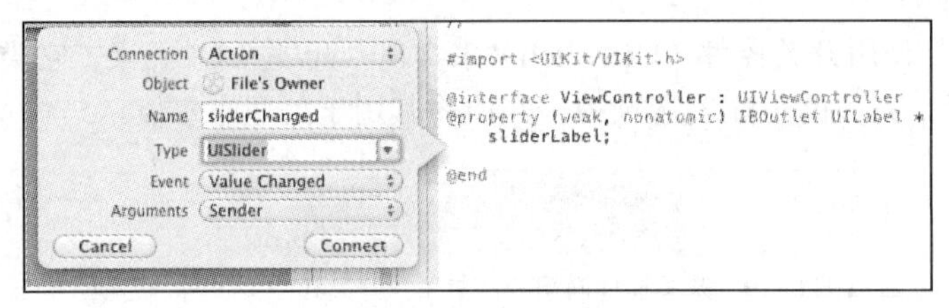

▲图 6-22 实现映射

⑤ 打开 ViewController.m，找到 sliderChanged 方法，在其中添加以下代码：

```
- (IBAction)sliderChanged:(id)sender {
    UISlider *slider = (UISlider *)sender;
    int progressAsInt = (int)roundf(slider.value);
    sliderLabel.text = [NSString stringWithFormat:@"%i", progressAsInt];
}
```

此时的运行效果如图 6-23 所示。

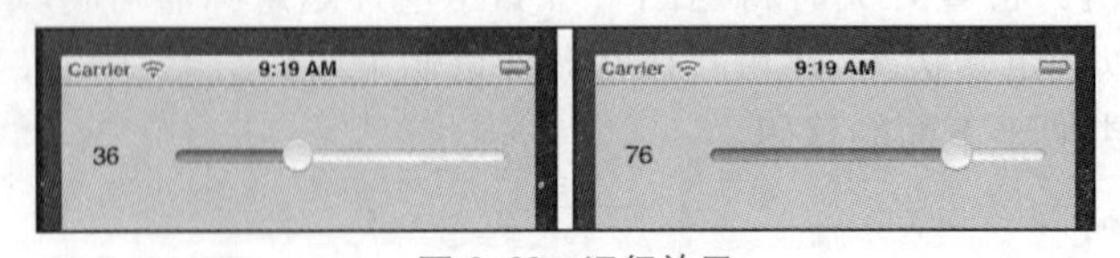

▲图 6-23 运行效果

接下来开始添加 UISwitch 控件，我们知道 UISwitch 控件就像开关那样只有两个状态，即 on 和 off。将会实现：改变任一 Switch 的状态，另一个 Switch 也发生同样的变化。

⑥ 在上面的例子中，打开 ViewController.xib，在 IB 中添加两个 UISwitch 控件。

⑦ 将这两个 Switch 控件都映射到 ViewController.h 中，都映射成 Outlet，名称分别是“leftSwitch”和“rightSwitch”。

⑧ 选中左边的 Switch，按住“Control”键，在 ViewController.h 中映射成一个 Action，事件类型默认为 Value Changed，名称为“switchChanged”，如图 6-24 所示。

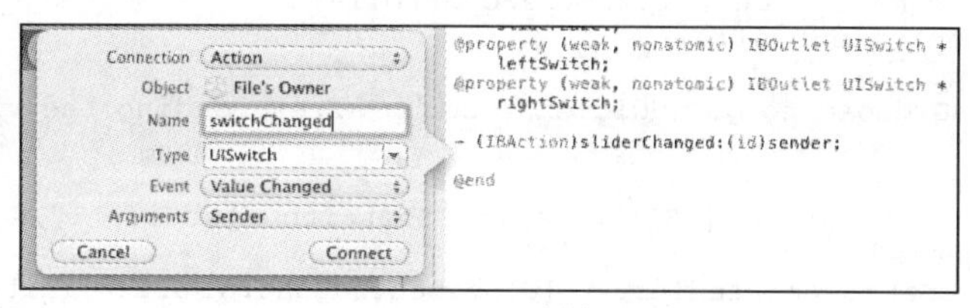

▲图 6-24 映射 1

⑨ 我们让右边的 Switch 也映射到这个方法，如图 6-25 所示。

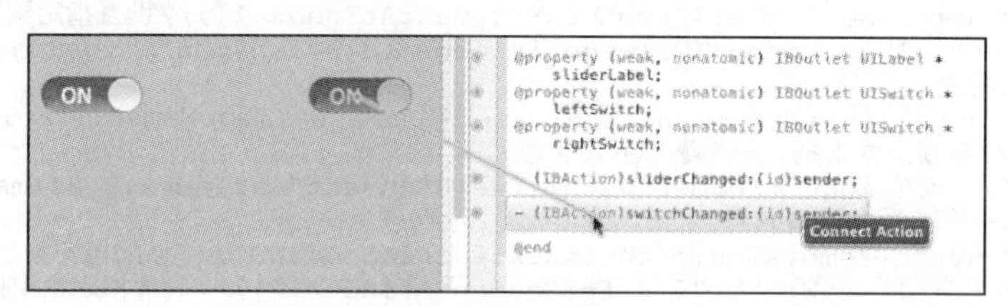

▲图 6-25 映射 2

⑩ 打开文件 ViewController.m，找到 switchChanged 方法，添加如下代码：

```
- (IBAction)switchChanged:(id)sender {
    UISwitch *mySwitch = (UISwitch *)sender;
    BOOL setting = mySwitch.isOn;     //获得开关状态
    [leftSwitch setOn:setting animated:YES];  //设置开关状态
    [rightSwitch setOn:setting animated:YES];
}
```

此时运行后的效果如图 6-26 所示。

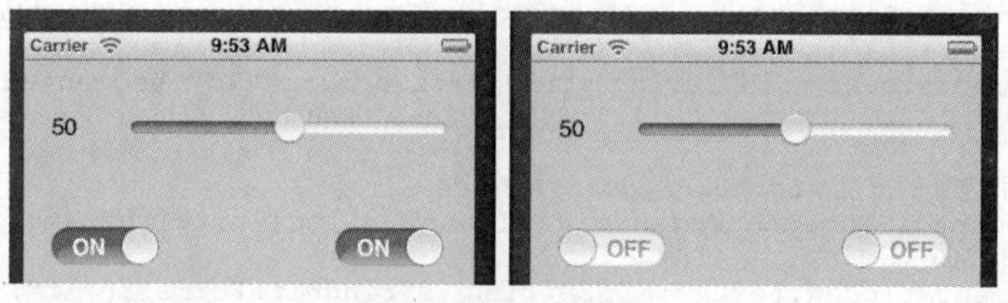

▲图 6-26 运行效果

6.9 分段控件（UISegmentedControl）

在 iOS 应用中，当用户输入的不仅仅是布尔值时，可使用分段控件 UISegmentedControl 实现我们需要的功能。分段控件提供一栏按钮（有时称为按钮栏），但只能激活其中一个按钮，如图 6-27 所示。

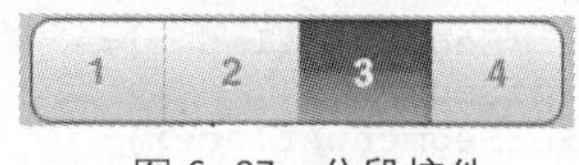

▲图 6-27 分段控件

6.9.1 分段控件的属性和方法

为了说明 UISegmentedControl 控件的各种属性与方法的使用，请看下面的一段代码，这段代码中几乎包括了 UISegmentedControl 控件的所有属性和方法。

```
#import "SegmentedControlTestViewController.h"
@implementation SegmentedControlTestViewController
@synthesize segmentedControl;

// Implement viewDidLoad to do additional setup after loading the view, typically from
a nib.
- (void)viewDidLoad {
   NSArray *segmentedArray = [[NSArray alloc]initWithObjects:@"1",@"2",@"3",@"4",nil];
   //初始化 UISegmentedControl
   UISegmentedControl *segmentedTemp = [[UISegmentedControl alloc]initWithItems:segmented
Array];
   segmentedControl = segmentedTemp;
   segmentedControl.frame = CGRectMake(60.0, 6.0, 200.0, 50.0);

   [segmentedControl setTitle:@"two" forSegmentAtIndex:1];//设置指定索引的题目
   [segmentedControl setImage:[UIImage imageNamed:@"lan.png"] forSegmentAtIndex:3];
//设置指定索引的图片
   [segmentedControl insertSegmentWithImage:[UIImage imageNamed:@"mei.png"] atIndex:2
animated:NO];//在指定索引插入一个选项并设置图片
   [segmentedControl insertSegmentWithTitle:@"insert" atIndex:3 animated:NO];
//在指定索引插入一个选项并设置题目
   [segmentedControl removeSegmentAtIndex:0 animated:NO];//移除指定索引的选项
   [segmentedControl setWidth:70.0 forSegmentAtIndex:2];//设置指定索引选项的宽度
   [segmentedControl setContentOffset:CGSizeMake(6.0,6.0) forSegmentAtIndex:1];
//设置选项中图片等的左上角的位置

   //获取指定索引选项的图片 imageForSegmentAtIndex:
   UIImageView    *imageForSegmentAtIndex    =    [[UIImageView    alloc]initWithImage:
[segmentedControl imageForSegmentAtIndex:1]];
   imageForSegmentAtIndex.frame = CGRectMake(60.0, 100.0, 30.0, 30.0);

   //获取指定索引选项的标题 titleForSegmentAtIndex
   UILabel *titleForSegmentAtIndex = [[UILabel alloc]initWithFrame:CGRectMake(100.0,
100.0, 30.0, 30.0)];
   titleForSegmentAtIndex.text = [segmentedControl titleForSegmentAtIndex:0];

   //获取总选项数 segmentedControl.numberOfSegments
   UILabel *numberOfSegments = [[UILabel alloc]initWithFrame:CGRectMake(140.0, 100.0,
30.0, 30.0)];
   numberOfSegments.text = [NSString stringWithFormat:@"%d",segmentedControl. NumberOf
Segments];

   //获取指定索引选项的宽度 widthForSegmentAtIndex:
   UILabel *widthForSegmentAtIndex = [[UILabel alloc]initWithFrame:CGRectMake(180.0,
100.0, 70.0, 30.0)];
   widthForSegmentAtIndex.text  =  [NSString  stringWithFormat:@"%f",[segmentedControl
widthForSegmentAtIndex:2]];

   segmentedControl.selectedSegmentIndex = 2;//设置默认选择项索引
   segmentedControl.tintColor= [UIColor redColor];
   segmentedControl.segmentedControlStyle = UISegmentedControlStylePlain;//设置样式
   segmentedControl.momentary = YES;//设置在点击后是否恢复原样

   [segmentedControl setEnabled:NO forSegmentAtIndex:4];//设置指定索引选项不可选
    BOOL enableFlag = [segmentedControl isEnabledForSegmentAtIndex:4];
//判断指定索引选项是否可选
   NSLog(@"%d",enableFlag);

   [self.view addSubview:widthForSegmentAtIndex];
   [self.view addSubview:numberOfSegments];
   [self.view addSubview:titleForSegmentAtIndex];
   [self.view addSubview:imageForSegmentAtIndex];
   [self.view addSubview:segmentedControl];

   [widthForSegmentAtIndex release];
   [numberOfSegments release];
   [titleForSegmentAtIndex release];
```

```
    [segmentedTemp release];
    [imageForSegmentAtIndex release];

    //移除所有选项
    //[segmentedControl removeAllSegments];
     [super viewDidLoad];
}

/*
// Override to allow orientations other than the default portrait orientation.
-
(BOOL)shouldAutorotateToInterfaceOrientation:(UIInterfaceOrientation)interfaceOrient
ation {
    // Return YES for supported orientations
    return (interfaceOrientation == UIInterfaceOrientationPortrait);
}
*/
- (void)didReceiveMemoryWarning {
    // Releases the view if it doesn't have a superview.
     [super didReceiveMemoryWarning];

    // Release any cached data, images, etc that aren't in use.
}
- (void)viewDidUnload {
    // Release any retained subviews of the main view.
    // e.g. self.myOutlet = nil;
}

- (void)dealloc {
    [segmentedControl release];
     [super dealloc];
}
@end
```

6.9.2 实战演练——使用 UISegmentedControl 控件

在本节的内容中将通过一个简单的实例来演示 UISegmentedControl 控件的用法。

实例 6-7	在屏幕中使用 UISegmentedControl 控件
源码路径	光盘:\daima\6\UISegmentedControlDemo

① 打开 Xcode，创建一个名为“UISegmentedControlDemo”的工程。

② 文件 ViewController.h 的实现代码如下所示。

```
#import <UIKit/UIKit.h>

@interface ViewController : UIViewController{

}
@end
```

③ 文件 ViewController.m 的实现代码如下所示。

```
#import "ViewController.h"
@implementation ViewController

- (void)didReceiveMemoryWarning
{
    [super didReceiveMemoryWarning];
    // Release any cached data, images, etc that aren't in use.
}

#pragma mark - View lifecycle
-(void)selected:(id)sender{
    UISegmentedControl* control = (UISegmentedControl*)sender;
    switch (control.selectedSegmentIndex) {
```

```
        case 0:
            //
            break;
        case 1:
            //
            break;
        case 2:
            //
            break;

        default:
            break;
    }
}
- (void)viewDidLoad
{
    [super viewDidLoad];
    UISegmentedControl* mySegmentedControl = [[UISegmentedControl alloc]initWithItems:
nil];
    mySegmentedControl.segmentedControlStyle = UISegmentedControlStyleBezeled;
    UIColor *myTint = [[ UIColor alloc]initWithRed:0.66 green:1.0 blue:0.77 alpha:1.0];
    mySegmentedControl.tintColor = myTint;
    mySegmentedControl.momentary = YES;

    [mySegmentedControl insertSegmentWithTitle:@"First" atIndex:0 animated:YES];
    [mySegmentedControl insertSegmentWithTitle:@"Second" atIndex:2 animated:YES];
    [mySegmentedControl insertSegmentWithImage:[UIImage imageNamed:@"pic"]  atIndex:3
animated:YES];

    //[mySegmentedControl removeSegmentAtIndex:0 animated:YES];//删除一个片段
    //[mySegmentedControl removeAllSegments];//删除所有片段

    [mySegmentedControl setTitle:@"ZERO" forSegmentAtIndex:0];//设置标题
    NSString* myTitle = [mySegmentedControl titleForSegmentAtIndex:1];//读取标题
    NSLog(@"myTitle:%@",myTitle);

    //[mySegmentedControl setImage:[UIImage imageNamed:@"pic"] forSegmentAtIndex:1];
    //设置
    UIImage* myImage = [mySegmentedControl imageForSegmentAtIndex:2];//读取

    [mySegmentedControl setWidth:100 forSegmentAtIndex:0];//设置 Item 的宽度

    [mySegmentedControl          addTarget:self          action:@selector(selected:)
forControlEvents:UIControlEventValueChanged];

    //[self.view addSubview:mySegmentedControl];//添加到父视图

    self.navigationItem.titleView = mySegmentedControl;//添加到导航栏

    //可能显示得乱七八糟的，不过没关系，我们只是联系它的每个功能，所以读者可以自己练练,越乱越好，关键
    //在于掌握原理
    // 读者可以尝试修改一下，让其显示得美观些
}
- (void)viewDidUnload
{
    [super viewDidUnload];
    // Release any retained subviews of the main view.
    // e.g. self.myOutlet = nil;
}

- (void)viewWillAppear:(BOOL)animated
{
    [super viewWillAppear:animated];
}

- (void)viewDidAppear:(BOOL)animated
{
    [super viewDidAppear:animated];
```

```
}

- (void)viewWillDisappear:(BOOL)animated
{
    [super viewWillDisappear:animated];
}

- (void)viewDidDisappear:(BOOL)animated
{
    [super viewDidDisappear:animated];
}

-
(BOOL)shouldAutorotateToInterfaceOrientation:(UIInterfaceOrientation)interfaceOrient
ation
{
    // Return YES for supported orientations
    return (interfaceOrientation != UIInterfaceOrientationPortraitUpsideDown);
}

@end
```

执行后的效果如图 6-28 所示。

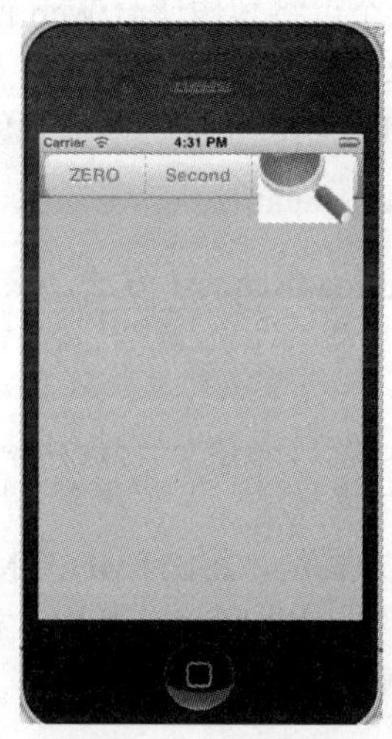

▲图 6-28　执行效果

6.10 Web 视图（UIWebView）

在 iOS 应用中，Web 视图（UIWebView）为我们提供了更加高级的功能，通过这些高级功能打开了在应用程序中通往一系列全新可能性的大门。本节将详细讲解 Web 视图控件的基本知识。

6.10.1 Web 视图基础

在 iOS 应用中，我们可以将 Web 视图视为没有边框的 Safari 窗口，可以将其加入到应用程序中并以编程方式进行控制。通过使用这个类，可以用免费方式显示 HTML，加载网页以及支持两个手指张合与缩放手势。

Web 视图还可以用于实现如下类型的文件。

- HTML、图像和 CSS。
- Word 文档（.doc/.docx）。
- Excel 电子表格（.xls/.xlsx）。

- Keynote 演示文稿（.key.zip）。
- Numbers 电子表格（.numbers.zip）。
- Pages 文档（.pages.zip）。
- PDF 文件（.pdf）。
- PowerPoint 演示文稿（.ppt/.pptx）。

我们可以将上述文件作为资源加入到项目中，并在 Web 视图中显示它们，也可以访问远程服务器中的这些文件，或读取 iOS 设备存储空间中的这些文件。

在 Web 视图中，通过一个名为“requestWithURL”的方法来加载任何 URL 指定的内容，但是不能通过传递一个字符串来调用它。要想将内容加载到 Web 视图中，通常使用 NSURL 和 NSURLRequest。这两个类能够操作 URL，并将其转换为远程资源请求。为此首先需要创建一个 NSURL 实例，这通常是根据字符串创建的。例如，要创建一个存储 Apple 网站地址的 NSURL，可以使用如下所示的代码。

```
NSURL *appleURL;
appleURL=[NSURL alloc] initWithString:@http://www.apple.com/];
```

创建 NSURL 对象后，需要创建一个可将其传递给 Web 视图进行加载的 NSURLRequest 对象。要根据 NSURL 创建一个 NSURLRequest 对象，可以使用 NSURLRequest 类的方法 requestWithURL，它根据给定的 NSURL 创建相应的请求对象。

```
[NSURLRequest requestWithURL: appleURL]
```

最后将该请求传递给 Web 视图的 loadRequest 方法，该方法将接管工作并处理加载过程。将这些功能合并起来后，将 Apple 网站加载到 Web 视图 appleView 中的代码类似于下面这样：

```
NSURL *appleURL;
appleURL=[[NSURL alloc] initWithString:@"http://www.apple.com/"];
  [appleView loadRequest:[NSURLRequest requestWithURL: appleURL]];
```

在应用程序中显示内容的另一种方式是，将 HTML 直接加载到 Web 视图中。例如将 HTML 代码存储在一个名为“myHTML”的字符串中，则可以用 Web 视图的方法 loadHTMLString:baseURL 加载并显示 HTML 内容。假设 Web 视图名为“htmlView”，则可编写类似于下面的代码。

```
[htmlView loadHTMLString:myHTML baseURL:nil]
```

6.10.2　实战演练——在屏幕中显示指定的网页

在 iOS 应用中，可以使用 UIWebView 控件在屏幕中显示指定的网页。在本实例中，首先在工具条中追加活动指示器，然后使用 requestWithURL 设置了要显示的网页 http://www.apple.com。并且，为了实现良好的体验，特意在载入页面时使用了状态监视功能。在具体实现时，使用 UIActivityIndicatorView 向用户展示“处理中”的图标。

实例 6-8	在屏幕中显示指定的网页
源码路径	光盘:\daima\6\web

实例文件 UIKitPrjWebViewSimple.m 的具体代码如下所示。

```
#import "UIKitPrjWebViewSimple.h"
@implementation UIKitPrjWebViewSimple
- (void)dealloc {
 [activityIndicator_ release];
 if ( webView_.loading ) [webView_ stopLoading];
 webView_.delegate = nil; //< Apple 文档中推荐，release 前需要如此编写
```

```
  [webView_ release];
  [super dealloc];
}
- (void)viewDidLoad {
  [super viewDidLoad];
  self.title = @"明确显示通信状态";
  // UIWebView 的设置
  webView_ = [[UIWebView alloc] init];
  webView_.delegate = self;
  webView_.frame = self.view.bounds;
  webView_.autoresizingMask =
   UIViewAutoresizingFlexibleWidth | UIViewAutoresizingFlexibleHeight;
  webView_.scalesPageToFit = YES;
  [self.view addSubview:webView_];
  // 在工具条中追加活动指示器
  activityIndicator_ = [[UIActivityIndicatorView alloc] init];
  activityIndicator_.frame = CGRectMake( 0, 0, 20, 20 );
  UIBarButtonItem* indicator =
   [[[UIBarButtonItem alloc] initWithCustomView:activityIndicator_] autorelease];
  UIBarButtonItem* adjustment =
   [[[UIBarButtonItem   alloc]   initWithBarButtonSystemItem:UIBarButtonSystemItem-
FlexibleSpace
                                          target:nil
                                          action:nil] autorelease];
  NSArray* buttons = [NSArray arrayWithObjects:adjustment, indicator, adjustment, nil];
  [self setToolbarItems:buttons animated:YES];
}

- (void)viewDidAppear:(BOOL)animated {
  [super viewDidAppear:animated];
  //Web 页面显示
   NSURLRequest* request =
    [NSURLRequest requestWithURL:[NSURL URLWithString:@"http://www.apple.com"]];
  [webView_ loadRequest:request];
}
- (void)webViewDidStartLoad:(UIWebView*)webView {
  [activityIndicator_ startAnimating];
}
- (void)webViewDidFinishLoad:(UIWebView*)webView {
  [activityIndicator_ stopAnimating];
}
- (void)webView:(UIWebView*)webView didFailLoadWithError:(NSError*)error {
  [activityIndicator_ stopAnimating];
}
@end
```

执行后的效果如图 6-29 所示。

▲图 6-29　执行效果

6.11 可滚动的视图（UIScrollView）

大家肯定使用过这样的应用程序，它显示的信息在一屏中容纳不下。在这种情况下，使用可滚动视图控件（UIScrollView）来解决。顾名思义，可滚动的视图提供了滚动功能，可显示超过一屏的信息。但是在让我们能够通过 Interface Builder 将可滚动视图加入项目方面，Apple 做的并不完美。我们可以添加可滚动视图，但要想让它实现滚动效果，必须在应用程序中编写一行代码。

6.11.1 UIScrollView 的基本用法

在滚动过程当中，其实是在修改原点坐标。当手指触摸后，scroll view 会暂时拦截触摸事件，使用一个计时器。假如在计时器到点后没有发生手指移动事件，那么 scroll view 发送 tracking events 到被点击的 subview。假如在计时器到点前发生了移动事件，那么 scroll view 取消 tracking，自己发生滚动。

（1）初始化

一般的组件都可以用 alloc 和 init 来初始化，下面是一段代码初始化。

```
UIScrollView *sv  =[[UIScrollView alloc]
initWithFrame:CGRectMake(0.0, 0.0,self.view.frame.size.width, 400)];
```

一般的初始化也都有很多方法，都可以确定组件的 Frame，或者一些属性，比如 UIButton 的初始化可以确定 Button 的类型。

（2）滚动属性

UIScrollView 的最大属性就是可以滚动，那种效果很好看，其实滚动效果的主要原理是修改其坐标，准确地讲是修改原点坐标。而 UIScrollView 跟其他组件都一样，有自己的 delegate，在.h 文件中要继承 UIScrollView 的 delegate，然后在.m 文件的 viewDidLoad 设置 delegate 为 self。具体代码如下所示：

```
sv.pagingEnabled = YES;
sv.backgroundColor = [UIColor blueColor];
sv.showsVerticalScrollIndicator = NO;
sv.showsHorizontalScrollIndicator = NO;
sv.delegate = self;
CGSize newSize = CGSizeMake(self.view.frame.size.width * 2, self.view.frame.size.height);
[sv setContentSize:newSize];
[self.view addSubview: sv];
```

在上面的代码中，一定要设置 UIScrollView 的 pagingEnable 为 YES。否则即使设置好了其他属性，它还是无法拖动。接下来需要分别设置背景颜色以及是否显示水平和竖直拖动条，最后也是最重要的是设置它的 ContentSize。ContentSize 的意思就是它所有内容的大小，这与其 Frame 是不一样的，只有 ContentSize 的大小大于 Frame 时才可以支持拖动。

6.11.2 实战演练——使用可滚动视图控件

我们知道，iPhone 设备的界面空间有限，所以经常会出现不能完全显示信息的情形。在这个时候，滚动控件 UIScrollView 就可以发挥它的作用，使用后可在添加控件和界面元素时不受设备屏幕边界的限制。本节将通过一个演示实例的实现过程，来讲解使用 UIScrollView 控件的方法。

实例 6-9	使用可滚动视图控件
源码路径	光盘:\daima\6\gun

1. 创建项目

本实例包含了一个可滚动视图（UIScrollView），并在 Interface Builder 编辑器中添加了超越屏幕限制的内容。首先使用模板 Single View Application 新建一个项目，并将其命名为“gun”。在这个项目中，将可滚动视图（UIScrollView）作为子视图加入到 MainStoryboard.storyboard 中现有的视图（UIView）中，如图 6-30 所示。

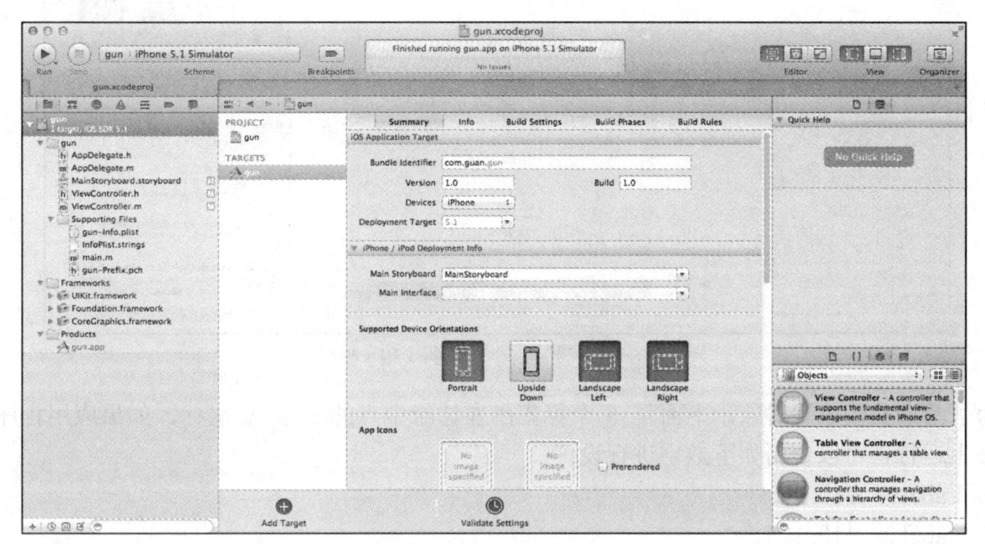

▲图 6-30　创建的工程

在这个项目中，只需设置可滚动视图对象的一个属性即可。为了访问该对象，需要创建一个与之关联的输出口，我们把这个输出口命名为“theScroller”。

2. 设计界面

首先打开该项目的文件 MainStoryboard.storyboard，并确保文档大纲区域可见，方法是依次选择菜单“Editor”→“Show Decument Outline”命令。接下来开始讲解添加可滚动视图的方法。依次选择菜单“View”→“Utilities”→“Show Object Library”打开对象库，将一个可滚动视图（UIScrollView）实例拖曳到视图中。将其放在喜欢的位置，并在上方添加一个标题为“Scrolling View”的标签，这样可以避免忘记创建的是什么。

将可滚动视图加入到视图后，需要使用一些东西填充它，通常编写计算对象位置的代码来将其加入到可滚动视图中。首先将添加的每个控件拖曳到可滚动视图对象中，在本实例中添加了 6 个标签。我们可以继续使用按钮、图像或通常加入到视图中的其他任何对象。

将对象加入可滚动视图中后还有如下两种方案可供选择。

- 可以选择对象，然后使用箭头键将对象移到视图可视区域外面的大概位置。
- 可以依次选择每个对象，并使用 Size Inspector（“Option+ Command+5”）手工设置其 X 和 Y 坐标，如图 6-31 所示。

> **提示**　对象的坐标是相对其所属视图而言的。在这个示例中，可滚动设置视图的左上角的坐标为（0,0），即原点。

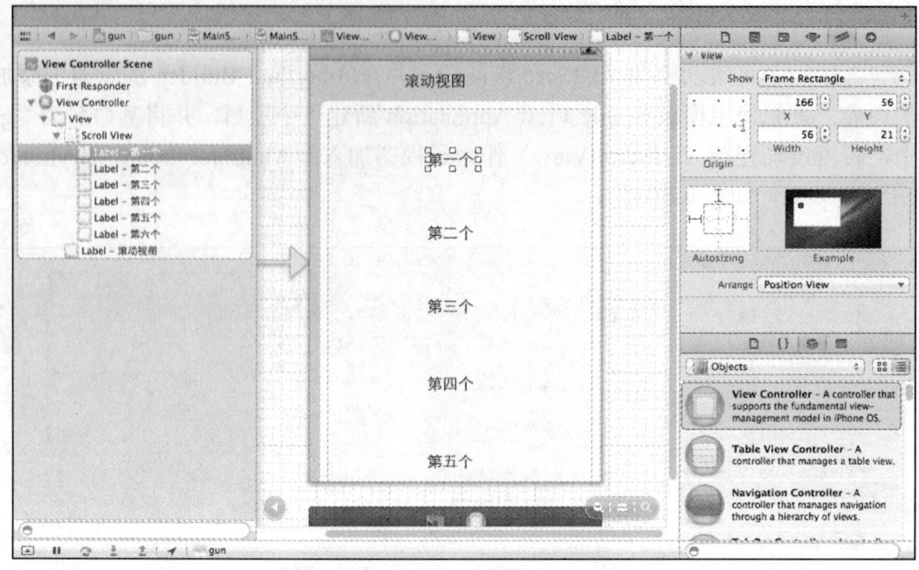

▲图 6-31　设置每个对象的 *x* 和 *y* 坐标

为了帮助我们放置对象，下面是 6 个标签的左边缘中点的 *x* 和 *y* 坐标。如果应用程序将在 iPhone 上运行，可以使用如下数字进行设置。

- Label 1：110, 45。
- Label 2：110, 125。
- Label 3：110, 205。
- Label 4：110, 290。
- Label 5：110, 375。
- Label 6：110, 460。

如果应用程序将在 iPad 上运行，可以使用如下数字进行设置。

- Label 1：360, 130。
- Label 2：360，330。
- Label 3：360, 530。
- Label 4：360, 730。
- Label 5：360,　930。
- Label 6：360, 1130。

从下面的图 6-32 所示的最终视图可知，第 6 个标签不可见，要看到它，需要进行一定的滚动。

3. 创建并连接输出口和操作

本实例只需要一个输出口，并且不需要任何操作。为了创建这个输出口，需要先切换到助手编辑器界面。如果需要腾出更多的控件，需要隐藏项目导航器。按住“Control”键，从可滚动视图拖曳到文件 ViewController.h 中编译指令@interface 的下方。

在 Xcode 提示时，新建一个名为“theScroller”的输出口，如图 6-33 所示。

到此为止，需要在 Interface Builder 编辑器中做的工作全部完成了，接下来需要切换到标准编辑器，显示项目导航器，再对文件 ViewController.m 进行具体编码。

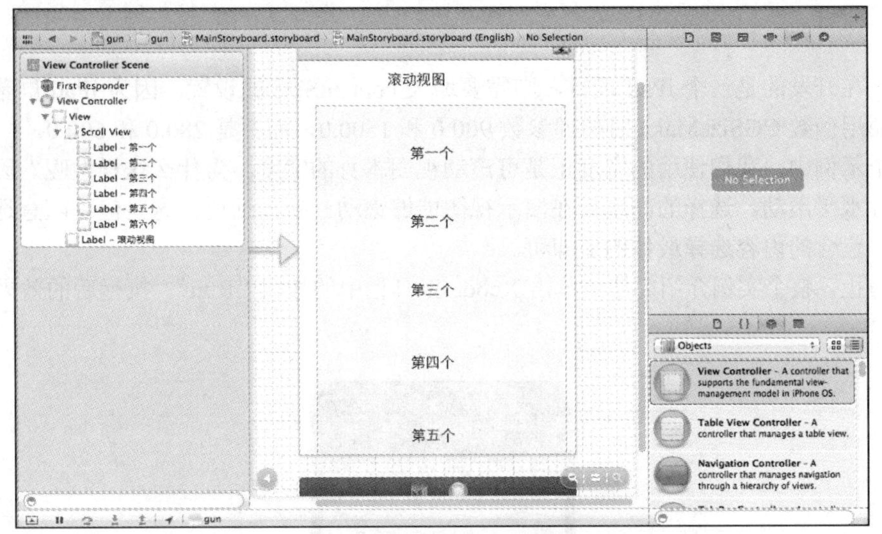

▲图 6-32　最终的界面效果

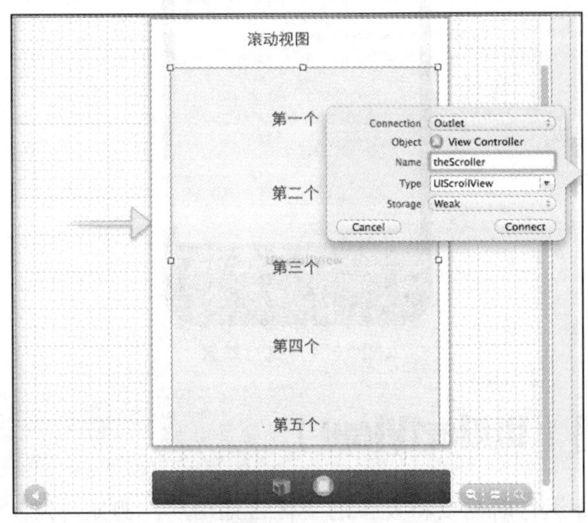

▲图 6-33　创建到输出口 theScroller 的连接

4. 实现应用程序逻辑

如果此时编译并运行程序，不具备滚动功能，这是因为还需指出其滚动区域的水平尺寸和垂直尺寸，除非可滚动视图知道自己能够滚动。为了给可滚动视图添加滚动功能，需要将属性 contentSize 设置为一个 CGSize 值。CGSize 是一个简单的 C 语言数据结构，它包含高度和宽度，可使用函数 CGSize（<width>，<height>）轻松地创建一个这样的对象。例如，要告诉该可滚动视图（theScroller）可水平和垂直分别滚动到 280 点和 600 点，可编写如下代码。

```
self.theScroller.contentSize=CGSizeMake (280.0,600.0);
```

我们并非只能这样做，但我们愿意这样做。如果进行的是 iPhone 开发，需要实现文件 ViewController.m 中的方法 viewDidLoad，其实现代码如下所示。

```
- (void)viewDidLoad
{
    self.theScroller.contentSize=CGSizeMake(280.0,600.0);
```

```
    [super viewDidLoad];
  // Do any additional setup after loading the view, typically from a nib.
}
```

如果正在开发的是一个 iPad 项目，则需要增大 contentSize 的设置，因为 iPad 屏幕更大。所以需要在调用函数 CGSizeMake 时传递参数 900.0 和 1500.0，而不是 280.0 和 600.0。

在这个示例中，我们使用的宽度正是可滚动视图本身的宽度。为什么这样做呢？因为我们没有理由进行水平滚动。选择的高度旨在演示视图能够滚动。换句话说，这些值可随意选择，您根据应用程序包含的内容选择最佳的值即可。

到此为止，整个实例介绍完毕。单击 Xcode 工具栏中的按钮“Run”，执行后的效果如图 6-34 所示。

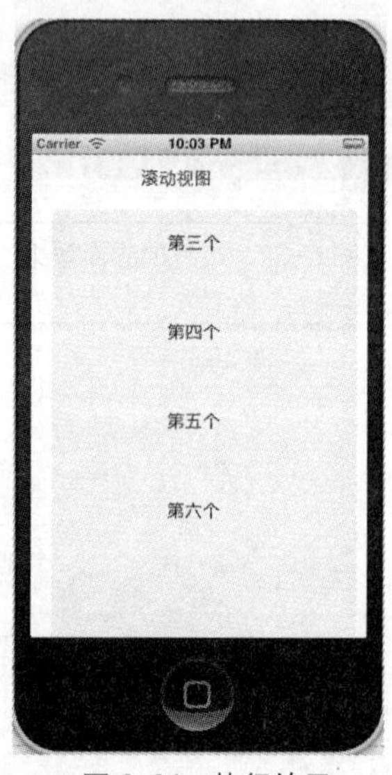

▲图 6-34　执行效果

6.12 提醒视图（UIAlertView）

有时候，当应用程序运行时需要将发生的变化告知用户。例如，发生内部错误事件（如可用内存太少或网络连接断开）或长时间运行的操作结束时，仅调整当前视图是不够的。为此，可使用 UIAlertView 类。

6.12.1 UIAlertView 基础

UIAlertView 类可以创建一个简单的模态提醒窗口，其中包含一条消息和几个按钮，还可能有普通文本框和密码文本框，如图 6-35 所示。

▲图 6-35　典型的提醒视图

在 iOS 应用中，模态 UI 元素要求用户必须与之交互（通常是按下按钮）后才能做其他事情。它们通常位于其他窗口前面，在可见时禁止用户与其他任何界面元素交互。

要实现提醒视图，需要声明一个 UIAlertView 对象，再初始化并显示它，其中最简单的用法如下所示：

```
UIAlertView*alert = [[UIAlertView alloc]initWithTitle:@"提示"
                     message:@"这是一个简单的警告框！"
                     delegate:nil
                        cancelButtonTitle:@"确定"
                        otherButtonTitles:nil];
```

```
[alert show];
[alert release];
```

上述代码的执行效果如图 6-36 所示。除此之外，我们可以为 UIAlertView 添加多个按钮，例如下面的代码：

```
UIAlertView*alert = [[UIAlertView alloc]initWithTitle:@"提示"
                                              message:@"请选择一个按钮："
                                              delegate:nil
                                              cancelButtonTitle:@"取消"
                                             otherButtonTitles:@"按钮一", @"按钮二", @"按钮
三",nil];
[alert show];
[alert release];
```

上述代码的执行效果如图 6-36 所示。

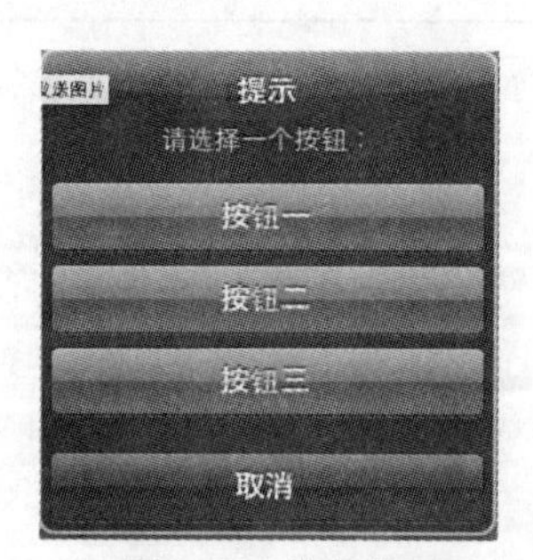

▲图 6-36　执行效果

在上面的图 6-36 中，究竟应该如何判断用户点击的是哪一个按钮呢？在 UIAlertView 中有一个委托 UIAlertViewDelegate，通过继承该委托的方法可以实现点击事件处理。例如下面的头文件代码：

```
@interface MyAlertViewViewController : UIViewController<UIAlertViewDelegate> {
}
- (void)alertView:(UIAlertView *)alertView clickedButtonAtIndex:(NSInteger)buttonIndex;
-(IBAction) buttonPressed;
@end
```

对应的源文件代码如下所示：

```
-(IBAction) buttonPressed
{
UIAlertView*alert = [[UIAlertView alloc]initWithTitle:@"提示"
                                             message:@"请选择一个按钮："
                                             delegate:self
                                             cancelButtonTitle:@"取消"
                                            otherButtonTitles:@"按钮一", @"按钮二", @"按钮
三",nil];
[alert show];
[alert release];
}
- (void)alertView:(UIAlertView *)alertView clickedButtonAtIndex:(NSInteger)buttonIndex
{
NSString* msg = [[NSString alloc] initWithFormat:@"您按下的第%d 个按钮！",buttonIndex];

UIAlertView* alert = [[UIAlertView alloc]initWithTitle:@"提示"
                                             message:msg
                                             delegate:nil
                                             cancelButtonTitle:@"确定"
                                             otherButtonTitles:nil];
[alert show];
[alert release];
[msg release];
```

执行后如果点击“取消”按钮，则“按钮一”，“按钮二”，“按钮三”的索引 buttonIndex 分别是 0，1，2，3。

6.12.2　实战演练——实现一个自定义提醒对话框

本节下面的内容中将通过一个简单的实例来说明使用 UIAlertView 的方法。

实例 6-10	实现一个自定义提醒对话框
源码路径	光盘:\daima\11\AlertTest

① 新打开 Xcode，建一个名为“AlertTest”的“Single View Applicatiom”项目，如图 6-37 所示。

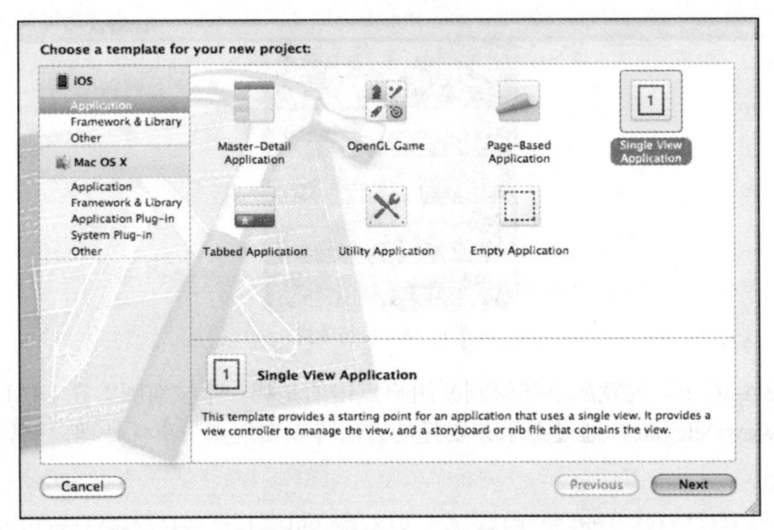

▲图 6-37　新建 Xcode 项目

② 设置新建项目的工程名，然后设置设备为“iPad”，如图 6-38 所示。

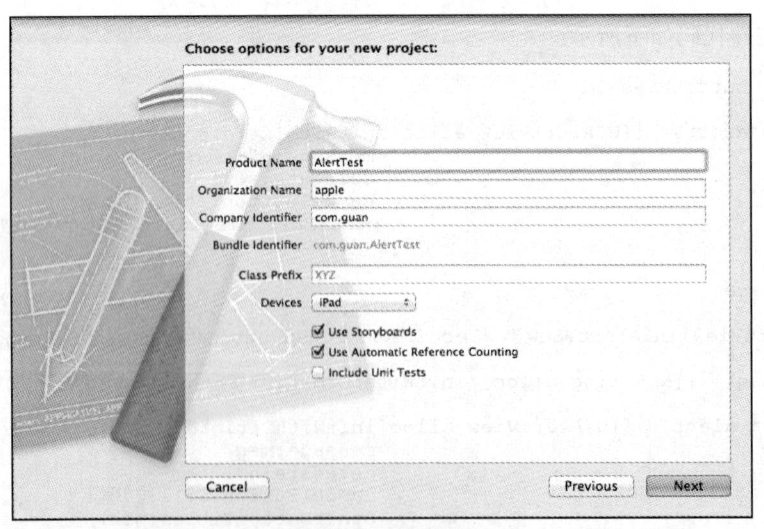

▲图 6-38　设置设备

③ 设置一个界面，整个界面为空，效果如图 6-39 所示。

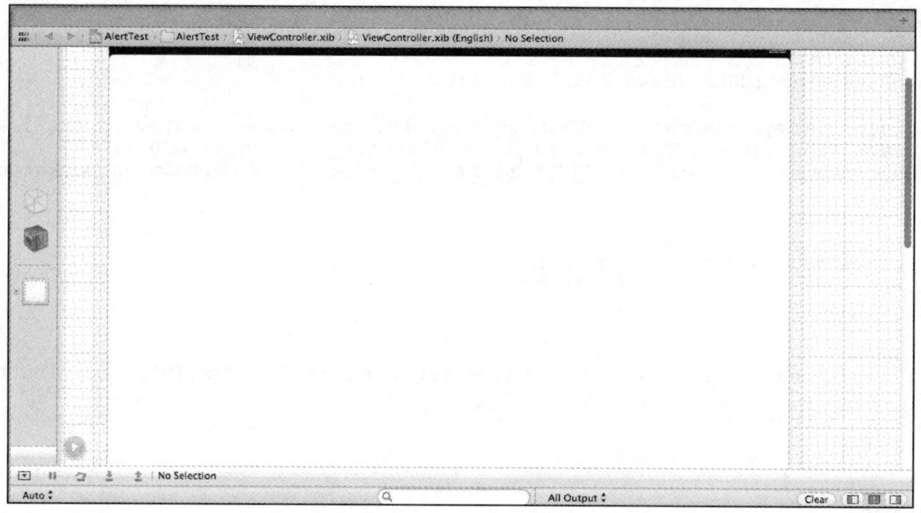

▲图 6-39　UI 界面

④ 准备一副素材图片“puzzle_warning_bg”，如图 6-40 所示。

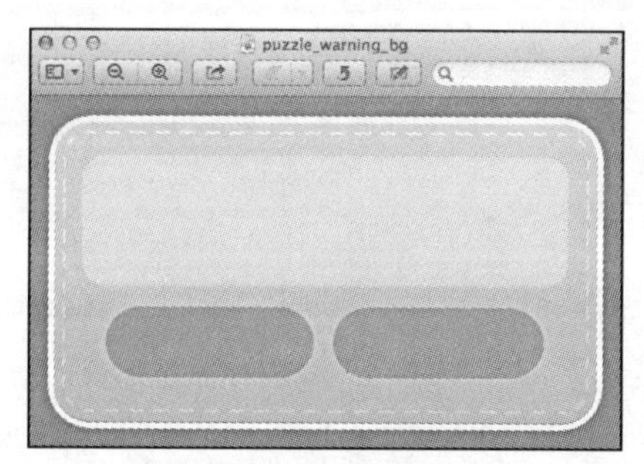

▲图 6-40　素材图片

⑤ 文件 ViewController.m 的源码如下所示。

```
#import "ViewController.h"
@interface ViewController ()
@end
@implementation ViewController

- (void)viewDidLoad
{
    [super viewDidLoad];
   // Do any additional setup after loading the view, typically from a nib.
    // Release any retained subviews of the main view.
    UIButton *test = [UIButton buttonWithType:UIButtonTypeRoundedRect];
    [test setFrame:CGRectMake(200, 200, 200, 200)];
    [test setTitle:@"弹出窗口" forState:UIControlStateNormal];
    [test    addTarget:self    action:@selector(ButtonClicked:)    forControlEvents:
UIControlEventTouchUpInside];
    [self.view addSubview:test];
}

-(void) ButtonClicked:(id)sender
{
    UIButton *btn1 = [UIButton buttonWithType:UIButtonTypeCustom];
    [btn1 setImage:[UIImage imageNamed:@"puzzle_longbt_1.png"] forState:UIControlStateNormal];
    [btn1  setImage:[UIImage  imageNamed:@"puzzle_longbt_2.png"]  forState:UIControl-
StateHighlighted];
    [btn1 setFrame:CGRectMake(73, 180, 160, 48)];

    UIButton *btn2 = [UIButton buttonWithType:UIButtonTypeCustom];
```

```
    [btn2  setImage:[UIImage  imageNamed:@"puzzle_longbt_1.png"]  forState:UIControl-
StateNormal];
    [btn2  setImage:[UIImage  imageNamed:@"puzzle_longbt_2.png"]  forState:UIControl-
tateHighlighted];
    [btn2 setFrame:CGRectMake(263, 180, 160, 48)];

    UIImage *backgroundImage = [UIImage imageNamed:@"puzzle_warning_bg.png"];
    UIImage *content = [UIImage imageNamed:@"puzzle_warning_sn.png"];
    JKCustomAlert  *  alert  =  [[JKCustomAlert  alloc]  initWithImage:backgroundImage
contentImage:content ];

    alert.JKdelegate = self;
    [alert addButtonWithUIButton:btn1];
    [alert addButtonWithUIButton:btn2];
    [alert show];
}

-(void) alertView:(UIAlertView *)alertView clickedButtonAtIndex:(NSInteger)buttonIndex
{
    switch (buttonIndex) {
        case 0:
            NSLog(@"button1 clicked");
            break;
        case 1:
            NSLog(@"button2 clicked");
        default:
            break;
    }
}

- (void)viewDidUnload
{
    [super viewDidUnload];

}

-
(BOOL)shouldAutorotateToInterfaceOrientation:(UIInterfaceOrientation)interfaceOrient
ation
{
    return YES;
}

@end
```

执行后会在iPad模拟器中显示一个提醒框，如图6-41所示。

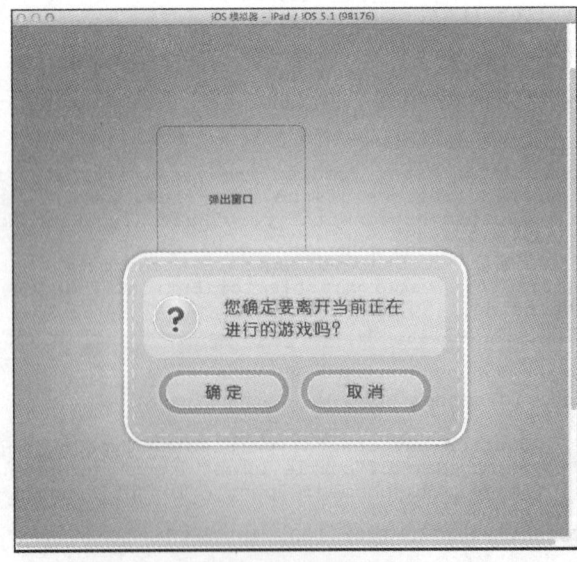

▲图6-41 执行效果

6.13 操作表（UIActionSheet）

本章上一节介绍的提醒视图可以显示提醒消息，这样可以告知用户应用程序的状态或条件发生了变化。然而，有时候需要让用户根据操作结果做出决策。例如，如果应用程序提供了让用户能够与朋友共享信息的选项，可能需要让用户指定共享方法（如发送电子邮件、上传文件等），如图 6-42 所示。

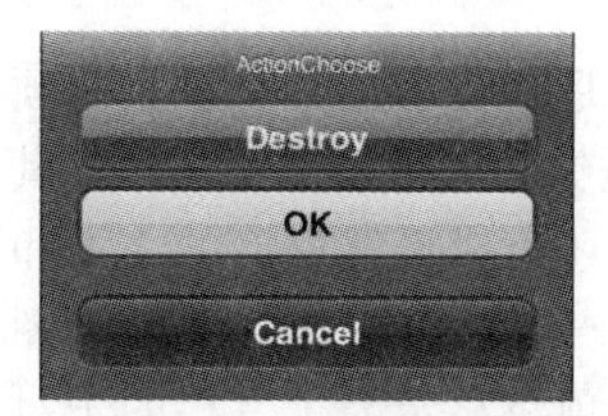

▲图 6-42 可以让用户在多个选项之间做出选择的操作表

这种界面元素被称为操作表，在 iOS 应用中，是通过 UIActionSheet 类的实例实现的。操作表还可用于对可能破坏数据的操作进行确认。事实上，它们提供了一种亮红色按钮样式，让用户注意可能删除数据的操作。

UIActionSheet 实例的操作方法及其参数的具体说明如下所示。

- initWithTitle：使用指定的标题初始化操作表。
- delegate：指定将作为操作表委托的对象。如果将其设置为 nil，操作表将能够显示，但用户按下任何按钮都只是关闭操作表，而不会有其他任何影响。
- cancelButtonTitle：指定操作表中默认按钮的标题。
- destructiveButtonTitle：指定将导致信息丢失的按钮的标题。该按钮将呈亮红色显示（与其他按钮形成强烈对比）。如果将其设置为 nil，将不会显示破坏性按钮。
- otherButtonTitles：在操作表中添加其他按钮，总是以 nil 结尾。

有如下 4 种样式可以设置操作表的外观。

- UIActionSheetStyleAutomatic：如果屏幕底部有按钮栏，则采用与按纽栏匹配的样式；否则采用默认样式。
- UIActionSheetStyleDefault：由 iOS 决定的操作表默认外观。
- UIActionSheetStyleBlackTranslucent：一种半透明的深色样式。
- UIActionSheetStyleBlackOpaque：一种不透明的深色样式。

6.14 工具栏（UIToolbar）

在 iOS 应用中，工具栏（UIToolbar）是比较简单的 UI 元素之一。工具栏是一个实心条，通常位于屏幕顶部或底部，如图 6-43 所示。

工具栏包含的按钮（UIBarButtonItem）对应于用户可在当前视图中执行的操作。这些按钮提供了一个选择器（selector）操作，其工作原理几乎与 Touch Up Inside 事件相同。

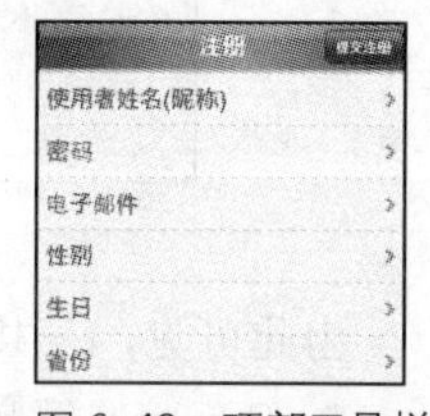

▲图 6-43 顶部工具栏

6.14.1 工具栏基础

工具栏用于提供一组选项，让用户执行某个功能，而并非用于在完全不同的应用程序界面之间切换。要想在不同的应用程序界面之间实现切换功能，则需要使用选项卡栏。在 iOS 应用中，几乎可以用可视化的方式实现工具栏，它是在 iPad 中显示弹出框的标准途径。要想在视图中打开对象库并使用 toolbar 进行搜索，再将工具栏对象拖曳到视图顶部或底部。

（1）栏按钮项

Apple 将工具栏中的按钮称为栏按钮项（bar button item，UIBarButtonItem）。栏按钮项是一种交互式元素，可以让工具栏除了看起来像 iOS 设备屏幕上的一个条带外，还能有点其他作用。在 iOS 对象库中提供了 3 种栏按钮对象，如图 6-44 所示。

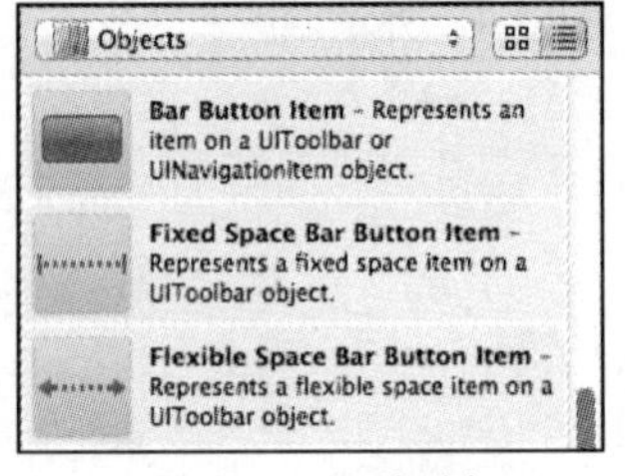

▲图 6-44　3 种对象

虽然这些对象看起来不同，但是其实都是一个栏按钮项实例。在 iOS 开发过程中，可以定制栏按钮项，可以根据需要将其设置为十多种常见的系统按钮类型，并且还可以设置里面的文本和图像。要在工具栏中添加栏按钮，可以将一个栏按钮项拖曳到视图中的工具栏中。在文档大纲区域，栏按钮项将显示为工具栏的子对象。双击按钮上的文本可对其进行编辑，像标准 UIButton 控件一样。另外还可以使用栏按钮项的手柄调整其大小，但是不能通过拖曳在工具栏中移动按钮。

要想调整工具栏按钮的位置，需要在工具栏中插入特殊的栏按钮项，即灵活间距栏按钮项和固定间距栏按钮项。灵活间距（flexible space）栏按钮项自动增大，以填满它两边的按钮之间的空间（或工具栏两端的空间）。例如，要将一个按钮放在工具栏中央，可在它两边添加灵活间距栏按钮项。要将两个按钮分放在工具栏两端，只需在它们之间添加一个灵活间距栏按钮项即可。固定间距栏按钮项的宽度是固定不变的，可以插入到现有按钮的前面或后面。

（2）栏按钮的属性

要想配置栏按钮项的外观，可以选择它并打开 Attributes Inspector（“Option+ Command +4”），如图 6-45 所示。

▲图 6-45　右上角的配置栏按钮项

由此可见，一共有如下 3 种样式可供我们选择。

- Border：简单按钮。

- Plain：只包含文本。
- Done：呈蓝色。

另外，还可以设置多个“标识符”，它们是常见的按钮图标/标签，让我们的工具栏按钮符合iOS 应用程序标准。并且，通过使用灵活间距标识符和固定间距标识符，可以让栏按钮项的行为像这两种特殊的按钮类型一样。如果这些标准按钮样式都不合适，可以设置按钮显示一幅图像，这种图像的尺寸必须是 20 点×20 点，其透明部分将变成白色，而纯色将被忽略。

6.14.2 实战演练——实现一个播放、暂停按钮

在本节的内容中，将通过一个具体实例来演示 UIToolBar 的用法。本实例的功能是实现一个播放和暂停转换按钮。

实例 6-11	分别实现一个播放和暂停按钮
源码路径	光盘:\daima\6\UIToolBar

① 准备两幅素材图片 Pause.png 和 play.png，如图 6-46 所示。

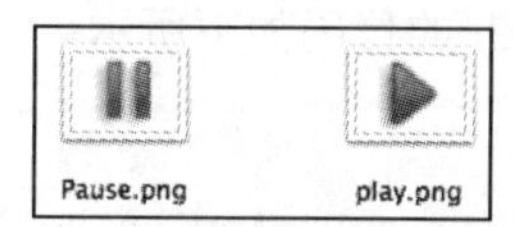

▲图 6-46 素材图片

② 新建一个 Xcode 工程，并在 UI 界面中插入一个 UIToolBar，设置其背景图片，如图 6-47 所示。

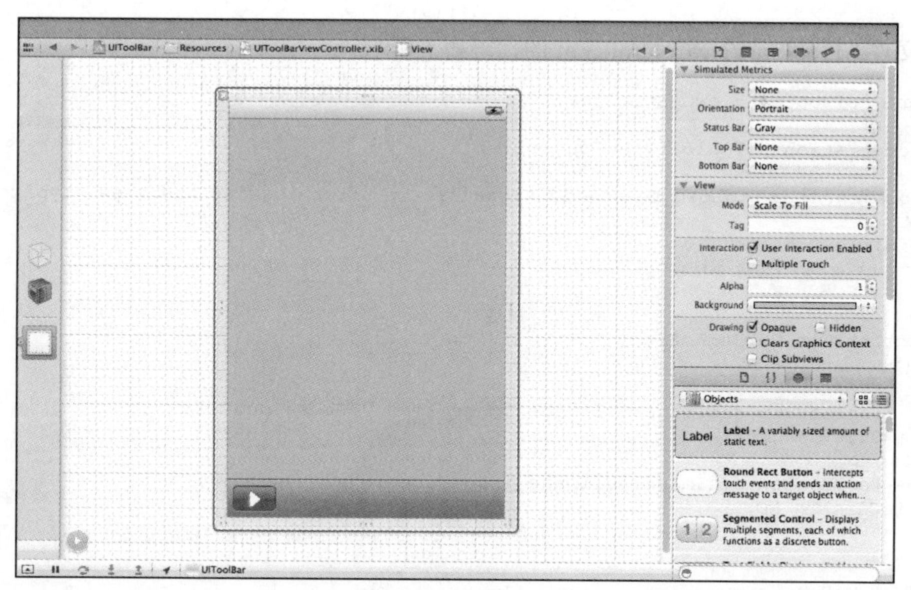

▲图 6-47 设计的 UI 界面

③ 文件 UIToolBarViewController.h 的代码如下所示。

```
#import <UIKit/UIKit.h>

@interface UIToolBarViewController : UIViewController {
   IBOutlet UIToolbar *ToolBar;
   IBOutlet UIBarButtonItem *ToolBarBtn;
```

```
    BOOL isClick;
}
-(IBAction)ToolBarBtnAction;
@end
```

④ 文件 UIToolBarAppDelegate.m 的代码如下所示。

```
#import "UIToolBarAppDelegate.h"
#import "UIToolBarViewController.h"
@implementation UIToolBarAppDelegate
@synthesize window;
@synthesize viewController;
- (void)applicationDidFinishLaunching:(UIApplication *)application {
    // Override point for customization after app launch
    [window addSubview:viewController.view];
    [window makeKeyAndVisible];
}
- (void)dealloc {
    [viewController release];
    [window release];
    [super dealloc];
}
@end
```

⑤ 文件 UIToolBarViewController.h 的代码如下所示。

```
#import <UIKit/UIKit.h>

@interface UIToolBarViewController : UIViewController {
   IBOutlet UIToolbar *ToolBar;
   IBOutlet UIBarButtonItem *ToolBarBtn;
   BOOL isClick;
}
-(IBAction)ToolBarBtnAction;
@end
```

⑥ 文件 UIToolBarViewController.m 的代码如下所示。

```
#import "UIToolBarViewController.h"

@implementation UIToolBarViewController

// Implement viewDidLoad to do additional setup after loading the view, typically from
a nib.
- (void)viewDidLoad {
    [super viewDidLoad];
}

-(IBAction)ToolBarBtnAction{
   if(isClick == NO)
   {
      [ToolBarBtn setImage:[UIImage imageNamed:@"Pause.png"]];
     isClick = YES;
   }else {
      [ToolBarBtn setImage:[UIImage imageNamed:@"play.png"]];
     isClick = NO;
   }
}


- (void)didReceiveMemoryWarning {
   // Releases the view if it doesn't have a superview.
    [super didReceiveMemoryWarning];

   // Release any cached data, images, etc that aren't in use.
}
- (void)viewDidUnload {
   // Release any retained subviews of the main view.
```

```
    // e.g. self.myOutlet = nil;
}

- (void)dealloc {
    [super dealloc];
}
@end
```

到此为止，整个实例介绍完毕，执行后的效果如图 6-48 所示。

▲图 6-48　执行效果

6.15 选择器视图（UIPickerView）

在选择器视图中只定义了整体行为和外观，选择器视图包含的组件数以及每个组件的内容都将由开发人员自己进行定义。图 6-49 所示的选择器视图包含两个组件，它们分别显示文本和图像。本节将详细讲解选择器视图（UIPickerView）的基本知识。

6.15.1 选择器视图基础

要想在应用程序中添加选择器视图，可以使用 Interface Builder 编辑器从对象库拖曳选择器视图到我们的视图中。但是不能在 Connections Inspector 中配置选择器视图的外观，而需要编写遵守两个协议的代码，其中一个协议提供选择器的布局（数据源协议），另一个提供选择器将包含的信息（委托）。可以使用 Connections Inspector 将委托和数据源输出口连接到一个类，也可以使用代码设置这些属性。

▲图 6-49　可以配置选择器视图

1. 选择器视图数据源协议

选择器视图数据源协议（UIPickerViewDataSource）包含如下描述选择器将显示多少信息的方法。

- numberOfComponentInPickerView：返回选择器需要的组件数。
- pickerView:numberOfl< owsInComponent：返回指定组件包含多少行（不同的输入值）。

只要创建这两个方法并返回有意义的数字，便可以遵守选择器视图数据源协议。

2. 选择器视图委托协议

委托协议（UIPickerViewDelegate）负责创建和使用选择器的工作。它负责将合适的数据传递给选择器进行显示，并确定用户是否做出了选择。为了让委托按我们希望的方式工作，我们将使用多个协议方法，但只有两个是必不可少的。

- pickerView:titleForRow:forComponent：根据指定的组件和行号返回该行的标题，即应向用户显示的字符串。
- pickerView:didSelectRow:inComponent:当用户在选择器视图中做出选择时，将调用该委托方法，并向它传递用户选择的行号以及用户最后触摸的组件。

3. 高级选择器委托方法

在选择器视图的委托协议实现中，还可包含其他几个方法，进一步定制选择器的外观。其中有如下 3 个最为常用的方法。

- pickefview:rowHeightForComponent：给指定组件返回其行高，单位为点。
- pickerView:widthForComponent：给指定组件返回宽度，单位为点。
- pickerView:viewForRow:viewForComponent:ReusingView：给指定组件和行号返回相应位置应显示的自定义视图。

在上述方法中，前两个方法的含义不言而喻。如果要修改组件的宽度或行高，可以实现这两个方法，并让其返回合适的值（单位为点）。而第三个方法更复杂，它让开发人员能够完全修改选择器显示的内容的外观。

方法 pickerView:viewForRow:viewForComponent:ReusingView 接受行号和组件作为参数，并返回包含自定义内容的视图，例如图像。这个方法优先于方法 pickerView:titleForRow:for:Component。也就是说，如果使用 pickerView:viewF orRow:viewF orComponent:ReusingView 指定了自定义选择器显示的任何一个选项，就必须使用它指定全部选项。

4. UIPickerView 中的实例方法

① - (NSInteger) numberOfRowsInComponent:(NSInteger)component

参数为 component 的序号（从左到右，以 0 起始），返回指定的 component 中 row 的个数。

② -(void) reloadAllComponents

调用此方法使得 PickerView 向 delegate:查询所有组件的新数据。

③ -(void) reloadComponent: (NSInteger) component

参数为需更新的 component 的序号，调用此方法使得 PickerView 向其 delegate:查询新数据。

④ -(CGSize) rowSizeForComponent: (NSInteger) component

参数同上，通过调用委托方法中的 pickerView:widthForComponent:和 pickerView:rowHeight-ForComponent:获得返回值。

⑤ -(NSInteger) selectedRowInComponent: (NSInteger) component

参数同上，返回被选中 row 的序号；若无 row 被选中，则返回-1。

⑥ -(void) selectRow: (NSInteger)row inComponent: (NSInteger)component animated:(BOOL)animated

在代码指定要选择的某 component 的某行。

参数 row 表示序号，参数 component 表示序号。如果 BOOL 值为 YES，则转动 spin 到我们选择的新值，若为 NO，则直接显示我们选择的值。

⑦ -(UIView *) viewForRow: (NSInteger)row forComponent: (NSInteger)component

参数 row 表示序号，参数 component 表示序号，返回由委托方法 pickerView:viewForRow: forComponentreusingView:指定的 view。如果委托对象并没有实现这个方法，或此 view 不可见时，则返回 nil。

6.15.2　实战演练——实现两个 UIPickerView 控件间的数据依赖

本实例的功能是实现两个选取器的关联操作，滚动第一个滚轮，第二个滚轮内容随着第一个的变化而变化，然后点击按钮触发一个动作。

实例 6-12	实现两个 UIPickerView 控件间的数据依赖
源码路径	光盘:\daima\12\pickerViewDemo

① 首先在工程中新建一个 songInfo.plist 文件，储存数据，如图 6-50 所示。

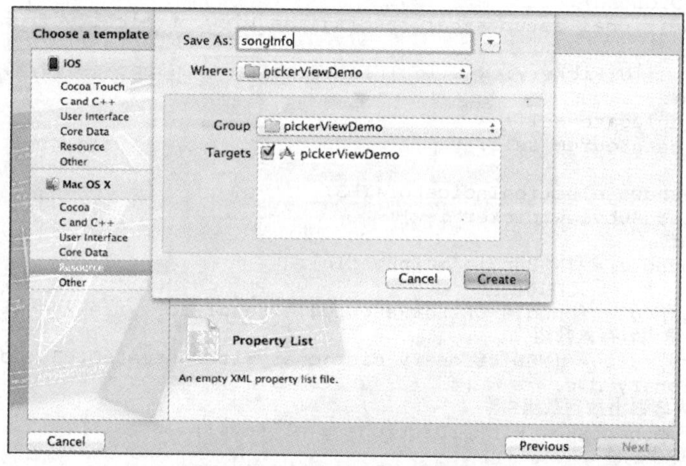

▲图 6-50　新建 songInfo.plist 文件

添加的内容如图 6-51 所示。

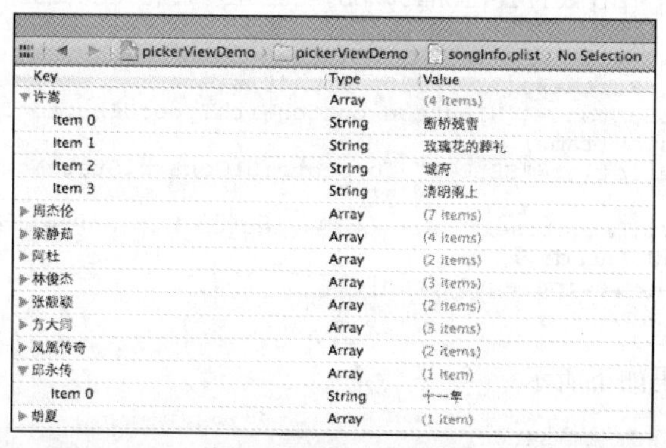

▲图 6-51　添加的数据

② 在 ViewController 设置一个选取器 pickerView 对象，具体代码如下所示。

```
#import <UIKit/UIKit.h>
@interface ViewController : UIViewController<UIPickerViewDelegate,UIPickerViewDataSource>
{
//定义滑轮组建
```

```
    UIPickerView *pickerView;
//  储存第一个选取器的的数据
    NSArray *singerData;
//  储存第二个选取器
    NSArray *singData;
//  读取plist文件数据
    NSDictionary *pickerDictionary;
}
-(void) buttonPressed:(id)sender;
@end
```

③ 在 ViewController.m 文件中 ViewDidLoad 完成初始化，首先定义如下两个宏：

```
#define singerPickerView 0
#define singPickerView 1
```

上述代码分别表示两个选取器的索引序号值，并放在#import "ViewController.h"后面。

```
- (void)viewDidLoad
{
    [super viewDidLoad];
   // Do any additional setup after loading the view, typically from a nib.

    pickerView = [[UIPickerView alloc] initWithFrame:CGRectMake(0, 0, 320, 216)];
//  指定Delegate
    pickerView.delegate=self;
    pickerView.dataSource=self;
//  显示选中框
    pickerView.showsSelectionIndicator=YES;
    [self.view addSubview:pickerView];
//  获取mainBundle
    NSBundle *bundle = [NSBundle mainBundle];
//  获取songInfo.plist文件路径
    NSURL *songInfo = [bundle URLForResource:@"songInfo" withExtension:@"plist"];
//  把plist文件里内容存入数组
    NSDictionary *dic = [NSDictionary dictionaryWithContentsOfURL:songInfo];
    pickerDictionary=dic;
//  将字典里面的内容取出放到数组中
    NSArray *components = [pickerDictionary allKeys];
//选取出第一个滚轮中的值
    NSArray *sorted = [components sortedArrayUsingSelector:@selector(compare:)];
    singerData = sorted;
//  根据第一个滚轮中的值，选取第二个滚轮中的值
    NSString *selectedState = [singerData objectAtIndex:0];
    NSArray *array = [pickerDictionary objectForKey:selectedState];
    singData=array;
//  添加按钮
    CGRect frame = CGRectMake(120, 250, 80, 40);
    UIButton *selectButton = [UIButton buttonWithType:UIButtonTypeRoundedRect];
    selectButton.frame=frame;
    [selectButton setTitle:@"SELECT" forState:UIControlStateNormal];

    [selectButton addTarget:self action:@selector(buttonPressed:) forControlEvents:
UIControlEventTouchUpInside];
    [self.view addSubview:selectButton];
}
```

实现按钮事件的代码如下所示。

```
-(void) buttonPressed:(id)sender
{
//  获取选取器某一行索引值
    NSInteger singerrow =[pickerView selectedRowInComponent:singerPickerView];
    NSInteger singrow = [pickerView selectedRowInComponent:singPickerView];
//  将singerData数组中值取出
    NSString *selectedsinger = [singerData objectAtIndex:singerrow];
    NSString *selectedsing = [singData objectAtIndex:singrow];
    NSString *message = [[NSString alloc] initWithFormat:@"你选择了%@的%@",selectedsinger,
```

```
selectedsing];

    UIAlertView *alert = [[UIAlertView alloc] initWithTitle:@"提示"
                                                     message:message
                                                    delegate:self
                                           cancelButtonTitle:@"OK"
                                           otherButtonTitles: nil];
    [alert show];
}
```

④ 关于两个协议的代理方法的实现代码如下所示：

```
#pragma mark -
#pragma mark Picker Date Source Methods

//返回显示的列数
-(NSInteger)numberOfComponentsInPickerView:(UIPickerView *)pickerView
{
//  返回几就有几个选取器
    return 2;
}
//返回当前列显示的行数
-(NSInteger)pickerView:(UIPickerView *)pickerView numberOfRowsInComponent:(NSInteger)
component
{
    if (component==singerPickerView) {
        return [singerData count];
    }
        return [singData count];
}
#pragma mark Picker Delegate Methods

//返回当前行的内容,此处是将数组中数值添加到滚动的那个显示栏上
-(NSString*)pickerView:(UIPickerView *)pickerView titleForRow:(NSInteger)row forComponent:
(NSInteger)component
{
    if (component==singerPickerView) {
        return [singerData objectAtIndex:row];
    }
        return [singData objectAtIndex:row];
}
-(void)pickerView:(UIPickerView *)pickerViewt didSelectRow:(NSInteger)row inComponent:
(NSInteger)component
{
//  如果选取的是第一个选取器
    if (component == singerPickerView) {
//      得到第一个选取器的当前行
        NSString *selectedState =[singerData objectAtIndex:row];
//      根据从 pickerDictionary 字典中取出的值，选择对应第二个中的值
        NSArray *array = [pickerDictionary objectForKey:selectedState];
        singData=array;
        [pickerView selectRow:0 inComponent:singPickerView animated:YES];
//      重新装载第二个滚轮中的值
        [pickerView reloadComponent:singPickerView];
    }
}
//设置滚轮的宽度
-(CGFloat)pickerView:(UIPickerView *)pickerView widthForComponent:(NSInteger)component
{
    if (component == singerPickerView) {
       return 120;
    }
    return 200;
}
```

在这个方法中，-(void)pickerView:(UIPickerView *)pickerViewt didSelectRow:(NSInteger) row inComponent:(NSInteger)component 把（UIPickerView * ）pickerView 参数改成了（UIPickerView *）pickerViewt，因为定义的 pickerView 对象和参数发生冲突，所以把参数进行了

修改。

这样整个实例接收完毕，执行后的效果如图 6-52 所示。

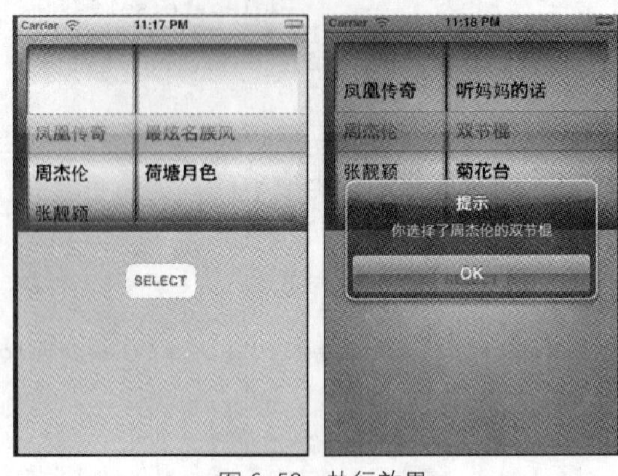

▲图 6-52　执行效果

6.16 日期选择（UIDatePicker）

选择器是 iOS 的一种独特功能，它们通过转轮界面提供一系列多值选项，这类似于自动贩卖机。选择器的每个组件显示数行可供用户选择的值，而不是水果或数字。在桌面应用程序中，与选择器最接近的组件是下拉列表。图 6-53 显示了标准的日期选择器（UIDatePicker）。

当用户需要选择多个（通常相关）值时应使用选择器。它们通常用于设置日期和事件，但是可以对其进行定制以处理您能想到的任何选择方式。Apple 特意提供了如下两种形式的选择器。

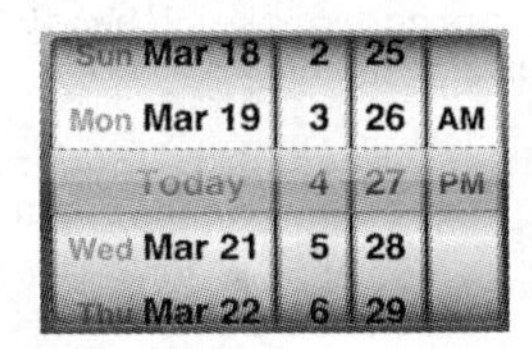

▲图 6-53　选择器提供了一系值供我们选择

- 日期选择器：这种方式易于实现，且专门用于处理日期和时间。
- 自定义选择器视图：可以根据需要配置成显示任意数量的组件。

UIDatePicker 基础

日期选择器（UIDatePicker）与前面介绍过的其他对象极其相似，在使用前需要将其加入到视图，将其 Value Changed 事件连接到一个操作，然后再读取返回的值。日期选择器会返回一个 NSDate 对象，而不是字符串或整数。要想访问 UIDatePicker 提供的 NSDate，可以通过用其 date 属性实现。

1. 日期选择器的属性

与众多其他的 GUI 对象一样，也可以使用 Attributes Inspector 对日期选择器进行定制，如图 6-54 所示。

我们可以对日期选择器进行配置，使其以 4 种模式显示。

- Date&Time（日期和时间）：显示用于选择日期和时间的选项。
- Time（时间）：只显示时间。
- Date（日期）：只显示日期。
- Timer（计时器）：显示类似于时钟的界面，用于选择持续时间。

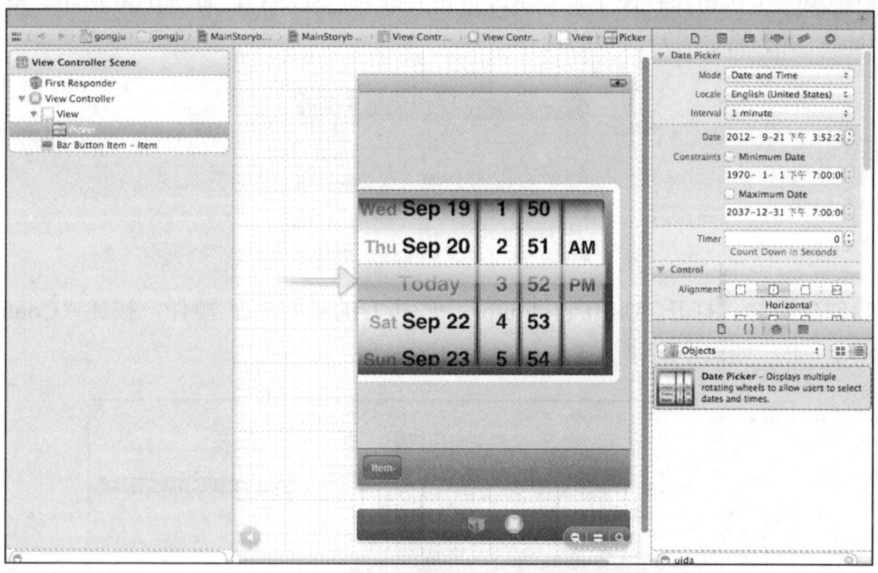

▲图 6-54　在 AttributesInspector 中配置日期选择器的外观

另外还可以设置 Locale（区域，这决定了各个组成部分的排列顺序）、设置默认显示的日期/时间以及设置日期/时间约束（这决定了用户可选择的范围）。属性 Date（日期）被自动设置为开发人员在视图中加入该控件的日期和时间。

2. 使用 UIDatePicker

UIDatePicker 是一个可以用来选择或者设置日期的控件，不过它是像转轮一样的控件，而且是苹果专门为日历做好的控件。除了 UIDatePicker 控件，还有一种更通用的转轮形的控件——UIPickerView。只不过 UIDatePicker 控件显示的就是日历，而 UIPickerView 控件中显示的内容需要我们自己用代码设置。

① 运行 Xcode 4.2，新建一个 Single View Application，假设命名为“UIDatePicker Test”。然后单击 ViewController.xib，打开 Interface Builder。拖曳一个 UIDatePicker 控件到视图上，如图 6-55 所示。

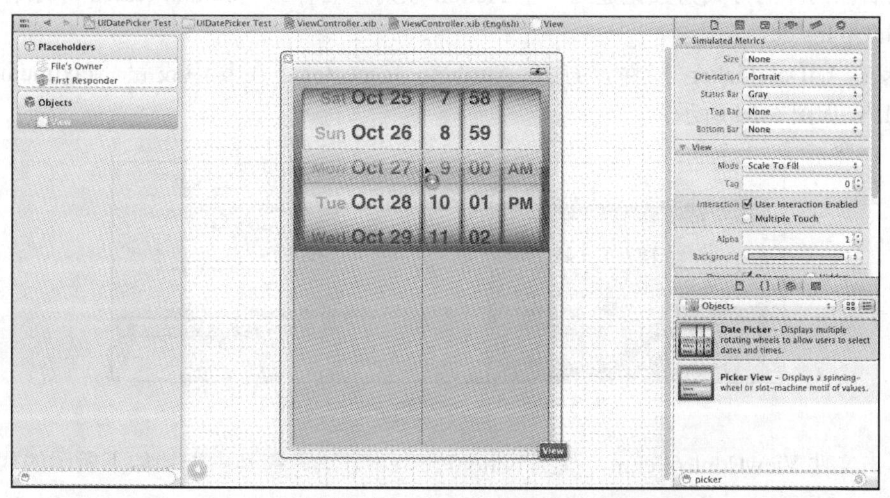

▲图 6-55　拖曳一个 UIDatePicker 控件到视图

② 然后拖曳一个按钮在视图上，并修改按钮名称为“Select”，如图 6-56 所示。单击按钮后，弹出一个 Alert，用于显示用户所做的选择。

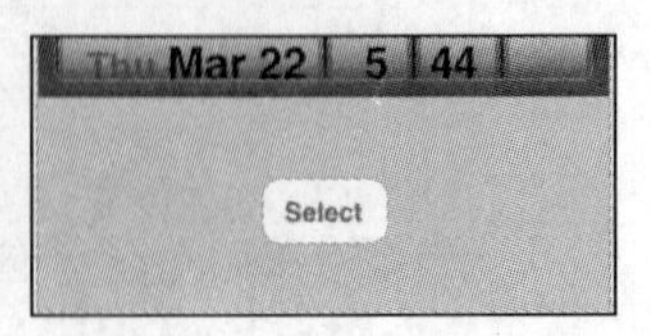

▲图 6-56　拖曳一个按钮到视图

③ 开始创建映射：打开 Assistant Editor，选中 UIDatePicker 控件，按住“Control”，拖到 ViewController.h 中，如图 6-57 所示。

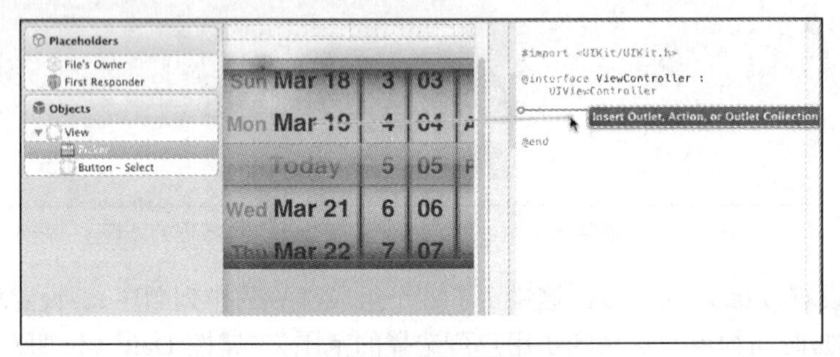

▲图 6-57　创建映射

然后新建一个 Outlet，名称为“datePicker”，如图 6-58 所示。

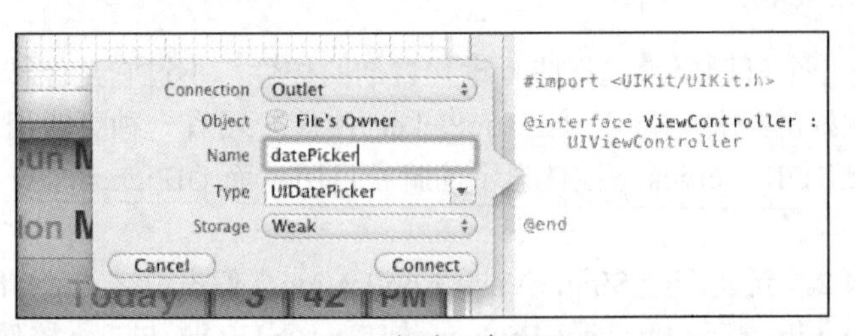

▲图 6-58　新建一个 Outlet

④ 然后以同样的方式为按钮建立一个 Action 映射，名称为“buttonPressed”，事件类型为默认的 Touch Up Inside。

⑤ 选中 UIDatePicker 控件，打开 Attribute Inspector，在其中设置 Maximum Date 为“2100-6-31”，如图 6-59 所示。

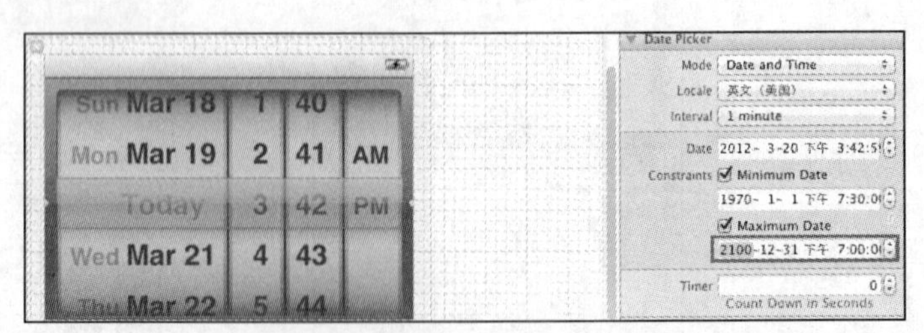

▲图 6-59　Attribute Inspector 面板

⑥ 单击文件 ViewController.m，找到 buttonPressed 方法，在其中添加如下所示的代码。

```
- (IBAction)buttonPressed:(id)sender {
```

```
    NSDate *selected = [datePicker date];
    NSDateFormatter *dateFormatter = [[NSDateFormatter alloc] init];
    [dateFormatter setDateFormat:@"yyyy-MM-dd HH:mm +0800"];
    NSString *destDateString = [dateFormatter stringFromDate:selected];

    NSString *message = [[NSString alloc] initWithFormat:
                    @"The date and time you selected is: %@", destDateString];
    UIAlertView *alert = [[UIAlertView alloc]
                          initWithTitle:@"Date and Time Selected"
                          message:message
                          delegate:nil
                          cancelButtonTitle:@"Yes, I did."
                          otherButtonTitles:nil];
    [alert show];
}
```

其中，NSDate *selected = [datePicker date];用于获得 UIDatePicker 所选择的日期和时间，后边的 3 行代码把日期和时间改成东八区的时间格式。

找到 viewDidLoad 方法，添加如下所示的代码。

```
- (void)viewDidLoad
{
    [super viewDidLoad];
  // Do any additional setup after loading the view, typically from a nib.
    NSDate *now = [NSDate date];
    [datePicker setDate:now animated:NO];
}
```

找到 viewDidUnload 方法，添加如下所示的代码。

```
- (void)viewDidUnload
{
    [self setDatePicker:nil];
    [super viewDidUnload];
    // Release any retained subviews of the main view.
    // e.g. self.myOutlet = nil;
    self.datePicker = nil;
}
```

现在运行我们创建的程序，执行效果如图 6-60 所示。

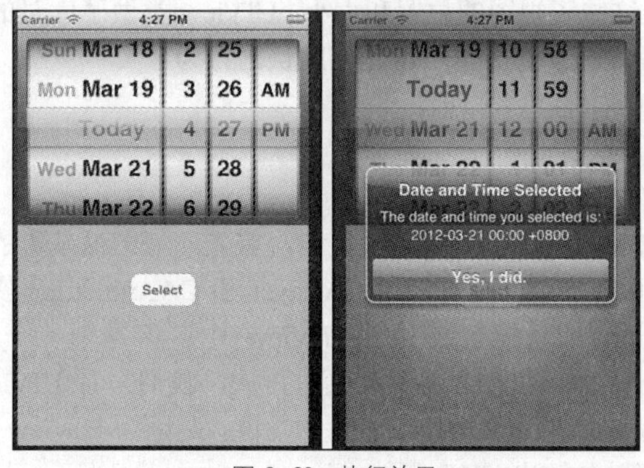

▲图 6-60　执行效果

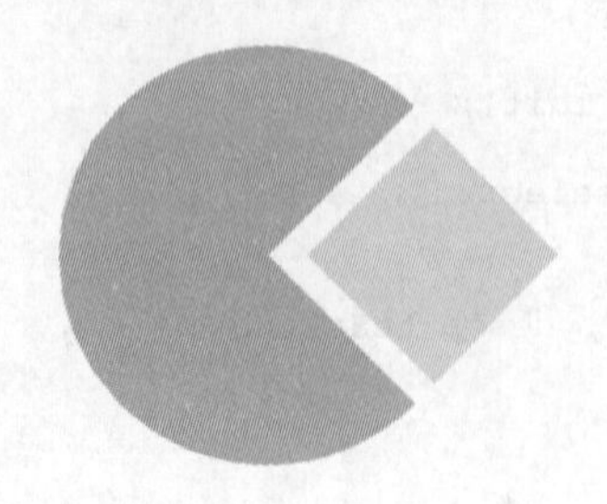

第 7 章　UIView 详解

其实在 iOS 系统里看到的和摸到的都是用 UIView 实现的，UIView 在 iOS 开发里具有非常重要的作用。本章将详细讲解 iOS 系统中 UIView 的基本知识和具体用法，为读者步入本书后面知识的学习打下基础。

7.1 UIView 基础

UIView 也是 MVC 中非常重要的一层，是 iOS 系统下所有界面的基础。UIView 在屏幕上定义了一个矩形区域和管理区域内容的接口。在运行时，一个视图对象控制该区域的渲染，同时也控制内容的交互。所以说，UIView 具有 3 个基本的功能，即画图和动画，管理内容的布局，控制事件。正是因为 UIView 具有这些功能，它才能担当起 MVC 中视图层的作用。视图和窗口展示了应用的用户界面，同时负责界面的交互。UIKit 和其他系统框架提供了很多视图，可以就地使用而几乎不需要修改。当需要展示的内容与标准视图的允许有很大的差别时，也可以定义自己的视图。无论是使用系统的视图还是创建自己的视图，需要理解类 UIView 和类 UIWindow 所提供的基本结构。这些类提供了复杂的方法来管理视图的布局和展示。理解这些方法的工作非常重要，这能够使我们在应用发生改变时确认视图有合适的行为。

在 iOS 应用中，绝大部分可视化操作都是由 UIView 类的实例进行的，一个 UIView 类的实例定义了屏幕上的一个矩形区域，同时处理该区域的绘制和触屏事件。一个视图也可以作为其他视图的父视图，同时决定着这些子视图的位置和大小。UIView 类做了大量的工作去管理这些内部视图的关系，但是需要的时候开发人员也可以定制默认的行为。

本节将详细介绍 UIView 的基本知识。

7.1.1　UIView 的结构

在官方 API 中为 UIView 定义了各种函数接口，首先看视图最基本的功能显示和动画。其实 UIView 所有的绘图和动画的接口都是可以用 CALayer 和 CAAnimation 实现的，也就是说苹果公司并不是把 CoreAnimation 的功能封装到了 UIView 中。但是每一个 UIView 都会包含一个 CALayer，并且 CALayer 里面可以加入各种动画。再次，我们来看 UIView 管理布局的思想，它其实和 CALayer 也是非常接近的。最后控制事件的功能，是因为 UIView 继承了 UIResponder。经过上面的分析很容易就可以分解出 UIView 的本质。UIView 就相当于一块白墙，这块白墙只是负责把加入到里面的东西显示出来而已。

1. UIView 中的 CALayer

UIView 的一些几何特性都可以在 CALayer 中找到替代的属性，只要明白了 CALayer 的特点，UIView 图层方面的知识便一目了然。CALayer 就是图层，图层的功能是渲染图片和播放动画等。

每当创建一个 UIView 的时候，系统会自动地创建一个 CALayer，但是这个 CALayer 对象不能改变，只能修改某些属性。所以通过修改 CALayer，不仅可以修饰 UIView 的外观，还可以给 UIView 添加各种动画。CALayer 属于 CoreAnimation 框架中的类，通过 Core Animation Programming Guide 就可以了解很多 CALayer 中的特点，假如掌握了这些特点，自然也就理解了 UIView 是如何显示和渲染的。

2. UIView 继承的 UIResponder

UIResponder 是所有事件响应的基石，事件（UIEvent）是发给应用程序并告知用户的行动。在 iOS 中的事件有 3 种，分别是多点触摸事件、行动事件和远程控制事件。定义这 3 种事件的格式如下所示。

```
typedef enum {
    UIEventTypeTouches,
    UIEventTypeMotion,
    UIEventTypeRemoteControl,
} UIEventType;
```

UIReslponder 中的事件传递过程如图 7-1 所示。

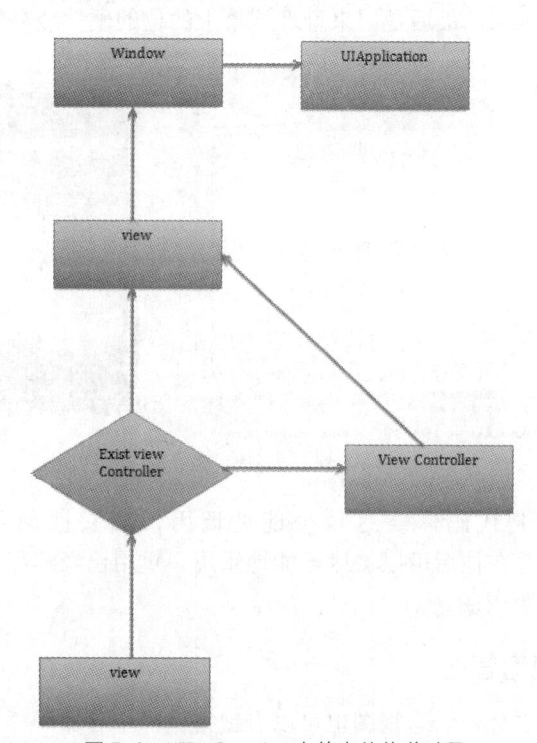

▲图 7-1 UIReslponder 中的事件传递过程

首先是被点击的该视图响应时间处理函数，如果没有响应函数会逐级向上面传递，直到有响应处理函数，或者该消息被抛弃为止。关于 UIView 的触摸响应事件中，有一个常常容易使人迷惑的方法 hitTest:WithEvent。通过发送 PointInside:withEvent:消息给每一个子视图，这个方法能够遍历视图层树，这样可以决定哪个视图应该响应此事件。如果 PointInside:withEvent:返回 YES，然后子视图的继承树就会被遍历，否则视图的继承树就会被忽略。在 hitTest 方法中，要先调用 PointInside:withEvent:，看是否要遍历子视图。如果我们不想让某个视图响应事件，只需要重载 PointInside:withEvent:方法，让此方法返回 NO 即可。

7.1.2 视图架构

在 iOS 中，一个视图对象定义了一个屏幕上的一个矩形区域，同时处理该区域的绘制和触屏事件。一个视图也可以作为其他视图的父视图，同时决定着这些子视图的位置和大小。UIView 类做了大量的工作去管理这些内部视图的关系，但是需要的时候也可以定制默认的行为。视图 view 与 Core Animation 层联合起来处理着视图内容的解释和动画过渡。每个 UIKit 框架里的视图都被一个层对象支持，这通常是一个 CALayer 类的实例，它管理着后台的视图存储和处理视图相关的动画。然而，当需要对视图的解释和动画行为有更多的控制权时可以使用层。

为了理解视图和层之间的关系，可以借助于一些例子。下面的图 7-2 显示了 ViewTransitions 例程的视图层次及其对底层 Core Animation 层的关系。应用中的视图包括了一个 Window（同时也是一个视图）、一个通用的表现得像一个容器视图的 UIView 对象、一个图像视图、一个控制显示用的工具条和一个工具条按钮（它本身不是一个视图但是在内部管理着一个视图）。注意这个应用包含了一个额外的图像视图，它是用来实现动画的。为了简化流程，同时因为这个视图通常是被隐藏的，所以没把它包含在下面的图中。每个视图都有一个相应的层对象，它可以通过视图属性被访问。因为工具条按钮不是一个视图，所以不能直接访问它的层对象。在它们的层对象之后是 Core Animation 的解释对象，最后是用来管理屏幕上的位的硬件缓存。

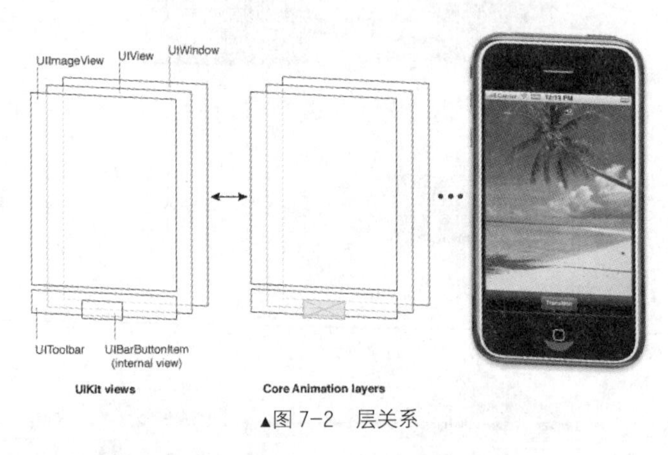

▲图 7-2 层关系

一个视图对象的绘制代码需要尽量少地被调用，当它被调用时，其绘制结果会被 Core Animation 缓存起来并在往后可以被尽可能地重用。重用已经解释过的内容消除了通常需要更新视图的开销昂贵的绘制周期。

7.1.3 视图层次和子视图管理

除了提供自己的内容之外，一个视图也可以表现得像一个容器一样。当一个视图包含其他视图时，就在两个视图之间创建了一个父子关系。在这个关系中，孩子视图被当作子视图，父视图被当作超视图。创建这样一个关系对应用的可视化和行为都有重要的意义。在视觉上，子视图隐藏了父视图的内容。如果子视图是完全不透明的，那么子视图所占据的区域就完全隐藏了父视图的相应区域。如果子视图是部分透明的，那么两个视图在显示在屏幕上之前就混合在一起了。每个父视图都用一个有序的数组存储着它的子视图，存储的顺序会影响到每个子视图的显示效果。如果两个兄弟子视图重叠在一起，后来被加入的那个子视图（或者说是排在子视图数组后面的那个子视图）出现在另一个子视图上面。父、子视图关系也影响着一些视图行为。改变父视图的尺寸会连带着改变子视图的尺寸和位置。在这种情况下，可以通过合适的配置视图来重定义子视图的尺寸。其他会影响到子视图的改变包括隐藏父视图、改变父视图的 alpha 值或者转换父视图。视图层次的安排也会决定着应用如何去响应事件。在一个具体的视图内部发生的触摸事件通常会被直接发送到该视图去处理。然而，如果该视图没有处理，它会将该事件传递给它的父视图，在响应者链中依此类推。具体视图可能也会传递事件给一个干预响应者对象，例如视图控制器。如果没有对象处理这个事件，它最终会到达应用对象，此时通常就被丢弃了。

7.1.4 视图绘制周期

UIView 类使用一个点播绘制模型来展示内容。当一个视图第一次出现在屏幕前，系统会要求它绘制自己的内容。在该流程中，系统会创建一个快照，这个快照是出现在屏幕中的视图内容的可见部分。如果从来没有改变视图的内容，这个视图的绘制代码可能永远不会再被调用。这个快照图像在大部分涉及到视图的操作中被重用。如果确实改变了视图内容，也不会直接重新绘制视图内容。相反，使用 setNeedsDisplay 或者 setNeedsDisplayInRect:方法废止该视图，同时让系统在稍候重画内容。系统等待当前运行循环结束，然后开始绘制操作。这个延迟给了开发人员一个机会来废止多个视图，从开发人员的层次中增加或者删除视图，隐藏、重设大小和重定位视图。开发人员做的所有改变会稍候在同一时间反应。

改变一个视图的几何结构不会自动引起系统重画内容。视图的 contentMode 属性决定了改变几何结构应该如果解释。大部分内容模式在视图的边界内拉伸或者重定位了已有快照，它不会重新创建一个新的快照。获取更多关于内容模式如何影响视图的绘制周期，查看 content modes，当绘制视图内容的时候，真正的绘制流程会根据视图及其配置改变。系统视图通常会实现私有的绘制方法来解释它们的视图，（那些相同的系统视图经常开发接口，好让开发人员可以用来配置视图的真正表现）。对于定制的 UIView 子类，通常可以覆盖 drawRect:方法并使用该方法来绘制视图内容。也有其他方法来提供视图内容，如直接在底部的层设置内容，但是覆盖 drawRect:是最通用的技术。

7.2 实战演练——设置 UIView 的位置和尺寸

在本实例中，使用方法 initWithFrame 可以依照 Frame 建立新的 View，建立出来的 View 要通过 addSubview 加入到父 View 中。本实例的最终目的是，分别在屏幕中间和屏幕右上角设置两个区域。

实例 7-1	设置 UIView 的位置和尺寸
源码路径	光盘:\daima\7\UIViewSample

实例文件 UIkitPrjFrame.h 的实现代码如下所示。

```
#import "SampleBaseController.h"
@interface UIKitPrjFrame : SampleBaseController
{
 @private
}
@end
```

实例文件 UIkitPrjFrame.m 的实现代码如下所示。

```
#import "UIKitPrjFrame.h"
@implementation UIKitPrjFrame
#pragma mark ----- Override Methods -----
- (void)viewDidLoad {
```

```
    [super viewDidLoad];
    self.view.backgroundColor = [UIColor blackColor];
    UILabel* label1 = [[[UILabel alloc] initWithFrame:CGRectZero] autorelease];
    label1.text = @"右上方";
    // 将 label1 的 frame 修改成任意的区域
    CGRect newFrame = CGRectMake( 220, 20, 100, 50 );
    label1.frame = newFrame;

    UILabel* label2 = [[[UILabel alloc] initWithFrame:[label1 frame]] autorelease];
    label2.textAlignment = UITextAlignmentCenter;
    label2.text = @"中心位置";
    // 将 label2 的 center 调整到画面中心
    CGPoint newPoint = self.view.center;
    // 空出状态条高度大小
    newPoint.y -= 20;
    label2.center = newPoint;
    // 向画面中追加 label1 与 label2
    [self.view addSubview:label1];
    [self.view addSubview:label2];
  UILabel* label = [[[UILabel alloc] initWithFrame:CGRectZero] autorelease];
    // frame 的设置
    label.frame = CGRectMake( 0, 0, 200, 50 );
    // center 设置
    label.center = CGPointMake( 160, 240 );
    // frame 的参照
    NSLog( @"x = %f", label.frame.origin.x );
    NSLog( @"y = %f", label.frame.origin.y );
    NSLog( @"width = %f", label.frame.size.width );
    NSLog( @"height = %f", label.frame.size.height );
    // center 的参照
    NSLog( @"x = %f", label.center.x );
    NSLog( @"y = %f", label.center.y );
  }
  - (void)touchesEnded:(NSSet*)touches withEvent:(UIEvent*)event {
    [self.navigationController setNavigationBarHidden:NO animated:YES];
  }
  @end
```

执行效果如图 7-3 所示。

▲图 7-3　执行效果

7.3　实战演练——隐藏指定的 UIView 区域

本实例的功能是，使用 UIView 的属性 hidden 来隐藏指定的区域。当属性 hidden 的值为 YES

时隐藏 UIView，当属性 hidden 的值为 NO 时显示 UIView。当单击本实例中的“点击”按钮时，会实现文本隐藏和文本显示的转换。

实例 7-2	隐藏指定的 UIView 区域
源码路径	光盘:\daima\7\UIViewSample

实例文件 UIkitPrjHide.h 的实现代码如下所示。

```
#import "SampleBaseController.h"
@interface UIKitPrjHide : SampleBaseController
{
 @private
   UILabel* label_;
}
@end
```

实例文件 UIkitPrjHide.m 的实现代码如下所示。

```
#import "UIKitPrjHide.h"
@implementation UIKitPrjHide
#pragma mark ----- Override Methods -----
// finalize
- (void)dealloc {
  [label_ release];
  [super dealloc];
}
- (void)viewDidLoad {
  [super viewDidLoad];
  self.view.backgroundColor = [UIColor blackColor];
  label_ = [[UILabel alloc] initWithFrame:CGRectMake( 0, 0, 320, 200 )];
  label_.textAlignment = UITextAlignmentCenter;
  label_.backgroundColor = [UIColor blackColor];
  label_.textColor = [UIColor whiteColor];
  label_.text = @"I'm here!";
  [self.view addSubview:label_];
  UIButton* button = [UIButton buttonWithType:UIButtonTypeRoundedRect];
  button.frame = CGRectMake( 0, 0, 100, 40 );
  CGPoint newPoint = self.view.center;
  newPoint.y = self.view.frame.size.height - 70;
  button.center = newPoint;
  [button setTitle:@"点击" forState:UIControlStateNormal];
  [button     addTarget:self     action:@selector(buttonDidPush)     forControlEvents:
UIControlEventTouchUpInside];
  [self.view addSubview:button];
}

- (void)buttonDidPush {
  label_.hidden = !label_.hidden;
}
- (void)touchesEnded:(NSSet*)touches withEvent:(UIEvent*)event {
  [self.navigationController setNavigationBarHidden:NO animated:YES];
}
@end
```

执行后的效果如图 7-4 所示，按下图 7-4 中的“点击”按钮后会隐藏文本，如图 7-5 所示。

▲图 7-4　执行效果

▲图 7-5　隐藏了文本

7.4 实战演练——改变背景颜色

本实例的功能是，使用 UIView 的属性 backgroundColor 来改变背景颜色。首先在屏幕上方设置了 label 区域，在下方设置了 3 个按钮，当单击不同的按钮后，会改变上方 label 区域的背景颜色。

实例 7-3	改变屏幕的背景颜色
源码路径	光盘:\daima\7\UIViewSample

实例文件 UIkitPrjBackground.h 的实现代码如下所示。

```
#import "SampleBaseController.h"
@interface UIKitPrjBackground : SampleBaseController
{
 @private
  UILabel* label_;
  CGFloat redColor_;
  CGFloat greenColor_;
  CGFloat blueColor_;
}
@end
```

实例文件 UIkitPrjBackground.m 的实现代码如下所示。

```
#import "UIKitPrjBackground.h"
#pragma mark ----- Private Methods Definition -----
@interface UIKitPrjBackground ()
- (void)redDidPush;
- (void)greenDidPush;
- (void)blueDidPush;
- (void)changeLabelColor:(CGFloat*)pColor;
@end
#pragma mark ----- Start Implementation For Methods -----
@implementation UIKitPrjBackground
// finalize
- (void)dealloc {
  [label_ release];
  [super dealloc];
}
- (void)viewDidLoad {
  [super viewDidLoad];
```

```
  self.view.backgroundColor = [UIColor blackColor];
// 画面上方追加标签
  label_ = [[UILabel alloc] initWithFrame:CGRectMake( 0, 0, 320, 200 )];
  label_.textAlignment = UITextAlignmentCenter;
  redColor_ = 0.0;
  greenColor_ = 0.0;
  blueColor_ = 0.0;
  label_.backgroundColor = [[[UIColor alloc] initWithRed:redColor_
                                               green:greenColor_
                                                blue:blueColor_
                                               alpha:1.0] autorelease];
  label_.textColor = [UIColor whiteColor];
  label_.text = @"染上新的颜色···";
  [self.view addSubview:label_];
  // 追加红色按钮
  UIButton* redButton = [UIButton buttonWithType:UIButtonTypeRoundedRect];
  redButton.frame = CGRectMake( 0, 0, 50, 40 );
  CGPoint newPoint = self.view.center;
  newPoint.x -= 50;
  newPoint.y = self.view.frame.size.height - 70;
  redButton.center = newPoint;
  [redButton setTitle:@"红" forState:UIControlStateNormal];
  [redButton setTitleColor:[UIColor redColor] forState:UIControlStateNormal];
  [redButton addTarget:self
           action:@selector(redDidPush)
     forControlEvents:UIControlEventTouchUpInside];
  // 追加绿色按钮
  UIButton* greenButton = [UIButton buttonWithType:UIButtonTypeRoundedRect];
  greenButton.frame = redButton.frame;
  newPoint.x += 50;
  greenButton.center = newPoint;
  [greenButton setTitle:@"绿" forState:UIControlStateNormal];
  [greenButton setTitleColor:[UIColor greenColor] forState:UIControlStateNormal];
  [greenButton addTarget:self
           action:@selector(greenDidPush)
     forControlEvents:UIControlEventTouchUpInside];
  // 追加蓝色按钮
  UIButton* blueButton = [UIButton buttonWithType:UIButtonTypeRoundedRect];
  blueButton.frame = redButton.frame;
  newPoint.x += 50;
  blueButton.center = newPoint;
  [blueButton setTitle:@"蓝" forState:UIControlStateNormal];
  [blueButton setTitleColor:[UIColor blueColor] forState:UIControlStateNormal];
  [blueButton addTarget:self
           action:@selector(blueDidPush)
     forControlEvents:UIControlEventTouchUpInside];
  [self.view addSubview:redButton];
  [self.view addSubview:greenButton];
  [self.view addSubview:blueButton];
}
#pragma mark ----- Private Methods -----
- (void)redDidPush {
  [self changeLabelColor:&redColor_];
}
- (void)greenDidPush {
  [self changeLabelColor:&greenColor_];
}
- (void)blueDidPush {
  [self changeLabelColor:&blueColor_];
}
- (void)changeLabelColor:(CGFloat*)pColor {
  if ( !pColor ) return;
// 对指定色以 0.1 为单位递增
  // 1.0 时回复为 0.0
  if ( *pColor > 0.99 ) {
    *pColor = 0.0;
  } else {
    *pColor += 0.1;
  }
```

```
  // 更新标签的颜色
  label_.backgroundColor = [[[UIColor alloc] initWithRed:redColor_
                                                   green:greenColor_
                                                    blue:blueColor_
                                                   alpha:1.0] autorelease];
}
- (void)touchesEnded:(NSSet*)touches withEvent:(UIEvent*)event {
  [self.navigationController setNavigationBarHidden:NO animated:YES];
}
@end
```

执行后的效果如图 7-6 所示，按下不同的按钮会显示对应的背景颜色。

▲图 7-6　执行效果

7.5　实战演练——实现背景透明

本实例的功能是，使用 UIView 的属性 alpha 来改变指定视图的透明度。首先在屏幕上方设置了 label 区域，并显示了指定的文本“将白色文字背景设为红”。在下方设置了 1 个“透明化”按钮。每当单击一次“透明化”按钮，会设置上方 label 标签的 alpha 值以 0.1 为单位递减，从而逐渐实现透明效果。

实例 7-4	实现背景透明效果
源码路径	光盘:\daima\7\UIViewSample

实例文件 UIkitPrjAlpha.h 的实现代码如下所示。

```
#import "SampleBaseController.h"
@interface UIKitPrjAlpha : SampleBaseController
{
 @private
  UILabel* label_;
}
@end
```

实例文件 UIkitPrjAlpha.m 的实现代码如下所示。

```
#import "UIKitPrjAlpha.h"
@implementation UIKitPrjAlpha
- (void)dealloc {
  [label_ release];
  [super dealloc];
}
```

```
- (void)viewDidLoad {
  [super viewDidLoad];
  // 背景设为白
  self.view.backgroundColor = [UIColor whiteColor];
  // 追加画面上方的标签
  label_ = [[UILabel alloc] initWithFrame:CGRectMake( 0, 0, 320, 200 )];
  label_.textAlignment = UITextAlignmentCenter;
  label_.backgroundColor = [UIColor redColor];
  label_.textColor = [UIColor whiteColor];
  label_.adjustsFontSizeToFitWidth = YES;
  label_.text = @"将白色文字背景设为红";
  [self.view addSubview:label_];
  // 追加染色按钮
  UIButton* alphaButton = [UIButton buttonWithType:UIButtonTypeRoundedRect];
  alphaButton.frame = CGRectMake( 0, 0, 100, 40 );
  CGPoint newPoint = self.view.center;
  newPoint.y = self.view.frame.size.height - 70;
  alphaButton.center = newPoint;
  [alphaButton setTitle:@"透明化" forState:UIControlStateNormal];
  [alphaButton addTarget:self
              action:@selector(alphaDidPush)
     forControlEvents:UIControlEventTouchUpInside];

  [self.view addSubview:alphaButton];
}

- (void)alphaDidPush {
  // 标签的 alpha 值以 0.1 为单位递减
  // 0.0 时恢复为 1.0
  if ( label_.alpha < 0.09 ) {
    label_.alpha = 1.0;
  } else {
    label_.alpha -= 0.1;
  }
}
- (void)touchesEnded:(NSSet*)touches withEvent:(UIEvent*)event {
  [self.navigationController setNavigationBarHidden:NO animated:YES];
}
@end
```

执行后的效果如图 7-7 所示。每单击一次“透明化”逐渐实现透明效果。

▲图 7-7 执行效果

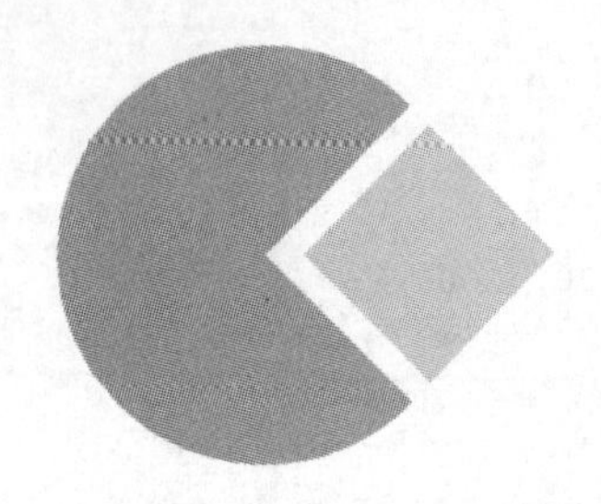

第8章　表视图（UITable）

本章将介绍一个重要的iOS界面元素：表视图。表视图让用户能够有条不紊地在大量信息中导航，这种UI元素相当于分类列表，类似于浏览iOS通信录时的情形。希望通过本章内容的介绍，为读者步入本书后面知识的学习打下基础。

8.1　表视图基础

与本书前面介绍的其他视图一样，表视图UITable也用于放置信息。使用表视图可以在屏幕上显示一个单元格列表，每个单元格都可以包含多项信息，但仍然是一个整体。并且可以将表视图划分成多个区（section），以便从视觉上将信息分组。表视图控制器是一种只能显示表视图的标准视图控制器，可以在表视图占据整个视图时使用这种控制器。通过使用标准视图控制器，可以根据需要在视图中创建任意尺寸的表，我们只需将表的委托和数据源输出口连接到视图控制器类即可。本节将首先讲解表视图的基本知识。

8.1.1　表视图的外观

在iOS中有两种基本的表视图样式，无格式（plain）和分组，如图8-1所示。

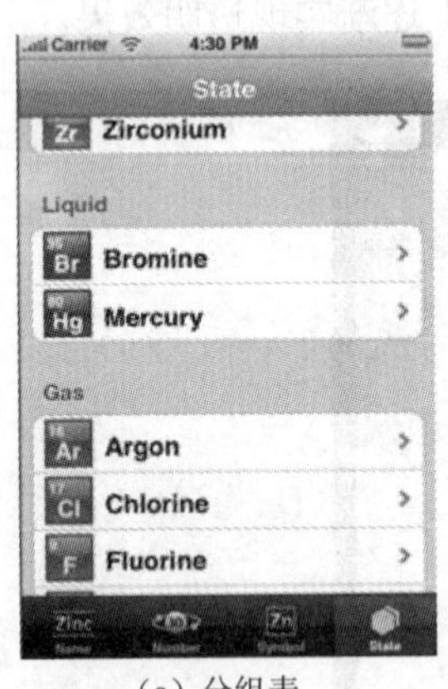

（a）分组表

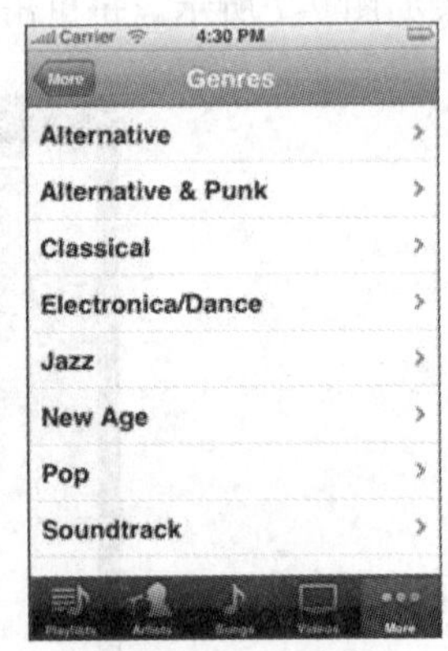

（b）无格式表

▲图8-1　两种格式

无格式表不像分组表那样在视觉上将各个区分开，但通常带可触摸的索引（类似于通信录）。因此，它们有时称为索引表。我们将使用Xcode指定的名称（无格式/分组）来表示它们。

8.1.2　表单元格

表只是一个容器，要在表中显示内容，必须给表提供信息，这是通过配置表视图（UITableView

Cell）实现的。在默认情况下，单元格可显示标题、详细信息标签（detail label）、图像和附属视图（accessory），其中，附属视图通常是一个展开箭头，告诉用户可通过压入切换和导航控制器挖掘更详细的信息。图 8-2 显示了一种单元格布局，其中包含前面说的所有元素。

▲图 8-2 表由单元格组成

其实除了视觉方面的设计外，每个单元格都有独特的标识符。这种标识符被称为重用标识符（reuse identifier），用于在编码时引用单元格。配置表视图时，必须设置这些标识符。

8.1.3 添加表视图

要在视图中添加表格，可以从对象库拖曳 UITableView 到视图中。添加表格后，可以调整大小，使其赋给整个视图或只占据视图的一部分。如果拖曳一个 UITableViewController 到编辑器中，将在故事板中新增一个场景，其中包含一个填满整个视图的表格。

1. 设置表视图的属性

添加表视图后，就可以设置其样式了。为此，可以在 Interface Builder 编辑器中选择表视图，再打开 Attributes Inspector（“Option+ Command+ 4”），如图 8-3 所示。

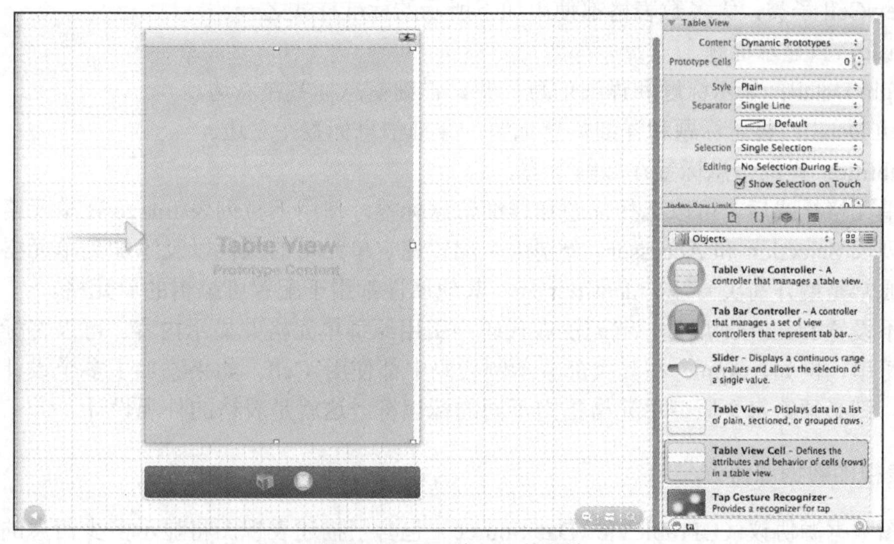

▲图 8-3 设置表视图的属性

第一个属性是 Content，它默认被设置为 Dynamic Prototypes（动态原型），这表示可以在 Interface Builder 中以可视化方式设计表格和单元格布局。使用下拉列表 Style 选择表格样式 Plain 或 Grouped。下拉列表 Separator 用于指定分区之间的分隔线的外观，而下拉列表 Color 用于设置单元格分隔线的颜色。Selection 和 Editing 用于设置表格被用户触摸时的行为。

2. 设置原型单元格的属性

设置好表格后需要设计单元格原型。要控制表格中的单元格，必须配置要在应用程序中使用的原型单元格。在添加表视图时，默认只有一个原型单元格。要编辑原型，首先在文档大纲中展开表视图，再选择其中的单元格（也可在编辑器中直接单击单元格）。单元格呈高亮显示后，使用选取手柄增大单元格的高度。其他设置都需要在 Attributes Inspector 中进行，如图 8-4 所示。

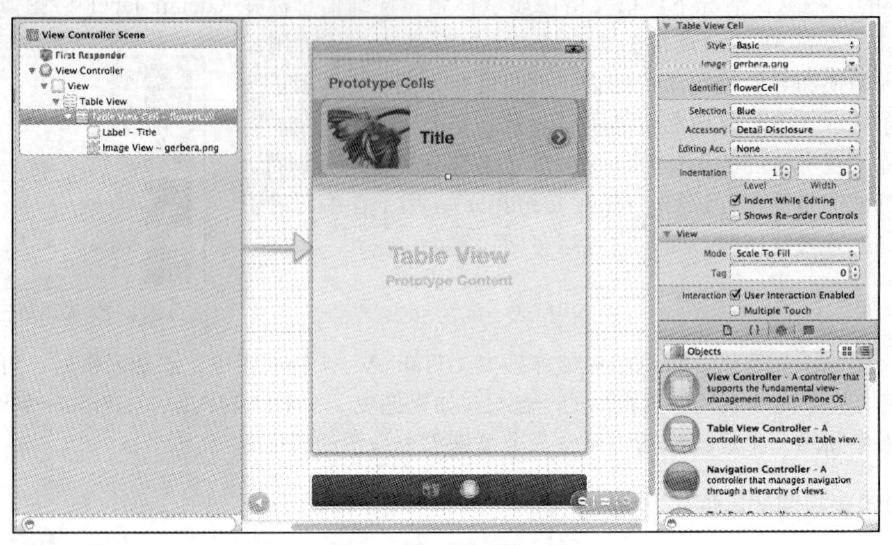

▲图 8-4　配置原型单元格

在 Attributes Inspector 中，第一个属性用于设置单元格样式。要使用自定义样式，必须建一个 UITableViewCell 子类，大多数表格都使用如下所示的标准样式之一。

- Basic：只显示标题。
- Right Detail：显示标题和详细信息标签，详细信息标签在右边。
- Left Detail：显示标题和详细信息标签，详细信息标签在左边。
- Subtitle：详细信息标签在标题下方。

设置单元格样式后，可以选择标题和详细信息标签。使用下拉列表 Image 在单元格中添加图像，下拉列表 Selection 和 Accessory 分别用于配置选定单元格的颜色以及添加到单元格右边的附属图形（通常是展开箭头）。除 Identifier 外，其他属性都用于配置可编辑的单元格。

如果不设置 Identifier 属性，就无法在代码中引用原型单元格并显示内容。可以将标识符设置为任何字符串，例如，Apple 在其大部分示例代码中都使用 Cell。如果添加了多个设计不同的原型单元格，则必须给每个原型单元格指定不同的标识符。这就是表格的外观设计。

3. 表视图数据源协议

表视图数据源协议（UITableViewDataSource）包含了描述表视图将显示多少信息的方法，并将 UITableViewCell 对象提供给应用程序进行显示。这与选择器视图不太一样，选择器视图的数据源协议方法只提供要显示的信息量。如下 4 个是最有用的数据源协议方法。

- numberofSectionsInTableView：返回表视图将划分的分区数量。
- tableView:numberOfRowsInSection：返回给定分区包含行的数量。分区编号从 0 开始。
- tableView:titleForHeaderInSection：返回一个字符串，用作给定分区的标题。
- tableView:cellForRowAtIndexPath：返回一个经过正确配置的单元格对象，用于显示在表视图指定的位置。

4. 表视图委托协议

表视图委托协议包含多个对用户在表视图中执行的操作进行响应的方法，从选择单元格到触摸展开箭头，再到编辑单元格。此处我们只对用户触摸并选择单元格感兴趣，因此将使用方法

tableView:didSelectRowAtIndexPath。通过向方法 tableView:didSelectRowAtIndexPath 传递一个 NSIndexPath 对象的方式指出了触摸的位置，这表示需要根据触摸位置所属的分区和行做出响应。

8.1.4 UITableView 详解

UITableView 主要用于显示数据列表，数据列表中的每项都由行表示，其主要作用如下所示。

- 为了让用户能通过分层的数据进行导航。
- 为了把项以索引列表的形式展示。
- 用于分类不同的项并展示其详细信息。
- 为了展示选项的可选列表。

表 UITableView 中的每一行都由一个 UITableViewCell 表示，可以使用一个图像、一些文本、一个可选的辅助图标来配置每个 UITableViewCell 对象，其模型如图 8-5 所示。

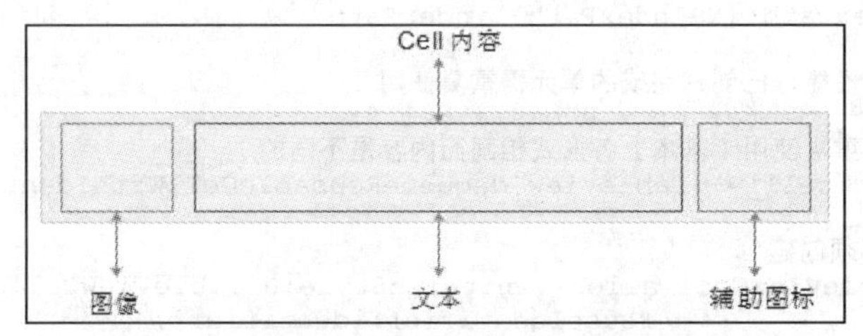

▲图 8-5 UITableViewCell 的模型

类 UITableViewCell 为每个 Cell 定义了如下所示的属性。

- textLabel：Cell 的主文本标签（一个 UILabel 对象）。
- detailTextLabel：Cell 的二级文本标签，当需要添加额外细节时（一个 UILabel 对象）。
- imageView：一个用来装载图片的图片视图（一个 UIImageView 对象）。

8.2 实战演练

经过本章前面内容的学习，读者已经了解了 iOS 中表格视图的基本知识。本节将通过几个具体实例的实现过程，详细讲解在 iOS 中使用表格视图的技巧。

8.2.1 实战演练——列表显示 18 条数据

在本实例中，创建了各单元显示内容对象 tableView，并将表格中列表显示的数据存储在数组 dataSource 中。通过“cell.textLabel.text”代码设置在单元格中显示 dataSource 中的内容，即列表显示 18 个数据。最后定义了方法 didSelectRowAtIndexPath，通过此方法实现选择某一行数据时的处理动作。

实例 8-1	列表显示 18 条数据
源码路径	光盘:\daima\8\biaoge

实例文件 UIKitPrjSimpleTable.m 的具体实现代码如下所示。

```
#import "UIKitPrjSimpleTable.h"
@implementation UIKitPrjSimpleTable
- (void)dealloc {
  [dataSource_ release];//画面释放时也需释放保存元素的数组
  [super dealloc];
}
```

```
- (void)viewDidLoad {
  [super viewDidLoad];
  //初始化表格元素数值
  dataSource_ = [[NSArray alloc] initWithObjects:
                              @"AAA1", @"AAA2", @"AAA3",
                              @"AAA", @"AAA5", @"AAA6",
                              @"AAA7", @"AAA8", @"AAA9",
                              @"AAA10", @"AAA11", @"AAA12",
                              @"AAA13", @"AAA14", @"AAA15",
                              @"AAA16", @"AAA17", @"AAA18",
                              nil ];
}
//返回表格行数（本例只有单元数）
-   (NSInteger)tableView:(UITableView*)tableView   numberOfRowsInSection:(NSInteger)
section {
  return [dataSource_ count];
}
//创建各单元显示内容（创建参数 indexPath 指定的单元）
- (UITableViewCell*)tableView:(UITableView*)tableView
  cellForRowAtIndexPath:(NSIndexPath*)indexPath
{
  //为了提供表格显示性能，已创建完成的单元需重复使用
  static NSString* identifier = @"basis-cell";
  //同一形式的单元格重复使用（基本上各形式相同而内容是不同的）
  UITableViewCell* cell = [tableView dequeueReusableCellWithIdentifier:identifier];
  if ( nil == cell ) {
      //初始为空时必须创建
    cell = [[UITableViewCell alloc] initWithStyle:UITableViewCellStyleDefault
                                    reuseIdentifier:identifier];
    [cell autorelease];
  }
  //设置单元格中的显示内容
  cell.textLabel.text = [dataSource_ objectAtIndex:indexPath.row];
  return cell;
}
-   (void)tableView:(UITableView*)tableView   didSelectRowAtIndexPath:(NSIndexPath*)
indexPath {
  NSString* message = [dataSource_ objectAtIndex:indexPath.row];
  UIAlertView* alert = [[[UIAlertView alloc] init] autorelease];
  alert.message = message;
  [alert addButtonWithTitle:@"OK"];
  [alert show];
}
@end
```

执行后的效果如图 8-6 所示。

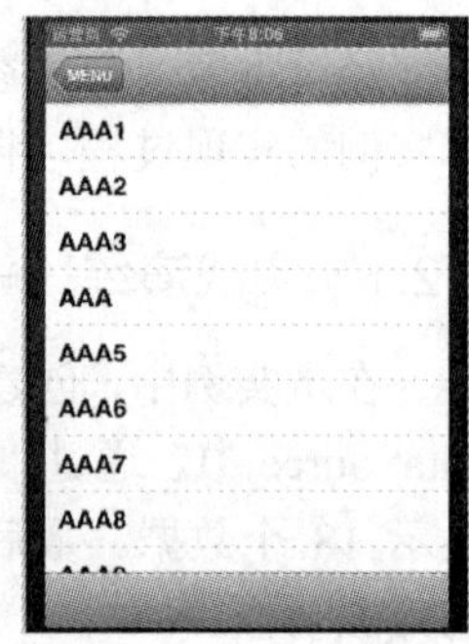

▲图 8-6　执行效果

8.2.2　实战演练——自定义 UITableViewCell

在 iOS 应用中，我们可以自己定义 UITableViewCell 的风格，其实原理就是向行中添加子视图。添加子视图的方法主要有两种：使用代码以及从“.xib”文件加载。当然，后一种方法比较直观。在本实例中会自定义一个 Cell，使得它像 QQ 好友列表的一行一样，左边显示一张图片，在图片的右边显示 3 行标签。

实例 8-2	自定义一个 UITableViewCell
源码路径	光盘:\daima\8\Custom Cell

① 运行 Xcode，新建一个 Single View Application，名称为“Custom Cell”，如图 8-7 所示。

② 将图片资源导入到工程。本实例使用了 14 张 50×50 的“.png”图片，名称依次是 1、2、…、14，放在一个名为“Images”的文件夹中。将此文件夹拖到工程中，在弹出的窗口中选中“Copy items into…”，如图 8-8 所示。添加完成后的工程目录如图 8-9 所示。

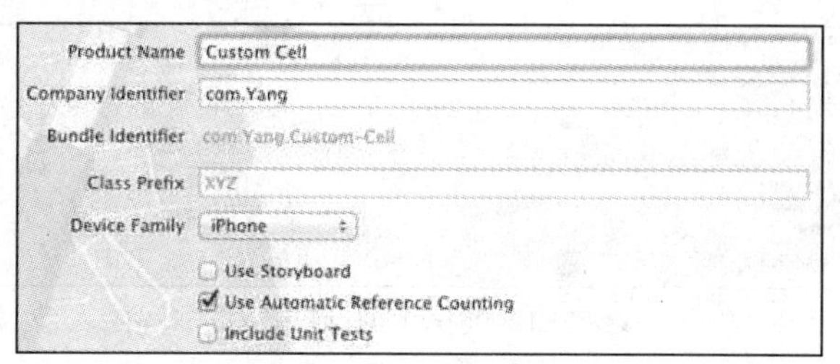

▲图 8-7　创建工程

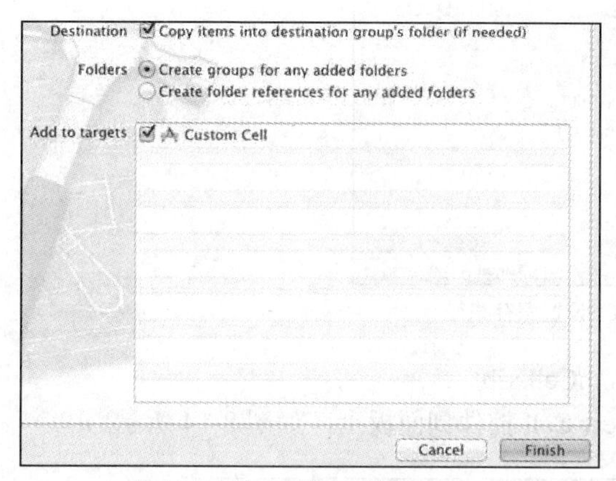

▲图 8-8　选中"Copy items into..."

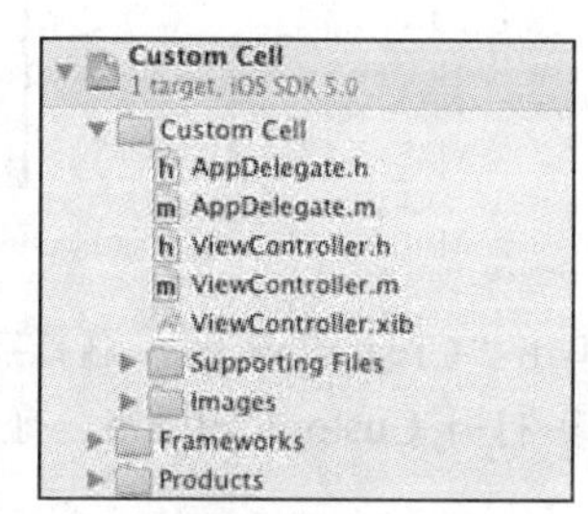

▲图 8-9　工程目录

③ 创建一个 UITableViewCell 的子类：选中 Custom Cell 目录，依次选择"File"→"New"→"New File"。在弹出的窗口；左边选择"Cocoa Touch"；右边选择"Objective-C class"，如图 8-10 所示。

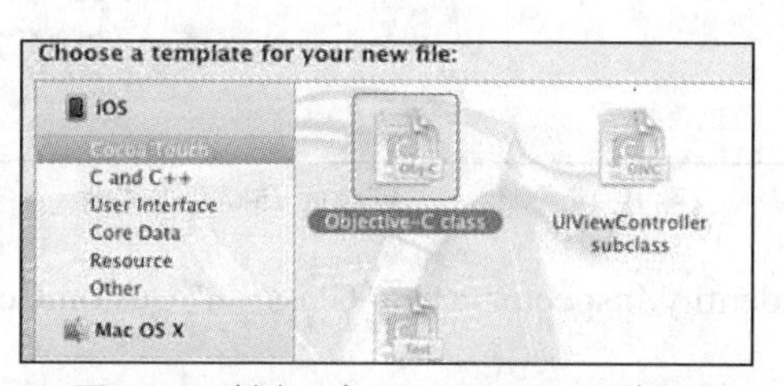

▲图 8-10　创建一个 UITableViewCell 的子类

然后单击"Next"，输入类名"CustomCell"，"Subclass of"选择"UITableViewCell"，如图 8-11 所示。

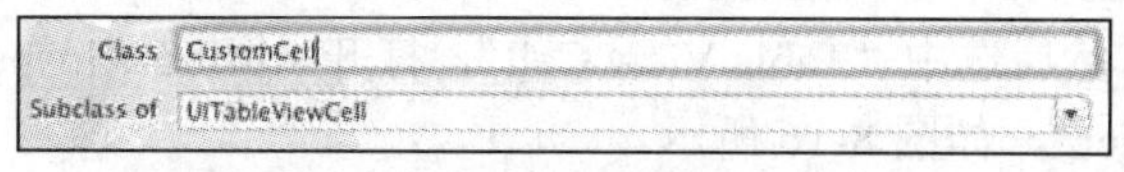

▲图 8-11　设置类名

然后分别选择"Next"和"Create"按钮，这样就建立了两个文件，即 CustomCell.h 和 CustomCell.m。

④ 创建 CustomCell.xib：依次选择"File"→"New"→"New File"，在弹出窗口的左边选择"User Interface"；在右边选择"Empty"，如图 8-12 所示。

单击"Next"按钮，选择"iPhone"，再单击"Next"按钮，输入名称为"CustomCell"，并选择保存位置，如图 8-13 所示。

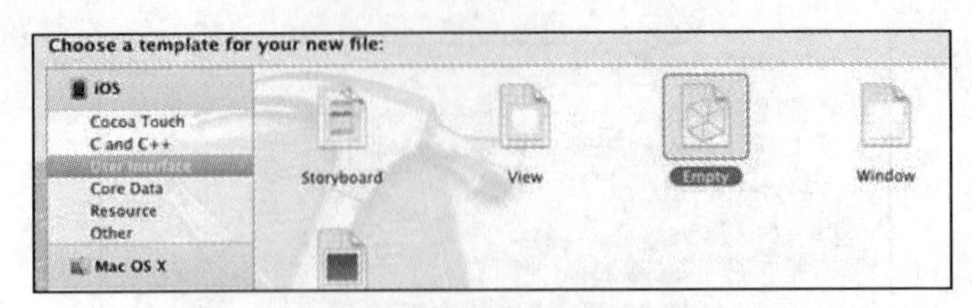

▲图 8-12 创建 CustomCell.xib

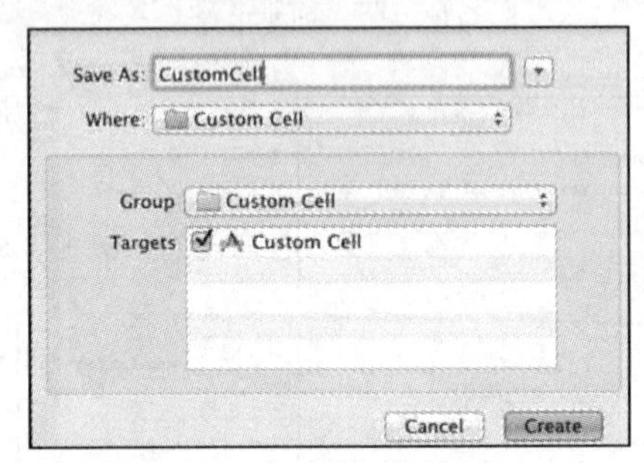

▲图 8-13 设置保存路径

单击“Create”按钮，这样就创建了 CustomCell.xib。

⑤ 打开 CustomCell.xib，拖一个 Table View Cell 控件到面板上，如图 8-14 所示。

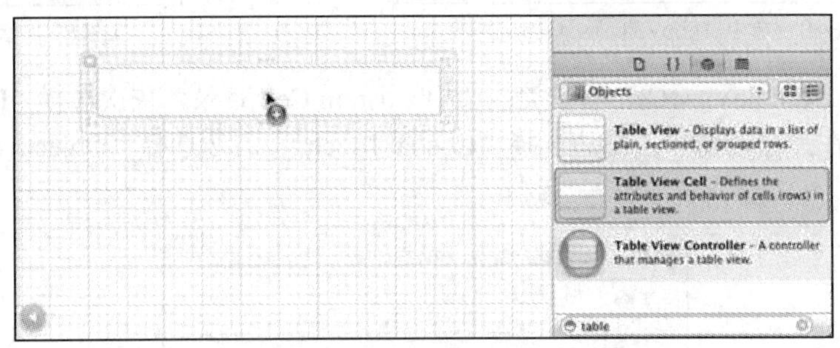

▲图 8-14 加入一个 Table View Cell 控件

选中新加的控件，打开 Identity Inspector，选择“Class”为“CustomCell”；然后打开 Size Inspector，调整高度为 60。

⑥ 向新加的 Table View Cell 添加控件，拖放一个 ImageView 控件到左边，并设置大小为 50×50。然后在 ImageView 右边添加 3 个 Label，设置标签字号，最上边的是 14；其余两个是 12，如图 8-15 所示。接下来向文件 CustomCell.h 中添加 Outlet 映射，将 ImageView 与 3 个 Label 建立映射，名称分别为“imageView”、“nameLabel”、“decLabel”以及“locLable”，分别表示头像、昵称、个性签名、地点。然后选中“Table View Cell”，打开 Attribute Inspector，将“Identifier”设置为“CustomCellIdentifier”，如图 8-16 所示。

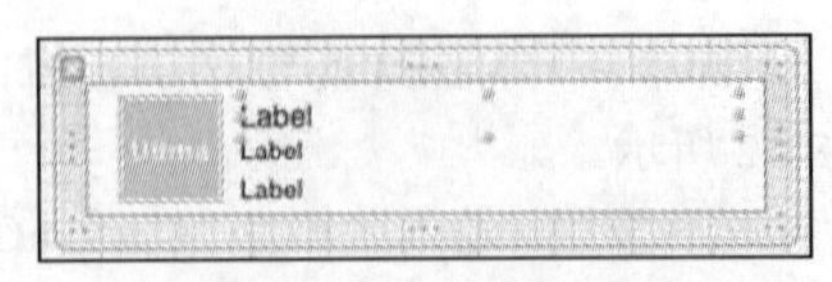

▲图 8-15 添加控件

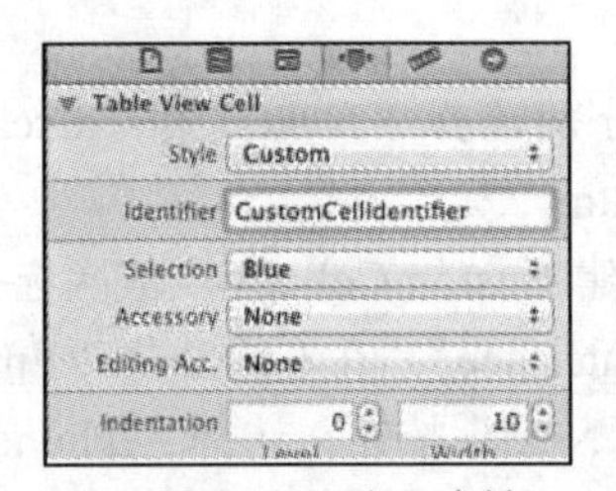

▲图 8-16 建立映射

为了充分使用这些标签，还要自己创建一些数据，存在 plist 文件中，后面会给出介绍。

⑦ 打开文件 CustomCell.h，添加如下 3 个属性。

```
@property (copy, nonatomic) UIImage *image;
@property (copy, nonatomic) NSString *name;
@property (copy, nonatomic) NSString *dec;
@property (copy, nonatomic) NSString *loc;
```

⑧ 打开文件 CustomCell.m，其中在@implementation 下面添加如下所示的代码：

```
@synthesize image;
@synthesize name;
@synthesize dec;
@synthesize loc;
```

然后，在@end 之前添加如下所示的代码：

```
- (void)setImage:(UIImage *)img {
    if (![img isEqual:image]) {
        image = [img copy];
        self.imageView.image = image;
    }
}
-(void)setName:(NSString *)n {
    if (![n isEqualToString:name]) {
        name = [n copy];
        self.nameLabel.text = name;
    }
}
-(void)setDec:(NSString *)d {
    if (![d isEqualToString:dec]) {
        dec = [d copy];
        self.decLabel.text = dec;
    }
}
-(void)setLoc:(NSString *)l {
    if (![l isEqualToString:loc]) {
        loc = [l copy];
        self.locLabel.text = loc;
    }
}
```

这相当于重写了各个 set()函数，从而当执行赋值操作时，会执行我们自己写的函数。现在就可以使用自己定义的 Cell 了，但是在此之前先新建一个 plist，用于存储想要显示的数据。在建好的 friendsInfo.plist 中添加如图 8-17 所示的数据。

Key	Type	Value
▶1	Diction...	(3 items)
▶2	Diction...	(3 items)
▼3	Diction...	(3 items)
name	String	疯子
dec	String	倚楼听风雨，淡看江湖路。
loc	String	南京
▶4	Diction...	(3 items)
▶5	Diction...	(3 items)
▶6	Diction...	(3 items)
▶7	Diction...	(3 items)
▶8	Diction...	(3 items)
▶9	Diction...	(3 items)
▶10	Diction...	(3 items)
▶11	Diction...	(3 items)
▶12	Diction...	(3 items)
▶13	Diction...	(3 items)
▶14	Diction...	(3 items)

▲图 8-17　添加数据

在此需要注意每个节点类型的选择。

⑨ 打开 ViewController.xib，拖一个 Table View 到视图上，并将 Delegate 和 DataSource 都指

向 File' Owner。

⑩ 打开文件 ViewController.h，向其中添加如下所示的代码：

```
#import <UIKit/UIKit.h>
@interface ViewController : UIViewController<UITableViewDelegate, UITableViewDataSource>
@property (strong, nonatomic) NSArray *dataList;
@property (strong, nonatomic) NSArray *imageList;
@end
```

⑪ 打开文件 ViewController.m，在首部添加如下代码：

```
#import "CustomCell.h"
然后在@implementation 后面添加如下代码:
@synthesize dataList;
@synthesize imageList;
```

在方法 viewDidLoad 中添加如下所示的代码：

```
- (void)viewDidLoad
{
    [super viewDidLoad];
    // Do any additional setup after loading the view, typically from a nib.
    //加载 plist 文件的数据和图片
    NSBundle *bundle = [NSBundle mainBundle];
    NSURL *plistURL = [bundle URLForResource:@"friendsInfo" withExtension:@"plist"];
    NSDictionary *dictionary = [NSDictionary dictionaryWithContentsOfURL:plistURL];
NSMutableArray *tmpDataArray = [[NSMutableArray alloc] init];
    NSMutableArray *tmpImageArray = [[NSMutableArray alloc] init];
    for (int i=0; i<[dictionary count]; i++) {
        NSString *key = [[NSString alloc] initWithFormat:@"%i", i+1];
        NSDictionary *tmpDic = [dictionary objectForKey:key];
        [tmpDataArray addObject:tmpDic];
NSString *imageUrl = [[NSString alloc] initWithFormat:@"%i.png", i+1];
        UIImage *image = [UIImage imageNamed:imageUrl];
        [tmpImageArray addObject:image];
    }
    self.dataList = [tmpDataArray copy];
    self.imageList = [tmpImageArray copy];
}
```

在方法 ViewDidUnload 中添加如下所示的代码：

```
self.dataList = nil;
self.imageList = nil;
```

在“@end”之前添加如下所示的代码：

```
#pragma mark -
#pragma mark Table Data Source Methods
-  (NSInteger)tableView:(UITableView  *)tableView  numberOfRowsInSection:(NSInteger)
section {
    return [self.dataList count];
}
-  (UITableViewCell  *)tableView:(UITableView  *)tableView  cellForRowAtIndexPath:
(NSIndexPath *)indexPath {
    static NSString *CustomCellIdentifier = @"CustomCellIdentifier";
static BOOL nibsRegistered = NO;
    if (!nibsRegistered) {
        UINib *nib = [UINib nibWithNibName:@"CustomCell" bundle:nil];
        [tableView registerNib:nib forCellReuseIdentifier:CustomCellIdentifier];
        nibsRegistered = YES;
    }
CustomCell *cell = [tableView dequeueReusableCellWithIdentifier:CustomCellIdentifier];
NSUInteger row = [indexPath row];
    NSDictionary *rowData = [self.dataList objectAtIndex:row];
cell.name = [rowData objectForKey:@"name"];
    cell.dec = [rowData objectForKey:@"dec"];
```

```
    cell.loc = [rowData objectForKey:@"loc"];
    cell.image = [imageList objectAtIndex:row];
return cell;
}
#pragma mark Table Delegate Methods
-  (CGFloat)tableView:(UITableView  *)tableView  heightForRowAtIndexPath:(NSIndexPath
*)indexPath {
    return 60.0;
}
- (NSIndexPath *)tableView:(UITableView *)tableView
  willSelectRowAtIndexPath:(NSIndexPath *)indexPath {
    return nil;
}
```

到此为止，整个实例介绍完毕，执行后的效果如图 8-18 所示。

▲图 8-18　执行效果

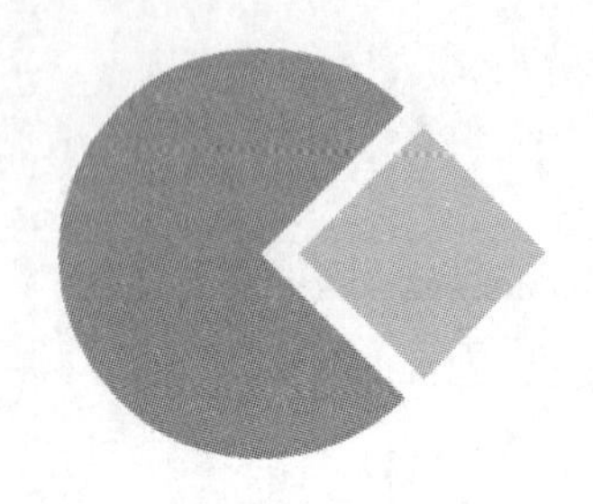

第9章　视图控制器

在iOS应用程序中，可以采用结构化程度更高的场景进行布局，其中有两种最流行的应用程序布局方式，分别是使用导航控制器和选项卡栏控制器。导航控制器让用户能够从一个屏幕切换到另一个屏幕，这样可以显示更多细节，例如Safari书签。第二种方法是实现选项卡栏控制器，常用于开发包含多个功能屏幕的应用程序，其中每个选项卡都显示一个不同的场景，让用户能够与一组控件交互。在本章将详细介绍这两种控制器的基本知识，为读者步入本书后面知识的学习打下基础。

9.1 导航控制器（UIViewController）简介

在本书前面的内容中，其实已经多次用到了UIViewController。UIViewController的主要功能是控制画面的切换，其中的view属性（UIView类型）管理整个画面的外观。在开发iOS应用程序时，其实不使用UIViewController也能编写出iOS应用程序，但是这样整个代码看起来将会非常凌乱。如果可以将不同外观的画面进行整体的切换显然更合理，UIViewController正是用于实现这种画面切换方式的。本节将详细讲解UIViewController的基本知识。

9.1.1 UIViewController基础

类UIViewController提供了一个显示用的View界面，同时包含View加载、卸载事件的重定义功能。需要注意的是，在自定义其子类实现时，必须在Interface Builder中手动关联view属性。类UIViewController中的常用属性和方法如下所示。

- @property(nonatomic, retain) UIView *view：此属性为ViewController类的默认显示界面，可以使用自定义实现的View类替换。
- - (id)initWithNibName:(NSString *)nibName bundle:(NSBundle *)nibBundle：最常用的初始化方法，其中，nibName名称必须与要调用的Interface Builder文件名一致，但不包括文件扩展名，比如要使用“aa.xib”，则应写为“[[UIViewController alloc] initWithNibName:@”aa” bundle:nil]”。nibBundle指定在哪个文件束中搜索指定的nib文件，如在项目主目录下，则可直接使用nil。
- - (void)viewDidLoad：此方法在ViewController实例中的View被加载完毕后调用，如需要重定义某些要在View加载后立刻执行的动作或者界面修改，则应把代码写在此函数中。
- - (void)viewDidUnload：此方法在ViewController实例中的View被卸载完毕后调用，如需要重定义某些要在View卸载后立刻执行的动作或者释放内存等动作，则应把代码写在此函数中。
- - (BOOL)shouldAutorotateToInterfaceOrientation:(UIInterfaceOrientation)interfaceOrientation：iPhone的重力感应装置感应到屏幕由横向变为纵向或者由纵向变为横向时调用此方法。如返回结果为NO，则不自动调整显示方式；如返回结果为YES，则自动调整显示方式。
- @property(nonatomic, copy) NSString *title：如View中包含NavBar时，其中的当前NavItem

的显示标题。当 NavBar 前进或后退时，此 title 则变为后退或前进的尖头按钮中的文字。

9.1.2 实战演练——实现不同界面之间的跳转处理

在本实例中，通过使用 UIViewController 类实现了两个不同界面之间的切换。其中第一个界面显示文本“Hello, world!”和一个“界面跳转”按钮。单击此按钮后会来到第二个界面，第二个显示文本“你好、世界!”和一个“界面跳转”按钮，单击此按钮后会返回到第一个界面。

实例 9-1	实现不同界面之间的跳转处理
源码路径	光盘:\daima\9\HelloWorld

实例文件 ViewController1.m 的具体实现代码如下所示。

```
#import "ViewController1.h"
@implementation ViewController1
- (void)viewDidLoad {
  [super viewDidLoad];
  // 追加 Hello, world!标签
  // 背景为白色，文字为黑色
  UILabel* label = [[[UILabel alloc] initWithFrame:self.view.bounds] autorelease];
  label.text = @"Hello, world!";
  label.textAlignment = UITextAlignmentCenter;
  label.backgroundColor = [UIColor whiteColor];
  label.textColor = [UIColor blackColor];
  label.autoresizingMask  =  UIViewAutoresizingFlexibleWidth  |  UIViewAutoresizing-
FlexibleHeight;
  [self.view addSubview:label];
  // 追加按钮
  // 点击按钮后跳转到其他画面
  UIButton* button = [UIButton buttonWithType:UIButtonTypeRoundedRect];
  [button setTitle:@"画面跳转" forState:UIControlStateNormal];
  [button sizeToFit];
  CGPoint newPoint = self.view.center;
  newPoint.y += 50;
  button.center = newPoint;
  button.autoresizingMask =
    UIViewAutoresizingFlexibleTopMargin | UIViewAutoresizingFlexibleBottomMargin;
  [button addTarget:self
          action:@selector(buttonDidPush)
   forControlEvents:UIControlEventTouchUpInside];
  [self.view addSubview:button];
}
- (void)buttonDidPush {
  // 自己移向背面
  // 结果是 ViewController2 显示在前
  [self.view.window sendSubviewToBack:self.view];
}
@end
```

实例文件 ViewController2.m 的具体实现代码如下所示。

```
#import "ViewController2.h"
@implementation ViewController2
- (void)viewDidLoad {
  [super viewDidLoad];
  //追加“您好、世界!”标签
  // 背景为黑色，文字为白色
  UILabel* label = [[[UILabel alloc] initWithFrame:self.view.bounds] autorelease];
  label.text = @"您好、世界! ";
  label.textAlignment = UITextAlignmentCenter;
  label.backgroundColor = [UIColor blackColor];
  label.textColor = [UIColor whiteColor];
  label.autoresizingMask  =  UIViewAutoresizingFlexibleWidth  |  UIViewAutoresizing-
FlexibleHeight;
```

```
    [self.view addSubview:label];
    // 追加按钮
    // 点击按钮后画面跳转
    UIButton* button = [UIButton buttonWithType:UIButtonTypeRoundedRect];
    [button setTitle:@"画面跳转" forState:UIControlStateNormal];
    [button sizeToFit];
    CGPoint newPoint = self.view.center;
    newPoint.y += 50;
    button.center = newPoint;
    button.autoresizingMask =
      UIViewAutoresizingFlexibleTopMargin | UIViewAutoresizingFlexibleBottomMargin;
    [button addTarget:self
               action:@selector(buttonDidPush)
     forControlEvents:UIControlEventTouchUpInside];
    [self.view addSubview:button];
}
- (void)buttonDidPush {
    // 自己移向背面
    // 结果是 ViewController1 显示在前
    [self.view.window sendSubviewToBack:self.view];
}
@end
```

执行后的效果如图 9-1 所示，单击“页面跳转”按钮后会来到第二个界面，如图 9-2 所示。

▲图 9-1　第一个界面

▲图 9-2　第二个界面

9.2 使用 UINavigationController

在 iOS 应用中，导航控制器（UINavigationController）可以管理一系列显示层次型信息的场景。也就是说，第一个场景显示有关特定主题的高级视图，第二个场景用于进一步描述，第三个场景再进一步描述，依此类推。例如，iPhone 应用程序“通信录”显示一个联系人编组列表。触摸编组将打开其中的联系人列表，而触摸联系人将显示其详细信息。另外，用户可以随时返回到上一级，甚至直接回到起点（根）。

下面的图 9-3 显示了导航控制器的流程。最左侧是“Settings”的根视图，当用户点击其中的“General”项时，General 视图会滑入屏幕；当用户继续点击“Auto-Lock”项时，Auto-Lock 视图将滑入屏幕。

通过导航控制器可以管理这种场景间的过渡，它会创建一个视图控制器“栈”，栈底是根视图控制器。当用户在场景之间进行切换时，依次将视图控制器压入栈中，并且当前场景的视图控制器位于栈顶。要返回到上一级，导航控制器将弹出栈顶的控制器，从而回到它下面的控制器。

▲图 9-3 导航控制器

在 iOS 文档中，都使用术语压入（push）和弹出（pop）来描述导航控制器。对于导航控制器下面的场景，也使用压入（push）切换进行显示。

UINavigationController 由 Navigation bar，Navigation View，Navigation toobar 等组成，如图 9-4 所示。

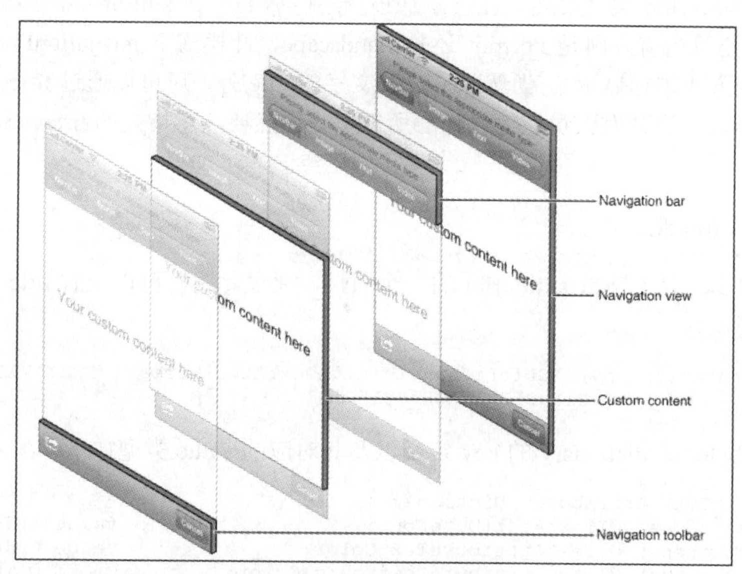

▲图 9-4 导航控制器的组成

当程序中有多个 View，需要在它们之间切换的时候，可以使用 UINavigationController，或者是 ModalViewController。UINabigationController 是通过向导条来切换多个 View。而如果 View 的数量比较少，并且显示领域为全屏的时候，用 ModalViewController 就比较合适（比如需要用户输入信息的 View，结束后自动回复到之前的 View）。ModalViewController 并不像 UINavigationController 一样是一个专门的类，使用 UIViewController 的 presentModalViewController 方法指定之后就是 ModalViewController 了。

9.2.1 导航栏、导航项和栏按钮项

除了管理视图控制器栈外，导航控制器还管理一个导航栏（UINavigationBar）。导航栏类似于工具栏，但它是使用导航项（UINavigationItem）实例填充的，该实例被加入到导航控制器管理的每个场景中。在默认情况下，场景的导航项包含一个标题和一个 Back 按钮。Back 按钮是以栏按

钮项（UIBarButtonItem）的方式加入到导航项的，就像前一章使用的栏按钮一样。我们甚至可以将额外的栏按钮项拖放到导航项中，从而在场景显示的导航栏中添加自定义按钮。

通过使用 Interface Builder，可以很容易地完成上述工作。只要知道了如何创建每个场景的方法，就很容易在应用程序中使用这些对象。

9.2.2　UINavigationController 详解

UINavigationController 是 iOS 编程中比较常用的一种容器 View Controller，很多系统的控件（如 UIImagePickerViewController）以及很多有名的 APP 中（如 qq、系统相册等）都有用到。

1. navigationItem

navigationItem 是 UIViewController 的一个属性，此属性是为 UINavigationController 服务的。navigationItem 在 navigation Bar 中代表一个 viewController，就是每一个加到 navigationController 的 viewController 都会有一个对应的 navigationItem，该对象由 viewController 以加载的方式创建，后面就可以在对象中对 navigationItem 进行配置。可以设置 leftBarButtonItem、rightBarButtonItem、backBarButtonItem、title 以及 prompt 等属性。其中前三个都是一个 UIBarButtonItem 对象，最后两个属性是一个 NSString 类型描述，注意添加该描述以后 navigationBar 的高度会增加 30，总的高度会变成 74（不管当前方向是 Portrait 还是 Landscape，此模式下 navgationBar 都使用高度 44 加上 prompt 30 的方式进行显示）。当然除了设置文字的 title 外，还可以通过 titleview 属性指定一个定制的 titleview，这样开发人员就可以随心所欲了，当然要注意指定的 titleview 的 frame 大小，不要显示出界。

2. titleTextAttributes

titleTextAttributes 是 UINavigationBar 的一个属性，通过此属性可以设置 title 部分的字体，此属性的定义如下所示：

```
@property(nonatomic,copy) NSDictionary *titleTextAttributes __OSX_AVAILABLE_STARTING
(__MAC_NA,__IPHONE_5_0) UI_APPEARANCE_SELECTOR;
```

titleTextAttributes 的 dictionary 的 key 定义以及其对应的 value 类型如下：

```
//    Keys for Text Attributes Dictionaries
//    NSString *const UITextAttributeFont;                        value: UIFont
//    NSString *const UITextAttributeTextColor;                   value: UIColor
//    NSString *const UITextAttributeTextShadowColor;         value: UIColor
//    NSString *const UITextAttributeTextShadowOffset;          value: NSValue wrapping a
UIOffset struct.
```

3. wantsFullScreenLayout

wantsFullScreenLayout 是 viewController 的一个属性，这个属性默认值是 NO，如果设置为 YES，并且 statusBar、navigationBar、toolBar 是半透明的，viewController 的 View 就会缩放延伸到它们下面，但需要注意的是 tabBar 不在范围内，即无论该属性是否为 YES，View 都不会覆盖到 tabBar 的下方。

4. navigationBar 中的 stack

此属性是 UINavigationController 的灵魂之一，它维护了一个和 UINavigationController 中 viewControllers 对应的 navigationItem 的 stack，该 stack 负责 navigationBar 的刷新。注意：如果

navigationBar 中 navigationItem 的 stack 和对应的 navigationController 中 viewController 的 stack 是一一对应的关系，如果两个 stack 不同步就会抛出异常。

5. navigationBar 的刷新

通过前面介绍的内容，我们知道 navigationBar 中包含了几个重要组成部分，即 leftBarButtonItem、rightBarButtonItem、backBarButtonItem 和 title。当一个 viewController 添加到 navigationController 以后，navigationBar 的显示遵循以下 3 个原则。

（1）Left side of the navigationBar

- 如果当前的 viewController 设置了 leftBarButtonItem，则显示当前 VC 所自带的 leftBarButtonItem。
- 如果当前的 viewController 没有设置 leftBarButtonItem，且当前 VC 不是 rootVC 的时候，则显示前一层 VC 的 backBarButtonItem。如果前一层的 VC 没有显示的指定 backBarButtonItem，系统将会根据前一层 VC 的 title 属性自动生成一个 back 按钮，并显示出来。
- 如果当前的 viewController 没有设置 leftBarButtonItem，且当前 VC 已是 rootVC 的时候，左边将不显示任何东西。

在此需要注意，从 Xcode 5.0 版本开始便新增加了一个属性 leftItemsSupplementBackButton，通过指定该属性为 YES，可以让 leftBarButtonItem 和 backBarButtonItem 同时显示，其中，leftBarButtonItem 显示在 backBarButtonItem 的右边。

（2）title 部分

- 如果当前应用通过.navigationItem.titleView 指定了自定义的 titleView，系统将会显示指定的 titleView，此处要注意，自定义 titleView 的高度不要超过 navigationBar 的高度，否则会显示出界。
- 如果当前 VC 没有指定 titleView，系统则会根据当前 VC 的 title 或者当前 VC 的 navigationItem.title 的内容创建一个 UILabel 并显示，其中如果指定了 navigationItem.title 的话，则优先显示 navigationItem.title 的内容。

（3）Right side of the navigationBar

- 如果指定了 rightBarButtonItem 的话，则显示指定的内容。
- 如果没有指定 rightBarButtonItem 的话，则不显示任何东西。

6. toolbar

navigationController 自带了一个工具栏，通过设置“self.navigationController.toolbarHidden = NO”来显示工具栏。工具栏中的内容可以通过 viewController 的 toolbarItems 来设置，显示的顺序和设置的 NSArray 中存放的顺序一致，其中每一个数据都对应一个 UIBarButtonItem 对象，可以使用系统提供的很多常用风格的对象，也可以根据需求进行自定义。

7. UINavigationControllerDelegate

这个代理非常简单，就是当一个 viewController 要显示的时候通知一下外面，给开发者一个机会进行设置，包含如下所示的两个函数。

```
setting of the view controller stack.
-    (void)navigationController:(UINavigationController       *)navigationController
willShowViewController:(UIViewController *)viewController animated:(BOOL)animated;
-    (void)navigationController:(UINavigationController       *)navigationController
didShowViewController:(UIViewController *)viewController animated:(BOOL)animated;
```

当需要对某些将要显示的 viewController 进行修改时，可实现该代理。

9.2.3　在故事板中使用导航控制器

在故事板中添加导航控制器的方法与添加其他视图控制器的方法类似，这里假设使用模板 Single View Application 新建了一个项目，则具体流程如下所示。

① 添加视图控制器子类，以处理用户在导航控制器管理的场景中进行的交互。

② 在 Interface Builder 编辑器中打开故事板文件。如果要让整个应用程序都置于导航控制器的控制之下，选择默认场景的视图控制器并将其删除，还需删除文件 ViewController.m 和 ViewController.h。这就删除了默认场景。

③ 从对象库拖曳一个导航控制器对象到文档大纲或编辑器中，这好像在项目中添加了两个场景，如图 9-5 所示。

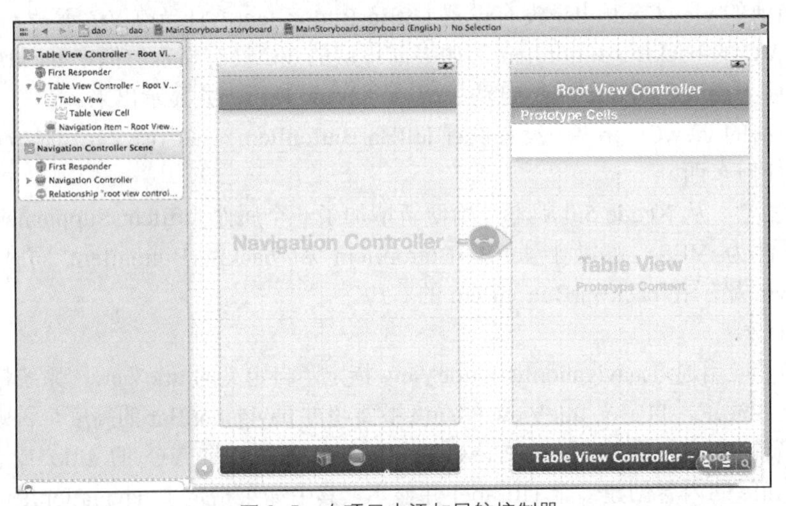

▲图 9-5　在项目中添加导航控制器

这样名为“Navigation Controller Scene”的场景表示的是导航控制器。它只是一个对象占位符，此对象将控制与之相关的所有场景。虽然您不会想对导航控制器做太多修改，但可使用 Attributes Inspector 定制其外观（例如指定其颜色）。

导航控制器通过一个“关系”连接到名为“Root View Controller”的场景，可以给这个场景指定自定义的视图控制器。在此需要说明的一点是，这个场景与其他场景没有任何不同，只是顶部有一个导航栏，并且可以使用压入切换来过渡到其他场景。

注意：在此之所以使用模板 Single View Application，是因为使用它创建的应用程序包含故事板文件和初始视图。如果需要初始场景，可在切换到另一个视图控制器前显示初始视图；如果不需要初始场景，可将其删除，并删除默认创建的文件 ViewController.h 和 ViewController.m。在笔者看来，相对于使用空应用程序模板并添加故事板，这样做的速度更快，它为众多应用程序提供了最佳的起点。

1．设置导航栏项的属性

要修改导航栏中的标题，只需双击它并进行编辑；也可以选择场景中的导航项，再打开 Attributes Inspector(“Option+ Command+4”)，如图 9-6 所示。

在此可以修改如下 3 个属性。

- Title（标题）：显示在视图顶部的标题字符串。

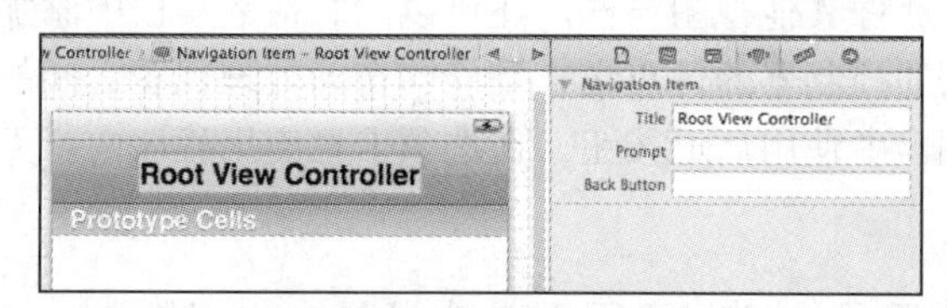

▲图 9-6 为场景定制导航项

- Prompt（提示）：一行显示在标题上方的文本，向用户提供使用说明。
- Back Button（日期）：下一个场景的后退按钮的文本。

在还未创建下一个场景之前，可以编辑其按钮的文本。在默认情况下，从一个导航控制器场景切换到另一个场景时，后者的后退按钮将显示前者的标题。然而标题可能很长或者不合适，在这种情况下，可以将属性 Back Button 设置为所需的字符串；如果用户切换到下一个场景，该字符串将出现在让用户能够返回到前一个场景的按钮上。

编辑属性 Back Button 会导致 iOS 不再能够使用默认方式创建后退按钮，因此它在导航项中新建一个自定义栏按钮项，其中包含开发人员指定的字符串。我们可进一步定制该栏按钮项，使用 Attributes Inspector 修改其颜色和外观。

现在，导航控制器管理的场景只有一个，因此后退按钮不会出现。在接下来的内容中，开始介绍如何串接多个场景，创建导航控制器知道的挖掘层次结构。

2. 添加其他场景并使用压入切换

要在导航层 Control 中添加场景，可以像添加模态场景那样做。具体流程如下所示。

① 在导航控制器管理场景中添加一个控件，用于触发到另一个场景的过渡。如果想手工触发切换，只需把视图控制器连接起来即可。

② 拖曳一个视图控制器实例到文档大纲或编辑器中。这将创建一个空场景，没有导航栏和导航项。此时还需指定一个自定义视图控制器子类用于编写视图后面的代码，读者现在应该对这项任务很熟悉了。

③ 按住“Control”键，从用于触发切换的对象拖曳到新场景的视图控制器。在 Xcode 提示时，择压入切，这样源场景将新增一个切换，而目标场景将发生很大的变化。

新场景将包含导航栏，并自动添加并显示导航项。我们可定制标题和后退按钮，还可以添加额外的栏按钮项。我们可以不断地添加新场景和压入切换，还可以添加分支，让应用程序能够沿不同的流程执行，如图 9-7 所示。

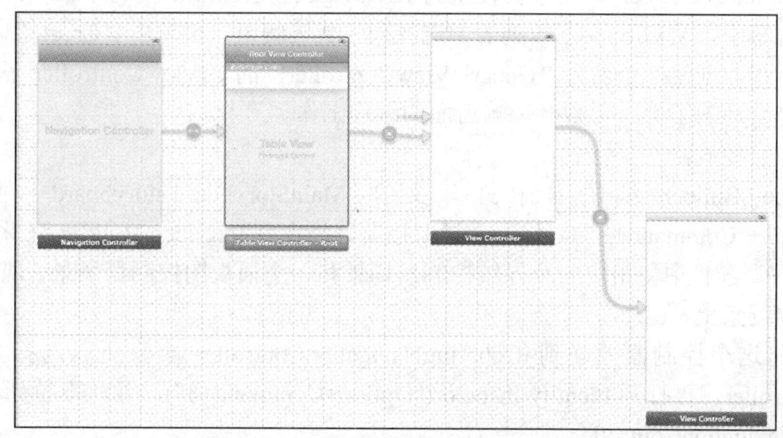

▲图 9-7 可以根据需要创建任意数量的切换

因为它们都是视图，就像其他视图一样，还可以同时在故事板中添加模态切换和弹出框。相对于模态切换，本章介绍的控制器的优点之一是能够自动处理视图之间的切换，而无需编写任何代码，就可以在导航控制器中使用后退按钮。在选项卡栏应用程序中，无需编写任何代码就可在场景间切换。

9.2.4　实战演练——使用导航控制器展现 3 个场景

在本项目实例中，将通过导航控制器显示 3 个场景。每个场景都有一个“前进”按钮，它将计数器加 1，再切换到下一个场景。该计数器存储在一个自定义的导航控制器子类中。在具体实现时，首先使用模板 Single View Application 新建一个项目，然后删除初始场景和视图控制器，再添加一个导航控制器和两个自定义类。导航控制器子类的功能是让应用程序场景能够共享信息，而视图控制器子类负责处理场景中的用户交互。除了随导航控制器添加的默认根场景外，还需要添加另外两个场景。每个场景的视图包含一个“前进”按钮，该按钮连接到一个将计数器加 1 的操作方法，它还触发到下一个场景的切换。

实例 9-2	使用导航控制器展现 3 个场景
源码路径	光盘:\daima\9\daohang

1. 创建项目

使用模板 Single View Application 新建一个项目，并将其命名为“daohang”。然后清理该项目，使其只包含我们需要的东西。在此将 ViewController 类的文件（ViewController.h 和 ViewController.m）按“Delete”键删除。

然后单击文件 MainStoryboard.storyboard，再选择文档大纲（“Editor”→“Show Document Outline”）中的 View Controller，并按“Delete”键删除该场景。

（1）添加导航控制器类和通用的视图控制器类

在此，需要在项目中添加如下所示的两个类。

- UINavigationController 子类：此类用于管理计数器的属性，并命名为“GenericAfiewControllerNavigatorController”。
- UIViewController 子类：被命名为“GenericViewController”，负责将计数器加 1 以及在每个场景中显示计数器。

单击项目导航器左下角的“+”按钮会添加一个新类，将新类命名为“CountingNavigationController”，将子类设置为 UINavigationController，再单击“Next”按钮。在最后一个设置屏幕中，从 Group 下拉列表中选择项目代码编组，再单击“Create”按钮。

重复上述过程，创建一个名为“GenericViewController”的 UIViewController 子类。在此必须为每个新类选择合适的子类，否则会影响后面的编程工作。

（2）添加导航控制器

在 Interface Builder 编辑器中打开文件 MainStoryboard.storyboard。打开对象库（“Control+Option+ Command+3”），将一个导航控制器拖曳到 Interface Builder 编辑器的空白区域（或文档大纲）中。项目中将出现一个导航控制器场景和一个根视图控制器场景，现在暂时将重点放在导航控制器场景上。

因为需要将这个控制器关联到 CountingNavigationController 类，所以选择文档大纲中的 Navigation Controller，再打开 Identity Inspctor(“Option+Command+3”)，并从下拉列表“Class”中选择 CountingNavigationController。

（3）添加场景并关联视图控制器

在打开了故事板的情况下，从对象库拖曳两个视图控制器实例到编辑器或文档大纲中。然后将这些场景与根视图控制器场景连接起来，形成一个由导航控制器管理的场景系列。在添加额外的场景后，需要对每个场景（包括根视图控制器场景）进行如下两步操作。

- 设置每个场景的视图控制器的身份。在此将使用一个视图控制器类来处理这 3 个场景，因此它们的身份都将设置为 GenericViewController。
- 给每个视图控制器设置标签，让场景的名称更友好。

首先，选择根视图控制器场景的视图控制器对象，并打开 Identity Inspector（“Option+Command+3”），再从下拉列表“Class”中选择“GenericViewController”。在 Identity Inspector 中，将文本框 Label 的内容设置为 First。然后切换到我们添加的场景之一，并选择其视图控制器，将类设置为 GenericViewController，并将标签设置为 Second。对最后一个场景重复上述操作，将类设置为 GenericViewController，并将标签设置为 Third。完成这些设置后，文档大纲类如图 9-8 所示。

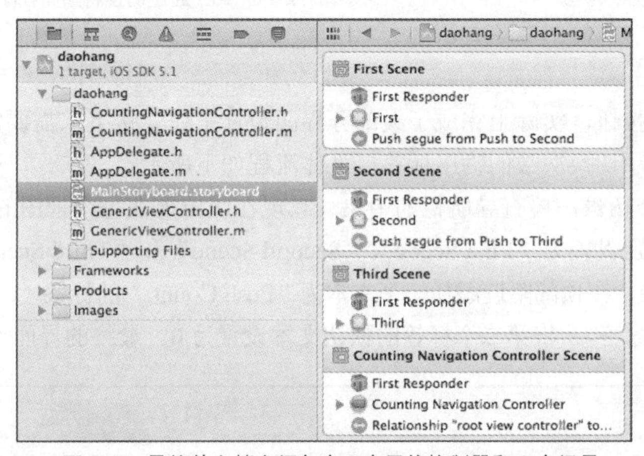

▲图 9-8　最终的文档大纲包含 1 个导航控制器和 3 个场景

（4）规划变量和连接

类 CountingNavigationController 只有一个属性（pushCount），它指出用户使用导航控制器在场景之间切换了多少次。类 GenericViewController 只有一个名为“countLabel”的属性，它指向 UI 中的一个标签，该标签显示计数器的当前值。这个类还有一个名为“incrementCount”的操作方法，这个方法将 CountingNavigationController 的属性 pushCount 加 1。

在类 GenericViewController 中，只需定义输出口和操作一次，但要在每个场景中使用它们，必须将它们连接到每个场景的标签和按钮。

2. 创建压入切换

要为导航控制器创建切换，需要有触发切换的对象。在故事板编辑器中，在第一个和第二个场景中分别添加一个按钮（UIBu 位 on），并将其标签设置为 Push。但不要在第三个场景中添加这种按钮，这是因为它是最后一个场景，后面没有需要切换到的场景。然后按住“Control”键，并从第一个场景的按钮拖曳到文档大纲中第二个场景的视图控制器（或编辑器中的第二个场景）。在 Xcode 要求指定切换类型时选择“前进”按钮，如图 9-9 所示。

在文档大纲中，第一个场景将新增一个切换，而第二个场景将继承导航控制器的导航栏，且其视图中将包含一个导航项。重复上述操作，创建一个从第二个场景中的按钮到第三个场景的压入切换。现在 Interface Builder 编辑器将包含一个完整的导航控制器序列。单击并拖曳每个场景，以合理的方式排列它们，图 9-10 显示了最终的排列。

▲图 9-9　创建压入切换

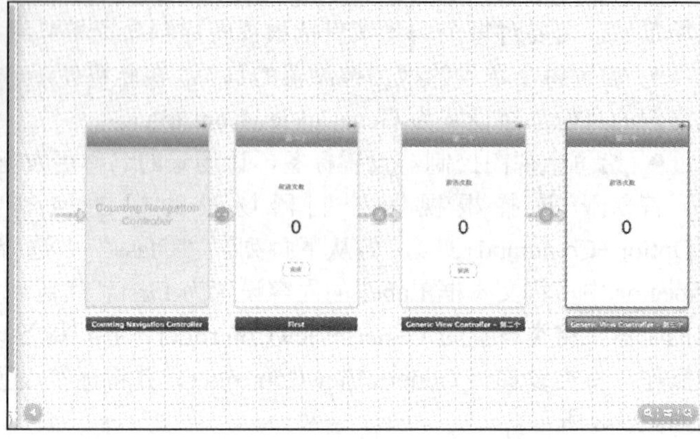

▲图 9-10　通过切换将所有视图连接起来

3. 设计界面

通过添加场景和按钮，实际上完成了大部分界面设计工作。接下来需要定制每个场景的导航项的标题以及添加显示切换次数的输出标签，具体流程如下所示。

① 依次查看每个场景，检查导航栏的中央（它现在应出现在每个视图的顶部）。将这些视图的导航栏项的标题分别设置为"First Scene"、"Second Scene"和"Third Scene"。

② 在每个场景中，在顶部附近添加一个文本为"Push Count:"的标签（UILabel），并在中央再添加一个标签（输出标签）。将第二个标签的默认文本设置为 0。最终的界面设计如图 9-11 所示。

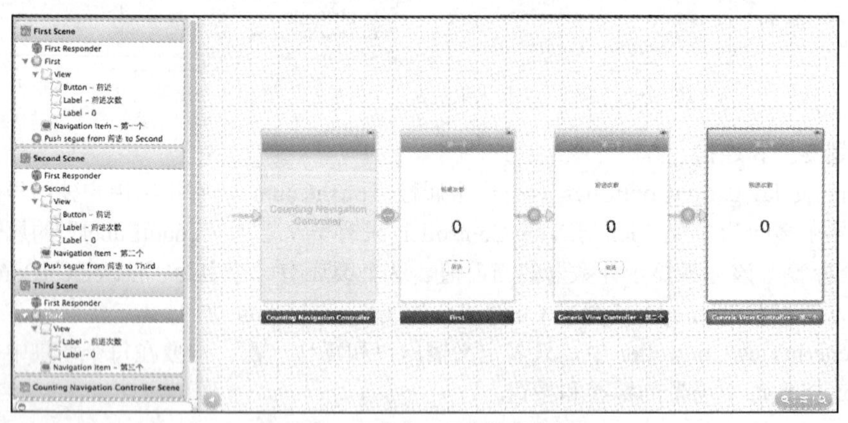

▲图 9-11　导航应用程序的最终布局

4. 创建并连接输出口和操作

在本实例中只需定义一个输出口和一个操作，但是需要对它们进行多次连接。输出口（到显示切换次数的标签的连接，countLabel）将连接到全部 3 个场景，而操作（incrementCount）只需连接到第一个场景和第二个场景中的按钮。

在 Interface Builder 编辑器中滚动，以便能够看到第一个场景（也可使用文档大纲来达到这个目的），单击其输出标签，再切换到助手编辑器模式。

（1）添加输出口

按住“Control”键，从第一个场景中央的标签拖曳到文件 GenericViewController.h 中编译指令@interface 下方。在 Xcode 提示时，新建一个名为“countLabel”的输出口。这样就创建了输出口并连接到第一个场景了。然后需要将该输出口连接到其他两个场景，先按住“Control”键，再从第二个场景的输出标签拖曳到刚创建的 countLabel 属性。此时定义该属性的整行代码都将呈高亮显示，这表明将建立一条到现有输出口的连接。对第三个场景重复上述操作，将其输出标签连接到属性 countLabel。

（2）添加操作

添加并连接操作的方式与输出口类似，具体流程如下所示。

- 首先，按住“Control”键，并从第一个场景的按钮拖曳到文件 GenericViewController.h 中属性定义的下方。在 Xcode 提示时，新建一个名为“incrementCount”的操作。
- 然后，切换到第二个视图控制器，按住“Control”键，并从其按钮拖曳到现有操作 incrementCount。

这样就建立了所需的全部连接，文件 GenericViewController.h 的代码如下所示。

```
#import <UIKit/UIKit.h>
#import "CountingNavigationController.h"
@interface GenericViewController : UIViewController
@property (strong, nonatomic) IBOutlet UILabel *countLabel;
- (IBAction)incrementCount:(id)sender;
@end
```

5. 实现应用程序逻辑

为完成本实例，首先需要在 CountingNavigatorController 类中添加属性 pushCount，这样可以跟踪用户在场景之间切换了多少次。

（1）添加属性 pushCount

打开接口文件 CountingNavigatorController.h，在编译指令@interface 下方定义一个名为“pushCount”的 int 属性：

```
@property (nonatomic) int pushCount;
```

然后打开文件 CountingNavigatorController.m，并在@implementation 代码行下方添加配套的@synthesize 编译指令：

```
@synthesize pushCount;
```

这就是实现 CountingNavigatorController 所需要做的全部工作。由于它是一个 UINavigationController 子类，它原本就能执行所有的导航控制器任务，而现在还包含属性 pushCount。

要在处理应用程序中所有场景的 GenericViewController 类中访问这个属性，需要在 GenericViewController.h 中导入自定义导航控制器的接口文件。所以需要在现有“#import”语句下方添加如下代码行：

```
#import "CountingNavigationController.h"
```

（2）将计数器加 1 并显示结果

为了在 GenericViewController.m 中将计数器加 1，通过属性 parentViewController 来访问 pushCount。在导航控制器管理的所有场景中，parentViewController 会自动被设置为导航控制器对象。然后将 parentViewController 强制转换为自定义类 CountingNavigatorController 的对象，但整

个实现只需要一行代码。方法 incrementCount 的如下代码实现了上述功能。

```
- (IBAction)incrementCount:(id)sender {
    ((CountingNavigationController *)self.parentViewController).pushCount++;
}
```

最后一步是显示计数器的当前值。由于单击 Push 按钮将导致计数器增加 1，并切换到新场景，因此在操作 incrementCount 中显示计数器的值并不一定是最佳的选择。在此需要将显示计数器的代码放在方法 viewWillAppear:animated 中。这个方法在视图显示前被调用（而不管显示是由于切换还是用户触摸后退按钮导致的），因此这里是更新输出标签的绝佳位置。在文件 GenericViewController.m 中，添加如下所示的代码。

```
-(void)viewWillAppear:(BOOL)animated {
    NSString *pushText;
    pushText=[[NSString  alloc]  initWithFormat:@"%d",((CountingNavigationController
*)self.parentViewController).pushCount];
    self.countLabel.text=pushText;
}
```

在上述代码中，首先声明了一个字符串变量（pushText），用于存储计数器的字符串表示。然后给这个字符串变量分配空间，并使用 NSString 的方法 initWithFormat 初始化它。格式字符串“%d”将被替换为 pushCount 的内容，而访问该属性的方式与方法 incrementCount 中相同。最后使用字符串变量 pushText 更新 countLabel。

到此为止，整个实例介绍完毕，执行后可以实现 3 个界面的转换，如图 9-12 所示。

▲图 9-12　执行效果

9.3 选项卡栏控制器

选项卡栏控制器（UITabBarController）与导航控制器一样，也被广泛用于各种 iOS 应用程序。顾名思义，选项卡栏控制器在屏幕底部显示一系列“选项卡”，这些选项卡表示为图标和文本，用户触摸它们将在场景间切换。和 UINavigationController 类似，UITabBarController 也可以用来控制多个页面导航，用户可以在多个视图控制器之间移动，并可以定制屏幕底部的选项卡栏。

借助屏幕底部的选项卡栏，UITabBarController 不必像 UINavigationController 那样以栈的方式推入和推出视图，而是组建一系列的控制器（他们各自可以是 UIViewController、UINavigationController、UITableViewController 或任何其他种类的视图控制器），并将它们添加到选项卡栏，使每个选项卡对应一个视图控制器。每个场景都呈现了应用程序的一项功能，或提供了一种查看应用程序信息的独特方式。UITabBarController 是 iOS 中很常用的一个 viewController，例如系统的闹钟程序、ipod 程序等。UITabBarController 通常作为整个程序的 rootViewController，而且不能添加到别的 container viewController 中。下面的图 9-13 演示了它的 View 层级图。

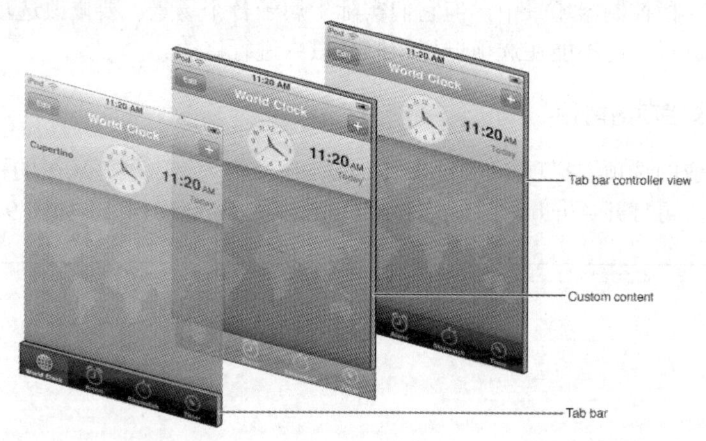

▲图 9-13　用于在不同场景间切换的选项卡栏控制器

与导航控制器一样，选项卡栏控制器会为我们处理一切。当用户触摸按钮时会在场景间进行切换，我们无需以编程方式处理选项卡栏事件，也无需手工在视图控制器之间切换。

9.3.1　选项卡栏和选项卡栏项

在故事板中，选项卡栏的实现与导航控制器类似，它包含一个 UITabBar，类似于工具栏。选项卡栏控制器管理的每个场景都将继承这个导航栏。管理的场景必须包含一个选项卡栏项（UITabBarItem），其中包含标题、图像和徽章。

如果要在应用程序中使用选项卡栏控制器，推荐使用模板 Single View Application 创建项目。如果不想从默认创建的场景切换到选项卡栏控制器，可以将其删除。在删除时可以删除其视图控制器，再删除相应的文件 ViewController.h 和 ViewController.m。当故事板处于我们想要的状态后，可以从对象库拖曳一个选项卡栏控制器实例到文档大纲或编辑器中，这样会添加一个选项卡栏控制器和两个相关联的场景，如图 9-14 所示。

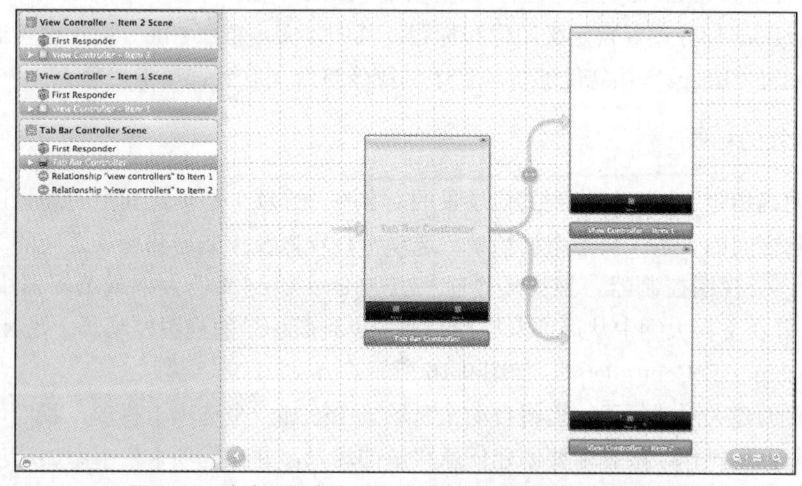

▲图 9-14　在应用程序中添加选项卡栏控制器时添加两个场景

选项卡栏控制器场景表示 UITabBarController 对象，该对象负责协调所有场景过渡。它包含一个选项卡栏对象，可以使用 Interface Builder 对其进行定制，例如修改为喜欢的颜色。

有两条从选项卡栏控制器出发的"关系"连接，它们连接到将通过选项卡栏显示的两个场景。这些场景可通过选项卡栏按钮的名称（默认为 Item 1 和 Item 2）进行区分。虽然所有的选项卡栏按钮都显示在选项卡栏控制器场景中，但它们实际上属于各个场景。要修改选项卡栏按钮，您必须在相应的场景中进行，而不能在选项卡栏控制场景中进行修改。

1. 设置选项卡栏项的属性

要编辑场景对应的选项卡栏项（UITabBarItem），在文档大纲中展开场景的视图控制器，选择其中的选项卡栏项，再打开 Attributes Inspector("Option+ Command+4")，如图 9-15 所示。

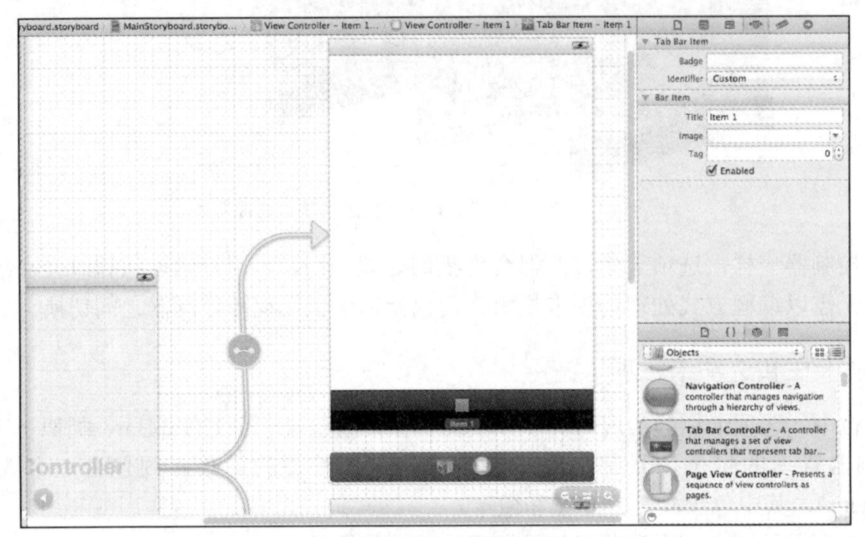

▲图 9-15　定制每个场景的选项卡栏项

在 Tab Bar Item 部分，可以指定要在选项卡栏项的徽章中显示的值，但是通常应在代码中通过选项卡栏项的属性 badgeValue（其类型为 NSString）进行设置。我们还可以通过下拉列表"Identifier"从十多种预定义的图标/标签中进行选择；如果选择使用预定义的图标/标签，就不能进一步定制了，因为 Apple 希望这些图标/标签在整个 iOS 中保持不变。

可使用 Bar Item 部分设置自定义图像和标题，其中，文本框"Title"用于设置选项卡栏项的标签，而下拉列表"Image"让您能够将项目中的图像资源关联到选项卡栏项。

2. 添加额外的场景

选项卡栏明确指定了用于切换到其他场景的对象——选项卡栏项，其中的场景过渡是选项卡栏控制器和场景之间的关系。要想添加场景、选项卡栏项以及控制器和场景之间的关系，首先在故事板中添加一个视图控制器，拖曳一个视图控制器实例到文档大纲或编辑器中，然后按住"Control"键，并在文档大纲中从选项卡栏控制器拖曳到新场景的视图控制器。在 Xcode 提示时，选择"Relationship-viewControllers"，如图 9-16 所示。

这样只需要创建关系就行了，这将自动在新场景中添加一个选项卡栏项，我们可以对其进行配置。可以重复上述操作，根据需要创建任意数量的场景，并在选项卡栏中添加选项卡。

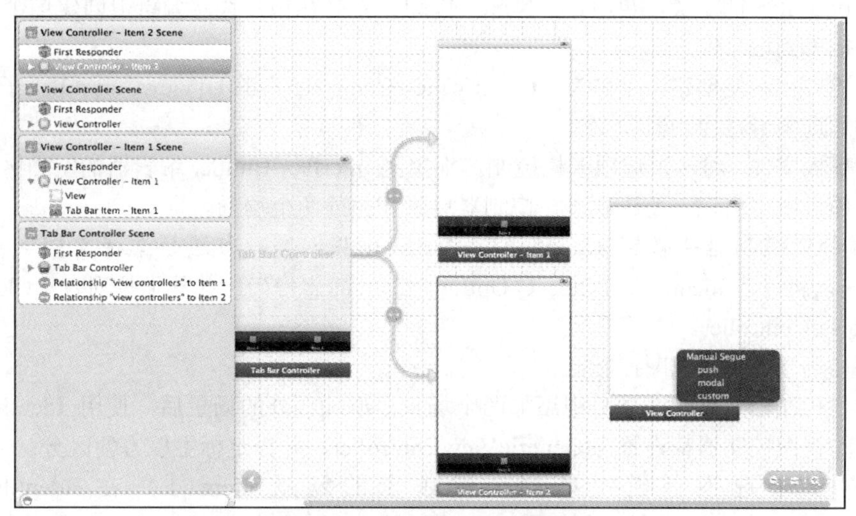

▲图 9-16 在控制器之间建立关系

9.3.2 实战演练——使用选项卡栏控制器构建 3 个场景

在本演示实例中，使用选项卡栏控制器来管理 3 个场景，每个场景都包含一个将计数器加 1 的按钮，但每个场景都有独立的计数器，并且显示在其视图中。并且还将设置选项卡栏项的徽章，使其包含相应场景的计数器值。在具体实现时，先使用模板 Single View Application 新建一个项目，并对其进行清理，再添加一个选项卡栏控制器和两个自定义类，一个是选项卡栏控制器子类，负责管理应用程序的属性；另一个是视图控制器子类，负责显示其他 3 个场景。每个场景都有一个按钮，它触发将当前场景的计数器加 1 的方法。由于在这个项目中要求每个场景都有自己的计数器，而每个按钮触发的方法差别不大，这让我们能够在视图之间共享相同的代码（更新徽章和输出标签的代码），但每个将计数器递增的方法又稍有不同，并且不需要切换。

实例 9-3	使用选项卡栏控制器构建 3 个场景
源码路径	光盘:\daima\9\xuan

1. 创建项目

使用模板 Single View Application 新建一个项目，并将其命名为“xuan”，然后删除 ViewController 类文件和初始视图，构建一个没有视图控制器的空的故事板文件。

（1）添加选项卡栏项视图

选项卡栏控制器管理的每个场景都需要一个图标，用于在选项卡栏中表示该场景。在本项目的文件夹中，包含一个 hmges 文件夹，其中有 3 副 PNG 格式的素材图片 1.png、2.png 和 3.png，将该素材图片文件夹拖放到项目代码编组中，并在 Xcode 询问时选择创建新编组并复制图像资源。

（2）添加选项卡栏控制器类和通用的视图控制器类

本项目需要两个类，第一个是 UITabBarController 子类，它将存储 3 个属性，他们分别是这个项目的场景的计数器。这些类将被命名为“CountingTabBarController”。第二个是 UIViewController 子类，将被命名为“GenericViewController”，它包含一个操作，该操作在用户单击按钮时将相应场景的计数器加 1。

单击项目导航器左下角的“+”按钮，分别选择类别 iOS Cocoa Touch 和 UIViewController subClass 的子类，再单击“Next”按钮。将新类命名为“CountingTabBarController”，将其设置为

UITabBar Controller 的子类，再单击“Next”按钮。务必在项目代码编组中创建这个类，也可在创建后将其拖曳到这个地方。

重复上述过程，便创建一个名为“GenericViewController”的 UIViewController 子类。

（3）添加选项卡栏控制器

打开故事板文件，将一个选项卡栏控制器拖曳到 Interface Builder 编辑器的空白区域（或文档大纲）中。项目中将出现一个选项卡栏控制器场景和另外两个场景。

将选项卡栏控制器关联到 CountingTabBarController 类，方法是选择文档大纲中的 Tab BarConrroller，再打开 Identity Inspctor（“Option+ Command+3”），并从下拉列表“Class”中选择 CountingTabBarController。

（4）添加场景并关联视图控制器

选项卡栏控制器会默认在项目中添加两个场景。添加额外的场景后，使用 Identity Inspector 将每个场景的视图控制器都设置为 GenericViewController，并指定标签以方便区分。

选择对应于选项卡栏中第一个选项卡的场景 Item 1，在 Identity Inspector (“Option+Command+3”)中从下拉列表“Class”中选择“GenericViewController”，再将文本框 Label 的内容设置为“第一个”。切换第二个场景，并重复上述操作，但将标签设置为“第二个”。最后，选择您创建的场景的视图控制器，将类设置为 GenericViewController，并将标签设置为“第三个”。

（5）规划变量和连接

在本实例中需要跟踪 3 个不同的计数器，CountingTabBarController 将包含 3 个属性，它们分别是每个场景的计数器 firstCount、secondCount 和 thirdCount。

类 GenericViewConrroller 将包含如下两个属性。

- outputLabel：指向一个标签（UILabel），其中显示了全部 3 个场景的计数器的当前值。
- barItem：连接到每个场景的选项卡栏项，让我们能够更新选项卡栏项的徽章值。

由于有 3 个不同的计数器，类 GenericViewController 需要如下 3 个操作方法。

- incrementCountFirst。
- incrementCountSecond。
- incrementCountThird。

每个场景中的按钮都触发针对该场景的方法，另外还需添加另外两个方法（updateCounts 和 updateBadge），这样就可以轻松地更新当前计数器和徽章值，而不用在每个 increment 方法中重写同样的代码。

2. 创建选项卡栏关系

按住“Control”键，从文档大纲中的 Counting Tab Bar Controller 拖曳到您添加的场景（Third）。在 Xcode 要求指定切换类型时，选择“Relationship-viewControllers”。此时在 Counting Tab Bar Controller 场景中将新增一个切换，其名称为“Relationship from UITabBarController to Third”。另外将在场景 Third 中看到选项卡栏，其中包含一个选项卡栏项，如图 9-17 所示。

3. 设计界面

首先在第一个场景的顶部附近添加一个标签，然后在视图中央添加一个输出标签。该输出标签将包含多行内容，因此使用 Attributes Inspector(“Option+ Command+4”)将该标签的行数设置为 5。您还可让文本居中，并调整字号。接下来，在视图底部添加一个标签为“Count”的按钮，它将该场景的计数器加 1。

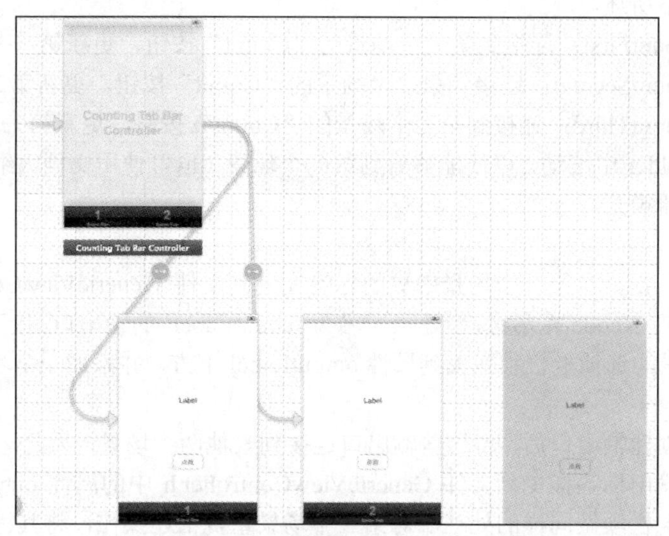

▲图 9-17 创建到场景 Third 的关系

现在单击视图底部的选项卡栏项，打开 Attributes Inspector，将标题设置为“场景 1”，并将图像设置为 l.png。对其他两个场景重复上述操作。第二个场景的标题应为“场景 2”，并使用图像文件 2.png；而第三个场景的标题应为“场景 3”，并使用图像文件 3.png。图 9-18 显示了该应用程序的最终界面设计。

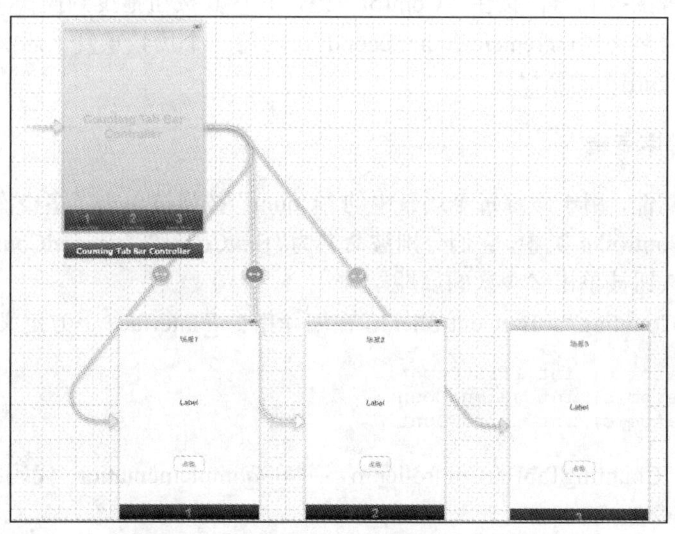

▲图 9-18 选项卡栏应用程序的最终布局

4. 创建并连接输出口和操作

在本项目中需要定义 2 个输出口和 3 个操作，每个输出口都将连接到所有场景，但是每个操作只连接到对应的场景。

需要的输出口如下所述。

- outputLabel（UILabel）：用于显示所有场景的计数器，必须连接到每个场景。
- barItem（UITabBarItem）：指向选项卡栏控制器自动给每个场景添加的选项卡栏项，必须连接到每个场景。

需要的操作如下所述。

- incrementCountFirst：连接到第一个场景的“Count”按钮，更新第一个场景的计数器。
- incrementCountSecond：连接到第二个场景的“Count”按钮，更新第二个场景的计数器。
- incrementCountThird：连接到第三个场景的“Count”按钮，更新第三个场景的计数器。

在 Interface Builder 中滚动，以便能够看到第一个场景（也可使用文档大纲来达到这个目的），再切换到助手编辑器模式。

（1）添加输出口

按住“Control”键，从第一个场景中央的标签拖曳到文件 GenericViewController.h 中编译指令@interface 下方。在 Xcode 提示时，新建一个名为“countLabel”的输出口。接下来，按住“Control”键，并从第一个场景的选项卡栏项拖曳到属性 outputLabel 下方，并添加一个名为“barItem”的输出口。

为第一个场景创建输出口后，将这些输出口连接到其他两个场景。为此，按住“Control”键，并从第二个场景的输出标签拖曳到文件 GenericViewController.h 中的属性 outputLabel。同理，对第二个场景的选项卡栏项做同样的处理。对第三个场景重复上述操作，将其标签和选项卡栏项连接到现有的输出口。

（2）添加操作

每个场景连接的操作都独立，因为每个场景都有独立的计数器需要更新。从第一个场景开始。按住“Control”键，并从“Count”按钮拖曳到文件 GenericViewController.h 属性定义的下方。在 Xcode 提示时，新建一个名为“incrementCountFirst”的操作。

切换到第二个视图控制器，按住“Control”键，并从其按钮拖曳到操作 incrementCountFirst 下方，并将新操作命名为“incrementCountSecond”，对第三个场景重复上述操作，连接到一个名为“incrementCountthird”的新操作。

5. 实现应用程序逻辑

首先添加 3 个属性，用于跟踪每个场景中的“Count”按钮被单击了多少次。这些属性将加入到 CountingTabBarController 类中，它们分别被命名为“firstCount”、“secondCount”和“thirdCount”。

（1）添加记录按钮被单击多少次的属性

打开接口文件 CountingTabBarController.h，在编译指令@interface 下方定义如下 3 个 int 属性。

```
@property (nonatomic) int firstCount;
@property (nonatomic) int secondCount;
@property (nonatomic) int thirdCount;
```

然后打开文件 CountingTabBarController.m，并在@implementation 代码行下方添加配套的@synthesize 编译指令：

```
@synthesize firstCount;
@synthesize secondCount;
@synthesize thirdCount;
```

要在类 GenericViewController 中访问这个属性，需要在文件 GenericViewController.h 中导入自定义选项卡栏控制器的接口文件。为此，在现有“#import”语句下方添加如下代码行：

```
#import "CountingTabBarController.h"
```

另外还需要创建两个对场景显示的内容进行更新的方法，再在操作方法中将计数器加 1，并调用这些更新方法。

（2）显示计数器

虽然每个场景的计数器不同，但是显示这些计数器的逻辑是相同的，它是前一个示例项目使用的代码的扩展版。我们将在一个名为“updateCounts”的方法中实现这种逻辑。

在文件 GenericViewController.h 中，声明方法 updateCounts 的原型。如果将这个方法放在实现文件的开头，就无需声明该原型，但声明它是一种好习惯，还可以避免 Xcode 发出警告。

在文件 GenericViewController.h 中，在现有操作定义下方添加如下代码行：

```
- (void) updateCounts;
```

接下来在文件 GenericViewController.m 中实现方法 updateCounts，具体代码如下所示。

```
-(void)updateCounts {
    NSString *countString;
    countString=[[NSString alloc] initWithFormat:
                @"第一个: %d\n 第二个: %d\n 第三个: %d",
                ((CountingTabBarController *)self.parentViewController).firstCount,
                ((CountingTabBarController *)self.parentViewController).secondCount,
                ((CountingTabBarController *)self.parentViewController).thirdCount];
    self.outputLabel.text=countString;
}
```

在上述代码中，先声明了一个 countString 变量，用于存储格式化后的输出字符串。然后使用存储在 CountingTabBarController 实例中的属性创建该字符串。最后在标签 outputLabel 中输出格式化后的字符串。

（3）让选项卡栏项的徽章值递增

为了将选项卡栏项的徽章值递增，需要从徽章中读取当前值（badgeValue），并将其转换为整数再加 1，然后将结果转换为字符串，并将 badgeValue 设置为该字符串。因为已经添加了一个适用于所有场景的 barItem 属性，所以只需在类 GenericViewController 中使用一个方法将徽章值递增。此处将这个方法命名为“updateBadge”。

首先，在文件 GenericViewController.h 中声明该方法的原型：

```
- (void) updateBadge;
```

然后在文件 GenericViewController.m 中添加如下所示的代码：

```
-(void)updateBadge {
    NSString *badgeCount;
    int     currentBadge;
    currentBadge=[self.barItem.badgeValue intValue];
    currentBadge++;
    badgeCount=[[NSString alloc] initWithFormat:@"%d",
              currentBadge];
    self.barItem.badgeValue=badgeCount;
}
```

对上述代码的具体说明如下所示。

第 2 行：声明了字符串变量 badgeCount，它将存储一个经过格式化的字符串，以便赋给属性 badgeValue。

第 3 行：声明了整型变量 currentBadge，它将存储当前徽章值的整数表示。

第 4 行：调用 NSString 的实例方法 intValue，将选项卡栏项的 badgeValue 属性的整数表示存储到 currentBadge 中。

第 5 行：将当前徽章值加 1。

第 6 行：分配字符串变量 badgeCount，并使用 currentBadge 的值初始化它。

第 8 行：将选项卡栏项的 badgeValue 属性设置为新的字符串。

（4）更新触发计数器

本实例的最后一步是实现方法 incrementCountFirst、incrementCountSecond 和 incrementCountThird。由于更新标签和徽章的代码包含在独立的方法中，所以这 3 个方法都只有 3 行代码，且除设置的属性不同外，其他的都相同。这些方法必须更新 CountingTabBarController 类中相应的计数器，然后调用方法 updateCounts 和 updateBadge 以更新界面。下面的代码演示了这 3 个方法的具体实现。

```
- (IBAction)incrementCountFirst:(id)sender {
    ((CountingTabBarController *)self.parentViewController).firstCount++;
    [self updateBadge];
    [self updateCounts];
}
- (IBAction)incrementCountSecond:(id)sender {
    ((CountingTabBarController *)self.parentViewController).secondCount++;
    [self updateBadge];
    [self updateCounts];
}
- (IBAction)incrementCountThird:(id)sender {
    ((CountingTabBarController *)self.parentViewController).thirdCount++;
    [self updateBadge];
    [self updateCounts];
}
```

到此为止，整个实例介绍完毕。运行后可以在不同场景之间切换，执行效果如图 9-19 所示。

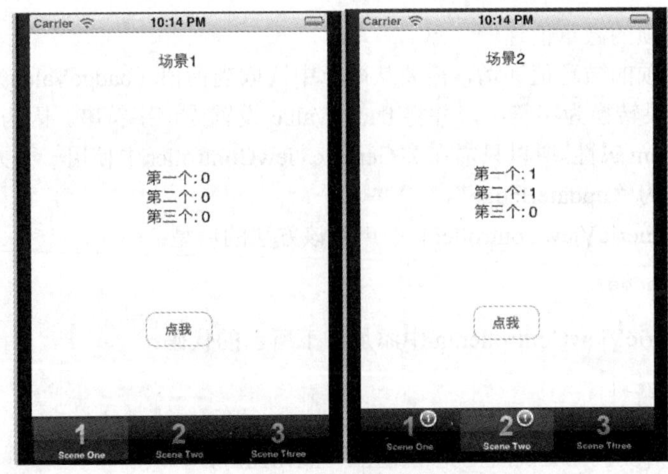

▲图 9-19　执行效果

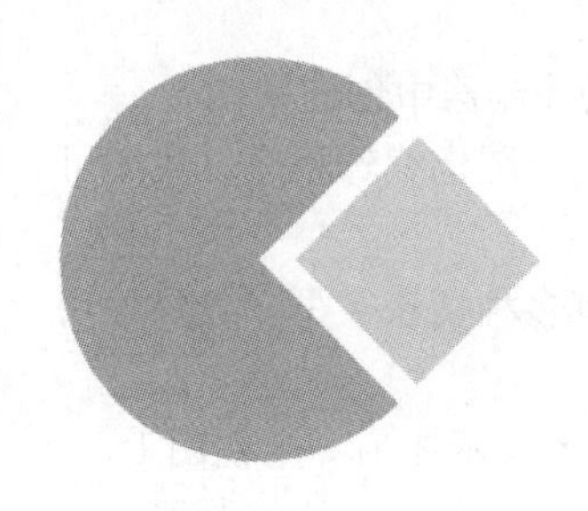

第 10 章　实现多场景和弹出框

本章将详细讲解 iOS 中的多场景和切换等知识，让开发的应用程序从单视图工具型程序变成功能齐备的软件。通过本章内容的学习，读者可以掌握以可视化和编程方式创建模态切换和处理场景之间的交互，了解 iPad 特有的 UI 元素——弹出框的知识，为读者步入本书后面知识的学习打下基础。

10.1 多场景故事板

在 iOS 应用中，使用单个视图也可以创建功能众多的应用程序，但很多应用程序不适合使用单视图。在我们下载的应用程序中，几乎都有配置屏幕、帮助屏幕或在启动时加载的初始视图之外显示信息。

10.1.1 多场景故事板基础

要在 iOS 应用程序中实现多场景的功能，需要在故事板文件中创建多个场景。通常简单的项目只有一个视图控制器和一个视图，如果能够不受限制地添加场景（视图和视图控制器）就会增加很多功能，这些功能可以通过故事板实现。并且还可以在场景之间建立连接。图 10-1 显示了一个包含切换的多场景应用程序的设计。

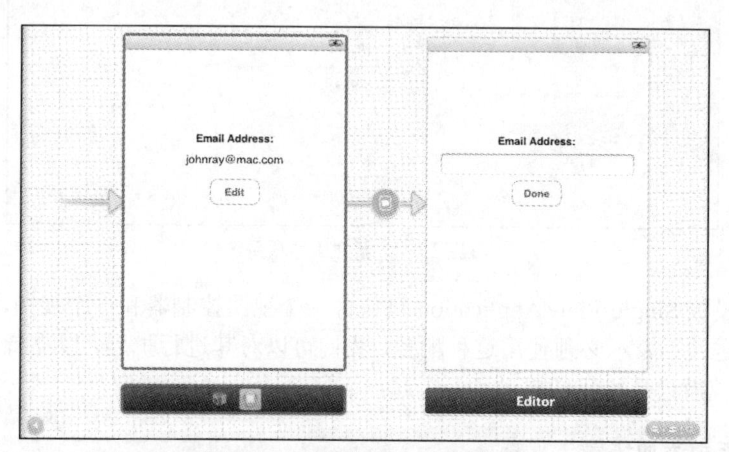

▲图 10-1　一个多场景应用程序的设计

在讲解多场景开发的知识之前，需要先介绍一些术语，帮助读者学习本书后面的知识。

● 视图控制器（view controller）：负责管理用户与其 iOS 设备交互的类。在本书的很多示例中，都使用单视图控制器来处理大部分应用程序逻辑。但还存在其他类型的控制器，接下来的几章将使用这些控制器。

- 视图（view）：用户在屏幕上看到的布局，本书前面一直在视图控制器中创建视图。
- 场景（scene）：视图控制器和视图的独特组合。假设您要开发一个图像编辑程序，我们可能创建用于选择文件的场景、实现编辑器的场景、应用滤镜的场景等。
- 切换（segue）：切换是场景间的过渡，常使用视觉过渡效果。有多种切换类型，具体使用哪些类型取决于使用的视图控制器类型。
- 模态视图（modal view）：在需要进行用户交互时，通过模态视图显示在另一个视图上 。
- 关系（relationship）：类似于切换，用于某些类型的视图控制器，如选项卡栏控制器。关系是在主选项卡栏的按钮之间创建的，当用户触摸这些按钮时会显示独立的场景。
- 故事板（storyboard）：包含项目中场景、切换和关系定义的文件。

要在应用程序中包含多个视图控制器，必须创建相应的类文件，并且需要掌握在 Xcode 中添加新文件的方法。除此之外，还需要知道如何按住“Control”键进行拖曳操作。

10.1.2　创建多场景项目

要想创建包含多个场景和切换的 iOS 应用程序，需要知道如何在项目中添加新视图控制器和视图。对于每对视图控制器和视图来说，还需要提供支持的类文件，然后可以在其中使用编写的代码实现场景的逻辑。

为了让大家对这一点有更深入的认识，接下来将以模板 Single View Application 为例进行讲解，假设新建了一个名为“duo”的工程，如图 10-2 所示。

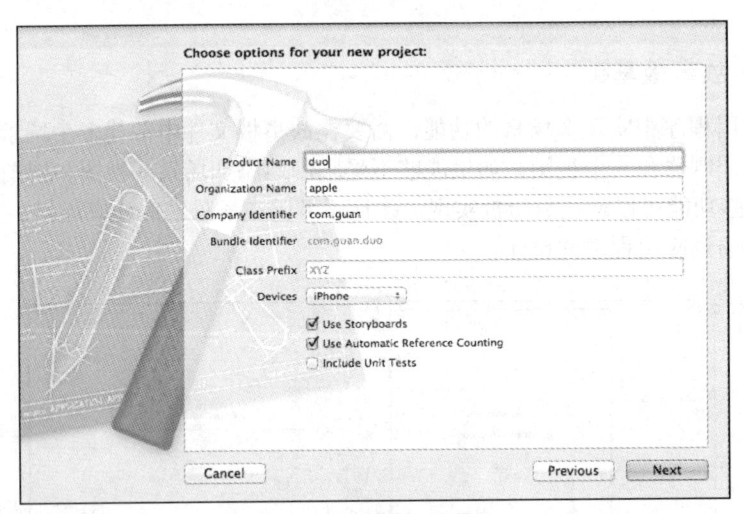

▲图 10-2　新建工程项目

众所周知，模板 Single View Application 只包含一个视图控制器和一个视图，也就是说只包含一个场景。但是这并不表示必须使用这种配置，我们可以对其进行扩展，以支持任意数量的场景。由此可见，这个模板只是给我们提供了一个起点而已。

1. 在故事板中添加场景

为了在故事板中添加场景，在 Interface Builder 编辑器中打开故事板文件（MainStoryboard.storyboard）。然后确保打开了对象库（“Control+ Option+ Command+3”），如图 10-3 所示。

然后在搜索文本框中输入“view controller”，这样可以列出可用的视图控制器对象，如图 10-4 所示。

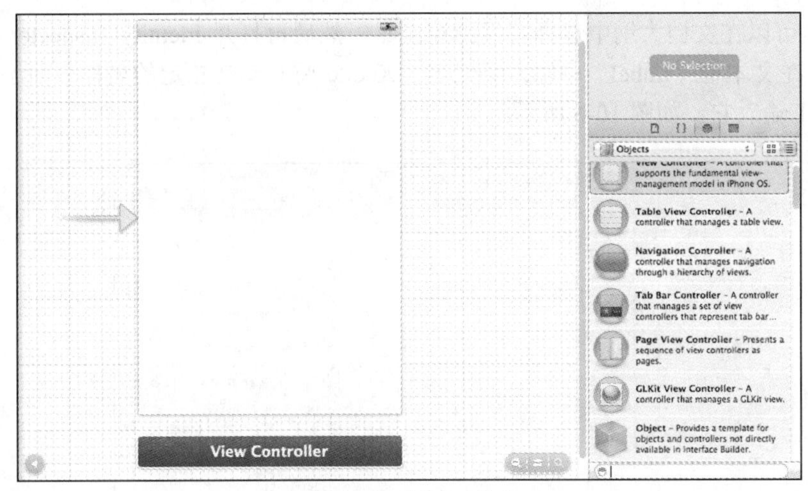

▲图 10-3　打开对象库

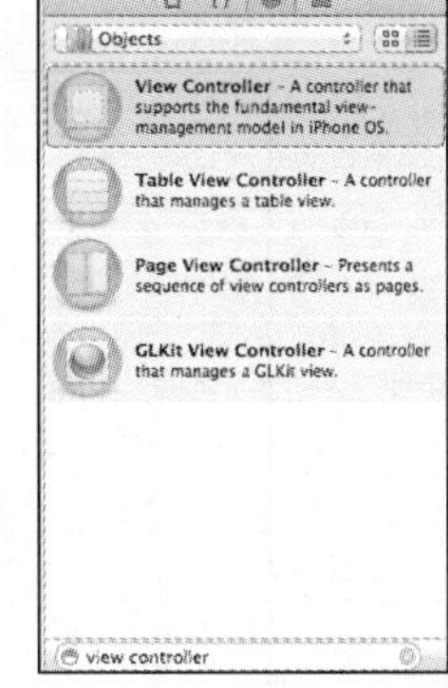

▲图 10-4　在对象库中查找视图控制器对象

接下来将 View Controller 拖曳到 Interface Builder 编辑器的空白区域，这样就在故事板中成功添加了一个视图控制器和相应的视图，从而新增加了一个场景，如图 10-5 所示。可以在故事板编辑器中拖曳新增的视图，并将其放到方便的地方。

▲图 10-5　添加新视图控制器/视图

如果发现在编辑器中拖曳视图比较困难，可使用它下方的对象栏，这样可以方便地移动对象。

2. 给场景命名

当新增加一个场景后，会发现在默认情况下，每个场景都会根据其视图控制器类来命名。现在已经存在一个名为“ViewController”的类了，所以在文档大纲中，默认场景名为“View Controller Scene”。而现在新增场景还没有为其指定视图控制器类，所以该场景也命名为“View Controller Scene”。如果继续添加更多的场景，这些场景也会被命名为“View Controller Scene”。

为了避免这种同名的问题，可以用如下两种办法解决。

① 添加视图控制器类，并将其指定给新场景。

② 但是有时应该根据自己的喜好给场景指定名称，而反应底层代码的功能并不是更好的选择。例如对视图控制器类来说，名称“GUAN Image Editor Scene”是一个糟糕的名字。要想根据

自己的喜好给场景命名，可以在文档大纲中选择其视图控制器，然后再打开 Identity Inspector 并展开 Identity 部分，然后在文本框“Label”中输入场景名。Xcode 将自动在指定的名称后面添加 Scene，并不需要我们手工输入它，如图 10-6 所示。

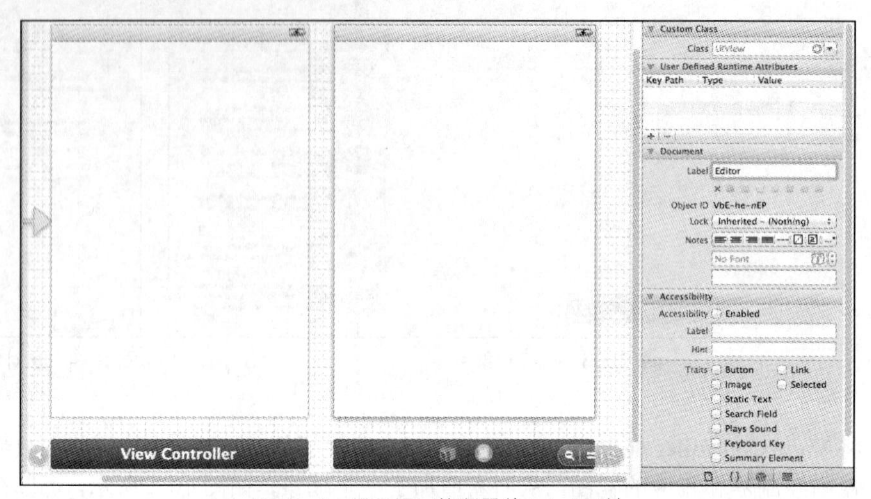

▲图 10-6　设置视图控制器的 Label 属性

3. 添加提供支持的视图控制器子类

在故事板中添加新场景后，需要将其与代码关联起来。在模板 Single View Application 中，已经将初始视图的视图控制器配置成了类 ViewController 的一个实例，可以通过编辑文件 ViewController.h 和 ViewController.m 来实现这个类。为了支持新增的场景，还需要创建类似的文件。所以要在项目中添加 UIViewController 的子类，方法是确保项目导航器可见（“Command+1”），然后再单击其左下角的“+”按钮，然后选择“New File...”选项，如图 10-7 所示。

在打开的对话框中，选择模板类别 iOS Cocoa Touch，再选择图标“Objective-C class”，如图 10-8 所示。

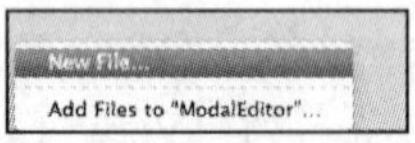

New File...
Add Files to "ModalEditor"...

▲图 10-7　选择“New File”选项

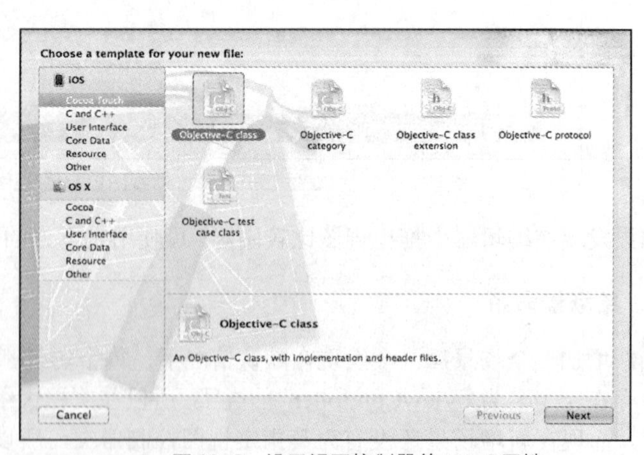

▲图 10-8　设置视图控制器的 Label 属性

此时弹出一个新界面，在“subclass of”填写“UIViewController”，即 UIViewController subclass。如图 10-9 所示，这样可以方便地区分不同的场景。

如果添加的场景将显示静态内容（如 Help 或 About 页面），则无需添加自定义子类，而可使用给场景指定的默认类 UIViewController，但如果这样，我们就不能在场景中添加互动性。

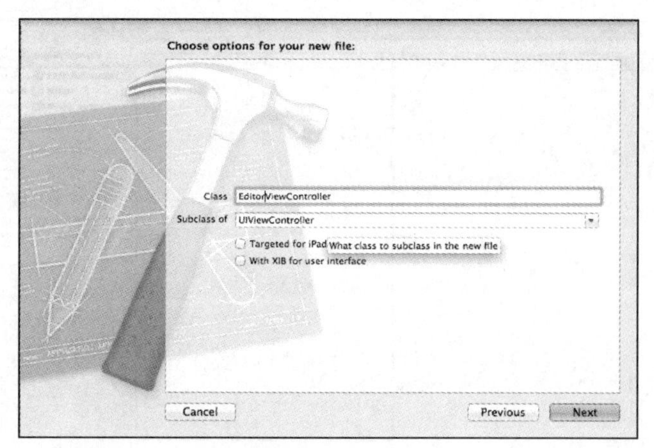

▲图 10-9 命名

在图 10-9 中，Xcode 会提示我们给类命名，在命名时需要遵循将这个类与项目中的其他视图控制器区分开来的原则。例如，图 10-9 中的“EditorViewController”就比“ViewControllerTwo”要好。如果创建的是 iPad 应用程序，选择复选框“Targeted for iPad”，然后再单击“Next”按钮。最后，Xcode 会提示我们指定新类的存储位置，如图 10-10 所示。

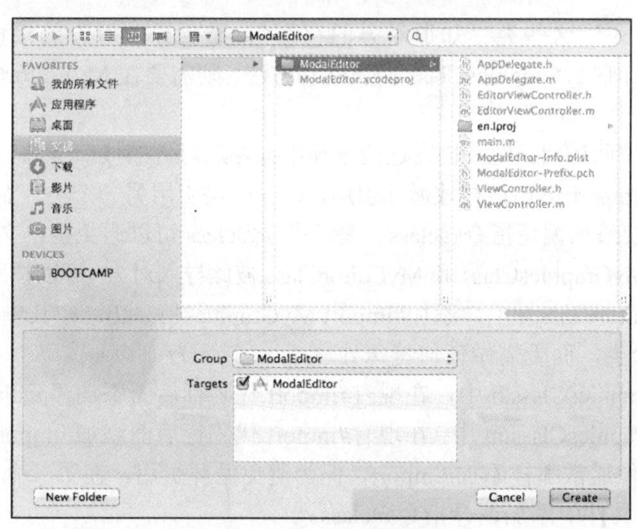

▲图 10-10 选择位置

在对话框底部，从下拉列表 Group 中选择项目代码编组，再单击“Create”按钮。将这个新类加入到项目中后就可以编写代码了。要想将场景的视图控制器关联到 UIViewController 子类，需要在文档大纲中选择新场景的 View Controller，再打开 Identity Inspector (“Option+Command+3”)。在 Custom Class 部分，从下拉列表中选择刚创建的类（如 EditorViewController），如图 10-11 所示。

给视图控制器指定类以后，便可以像开发初始场景那样开发新场景了，只是在新的视图控制器类中编写代码。至此，创建多场景应用程序的大部分流程就完成了，但这两个场景还是完全彼此独立的。此时的新场景就像是一个新应用程序，不能在该场景和和原来的场景之间交换数据，也不能在它们之间过渡。

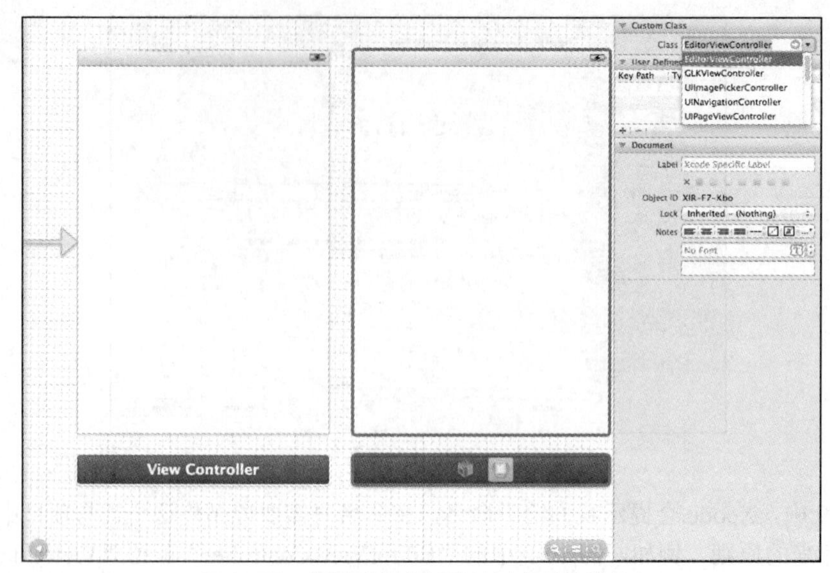

▲图 10-11　将视图控制器同新创建的类关联起来

4. 使用#import 和@class 共享属性和方法

要想以编程的方式让这些类“知道对方的存在”，需要导入对方的接口文件。例如，如果 MyEditorClass 需要访问 MyGraphicsClass 的属性和方法，则需要在 MyEditorClass.h 的开头包含语句#import “MyGraphicsClass”。

如果两个类需要彼此访问，而我们在这两个类中都导入对方的接口文件，则此时很可能会出现编译错误，因为这些 import 语句将导致循环引用，即一个类引用另一个类，而后者又引用前者。为了解决这个问题，需要添加编译指令@class，编译指令@class 可以避免接口文件引用其他类时导致循环引用。即需要将 MyGraphicsClass 和 MyEditorClass 彼此导入对方，可以按照如下过程添加引用。

① 在文件 MyEditorClass.h 中，添加#import MyGraphicsClass.h。在其中一个类中，只需使用#import 来引用另一个类，而无需做任何特殊处理。

② 在文件 MyGraphicsClsss.h 中，在现有#import 代码行后面添加“@class MyEditorClass;”。

③ 在文件 MyGraphicsClsss.m 中，在现有#import 代码行后面添加#import“MyEditorClass.h”。

在第一个类中，像通常那样添加#import，但为避免循环引用，在第二个类的实现文件中添加#import，并在其接口文件中添加编译指令@class。

10.1.3　实战演练——实现多个视图之间的切换

在本节的演示实例中，在一个编辑区域设计多个视图，并通过可视化的方法进行各个视图之间的切换的方法。

实例 10-1	实现多个视图之间的切换
源码路径	光盘:\daima\10\Storyboard Test

本实例的具体实现流程如下所示。

① 运行 Xcode，新建一个 Empty Application，命名为“Storyboard Test”。

② 打开 AppDelegate.m，找到 didFinishLaunchingWithOptions 方法，删除其中代码，使得只有“return YES;”语句。

③ 创建一个 Storyboard，在菜单栏依次选择“File”→“New”→“New File”命令，在弹出窗口的左边选择 iOS 组中的“User Interface”，在右边选择“Storyboard”，如图 10-12 所示。

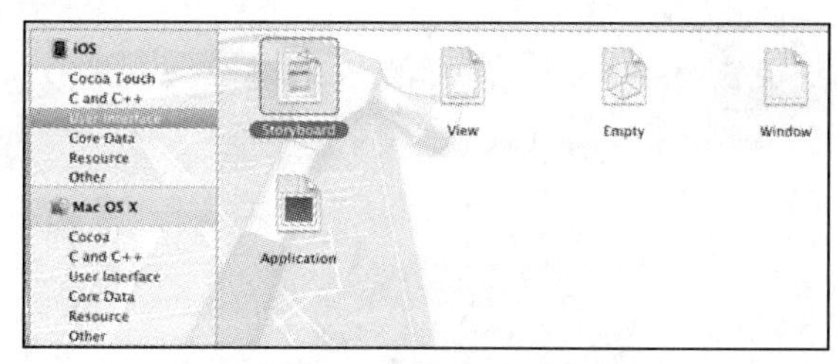

▲图 10-12 选择“Storyboard”

然后单击“Next”按钮，选择 Device Family 为“iPhone”，单击“Next”按钮，输入名称“MainStoryboard”，并设好 Group。单击“Create”按钮后便创建了一个 Storyboard。

④ 配置程序，使得从 MainStoryboard 启动。先单击左边带蓝色图标的“Storyboard Test”，然后选择“Summary”，接下来在“Main Storyboard”中选择“MainStoryboard”，如图 10-13 所示。

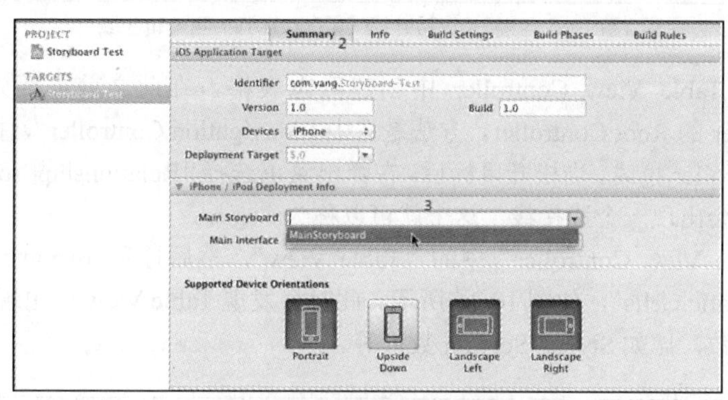

▲图 10-13 设置启动时的场景

当此时运行程序时，就从 MainStoryboard 加载内容了。

⑤ 单击 MainStoryboard.storyboard，会发现编辑区域是空的。拖一个 Navigation Controller 到编辑区域，如图 10-14 所示。

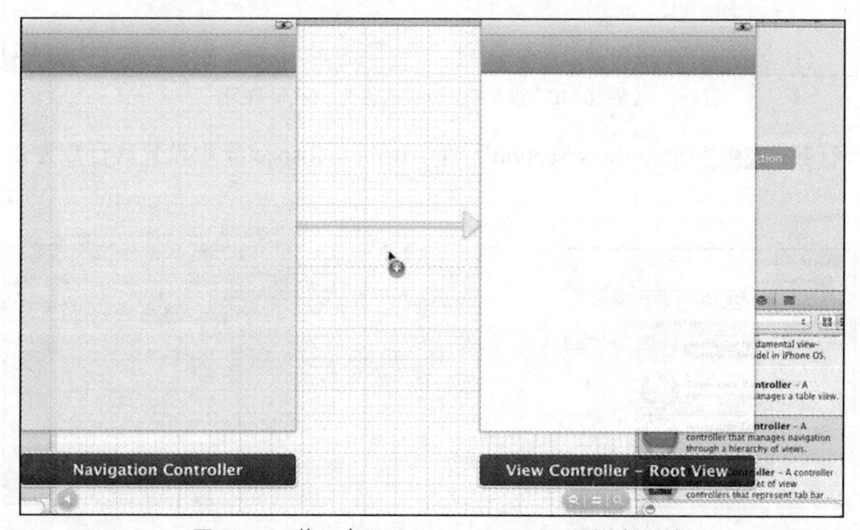

▲图 10-14 拖一个 Navigation Controller 到编辑区域

⑥ 选中右边的 View Controller，然后按“Delete”键删除它。之后拖一个 Table View Controller 到编辑区域，如图 10-15 所示。

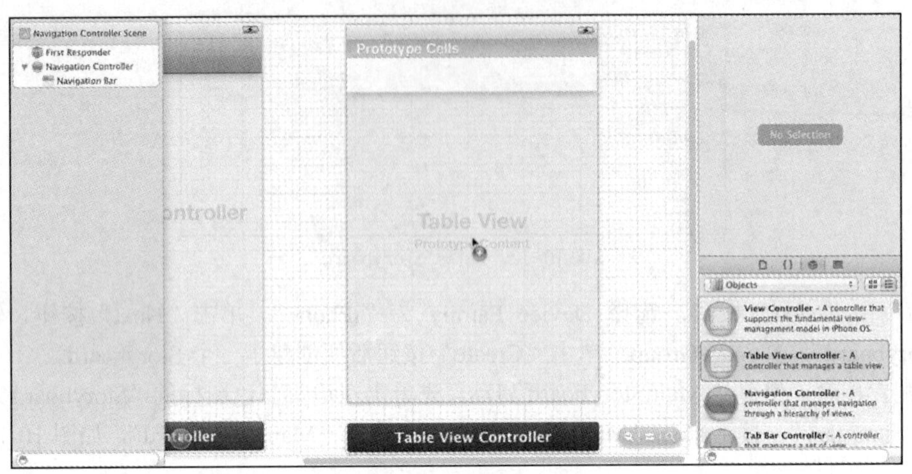

▲图 10-15　拖一个 Table View Controller 到编辑区域

⑦ 将在这个 Table View Controller 中创建静态表格，在此之前需要先将其设置为左边 Navigation Controller 的 Root Controller，方法是选中“Navigation Controller”，按住“Control”键，向 Table View Controller 拉线。当松开鼠标后，在弹出菜单选择“Relationship- rootViewController”。这样在两个框之间会出现一个连接线，这个就可以称为 Segue。

⑧ 选中“Table View Controller”中的“Table View”，然后打开 Attribute Inspector，设置其 Content 属性为“Static Cells”，如图 10-16 所示。此时会发现 Table View 中出现了 3 行 Cell。在图上可以设置很多参数，比如 Style、Section 数量等。

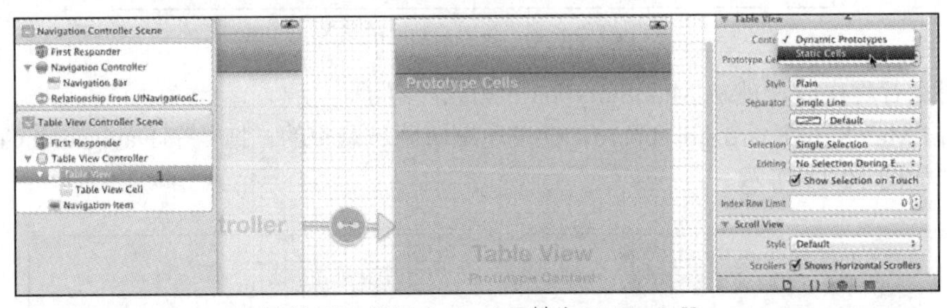

▲图 10-16　设置 Content 属性为 Static Cells

⑨ 设置行数。选中“Table View Section”，在 Attribute Inspector 中设置其行数为 2，如图 10-17 所示。

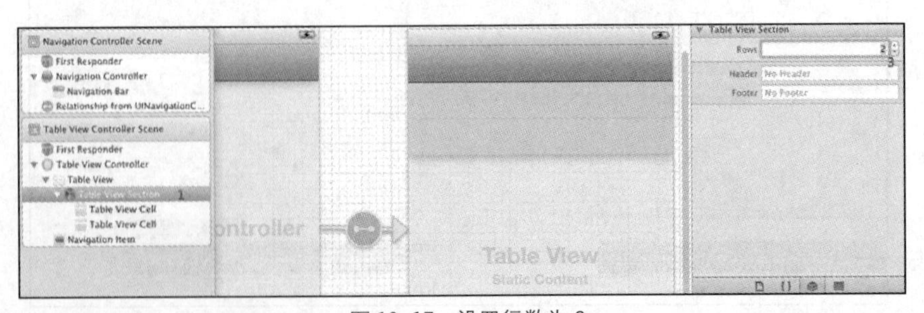

▲图 10-17　设置行数为 2

然后选中每一行，设置其“Style”为“Basic”，如图 10-18 所示。

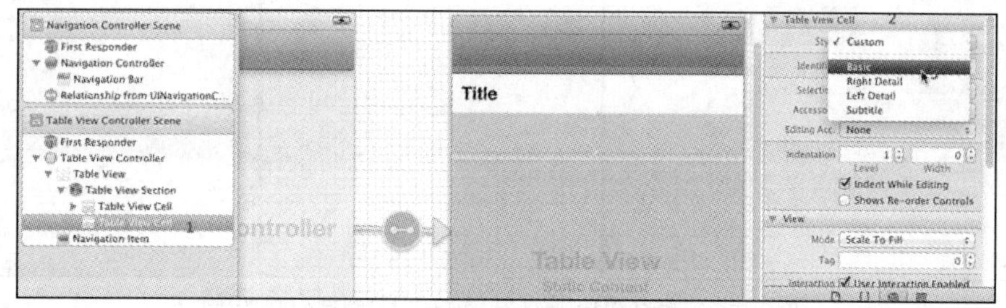

▲图 10-18 设置“Style”为“Basic”

设置第一行中 Label 的值为“Date and Time”，设置第二行中的 Label 为“List“。然后选中下方的 Navigation Item，在 Attribute Inspector 设置“Title”为“Root View”，设置“Back Button”为“Root”，如图 10-19 所示。

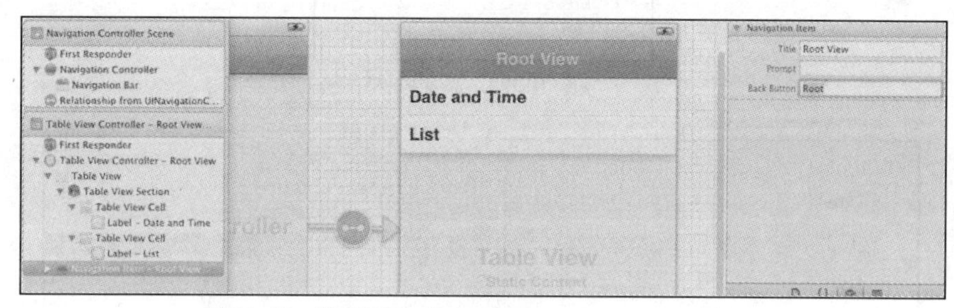

▲图 10-19 设置 Title 为 Root View，Back Button 为 Root

⑩ 单击表格中的“Date and Time”这一行实现页面转换，在新页面显示切换时的时间。在菜单栏依次选择“File”→“New”→“New File”，在弹出的窗口左边选择 iOS 中的“Cocoa Touch”，右边选择“UIViewController subclass”，如图 10-20 所示。

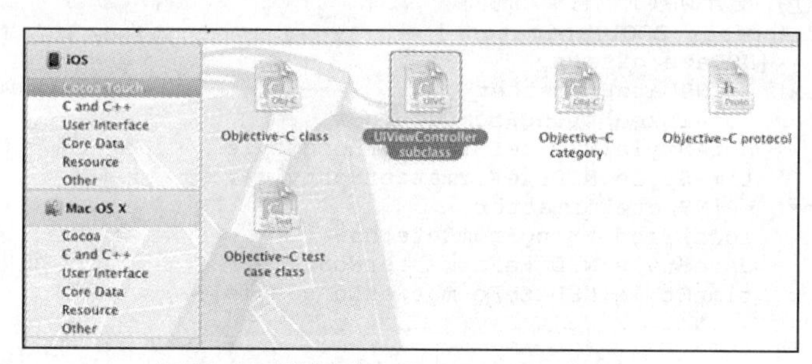

▲图 10-20 选择“UIViewController subclass”

单击“Next”按钮，输入名称“DateAndTimeViewController”，但是不要选 XIB，之后选好位置和 Group，完成创建工作。

⑪（11）再次打开 MainStoryboard.storyboard，拖一个 View Controller 到编辑区域，然后选中这个 View Controller，打开 Identity Inspector，设置 Class 属性为“DateAndTimeViewController”，如图 10-21 所示。这样就可以向 DateAndTimeViewController 创建映射了。

⑫ 向新拖入的 View Controller 添加控件，如图 10-22 所示。

然后将显示为 Label 的两个标签向 DateAndTimeViewController.h 中创建映射，名称分别是“dateLabel”、“timeLabel”，如图 10-23 所示。

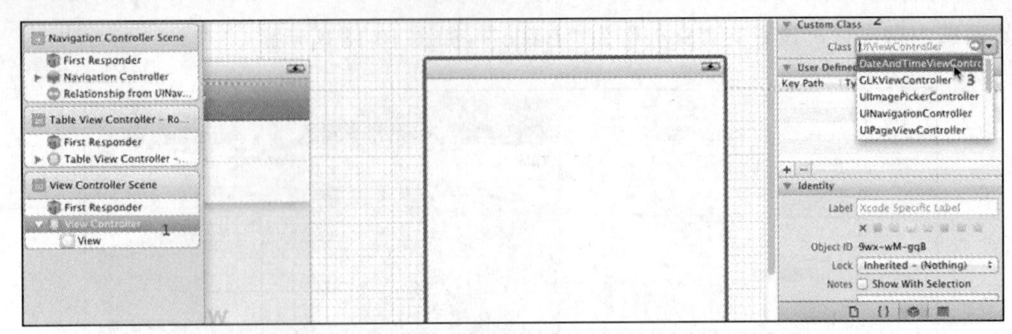

▲图 10-21　设置 class 属性为 DateAndTimeViewController

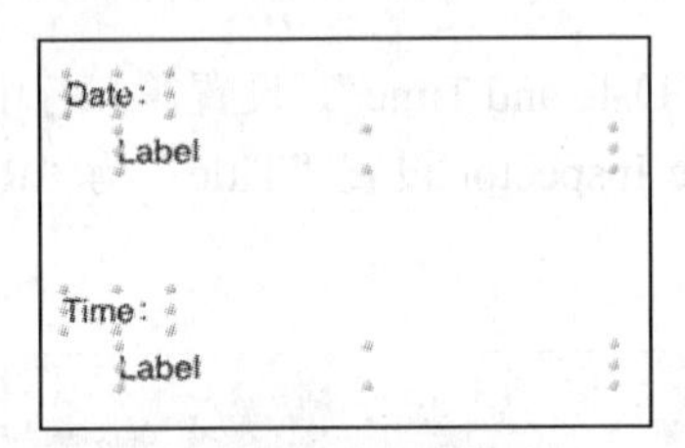

▲图 10-22　添加控件

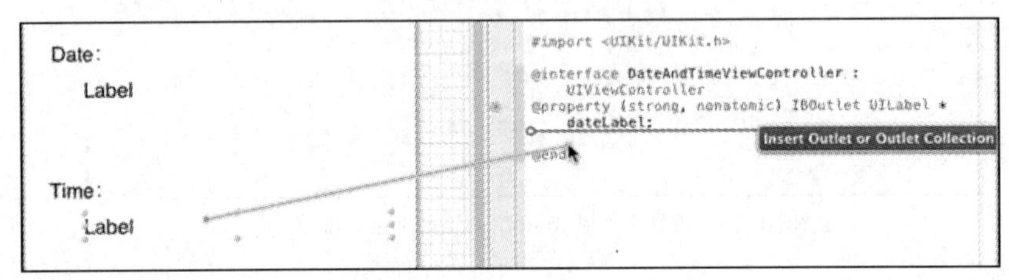

▲图 10-23　创建映射

⑬ 打开 DateAndTimeViewController.m，在 ViewDidUnload 方法之后添加如下代码。

```
//每次切换到这个试图，显示切换时的日期和时间
- (void)viewWillAppear:(BOOL)animated {
    NSDate *now = [NSDate date];
    dateLabel.text = [NSDateFormatter
                      localizedStringFromDate:now
                      dateStyle:NSDateFormatterLongStyle
                      timeStyle:NSDateFormatterNoStyle];
    timeLabel.text = [NSDateFormatter
                      localizedStringFromDate:now
                      dateStyle:NSDateFormatterNoStyle
                      timeStyle:NSDateFormatterLongStyle];
}
```

⑭ 打开 MainStoryboard.storyboard，选中表格的行“Date and Time”，按住“Control”并向 View Controller 拉线，如图 10-24 所示。

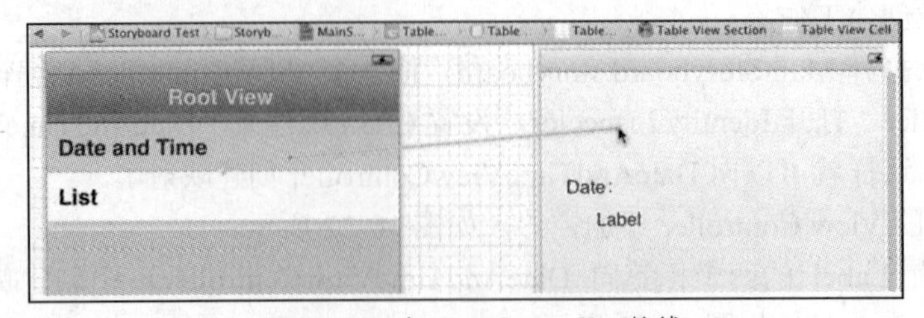

▲图 10-24　向 View Controller 拉线

在弹出的菜单选择“Push”，如图 10-25 所示。

这样，Root View Controller 与 DateAndTimeViewController 之间就出现了箭头，运行时当点击表格中的那一行，视图就会切换到 DateAndTimeViewController。

⑮ 选中 DateAndTimeViewController 中的“Navigation Item”，在 Attribute Inspector 中设置其“Title”为“Date and Time”，如图 10-26 所示。

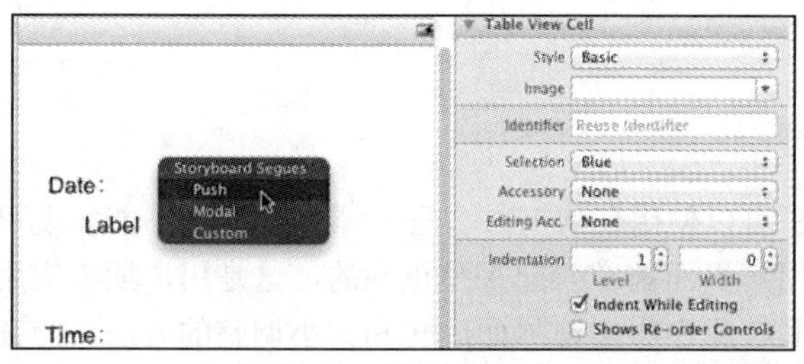

▲图 10-25 选择“Push”

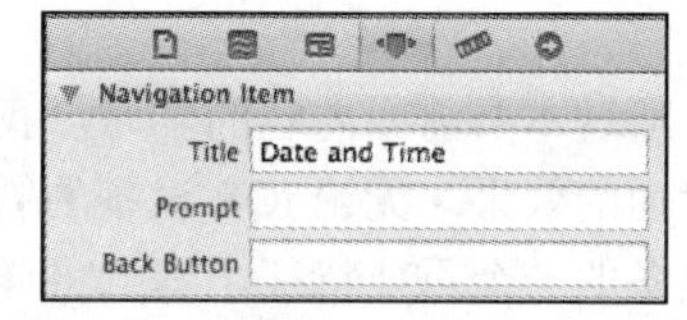

▲图 10-26 设置 Title 为 Date and Time

到此为止，整个实例全部完成。运行后首先将程序加载静态表格，在表格中显示两行，Date and Time 和 List。如果单击“Date and Time”，视图切换到相应视图。如果单击左上角的“Root”按钮，视图会回到 Root View。每当进入 Date and Time 视图时会显示不同的时间，如图 10-27 所示。

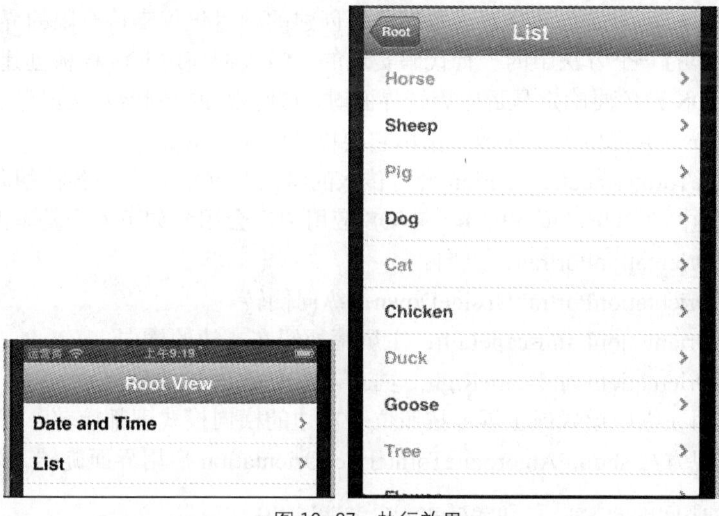

▲图 10-27 执行效果

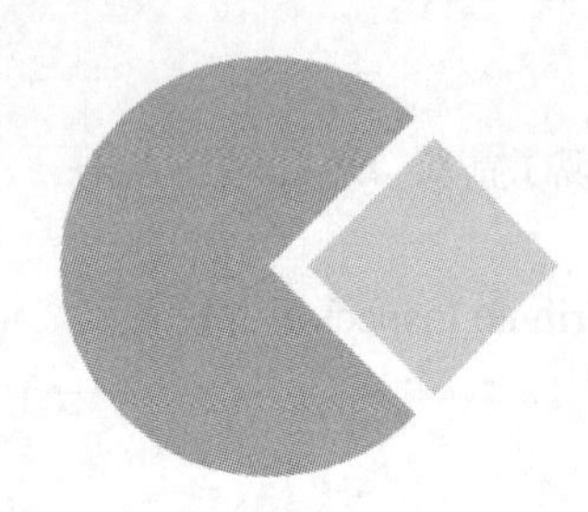

第11章 界面旋转、大小和全屏处理

通过本书前面内容的学习，我们已经几乎可以使用任何 iOS 界面元素，但是还不能实现可旋转界面的效果。无论 iOS 设备的朝向如何，用户界面都应看起来是正确的，这是用户期望应用程序具备的一个重要特征。本章将详细讲解在 iOS 程序中实现界面旋转和大小调整的方法，为读者步入本书后面知识的学习打下基础。

11.1 启用界面旋转

iPhone 是第一款可以动态旋转界面的消费型手机，使用起来既自然又方便。在创建 iOS 应用程序时，务必考虑用户将如何与其交互。本书前面创建的项目仅仅支持有限的界面旋转功能，此功能是由视图控制器的一个方法中的一行代码实现的。当我们使用 iOS 模板创建项目时，默认将添加这行代码。当 iOS 设备要确定是否应旋转界面时，它向视图控制器发送消息 shouldAutorotate-ToInterfaceOrientation，并提供一个参数来指出它要检查哪个朝向。

shouldAutorotateToInterfaceOrientation 会对传入的参数与 iOS 定义的各种朝向常量进行比较，并对要支持的朝向返回 TRUE（或 YES）。在 iOS 应用中，会用到如下 4 个基本的屏幕朝向常量。

- UIInterfaceOrientationPortrait：纵向。
- UIInterfaceOrientationPortraitUpsideDown：纵向倒转。
- UIInterfaceOrientationLandscapeLeft：主屏幕按钮在左边的横向。
- UIInterfaceOrientationLandscapeRight：主屏幕按钮在右边的横向。

例如，要让界面在纵向模式或主屏幕按钮位于左边的横向模式下都旋转，可以在视图控制器中通过如下代码实现方法 shouldAutorotateToInterfaceOrientation 启用界面旋转。

```
- ( BOOL) shouldAutorotateToInterfaceOrientation:
  (UIInterfaceOrientation)interfaceOrientation
  {
  return (interfaceOrientation==UllnterfaceOrientationPortrait ||
  interfaceOrientation==UlInterfaceOrientationLandscapeLeft);
  }
```

这样只需一条 return 语句就可以了，会返回一个表达式的结果，该表达式将传入的朝向参数 interfaceOrientation 与 UIInterfaceOrientationPortrait 和 UIInterfaceOrientationLandscapeLeft 进行比较。只要任何一项比较为真，便会返回 TRUE。如果检查的是其他朝向，该表达式的结果为 FALSE。只需在视图控制器中添加这个简单的方法，应用程序便能够在纵向和主屏幕按钮位于左边的横向模式下自动旋转界面。

如果使用 Apple iOS 模板指定创建 iOS 应用程序，方法 shouldAutorotateToInterfaceOrientation 将默认支持除纵向倒转外的其他所有朝向。iPad 模板支持所有朝向。要想在所有可能的朝向下都旋转界面，可以将方法 shouldAutorotateToInterfaceOrentation 实现为 return YES，这也是 iPad 模板的默认实现方式。

11.2 设计可旋转和调整大小的界面

本章接下来的内容将探索 3 种创建可旋转和调整大小的界面的方法。

11.2.1 自动旋转和自动调整大小

Xcode Interface Builder 编辑器提供了描述界面在设备旋转时如何做出反应的工具，无需编写任何代码就可以在 Interface Builder 中定义一个这样的视图，即在设备旋转时相应地调整其位置和大小。在设计任何界面时都应首先考虑这种方法，如果在 Interface Builder 编辑器中能够成功地在单个视图中定义纵向和横向模式，便大功告成了。但是在有众多排列不规则的界面元素时，自动旋转/自动调整大小的效果不佳。如果只有一行按钮是当然没问题的，但是如果是大量文本框、开关和图像混合在一起时，可能根本就不管用。

11.2.2 调整框架

每个 UI 元素都由屏幕上的一个矩形区域定义，这个矩形区域就是 UI 元素的 frame 属性。要调整视图中 UI 元素的大小或位置，可以使用 Core Graphics 中的 C 语言函数 CGRectMake(x,y,width, height）来重新定义 frame 属性。该函数接受 *x* 和 *y* 坐标以及宽度和高度（单位都是点）作为参数，并返回一个框架对象。

通过重新定义视图中每个 UI 元素的框架，便可以全面控制它们的位置和大小。我们需要跟踪每个对象的坐标位置，这本身并不难，但当您需要将一个对象向上或向下移动几个点时，可能发现需要调整它上方或下方所有对象的坐标，这就会比较复杂。

11.2.3 切换视图

为了让视图适合不同的朝向，一种更激动人心的方法是给横向和纵向模式提供不同的视图。当用户旋转手机时，当前视图将替换为另一个布局适合该朝向的视图。这意味着可以在单个场景中定义两个布局符合需求的视图，但这也意味着需要为每个视图跟踪独立的输出口。虽然不同视图中的元素可调用相同的操作，但它们不能共享输出口，因此在视图控制器中需要跟踪的 UI 元素数量可能翻倍。为了获悉何时需要修改框架或切换视图，可在视图控制器中实现方法 willRotateToInterfaceOrientation:toInterfaceOrientation:duration:，这个方法在要改变朝向前被调用。

11.2.4 实战演练——使用 Interface Builder 创建可旋转和调整大小的界面

在本节的内容中，将使用 Interface Builder 内置的工具来指定视图如何适应旋转。因为本实例完全依赖于 Interface Builder 工具来支持界面旋转和大小调整，所以几乎所有的功能都是在 Size Inspector 中使用自动调整大小和锚定工具完成的。在本实例将使用一个标签（UILabel）和几个按钮（UIButton），可以将它们换成其他界面元素，您将发现旋转和大小调整处理适用于整个 iOS 对象库。

实例 11-1	在网页中实现触摸处理
源码路径	光盘:\daima\11\xuanzhuan

1. 创建项目

首先启动 Xcode，并使用 Apple 模板 Single View Application 新建一个名为“xuanzhuan”的项

目，如图 11-1 所示。

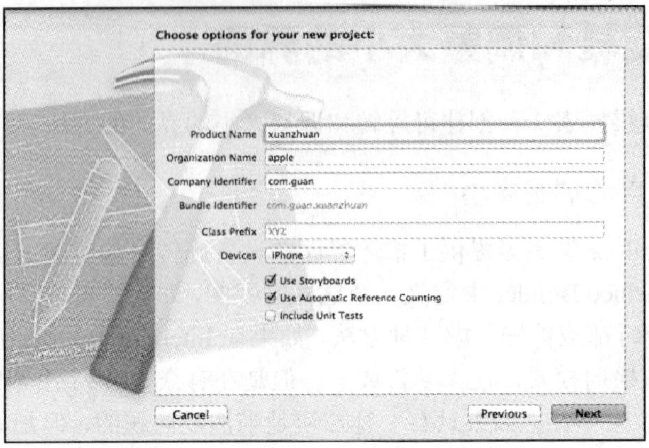

▲图 11-1　创建工程

打开视图控制器的实现文件 ViewController.m，并找到方法 shouldAutorotateToInterface-Orientation。在该方法中返回 YES，以支持所有的 iOS 屏幕朝向，具体代码如下所示。

```
-(BOOL) shouldAutorotateToInterfaceOrientation:
    (UlInterfaceOrientation) interfaceOrientation
    {
    return YES;
}
```

2. 设计灵活的界面

在创建可旋转和调整大小的界面时，开头与创建其他 iOS 界面一样，只需拖放即可实现。然后依次选择菜单"View"→"Utilities"→"Show Object Library"打开对象库，拖曳一个标签（UILabel）和 4 个按钮（UIButton）到视图 SimpleSpin 中。将标签放在视图顶端居中，并将其标题改为"我不怕旋转"。按如下方式给按钮命名以便能够区分它们，分别命名为"点我 1"、"点我 2"、"点我 3"和"点我 4"，并将它们放在标签下方，如图 11-2 所示。创建可旋转的应用程序界面与创建其他应用程序界面的方法相同。

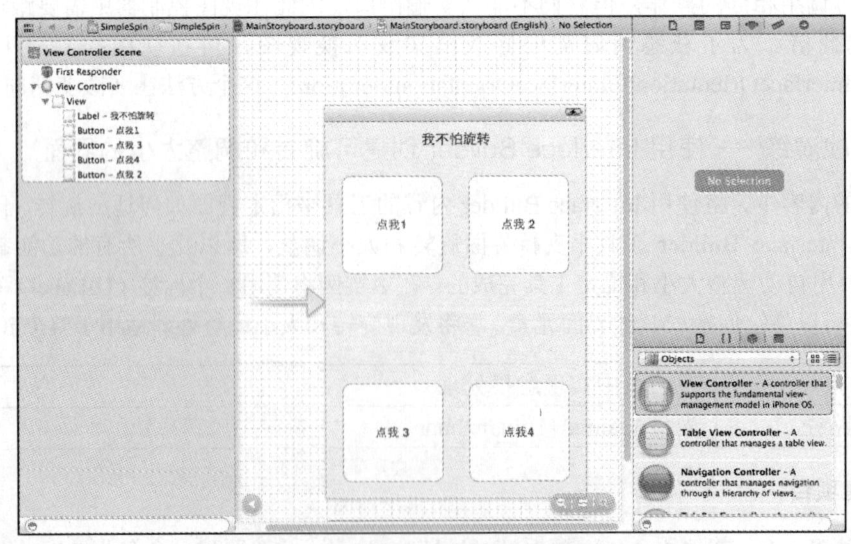

▲图 11-2　创建可旋转的应用程序界面

（1）测试旋转

为了查看旋转后该界面是什么样的，可以模拟横向效果。为此在文档大纲中选择视图控制器，再打开 Attributes Inspector（“Option+Command+4”）；在 Simulated Metrics 部分，将 Orientation 的设置改为“Landscape”，Interface Builder 编辑器将进行相应的调整，如图 11-3 所示。查看完毕后，务必将朝向改回到 Portrait 或 Inferred。

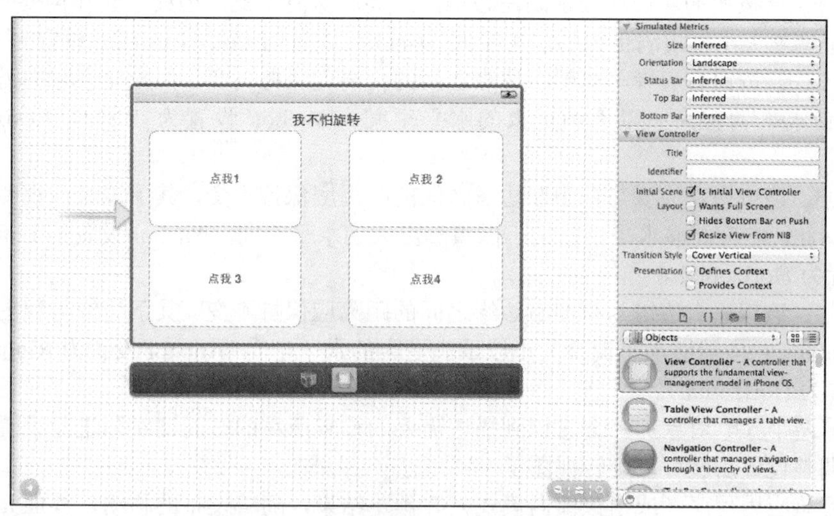

▲图 11-3 修改模拟的朝向以测试界面旋转

此时旋转后的视图不太正确，原因是加入到视图中的对象默认锚定其左上角。这说明无论屏幕的朝向如何，对象左上角相对于视图左上角的距离都保持不变。另外在默认情况下，对象不能在视图中调整大小。因此，无论是在纵向还是横向模式下，所有元素的大小都保持不变，哪怕它们不适合视图。为了修复这种问题并创建出与 iOS 设备相称的界面，需要使用 Size Inspector（大小检查器）。

（2）Size Inspector 中的 Autosizing

自动旋转和自动调整大小功能是通过 Size Inspector 中的 Autosizing 设置实现的，如图 11-4 所示。

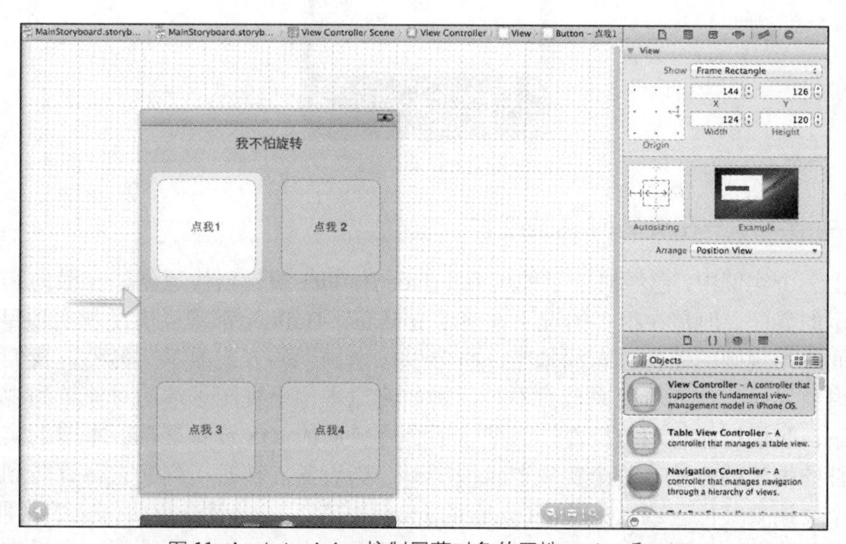

▲图 11-4 Autosizing 控制屏幕对象的属性 anchor 和 size

（3）指定界面的 Autosizing 设置

为了使用合适的 Autosizmg 属性来修改 simplespin 界面，需要选择每个界面元素，按下快捷键“option+Command+5”打开 Size Inspector，再按下面的描述配置其锚定和大小调整属性。

- 我不怕旋转：这个标签应在视图顶端显示并居中，因此其上边缘与视图上边缘的距离应保持不变，大小也应保持不变（Anchor 设置为 Top，Resizing 设置为 None）。
- 点我 1：该按钮的左边缘与视图左边缘的距离应保持不变，但应让它在需要时上下浮动。它应能够水平调整大小以填满更大的水平空间（Anchor 设置为 Left，Resizing 设置为 Horizontal）。
- 点我 2：该按钮右边缘与视图右边缘之间的距离应保持不变，但应允许它在需要时上下浮动。它应能够水平调整大小以填满更大的水平空间（Anchor 设置为 Right，Resizing 设置为 Horizontal）。
- 点我 3：该按钮左边缘与视图左边缘之间的距离应保持不变，其下边缘与视图下边缘之间的距离也应如此。它应能够水平调整大小以填满更大的水平空间。Anchor 设置为 Left 和 Bottom，Resizing 设置为 Horizontal。
- 点我 4：该按钮右边缘与视图右边缘之间的距离应保持不变，其下边缘与视图下边缘之间的距离也应如此。它应能够水平调整大小以填满更大的水平空间（Anchor 设置为 Right 和 Bottom，Resizing 设置为 Horizontal）。

当处理一两个 UI 对象后，会意识到描述需要的设置所需的时间比实际进行设置要长。指定锚定和大小调整设置后就可以旋转视图了。

此时运行该应用程序（或模拟横向模式）并预览结果，随着设备的移动，界面元素将自动调整大小，如图 11-5 所示。

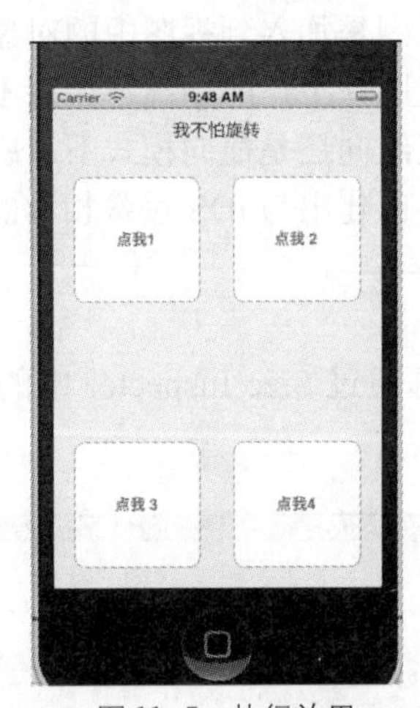

▲图 11-5　执行效果

11.2.5　实战演练——在旋转时调整控件

在本章上一个实例中，已经演示了使用 Interface Builder 编辑器快速创建在横向和纵向模式下都能正确显示的界面。但是在很多情况下，使用 Interface Builder 都难以满足现实项目的需求，如果界面包含间距不规则的控件且布局紧密，将难以按您预期的方式显示。另外，我们还可能想在不同朝向下调整界面，使其看起来截然不同，例如将原本位于视图顶端的对象放到视图底部。在这两种情况下，我们可能想调整控件的框架以适合旋转后的 iOS 设备屏幕。本节的实例演示了旋转时调整控件的框架的方法，整个实现逻辑很简单，当设备旋转时，判断它将旋转到哪个朝向，然后设置每个要调整其位置或大小的 UI 元素的 frame 属性。下面就介绍如何完成这种工作。

本实例将创建两次界面，在 Interface Builder 编辑器中创建该界面的第一个版本后，将使用

Size Inspector 获取其中每个元素的位置和大小，然后旋转该界面，并调整所有控件的大小和位置，使其适合新朝向，并再次收集所有的框架值。最后通过实现一个方法设置在设备朝向发生变化时自动设置每个控件的框架值。

实例 11-2	在网页中实现触摸处理
源码路径	光盘:\daima\11\kuang

1. 创建项目

本实例不能依赖单击来完成所有工作，因此需要编写一些代码。首先也是需要使用模板 Single View Application 新建一个项目，并将其命名为“kuang”。

（1）规划变量和连接

在本实例中将手工调整 3 个 UI 元素的大小和位置，即两个按钮（UIButton）和一个标签（UILabel）。首先需要编辑头文件和实现文件，在其中包含对应于每个 UI 元素的输出口，即 buttonOne、buttonTwo 和 viewLabel。我们需要实现一个方法，但它不是由 UI 触发的操作。我们将编写 willRotateToInterfaceOrientation: toInterfaceOrientation:duration:的实现，每当界面需要旋转时都将自动调用它。

（2）启用旋转

因为必须在方法 shouldAutorotateToInterfaceOrientation:中启用旋转，所以需要修改文件 ViewController.m，使其包含在本章上一个示例中添加的实现，具体代码如下所示。

```
-    (BOOL)shouldAutorotateToInterfaceOrientation:(UIInterfaceOrientation)interface-
Orientation
{
    // Return YES for supported orientations
    return YES;
}
```

2. 设计界面

单击文件 MainStoryboard.storyboard 开始设计视图，具体流程如下所示。

（1）禁用自动调整大小

首先单击视图以选择它，并按“Option+ Command+4”快捷键打开 Attributes Inspector。在 View 部分取消选中复选框“Autoresize Subviews”，如图 11-6 所示。

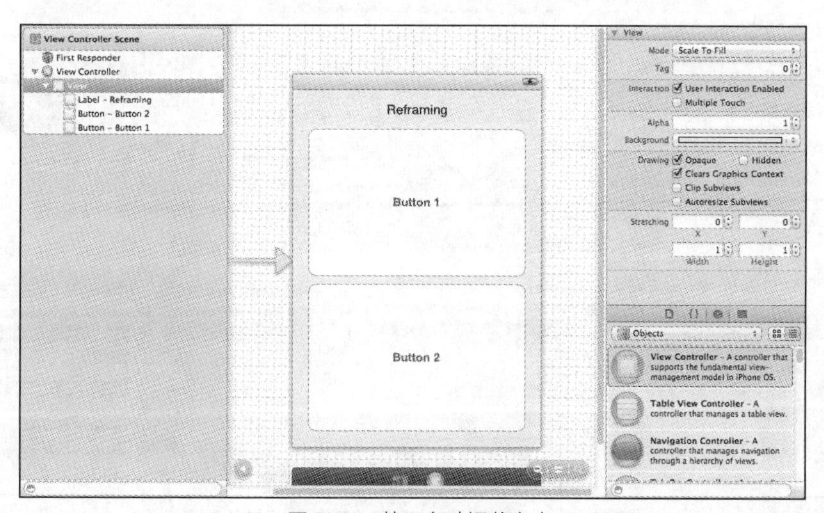

▲图 11-6　禁用自动调整大小

如果没有禁用视图的自动调整大小功能，则应用程序代码调整 UI 元素的大小和位置的同时，iOS 也将尝试这样做，但是结果可能极其混乱。

（2）第一次设计视图

接下来需要像创建其他应用程序一样设计视图，在对象库中单击并拖曳这些元素到视图中。将标签的文本设置为“改变框架”，并将其放在视图顶端；将按钮的标题分别设置为“点我 1”和“点我 2”，并将它们放在标签下方。最终的布局应该如图 11-7 所示。

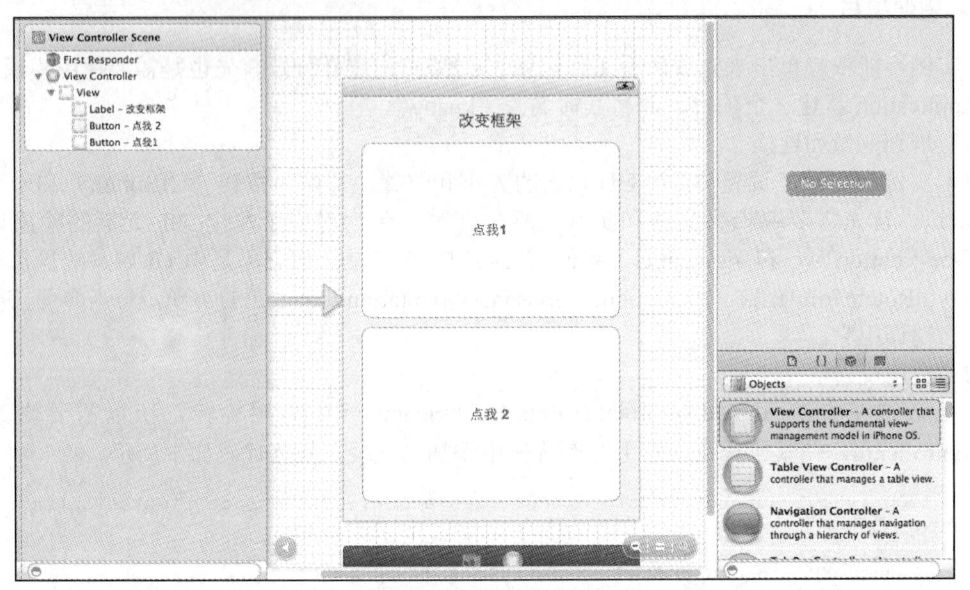

▲图 11-7　设计视图

在获得所需的布局后，通过 Size Inspector 获取每个 UI 元素的 frame 属性值。首先选择标签，并按“Option+ Command+5”快捷键打开 Size Inspector。单击 Origin 方块左上角，将其设置为度量坐标的原点。然后确保在下拉列表“Show”中选择了“Frame Rectangle”，如图 11-8 所示。

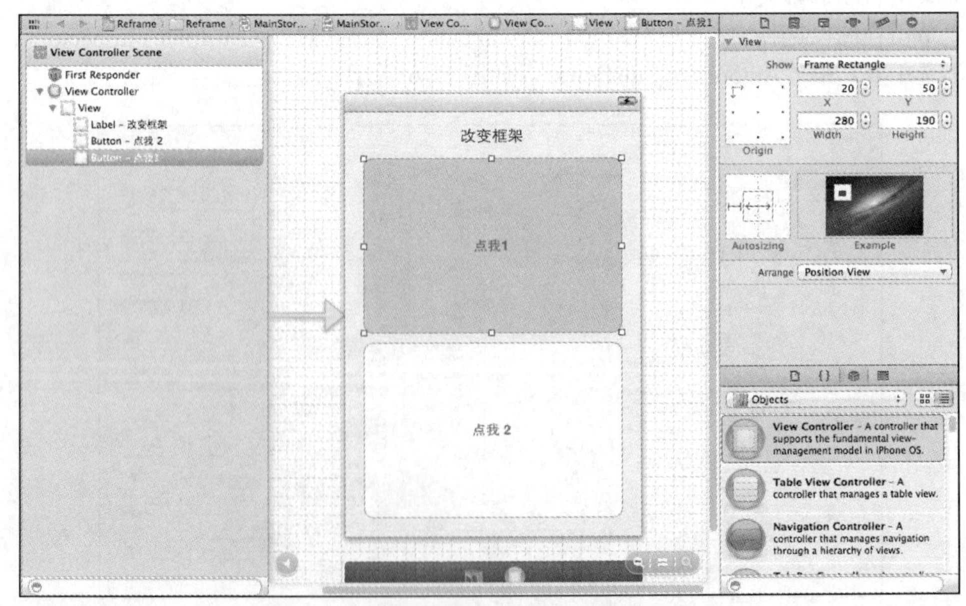

▲图 11-8　使用 Size Inspector 显示要收集的信息

然后将该标签的 X、Y、W（宽度）和 H（高度）属性值记录下来，它们表示视图中对象的 frame 属性。对两个按钮重复上述过程。每个 UI 元素都将获得 4 个值，其中，iPhone 项目中的框架值如下所示。

- 标签：X 为 95.0，Y 为 11.0，W 为 130.0，H 为 20.0。
- 点我 1：X 为 20.0，Y 为 50.0，W 为 280.0，H 为 190.0。
- 点我 2：X 为 20.0，Y 为 250.0，W 为 280.0，H 为 190.0。

iPad 项目中的框架值如下所示。

- 标签：X 为 275.0，Y 为 20.0，W 为 225.0，H 为 60.0。
- 点我 1：X 为 20.0，Y 为 168.0，W 为 728.0，H 为 400.0。
- 点我 2：X 为 20.0，Y 为 584.0，W 为 728.0，H 为 400.0。

（3）重新排列视图

接下来重新排列视图，这是因为收集了配置纵向视图所需要的所有 frame 属性值，但是还没有定义标签和按钮在横向视图中的大小和位置。为了获取这些信息，需要以横向模式重新排列视图，收集所有的位置和大小信息，然后撤销所做的修改。此过程与前面类似，但是必须将设计视图切换为横向模式。所以在文档大纲中选择视图控制器，再在 Attributes Inspector（"Option+Command+4"）将 Orientation 的设置改为 Landscape。当切换到横向模式后，调整所有元素的大小和位置，使其与我们希望它们在设备处于横向模式时的大小和位置相同。由于将以编程方式来设置位置和大小，因此对如何排列它们没有任何限制。在此将"点我 1"放在顶端，并使其宽度比视图稍小；将"点我 2"放在底部，并使其宽度比视图稍小；将标签"改变框架"放在视图中央，如图 11-9 所示。

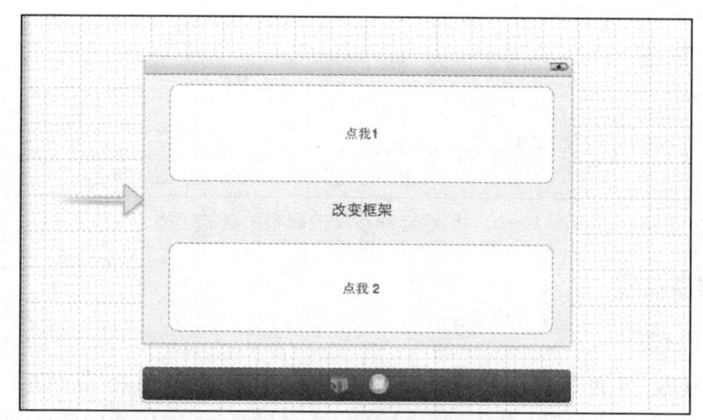

▲图 11-9 排列视图

与前面一样，获得所需的视图布局后，使用 Size Inspector（"Option+Command+5"）收集每个 UI 元素的 X 和 Y 坐标以及宽度和高度。这里列出笔者在横向模式下使用的框架值供大家参考。

对于 iPhone 项目。

- 标签：X 为 175.0，Y 为 140.0，W 为 130.0，H 为 20.0。
- 点我 1：X 为 20.0，Y 为 20.0，W 为 440.0，H 为 100.0。
- 点我 2：X 为 20.0，Y 为 180.0，W 为 440.0，H 为 100.0。

对于 iPad 项目：

- 标签：X 为 400.0，Y 为 340.0，W 为 225.0，H 为 60.0。
- 点我 1：X 为 20.0，Y 为 20.0，W 为 983.0，H 为 185.0。
- 点我 2：X 为 20.0，Y 为 543.0，W 为 983.0，H 为 185.0。

收集横向模式下的 frame 属性值后，撤销对视图所做的修改。为此，可不断选择菜单“Edit”→“Undo”（“Command+Z”），一直到恢复到为纵向模式设计的界面。保存文件 MainStoryboard.storyboard。

3. 创建并连接输出口

在编写调整框架的代码前，还需将标签和按钮连接到我们在这个项目开头规划的输出口。所以需要切换到助手编辑器模式，然后按住“Control”键，从每个 UI 元素拖曳到接口文件 ViewController.h，并正确地命名输出口（viewLabel、buttonOne 和 buttonTwo）。下面的图 11-10 显示了从“改变框架”标签到输出口 viewLabel 的连接。

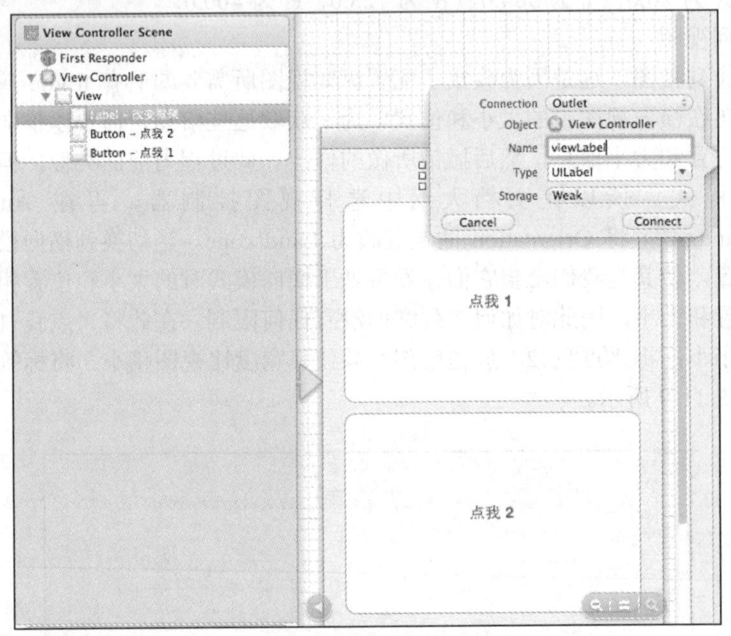

▲图 11-10　创建与标签和按钮相关联的输出口

4. 实现应用程序逻辑

调整界面元素的框架

每当需要旋转 iOS 界面时，都会自动调用方法 willRotateToInterfaceOrientation: toInterfaceOrientation:duration:，这样把参数 toInterfaceOrientation 同各种 iOS 朝向常量进行比较，以确定应使用横向还是纵向视图的框架值。

在 Xcode 中打开文件 ViewController.m，并添加如下所示的代码。

```
-(void)willRotateToInterfaceOrientation:
        (UIInterfaceOrientation)toInterfaceOrientation
        duration:(NSTimeInterval)duration {

    [super willRotateToInterfaceOrientation:toInterfaceOrientation
                                   duration:duration];

    if (toInterfaceOrientation == UIInterfaceOrientationLandscapeRight ||
        toInterfaceOrientation == UIInterfaceOrientationLandscapeLeft) {
        self.viewLabel.frame=CGRectMake(175.0,140.0,130.0,20.0);
        self.buttonOne.frame=CGRectMake(20.0,20.0,440.0,100.0);
        self.buttonTwo.frame=CGRectMake(20.0,180.0,440.0,100.0);
    } else {
```

```
        self.viewLabel.frame=CGRectMake(95.0,11.0,130.0,20.0);
        self.buttonOne.frame=CGRectMake(20.0,50.0,280.0,190.0);
        self.buttonTwo.frame=CGRectMake(20.0,250.0,280.0,190.0);
    }
}
```

到此为止，整个实例介绍完毕，运行后旋转 iOS 模拟器，这样在用户旋转设备时就会自动重新排列界面了。执行效果如图 11-11 所示。

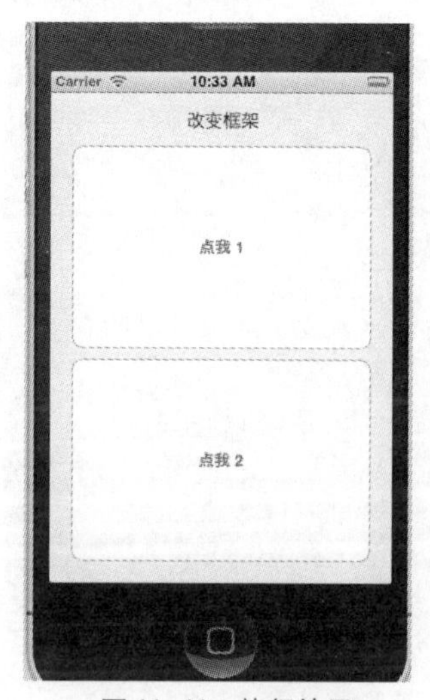

▲图 11-11　执行效果

第三部分

进阶技术篇

第 12 章　图形、图像、图层和动画

第 13 章　声音服务

第 14 章　多媒体应用

第 15 章　定位处理

第 16 章　多点触摸和手势识别

第 17 章　和硬件之间的操作

第 18 章　地址簿、邮件和 Twitter

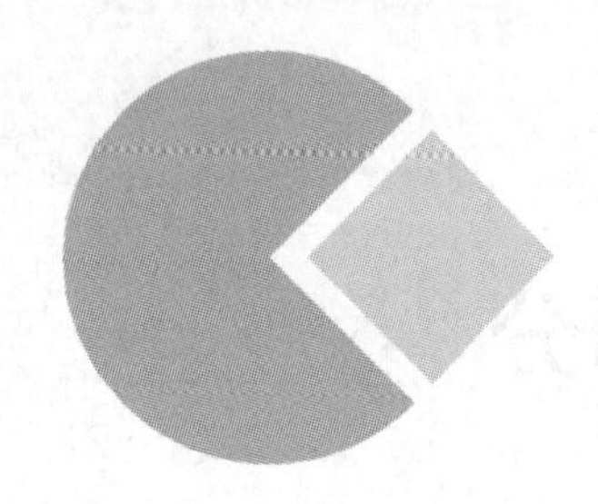

第12章　图形、图像、图层和动画

经过本书前面内容的学习，读者应该已经了解了 iOS 中的常用控件。本章开始将带领大家更上一层楼，开始详细讲解 iOS 中的典型应用。在本章的内容中，将首先详细讲解 iOS 应用中的图形、图像、图层和动画的基本知识，为读者步入本书后面知识的学习打下基础。

12.1 图形处理

本节将讲解在 iOS 中处理图形的基本知识，首先讲解 iOS 的绘图机制，然后通过具体实例讲解绘图机制的使用方法。

12.1.1 iOS 的绘图机制

iOS 的视图可以通过 drawRect 绘图，每个 View 的 Layer（CALayer）就像一个视图的投影，其实我们也可以来操作它定制一个视图，例如半透明圆角背景的视图。在 iOS 中绘图可以有如下两种方式。

（1）采用 iOS 的核心图形库

iOS 的核心图形库是 Core Graphics，缩写为 CG，主要是通过核心图形库和 UIKit 进行封装，其更加贴近我们经常操作的视图（UIView）或者窗体（UIWindow）。例如前面提到的 drawRect，我们只负责在 drawRect 里进行绘图即可，没有必要去关注界面的刷新频率，至于什么时候调用 drawRect 都由 iOS 的视图绘制来管理。

（2）采用 OpenGL ES

OpenGL ES 经常用在游戏等需要对界面进行高频刷新和自由控制的场合，通俗的理解就是其更加接近直接对屏幕的操控。在很多游戏编程中，可能我们不需要一层一层的框框，直接在界面上绘制，并且通过多个内存缓存绘制来让画面更加流畅。由此可见，OpenGL ES 完全可以作为视图机制的底层图形引擎。

在 iOS 的众多绘图功能中，OpenGL 和 Direct X 等是我们到处都能看到的，所以在本书中不再赘述了。今天我们的主题主要侧重前者，并且侧重如何通过绘图机制来定制我们的视图。先来看看我们最熟悉的 Windows 自带画图器（可以将它认为是对原始画图工具的最直接体现），如图 12-1 所示。

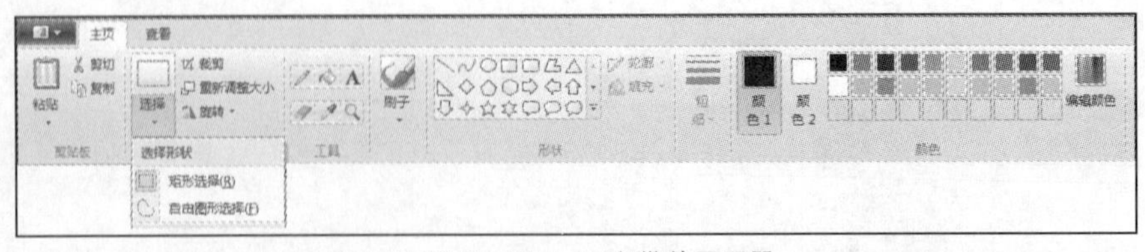

▲图 12-1　Windows 自带的画图器

如果会用绘图器来绘制线条、形状、文字、选择颜色，并且可以填充颜色，那么 iOS 中的绘图机制也可以实现这些功能，只是用程序绘制的时候需要牢牢记住这个画图板。如果要绘图，最起码得有一个面板。在 iOS 绘图中，面板是一个画图板（Graphics Contexts）。所有画图板需要先规定一下，否则计算机的画图都是需要我们用数字表现的，因此坐标体系就先要明确一下了。

在 iOS 的 2D 绘图中采用的就是我们熟知的直角坐标系，即原点在左下方；右上为正轴。这里要注意的是，这里的直角坐标系和我们在视图（UIView）中布局的坐标系是不一样的，他的圆点在左上；右下为正轴。当我们在视图的 drawRect 中工作的时候拿到的画板已经是左上坐标的了，如果这时候要直接绘制一个有自己坐标体系的内容，就会出现坐标不一致问题，例如直接绘制图片就会出现倒立的情况（后面我们会介绍坐标变换的一些内容）。

Windows 画图板里面至少能看到一个画图板，在 iOS 绘图中其实也有一个“虚拟”的画图板（Graphics Contexts），所有的绘图操作都在这个画图板里面进行。在视图（UIView）的 drawRect 中操作时，其实视图引擎已经帮我们准备好了画板，甚至当前线条的粗细和当前绘制的颜色等都给传递过来了。我们只需要“接”到这个画板，然后拿起各种绘图工具绘制就可以了。

接下来举一个简单例子来说明一下具体的绘图过程。

```
-(void)drawRect:(CGRect)rect{
        CGContextRef ref=UIGraphicsGetCurrentContext();  //拿到当前被准备好的画板。在这个
                                                         //画板上画就相当于在当前视图上画
        CGContextBeginPath(ref);    //这里提到一个很重要的概念叫路径（path），其实就是告诉画板
                                    //环境“我们要开始画了，你记下”
        CGContextMoveToPoint(ref, 0, 0);              //画线就是两点确定一条直线
        CGContextAddLineToPoint(ref, 300,300);
        CGFloat redColor[4]={1.0,0,0,1.0};
        CGContextSetStrokeColor(ref, redColor);  //设置了一下当前画笔的颜色。“画笔啊！你记
                                                 //着我前面说的 windows 画图板吗？”
        CGContextStrokePath(ref);                //告诉画板“对我移动的路径用画笔画一下”
}
```

在上述代码中，通过注释详细说明了每一个步骤。在 iOS 应用中，无论画圈还是绘制各种图形，都离不开如下所示的步骤。

① 拿到当前面板。

② 开始画声明。

③ 绘制。

④ 提交画。

Core Graphics 中常用的绘图方法有如下几种。

- drawAsPatternInRect：在矩形中绘制图像，不缩放，但是在必要时平铺。
- drawAtPoint：利用 CGPoint 作为左上角，绘制完整的不缩放的图像。
- drawAtPoint:blendMode:alpha：drawAtPoint 的一种更复杂的形式。
- drawInRect：在 CGRect 中绘制完整的图像，适当地缩放。
- drawInRect:blendMode:alpha：drawInRect 的一种更复杂的形式。

12.1.2 实战演练——在屏幕中绘制一个三角形

在本实例的功能是，在屏幕中绘制一个三角形。当触摸屏幕中的三点后，会在这三点绘制一个三角形。在具体实现时，定义三角形的 3 个 CGPoint 点对象 firstPoint、secondPoint 和 thirdPoint，然后使用 drawRect 方法将这 3 个点连接起来。

实例 12-1	在屏幕中绘制一个三角形
源码路径	光盘:\daima\12\ThreePointTest

① 编写文件 ViewController.h，此文件的功能是布局视图界面中的元素。本实例比较简单，只用到了 UIViewController，具体代码如下所示。

```
#import <UIKit/UIKit.h>
@interface ViewController : UIViewController
@end
```

② 文件 ViewController.m 是文件 ViewController.h 的实现，具体代码如下所示。

```
#import "ViewController.h"
#import "TestView.h"
@implementation ViewController
- (void)didReceiveMemoryWarning
{
    [super didReceiveMemoryWarning];
    // 释放任何没有使用的缓存的数据、图像
}
#pragma mark - View lifecycle
- (void)viewDidLoad
{
    [super viewDidLoad];
   // 加载试图
    TestView *view = [[TestView alloc]initWithFrame:self.view.frame];
    self.view = view;
    [view release];
}
- (void)viewDidUnload
{
    [super viewDidUnload];
}
- (void)viewWillAppear:(BOOL)animated
{
    [super viewWillAppear:animated];
}
- (void)viewDidAppear:(BOOL)animated
{
    [super viewDidAppear:animated];
}
- (void)viewWillDisappear:(BOOL)animated
{
   [super viewWillDisappear:animated];
}
- (void)viewDidDisappear:(BOOL)animated
{
   [super viewDidDisappear:animated];
}
-
(BOOL)shouldAutorotateToInterfaceOrientation:(UIInterfaceOrientation)interfaceOrient
ation
{
    // 返回支持的方向
    return (interfaceOrientation != UIInterfaceOrientationPortraitUpsideDown);
}
@end
```

③ 编写头文件 TestView.h，此文件定义了三角形的 3 个 CGPoint 点对象 firstPoint、secondPoint 和 thirdPoint，具体代码如下所示。

```
#import <UIKit/UIKit.h>
@interface TestView : UIView
{
    CGPoint firstPoint;
    CGPoint secondPoint;
    CGPoint thirdPoint;
    NSMutableArray *pointArray;
}
@end
```

④ 文件 TestView.m 是文件 TestView.h 的实现，具体代码如下所示。

```
#import "TestView.h"
@implementation TestView
- (id)initWithFrame:(CGRect)frame
{
    self = [super initWithFrame:frame];
    if (self) {
        // 初始化代码
        self.backgroundColor = [UIColor whiteColor];
        pointArray = [[NSMutableArray alloc]initWithCapacity:3];
        UILabel *label = [[UILabel alloc]initWithFrame:CGRectMake(0, 0, 320, 40)];
        label.text = @"任意点击屏幕内的 3 点以确定一个三角形"
        [self addSubview:label];
        [label release];
    }
    return self;
}
//如果执行了自定义绘制，则只覆盖 drawrect:
//一个空的实现产生不利的影响会表现在动画
- (void)drawRect:(CGRect)rect
{
    // 绘制代码
    CGContextRef context = UIGraphicsGetCurrentContext();
    CGContextSetRGBStrokeColor(context, 0.5, 0.5, 0.5, 1.0);
   // 绘制更加明显的线条
   CGContextSetLineWidth(context, 2.0);
   // 画一条连接起来的线条
   CGPoint addLines[] =
   {
       firstPoint,secondPoint,thirdPoint,firstPoint,
   };
   CGContextAddLines(context, addLines, sizeof(addLines)/sizeof(addLines[0]));
   CGContextStrokePath(context);
}
- (void)touchesBegan:(NSSet *)touches withEvent:(UIEvent *)event
{
}
- (void)touchesMoved:(NSSet *)touches withEvent:(UIEvent *)event
{
}
- (void)touchesEnded:(NSSet *)touches withEvent:(UIEvent *)event
{
    UITouch * touch = [touches anyObject];
    CGPoint point = [touch locationInView:self];
    [pointArray addObject:[NSValue valueWithCGPoint:point]];
    if (pointArray.count > 3) {
        [pointArray removeObjectAtIndex:0];
    }
    if (pointArray.count==3) {
        firstPoint = [[pointArray objectAtIndex:0]CGPointValue];
        secondPoint = [[pointArray objectAtIndex:1]CGPointValue];
        thirdPoint = [[pointArray objectAtIndex:2]CGPointValue];
    }
    NSLog(@"%@",[NSString
stringWithFormat:@"1:%f/%f\n2:%f/%f\n3:%f/%f",firstPoint.x,firstPoint.y,secondPoint.
x,secondPoint.y,thirdPoint.x,thirdPoint.y]);
    [self setNeedsDisplay];
}
-(void)dealloc{
    [pointArray release];
    [super dealloc];
}
@end
```

执行后的效果如图 12-2 所示。

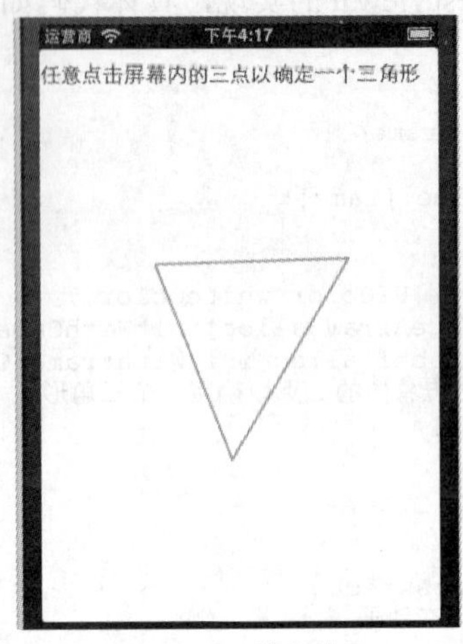

▲图 12-2　执行效果

12.2 图像处理

在 iOS 应用中，可以使用 UIImageView 来处理图像。本书前面的内容中已经讲解了使用 UIImageView 处理图像的基本知识。其实除了 UIImageViewl 外，还可以使用 Core Graphics 实现对图像的绘制处理。

12.2.1　实战演练——实现颜色选择器/调色板功能

本实例的功能是，在屏幕中实现颜色选择器/调色板功能，我们可以十分简单地使用颜色选择器。在本实例中没有用到任何图片素材，在颜色选择器上面可以根据饱和度（saturation）和亮度（brightness）来选择某个色系，十分类似于 Photoshop 上的颜色选择器。

实例 12-2	在屏幕中实现颜色选择器/调色板功能
源码路径	光盘:\daima\12\ColorPicker

① 编写文件 ILColorPickerDualExampleController.m，此文件的功能是实现一个随机颜色效果，具体代码如下所示。

```
#import "ILColorPickerDualExampleController.h"
@implementation ILColorPickerDualExampleController
#pragma mark - View lifecycle
- (void)viewDidLoad
{
    [super viewDidLoad];
    // 建立一个随机颜色
    UIColor *c=[UIColor colorWithRed:(arc4random()%100)/100.0f
                            green:(arc4random()%100)/100.0f
                             blue:(arc4random()%100)/100.0f
                            alpha:1.0];
    colorChip.backgroundColor=c;
    colorPicker.color=c;
    huePicker.color=c;
}
#pragma mark - ILSaturationBrightnessPickerDelegate implementation

-(void)colorPicked:(UIColor  *)newColor  forPicker:(ILSaturationBrightnessPickerView
*)picker
{
```

```
    colorChip.backgroundColor=newColor;
}
@end
```

② 编写文件 UIColor+GetHSB.m，此文件通过 CGColorSpaceModel 设置了颜色模式值，具体代码如下所示。

```
#import "UIColor+GetHSB.h"
@implementation UIColor(GetHSB)
-(HSBType)HSB
{
    HSBType hsb;
    hsb.hue=0;
    hsb.saturation=0;
    hsb.brightness=0;
    CGColorSpaceModel model=CGColorSpaceGetModel(CGColorGetColorSpace([self CGColor]));
if ((model==kCGColor-SpaceModelMonochrome) || (model==kCGColorSpaceModelRGB))
    {
        const CGFloat *c = CGColorGetComponents([self CGColor]);
       float x = fminf(c[0], c[1]);
        x = fminf(x, c[2]);
        float b = fmaxf(c[0], c[1]);
        b = fmaxf(b, c[2]);
       if (b == x)
        {
            hsb.hue=0;
            hsb.saturation=0;
            hsb.brightness=b;
        }
        else
        {
            float f = (c[0] == x) ? c[1] - c[2] : ((c[1] == x) ? c[2] - c[0] : c[0] - c[1]);
            int i = (c[0] == x) ? 3 : ((c[1] == x) ? 5 : 1);

            hsb.hue=((i - f /(b - x))/6);
            hsb.saturation=(b - x)/b;
            hsb.brightness=b;
        }
    }
return hsb;
}
```

执行后的效果如图 12-3 所示。

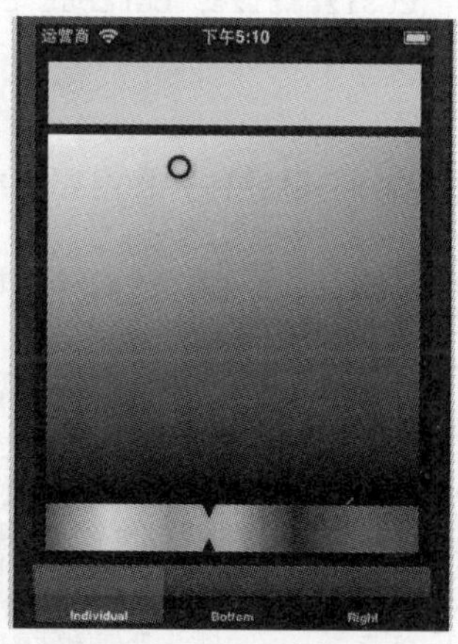

▲图 12-3　执行效果

12.2.2　实战演练——实现滑动颜色选择器/调色板功能

本实例的功能是，在屏幕中实现滑动颜色选择器/调色板功能。并且在选择颜色时，还有放大镜查看功能，这样我们可以清楚地看到选择了哪个颜色。除此之外，本实例还可以调整调色板颜色的亮度。

实例 12-3	在屏幕中实现滑动颜色选择器/调色板功能
源码路径	光盘:\daima\12\RSColorPicker

实例文件 RSBrightnessSlider.m 的具体代码如下所示。

```
#import "RSBrightnessSlider.h"
#import "RSColorPickerView.h"
#import "ANImageBitmapRep.h"
/**
 * 为背景创建默认的绘制位图
 */
CGContextRef RSBitmapContextCreateDefault(CGSize size){
   size_t width = size.width;
   size_t height = size.height;
   size_t bytesPerRow = width * 4;        // 每行的字节 argb
   bytesPerRow += (16 - bytesPerRow%16)%16; //确保是 16 的倍数
   CGColorSpaceRef colorSpace = CGColorSpaceCreateDeviceRGB();
   CGContextRef ctx = CGBitmapContextCreate(NULL,         //自动配置
                                           width,        //宽度
      height,       //高度
     8,          //每个的尺寸
   bytesPerRow,  //每行的字节大小
   colorSpace,   //CGColorSpaceRef 空间
   kCGImageAlphaPremultipliedFirst );//CGBitmapInfo 对象 bitmapInfo
   CGColorSpaceRelease(colorSpace);
   return ctx;
}
/**
 *返回有滑块的、沙漏状的图像，看上去有点像:
 *
 *  6 ______ 5
 *    \    /
 *   7 \  / 4
 *    ->||<--- cWidth (Center Width)
 *      ||
 *   8 /  \ 3
 *    /    \
 *  1 ------ 2
 */
UIImage* RSHourGlassThumbImage(CGSize size, CGFloat cWidth){
   //设置大小
   CGFloat width = size.width;
   CGFloat height = size.height;
   //设置背景
   CGContextRef ctx = RSBitmapContextCreateDefault(size);
   //设置颜色
   CGContextSetFillColorWithColor(ctx, [UIColor blackColor].CGColor);
   CGContextSetStrokeColorWithColor(ctx, [UIColor whiteColor].CGColor);
   //绘制滑块，看上面的图的点的个数
   CGFloat yDist83 = sqrtf(3)/2*width;
   CGFloat yDist74 = height - yDist83;
   CGPoint addLines[] = {
      CGPointMake(0, -1),                         //Point 1
      CGPointMake(width, -1),                     //Point 2
      CGPointMake(width/2+cWidth/2, yDist83),       //Point 3
      CGPointMake(width/2+cWidth/2, yDist74),       //Point 4
      CGPointMake(width, height+1),               //Point 5
      CGPointMake(0, height+1),                   //Point 6
      CGPointMake(width/2-cWidth/2, yDist74),       //Point 7
      CGPointMake(width/2-cWidth/2, yDist83)        //Point 8
   };
   //填充路径
   CGContextAddLines(ctx, addLines, sizeof(addLines)/sizeof(addLines[0]));
```

```
    CGContextFillPath(ctx);
    //笔画路径
    CGContextAddLines(ctx, addLines, sizeof(addLines)/sizeof(addLines[0]));
    CGContextClosePath(ctx);
    CGContextStrokePath(ctx);
    CGImageRef cgImage = CGBitmapContextCreateImage(ctx);
    CGContextRelease(ctx);
      UIImage* image = [UIImage imageWithCGImage:cgImage];
      CGImageRelease(cgImage);
    return image;
}
/**
 * 返回的图像如下图:
 *
 * +-----+
 * | +-+ | ------------------------
 * | | | |                        |
 * ->| |<--- loopSize.width     loopSize.height
 * | | | |                        |
 * | +-+ | ------------------------
 * +-----+
 */
UIImage* RSArrowLoopThumbImage(CGSize size, CGSize loopSize){
   //设置矩形
   CGRect outsideRect = CGRectMake(0, 0, size.width, size.height);
   CGRect insideRect;
   insideRect.size = loopSize;
   insideRect.origin.x = (size.width - loopSize.width)/2;
   insideRect.origin.y = (size.height - loopSize.height)/2;
   //设置背景
    CGContextRef ctx = RSBitmapContextCreateDefault(size);
   //设置颜色
   CGContextSetFillColorWithColor(ctx, [UIColor blackColor].CGColor);
   CGContextSetStrokeColorWithColor(ctx, [UIColor whiteColor].CGColor);
   CGMutablePathRef loopPath = CGPathCreateMutable();
   CGPathAddRect(loopPath, nil, outsideRect);
   CGPathAddRect(loopPath, nil, insideRect);
   //填充路径
   CGContextAddPath(ctx, loopPath);
   CGContextEOFillPath(ctx);
   //笔画路径
   CGContextAddRect(ctx, insideRect);
   CGContextStrokePath(ctx);
   CGImageRef cgImage = CGBitmapContextCreateImage(ctx);
   CGPathRelease(loopPath);
   CGContextRelease(ctx);

   UIImage* image = [UIImage imageWithCGImage:cgImage];
   CGImageRelease(cgImage);
   return image;
}
@implementation RSBrightnessSlider
-(id)initWithFrame:(CGRect)frame {
   self = [super initWithFrame:frame];
   if (self) {
       self.minimumValue = 0.0;
       self.maximumValue = 1.0;
       self.continuous = YES;
       self.enabled = YES;
       self.userInteractionEnabled = YES;
       [self  addTarget:self  action:@selector(myValueChanged:)  forControlEvents:
UIControlEventValueChanged];
   }
   return self;
}
-(void)setUseCustomSlider:(BOOL)use {
   if (use) {
       [self setupImages];
   }
```

```
}
-(void)myValueChanged:(id)notif {
    [colorPicker setBrightness:self.value];
}
-(void)setupImages {
    ANImageBitmapRep *myRep = [[ANImageBitmapRep alloc] initWithSize:BMPointMake
(self.frame.size.width, self.frame.size.height)];
    for (int x = 0; x < myRep.bitmapSize.x; x++) {
        CGFloat percGray = (CGFloat)x / (CGFloat)myRep.bitmapSize.x;
        for (int y = 0; y < myRep.bitmapSize.y; y++) {
            [myRep setPixel:BMPixelMake(percGray, percGray, percGray, 1.0) atPoint:
BMPointMake(x, y)];
        }
    }
    [self setMinimumTrackImage:[myRep image] forState:UIControlStateNormal];
    [self setMaximumTrackImage:[myRep image] forState:UIControlStateNormal];

    [myRep release];
}
-(void)setColorPicker:(RSColorPickerView*)cp {
    colorPicker = cp;
    if (!colorPicker) { return; }
    self.value = [colorPicker brightness];
}
@end
```

执行后的效果如图 12-4 所示。

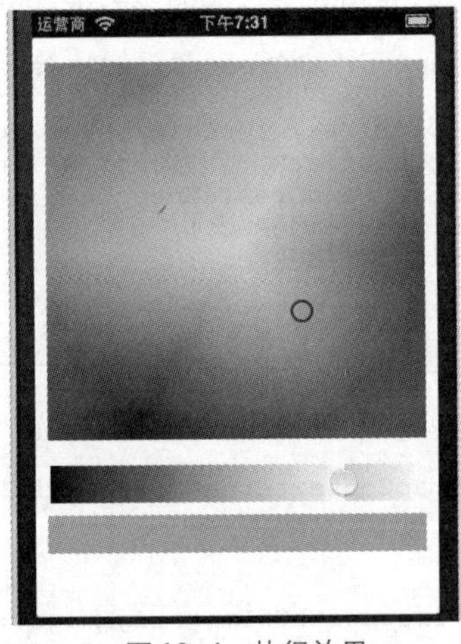

▲图 12-4　执行效果

12.3 图层

UIView 与图层（CALayer）相关，UIView 实际上不是将其自身绘制到屏幕，而是将自身绘制到图层，然后图层在屏幕上显示出来。iOS 系统不会频繁地重画视图，而是将绘图缓存起来，这个缓存版本的绘图在需要时就被使用。缓存版本的绘图实际上就是图层。理解了图层就能更深入地理解视图，图层使视图看起来更强大，尤其是在如下 3 种情况下。

（1）图层有影响绘图效果的属性

由于图层是视图绘画的接收者和呈现者，可以通过访问图层属性来修改视图的屏幕显示。换言之，通过访问图层，可以让视图达到仅仅通过 UIView 方法无法达到的效果。

（2）图层可以在一个单独的视图中被组合起来

视图的图层可以包含其他图层。图层是用来绘图的，在屏幕上显示，这使得 UIView 的绘图能够有多个不同板块。通过把一个绘图的组成元素看成对象，绘图将变得更简单。

（3）图层是动画的基本部分

动画能够给界面增添明晰感、着重感以及简单的酷感。图层被赋有动感（CALayer 里面的 CA 代表 Core Animation）。

例如，在应用程序界面上添加一个指南针时，可以将箭头放在它自己的图层上。指南针上的其他部分也分别是图层，即圆圈是一个图层，每个基点字母是一个图层。用代码很容易组合绘图，各版块可以重定位以及各自动起来，因此很容易使箭头转动而不移动圆圈。

CALayer 不是 UIKit 的一部分，它是 Quartz Core 框架的一部分，该框架默认情况下不会链接到工程模板。因此，如果要使用 CALayer，我们应该导入<QuartzCore/QuartzCore.h>，并且必须将 QuartzCore 框架链接到项目中。

12.3.1 视图和图层

UIView 实例由 CALayer 实例伴随，通过视图的图层（layer）属性即可访问。图层没有对应的视图属性，但是视图是图层的委托。在默认情况下，当 UIView 被实例化，它的图层是 CALayer 的一个实例。如果为 UIView 添加子类并且想要添加的子类的图层是 CALayer 子类的实例，那么，需要实现 UIView 子类的 layerClass 类方法。

由于每个视图都有一个图层，它们两者有紧密联系。图层在屏幕上显示并且描绘所有界面。视图是图层的委托，并且当视图绘图时，它是通过图层来绘图的。视图的属性通常仅仅为了便于访问图层绘图属性。例如，当设置视图背景色，实际上是在设置图层的背景色，并且如果直接设置图层背景色，视图的背景色会自动匹配。类似地，视图框架实际上就是图层框架，反之亦然。

视图在图层中绘图，并且图层缓存绘图。然后我们可以修改图层来改变视图的外观，无需要求视图重新绘图。这是图形系统高效的一方面。它解释了前面遇到的现象，当视图边界尺寸改变时，图形系统仅仅伸展或重定位保存的图层图像。

图层可以有子图层，并且一个图层最多只有一个超图层，形成一个图层树。这与前面提到过的视图树类似。实际上，视图和它的图层关系非常紧密，它们的层次结构几乎是一样的。对于一个视图和它的图层，图层的超图层就是超视图的图层；图层有子图层，即该视图的子视图的图层。确切地说，由于图层完成视图的具体绘图，也可以说视图层次结构实际上就是图层层次结构。图层层次结构可以超出视图层次结构，一个视图只有一个图层，但一个图层可以拥有不属于任何视图的子图层。

12.3.2 实战演练——在屏幕中实现 3 个重叠的矩形

实例 12-4	在屏幕中实现 3 个重叠的矩形
源码路径	光盘:\daima\12\tuceng1

例如，在接下来的实例中，通过视图层次结构画了 3 个重叠的矩形。

① 视图文件 AppDelegate.h 的实现代码如下所示。

```
#import <UIKit/UIKit.h>
@interface AppDelegate : UIResponder <UIApplicationDelegate>
@property (strong, nonatomic) UIWindow *window;
@end
```

② 实现文件 AppDelegate.m 的主要实现代码如下所示。

```
#import "AppDelegate.h"
#import <QuartzCore/QuartzCore.h>
```

```
@implementation AppDelegate
@synthesize window = _window;
-   (BOOL)application:(UIApplication   *)application   didFinishLaunchingWithOptions:
(NSDictionary *)launchOptions
{
    self.window = [[UIWindow alloc] initWithFrame:[[UIScreen mainScreen] bounds]];
    // Override point for customization after application launch.
    self.window.backgroundColor = [UIColor whiteColor];

    CALayer* lay1 = [[CALayer alloc] init];
    lay1.frame = CGRectMake(113, 111, 132, 194);
    lay1.backgroundColor = [[UIColor colorWithRed:1 green:.4 blue:1 alpha:1] CGColor];
    [self.window.layer addSublayer:lay1];
    CALayer* lay2 = [[CALayer alloc] init];
    lay2.backgroundColor = [[UIColor colorWithRed:.5 green:1 blue:0 alpha:1] CGColor];
    lay2.frame = CGRectMake(41, 56, 132, 194);
    [lay1 addSublayer:lay2];
    CALayer* lay3 = [[CALayer alloc] init];
    lay3.backgroundColor = [[UIColor colorWithRed:1 green:0 blue:0 alpha:1] CGColor];
    lay3.frame = CGRectMake(43, 197, 160, 230);
    [self.window.layer addSublayer:lay3];


    [self.window makeKeyAndVisible];
    return YES;
}
```

运行程序，结果如图 12-5 所示。

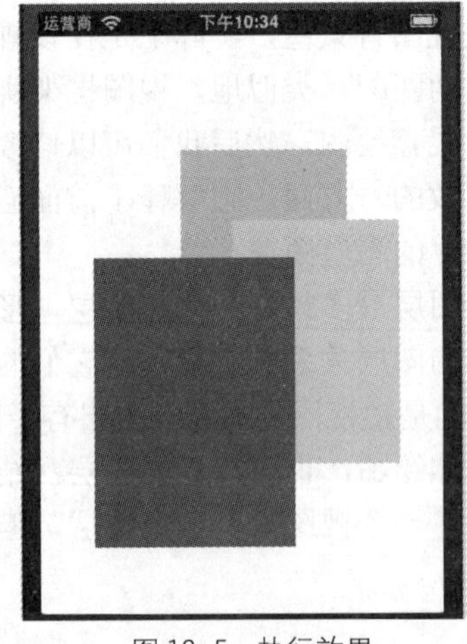

▲图 12-5　执行效果

12.4 实现动画

动画就是随着时间的推移而改变界面上的显示。例如视图的背景颜色从红色逐步变为绿色，而视图的不透明属性可以从不透明逐步变成透明。一个动画涉及很多内容，包括定时、屏幕刷新、线程化等。在 iOS 上，不需要自己完成一个动画，而只需描述动画的各个步骤，让系统执行这些步骤，从而获得动画的效果。

12.4.1　UIImageView 动画

可以使用 UIImageView 来实现动画效果。UIImageView 的 animationImages 属性或 highlightedAnimationImages 属性是一个 UIImage 数组，这个数组代表一帧帧动画。当发送

startAnimating 消息时，图像就被轮流显示，animationDuration 属性确定帧的速率（间隔时间），animationRepeatCount 属性（默认为 0，表示一直重复，直到收到 stopAnimating 消息）指定重复的次数。

在 UIImageView 中，和动画相关的方法和属性如下所示。

- animationDuration 属性：指定多长时间运行一次动画循环。
- animationImages 属性：识别图像的 NSArray，以加载到 UIImageView 中。
- animationRepeatCount 属性：指定运行多少次动画循环。
- image 属性：识别单个图像，以加载到 UIImageView 中。
- startAnimating 方法：开启动画。
- stopAnimating 方法：停止动画。

12.4.2 视图动画 UIView

通过使用 UIView 视图的动画功能，可以在更新或切换视图时放缓节奏，产生流畅的动画效果，进而改善用户体验。UIView 可以产生以下几种动画效果。

- 位置变化：在屏幕上移动视图。
- 大小变化：改变视图框架（frame）和边界。
- 拉伸变化：改变视图内容的延展区域。
- 改变透明度：改变视图的 alpha 值。
- 改变状态：隐藏或显示状态。
- 改变视图层次顺序：改变视图哪个在前哪个在后。
- 旋转：即任何应用到视图上的仿射变换（transform）。

1. UIView 中的动画属性和方法

（1）areAnimationsEnabled:

返回一个布尔值表示动画是否结束。

格式：+ (BOOL)areAnimationsEnabled

返回值：如果动画结束返回 YES，否则 NO。

（2）beginAnimations:context:

表示开始一个动画块。

格式：+ (void)beginAnimationsNSString *)animationID contextvoid *)context

参数：

- animationID：动画块内部应用程序标识，用来给动画代理传递消息。这个选择器运用 setAnimationWillStartSelector:和 setAnimationDidStopSelector: 方法来设置。
- context：附加的应用程序信息，用来给动画代理传递消息。这个选择器使用 setAnimationWillStartSelector: 和 setAnimationDidStopSelector: 方法。

这个属性值改变是因为设置了一些需要在动画块中产生动画的属性。动画块可以被嵌套，如果没有在动画块中调用，那么 setAnimation 类方法将什么都不做。使用 beginAnimations:context: 来开始一个动画块，并用类方法 commitAnimations 来结束一个动画块。

（3）+ (void)commitAnimations

如果当前的动画块是最外层的动画块，当应用程序返回到循环运行时开始动画块。动画在一个独立的线程中所有应用程序不会中断。使用这个方法，多个动画可以被实现。当另外一个动画在播放的时候，可以通过查看 setAnimationBeginsFromCurrentState:来了解如果开始一个动画。

（4）layerClass

用来创建这一个本类的 layer 实例对象。

格式：+ (Class)layerClass

返回值：一个用来创建视图 layer 的类，重写子类来指定一个自定义类，用来显示。当在创建视图 layer 时调用。默认的值是 CALayer 类对象。

（5）setAnimationBeginsFromCurrentState

用于设置动画从当前状态开始播放。

格式：+ (void)setAnimationBeginsFromCurrentState(BOOL)fromCurrentState

参数：fromCurrentState，默认是 YES，表示如果动画需要从它们的当前状态开始播放，否则为 NO。

如果设置为 YES，那么当动画在运行过程中，当前视图的位置将会作为新的动画的开始状态。如果设置为 NO，当前动画结束前，新动画将使用视图最后状态的位置作为开始状态。如果动画没有运行或者没有在动画块外调用，这个方法将不会做任何事情。使用类方法 beginAnimations: context:来开始，并用 commitAnimations 类方法来结束动画块，默认值是 NO。

（6）setAnimationCurve

setAnimationCurve 是用于设置动画块中的动画属性变化的曲线。

格式：+ (void)setAnimationCurveUIViewAnimation(Curve)curve

动画曲线是动画运行过程中的相对速度。如果在动画块外调用这个方法将会无效。使用 beginAnimations:context:类方法来开始动画块，并用 commitAnimations 来结束动画块。默认动画曲线的值是 UIViewAnimationCurveEaseInOut。

（7）setAnimationDelay

setAnimationDelay 用于在动画块中设置动画的延迟属性（以秒为单位）。

格式：+ (void)setAnimationDelay(NSTimeInterval)delay

这个方法在动画块外调用无效。使用 beginAnimations:context: 类方法开始一个动画块，并用 commitAnimations 类方法结束动画块，默认的动画延迟是 0.0 秒。

（8）setAnimationDelegate

setAnimationDelegate 用于设置动画消息的代理。

格式：+ (void)setAnimationDelegate(id)delegate

参数 delegate 可以用 setAnimationWillStartSelector:和 setAnimationDidStopSelector：方法来设置接收代理消息的对象。

这个方法在动画块外没有任何效果。使用 beginAnimations:context:类方法开始一个动画块，并用 commitAnimations 类方法结束一个动画块。默认值是 nil。

（9）setAnimationDidStopSelector

当动画停止的时候用于给动画代理设置消息。

格式：+ (void)setAnimationDidStopSelector(SEL)selector

参数 selector 表示当动画结束的时候发送给动画代理，默认值是 NULL。这个选择须有下面方法的签名：

```
animationFinishedNSString *)animationID finishedBOOL)finished contextvoid *)context。
```

- animationID：一个应用程序提供的标识符，和传给 beginAnimations:context: 的参数相同。这个参数可以为空。
- finished：如果动画在停止前完成，则返回 YES；否则就是 NO。

● context：一个可选的应用程序内容提供者，和 beginAnimations:context: 方法的参数相同，可以为空。

这个方法在动画块外没有任何效果。使用 beginAnimations:context: 类方法来开始一个动画块，并用 commitAnimations 类方法结束，默认值是 NULL。

（10）setAnimationDuration

setAnimationDuration 用于设置动画块中的动画持续时间（用秒）。

格式：+ (void)setAnimationDuration:(NSTimeInterval)duration

参数 duration：一段动画持续的时间。

这个方法在动画块外没有效果。使用 beginAnimations:context: 类方法来开始一个动画块，并用 commitAnimations 类方法来结束一个动画块，默认值是 0.2。

（11）setAnimationRepeatAutoreverses

该属性用于设置动画块中的动画效果是否自动重复播放。

格式：+ (void)setAnimationRepeatAutoreverses:(BOOL)repeatAutoreverses

参数 repeatAutoreverses：如果动画自动重复就是 YES，否则就是 NO。

自动重复是当动画向前播放结束后再从头开始播放。使用 setAnimationRepeatCount: 类方法来指定动画自动重播的时间。如果重复数为 0 或者在动画块外，将没有任何效果。使用 beginAnimations:context:类方法来开始一个动画块，并用 commitAnimations 方法来结束一个动画块，默认值是 NO。

（12）setAnimationRepeatCount

setAnimationRepeatCount 用于设置动画在动画模块中的重复次数。

格式：+ (void)setAnimationRepeatCount:(float)repeatCount

参数 repeatCount 表示动画重复的次数，这个值可以是分数。

这个属性在动画块外没有任何作用。使用 beginAnimations:context:类方法来开始一个动画块并用 commitAnimations 类方法来结束，默认动画不循环。

（13）setAnimationsEnabled

setAnimationsEnabled 用于设置是否激活动画。

格式：+ (void)setAnimationsEnabled:(BOOL)enabled

参数 enabled 如果是 YES 就激活动画，否则就是 NO。

当动画参数没有被激活，那么动画属性的改变将被忽略。默认动画是被激活的。

（14）setAnimationStartDate

setAnimationStartDate 用于设置在动画块内部动画属性改变的开始时间。

格式：+ (void)setAnimationStartDate:(NSDate *)startTime

参数 startTime 表示一个开始动画的时间。

使用 beginAnimations:context:类方法来开始一个动画块，并用 commitAnimations 类方法来结束动画块。默认的开始时间值由 CFAbsoluteTimeGetCurrent 方法来返回。

（15）setAnimationTransition:forView:cache

该属性用于在动画块中为视图设置过渡。

格式：+ (void)setAnimationTransition:(UIViewAnimationTransition)transitionforView:(UIView *)view cache:(BOOL)cache

参数：

● transition：把一个过渡效果应用到视图中，可能的值定义在 UIViewAnimationTransition 中。

● view：需要过渡的视图对象。

● cache：如果是 YES，那么在开始和结束图片，视图渲染一次并在动画中创建帧；否则，视图将会在每一帧都渲染。例如缓存，不需要在视图转变中不停地更新，只需要等到转换完成再去更新视图。

假设想要在转变过程中改变视图的外貌。举个例子，文件从一个视图到另一个视图，然后使用一个 UIView 子类的容器视图。例如：

● 开始一个动画块。
● 在容器视图中设置转换。
● 在容器视图中移除子视图。
● 在容器视图中添加子视图。
● 结束动画块。

（16）setAnimationWillStartSelector

其功能是当动画开始时，发送一条消息到动画代理。

格式：+ (void)setAnimationWillStartSelector:(SEL)selector

参数 selector：在动画开始前向动画代理发送消息，默认值是 NULL。这个 selector 必须有和 beginAnimations:context: 方法相同的参数，一个任选的程序标识和内容。这些参数都可以是 nil。

2. 创建 UIView 动画的方式

（1）使用 UIView 类的 UIViewAnimation 扩展

UIView 动画是成块运行的。发出 beginAnimations:context:请求标志着动画块的开始，commitAnimations 标志着动画块的结束。把这两个类方法发送给 UIView，而不是发送给单独的视图。在这两个调用之间，可定义动画的展现方式并更新视图。函数说明如下：

```
//开始准备动画
+ (void)beginAnimations:(NSString *)animationID context:(void *)context;
//运行动画
+ (void)commitAnimations;
```

（2）block 方式

此方式使用 UIView 类的 UIViewAnimationWithBlocks 扩展实现，要用到的函数有：

```
+ (void)animateWithDuration:(NSTimeInterval)duration delay:(NSTimeInterval)delay
options:(UIViewAnimationOptions)options animations:(void (^)(void))animations
completion:(void (^)(BOOL finished))completion __OSX_AVAILABLE_STARTING(__MAC_NA,__
IPHONE_4_0);
//间隔,延迟,动画参数(好像没用?),界面更改块,结束块

+ (void)animateWithDuration:(NSTimeInterval)duration animations:(void (^)(void))
animations completion:(void (^)(BOOL finished))completion __OSX_AVAILABLE_STARTING(__
MAC_NA,__IPHONE_4_0);
 // delay = 0.0, options = 0

+ (void)animateWithDuration:(NSTimeInterval)duration animations:(void (^)(void))
animations __OSX_AVAILABLE_STARTING(__MAC_NA,__IPHONE_4_0);
// delay = 0.0, options = 0, completion = NULL
+ (void)transitionWithView:(UIView *)view duration:(NSTimeInterval)duration
options:(UIViewAnimationOptions)options animations:(void (^)(void))animations
completion:(void (^)(BOOL finished))completion __OSX_AVAILABLE_STARTING(__MAC_NA,__
IPHONE_4_0);

+ (void)transitionFromView:(UIView *)fromView toView:(UIView *)toView duration:
(NSTimeInterval)duration options:(UIViewAnimationOptions)options completion:(void
(^)(BOOL finished))completion __OSX_AVAILABLE_STARTING(__MAC_NA,__IPHONE_4_0);
// toView added to fromView.superview, fromView removed from its superview 界面替换,这
里的 options 参数有效
```

（3）core 方式

此方式使用 CATransition 类实现。iPhone 还支持 Core Animation 作为其 QuartzCore 架构的一部分，CA API 为 iPhone 应用程序提供了高度灵活的动画解决方案。但是须知：CATransition 只针对图层，不针对视图。图层是 Core Animation 与每个 UIView 产生联系的工作层面。使用 Core Animation 时，应该将 CATransition 应用到视图的默认图层（[myView layer]），而不是视图本身。

使用 CATransition 类实现动画，只需要建立一个 Core Animation 对象，设置它的参数，然后把这个带参数的过渡添加到图层即可。在使用时要引入 QuartzCore.framework：

```
#import <QuartzCore/QuartzCore.h>
```

CATransition 动画使用了类型 type 和子类型 subtype 两个概念。type 属性指定了过渡的种类（淡化、推挤、揭开、覆盖）。subtype 设置了过渡的方向（从上、下、左、右）。另外，CATransition 私有的动画类型有立方体、吸收、翻转、波纹、翻页、反翻页、镜头开、镜头关。

12.4.3 Core Animation 详解

Core Animation 即核心动画，开发人员可以为应用创建动态用户界面，而无需使用低级别的图形 API，例如使用 OpenGL 来获取高效的动画性能。Core Animation 负责所有的滚动、旋转、缩小和放大以及所有的 iOS 动画效果。其中，UIKit 类通常都有 animated 参数部分，它可以允许是否使用动画。另外，Core Animation 还与 Quartz 紧密结合在一起，每个 UIView 都关联到一个 CALayer 对象，CALayer 是 Core Animation 中的图层。

CoreAnimation 在创建动画时会修改 CALayer 属性，然后让这些属性流畅地变化。学习 Core Animation 需要具备如下相关知识点。

- 图层：动画发生的地方，CALayer 总是与 UIView 关联，通过 layer 属性访问。
- 隐式动画：这是一种最简单的动画，不用设置定时器，不用考虑线程或者重画。
- 显式动画：一种使用 CABasicAnimation 创建的动画，通过 CABasicAnimation，可以更明确地定义属性如何改变动画。
- 关键帧动画：是一种更复杂的显式动画类型，这里可以定义动画的起点和终点，还可以定义某些帧之间的动画。

使用核心动画有以下几个好处。

- 简单易用的高性能混合编程模型。
- 类似视图，可以通过使用图层来创建复杂的接口。通过 CALayer 来使用更复杂的一些动画。
- 轻量级的数据结构，它可以同时显示并让上百个图层产生动画效果。控制多个 CALayer 来显示动画效果。
- 一套简单的动画接口，可以让动画运行在独立的线程里面，并可以独立于主线程之外。
- 一旦动画配置完成并启动，核心动画完全控制并独立完成相应的动画帧。
- 提高应用性能。应用程序只当发生改变的时候才重绘内容。再小的应用程序也需要改变和提供布局服务层。核心动画还消除了在动画的帧速率上运行的应用程序代码。
- 灵活的布局管理模型，包括允许图层相对同级图层的关系来设置相应属性的位置和大小。可以使用 CALayer 来更灵活地进行布局。

Core Animation 提供了许多或具体或抽象的动画类，如图 12-6 所示。

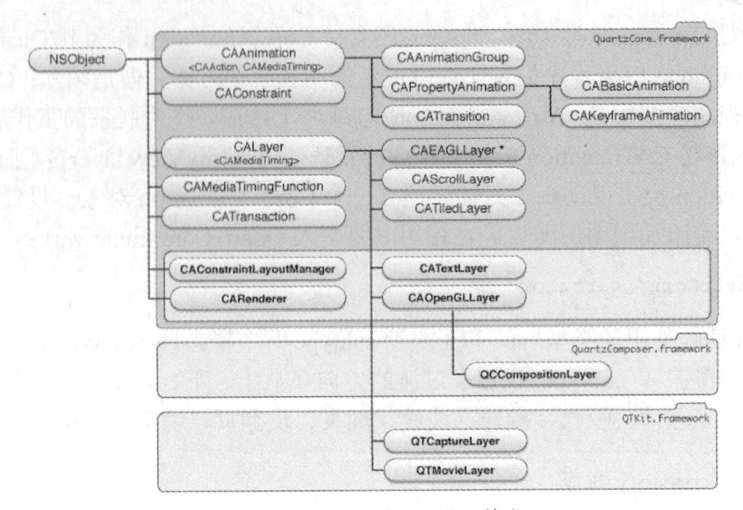

▲图 12-6　Core Animation 的类

Core Animation 中常用类的具体说明如下所示。

- CATransition：提供了作用于整个层的转换效果。还可以通过自定义的 Core Image filter 扩展转换效果。
- CAAnimationGroup：可以打包多个动画对象，并让他们同时执行。
- CAPropertyAnimation：支持基于属性关键路径的动画。
- CABasicAnimation：对属性做简单的插值。
- CAKeyframeAnimation：对关键帧动画提供支持，指定需要动画属性的关键路径，一个表示每一个阶段对应的值的数组，还有一个关键帧时间和时间函数的数组。动画运行时，依次设置每一个值的指定插值。

1. 图层的类

（1）层类（Layer Classes）

Layer Classes 是 Core Animation 的基础。Layer Classes 提供了一个抽象的概念，这个概念对那些使用 NSview 和 UIview 的开发者来说是很熟悉的。基础层是由 CALayer 类提供的，CALayer 是所有 Core Animation 层的父类。

同一个视图类的实例一样，一个 CALayer 实例也有一个单独的 SuperLayer 和上面所有的子层（SubLayers），它创建了一个有层次结构的层，我们称之为 Layer Tree。Layers 的绘制就像 Views 一样是从后向前绘制的，绘制的时候我们要指定其相对于它们的 SuperLayer 的集合形状，同时还需要创建一个局部的坐标系。Layers 可以做一些更复杂的操作，例如 Rotate（旋转）、Skew（倾斜）、Scale（放缩）和 Project The Layer Content（层的投影）。

图层的内容可以提供如下所示的功能。

- 直接设置层的 content 属性到一个 core graphics 图，或者通过 delegation 来设置。
- 提供一个代理，直接绘制到 Core Graphics image context（核心图形的上下文）。
- 设置任意数量的所有层共有的可视的风格属性，例如：backgroundColor（背景色）、opacity（透明度）和 masking（遮罩）。Mac OS X 应用通过使用 core image filters 来达到这种可视化的属性。
- 子类化 CALayer，同时在更多的封装方式中完成上面的任意技术。

（2）3 个重要的子类

● CAScrollLayer：是 CALayer 的一个子类，用来显示 Layer 的某一部分，一个 CAScrollLayer 对象的滚动区域是由其子层的布局来定义的。CAScrollLayer 没有提供键盘或者鼠标事件，也没有提供明显的滚动条。

● CATextLayer：一个可以很方便地从 string 和 attributed string 创建 Layer 的 content 的类。

● CATiledLayer：允许在增量阶段显示大而复杂的图像，就是将图形进行分块显示，来减少加载时间。

（3）Mac OS X 额外的类

CAOpenGLLayer 提供了一个 OpenGL 渲染环境。必须继承这个类来使用 OpenGL 提供的内容。内容可以是静态的，也可以随着时间的推移更新。QCCompositionLayer（由 Quartz 框架提供）可以显示 Quartz 合成的内容动画。QTMovieLayer and QTCaptureLayer（QTKit 框架提供）提供播放 QuickTime 影片和视频直播。

（4）iOS 独特的 CALayerCAEAGLLayer

CALayerCAEAGLLayer 提供了一个 OpenGLES 渲染环境。CALayer 的类引入了“键-值”编码兼容的容器类概念，也就是说一个类可以使用“键-值”编码的方法存储任意值，而无需创建一个子类。CALayer 还扩展了 NSKeyValueCoding 的非正式协议，加入默认键值和额外的结构类型的自动对象包装（CGPoint,CGSize,CGRect,CGAffineTransform 和 CATransform 3D）的支持，并提供许多这些结构的关键路径领域的访问。CALayer 也管理动画和与其相关的 Layer 的 Actions。Layers 接收一些从 Layer Tree 中触发的 insert 和 remove 消息，修改被创建的 Layer 的属性，或者指明开发者的需求。这些 actions 通常都会导致动画的产生。

2. 动画和计时类（Animation and Timing Classes）

图层的很多可视化属性是可以实现隐式动画的。通过简单地改变图层的可动画显示的属性，可以让图层现有属性从当前值动画渐变到新的属性值。例如设置图层的 hidden 属性为 YES，则会触发动画，使层逐渐淡出。

（1）隐式动画

层的许多可视属性的改变可以产生隐式的动画效果，因为这些属性都默认地与一个动画相关联。通过简单地设置可视的属性值，层会由当前值到被设置的值产生渐变的动画效果。比如，设置层的隐藏属性为真，将触发一个逐渐消失的动画效果。

（2）显式动画

通过创建一个动画类和指定所需要的动画效果，可以设置动画的属性，也可以产生显式的动画效果。显式的动画并不改变层的属性。 所有的核心动画类都由抽象类 CAAnimation 继承而来。CAAnimation 采用 CAMediaTiming 协议。 CAMediaTiming 规定了动画的持续时间、速度及重复次数。CAAnimation 也采用了 CAAction 协议，该协议规定了响应由层触发动作时开始一个动画的标准方式。

核心动画的动画类使用基本的动画和关键帧动画把图层的内容和选取的属性动画地显示出来。所有核心动画的动画类都是从 CAAnimation 类继承而来的。

● CAAnimation：实现了 CAMediaTiming 协议，提供了动画的持续时间、速度和重复计数。另外，CAAnimation 也实现了 CAAction 协议。该协议为图层触发一个动画动作提供了标准化响应。动画类同时定义了一个使用贝塞尔曲线来描述动画改变的时间函数。例如一个匀速时间函数（linear timing function）在动画的整个生命周期里面一直保持速度不变，而渐缓时间函数（ease-out timing function）则在动画接近其生命周期的时候减慢速度。核心动画额外提供了一系列抽象的和细化的动画类，例如 CATransaction 提供了一个图层变化的过渡效果，它能影响图层的整个内容。动画进行的时候淡入淡出（fade）、推（push）、显露（reveal）图层的内容。这些过渡效果可以扩展到开发人员自己定制的 Core Image 滤镜。CAAnimationGroup 允许一系列动画效果组合在一起并行显示动画。

- CABasicAnimation：简单地为图层的属性提供修改。很多图层的属性修改默认会执行这个动画类，比如大小、透明度和颜色等属性。
- CAKeyframeAnimation：支持关键帧动画，可以指定图层属性的关键路径动画，包括动画的每个阶段的价值，以及关键帧时间和计时功能的一系列值。在动画运行时的每个值被特定的插入值替代，核心动画和 Cocoa Animation 同时使用这些动画类。

3. 布局管理器类

Application Kit 的视图类相对于 SuperLayer 提供了经典的“Struts and Springs”定位模型。图层类兼容这个模型，同时 Mac OS X 上面的核心动画提供了一套更加灵活的布局管理机制，它允许开发者自己修改布局管理器。核心动画的 CAConstraint 类是一个布局管理器，它可以指定子图层类限制于我们指定的约束集合。每个约束（CAConstraint 类的实例封装）描述层的几何属性（左、右、顶部或底部的边缘或水平或垂直中心）的关系，关系到其同级之一的几何属性层或 SuperLayer。

4. 事务管理类

图层的动画属性的每一个修改必然是事务的一个部分。CATransaction 在核心动画里面负责协调多个动画原子，更新显示操作。事务支持嵌套使用。

12.4.4　实战演练——实现“烟花烟花满天飞”效果

本实例实现了“烟花烟花满天飞”效果 ，预先设置了如图 12-7 所示的素材图片。

▲图 12-7　素材图片

在本实例中设置了两个视图界面，实现了主视图 MainView.xib 和说明视图 FlipsideView.xib 之间的灵活切换，并且为了实现动画效果，引入了关键帧动画框架 QuartzCore.framework。

实例 12-5	在屏幕中实现“烟花烟花满天飞”效果
源码路径	光盘:\daima\12\hua

（1）编写文件 FlipsideViewController.h，此文件的功能是实现主页视图的按钮，具体代码如下所示。

```
#import <UIKit/UIKit.h>
@protocol FlipsideViewControllerDelegate;
@interface FlipsideViewController : UIViewController {
    id <FlipsideViewControllerDelegate> delegate;
}
@property (nonatomic, assign) id <FlipsideViewControllerDelegate> delegate;
- (IBAction)done:(id)sender;
@end
```

```
@protocol FlipsideViewControllerDelegate
- (void)flipsideViewControllerDidFinish:(FlipsideViewController *)controller;
@end
```

（2）编写文件FlipsideViewController.m，此文件的功能是说明视图FlipsideView.xib定义功能方法，具体代码如下所示。

```
#import "FlipsideViewController.h"
@implementation FlipsideViewController
@synthesize delegate;
- (void)viewDidLoad {
    [super viewDidLoad];
    self.view.backgroundColor = [UIColor viewFlipsideBackgroundColor];
}
- (IBAction)done:(id)sender {
   [self.delegate flipsideViewControllerDidFinish:self];
}
- (void)didReceiveMemoryWarning {
    [super didReceiveMemoryWarning];
}
- (void)viewDidUnload {
}
- (void)dealloc {
    [super dealloc];
}
@end
```

（3）编写主视图的头文件MainViewController.h，通过此文件构建了一个“烟花烟花满天飞”的动画界面，具体代码如下所示。

```
#import "FlipsideViewController.h"
#import <QuartzCore/QuartzCore.h>
@interface MainViewController : UIViewController <FlipsideViewControllerDelegate> {
}
- (IBAction)showInfo:(id)sender;
@end
```

（4）文件MainViewController.m是文件MainViewController.h的实现，具体代码如下所示。

```
#import "MainViewController.h"
@implementation MainViewController
- (void)viewDidLoad {
   [super viewDidLoad];
   UIImageView* FireView = [[UIImageView alloc] initWithFrame:self.view.frame];
   FireView.animationImages = [NSArray arrayWithObjects
   [UIImage imageNamed:@"fire01.png"],
            [UIImage imageNamed:@"fire02.png"],
            [UIImage imageNamed:@"fire03.png"],
            [UIImage imageNamed:@"fire04.png"],
            [UIImage imageNamed:@"fire05.png"],
                               nil];
   FireView.animationDuration = 1.75;
   FireView.animationRepeatCount = 0;
   [FireView startAnimating];
   [self.view addSubview:FireView];
   [FireView release];
}
- (void)flipsideViewControllerDidFinish:(FlipsideViewController *)controller {
   [self dismissModalViewControllerAnimated:YES];
}
- (IBAction)showInfo:(id)sender {
   FlipsideViewController    *controller    =    [[FlipsideViewController    alloc]
initWithNibName:@"FlipsideView" bundle:nil];
   controller.delegate = self;
   controller.modalTransitionStyle = UIModalTransitionStyleFlipHorizontal;
   [self presentModalViewController:controller animated:YES];
   [controller release];
}
- (void)didReceiveMemoryWarning {
```

```
    [super didReceiveMemoryWarning];
}
- (void)viewDidUnload {
}
- (void)dealloc {
    [super dealloc];
}
@end
```

执行后的效果如图 12-8 所示。

▲图 12-8　执行效果

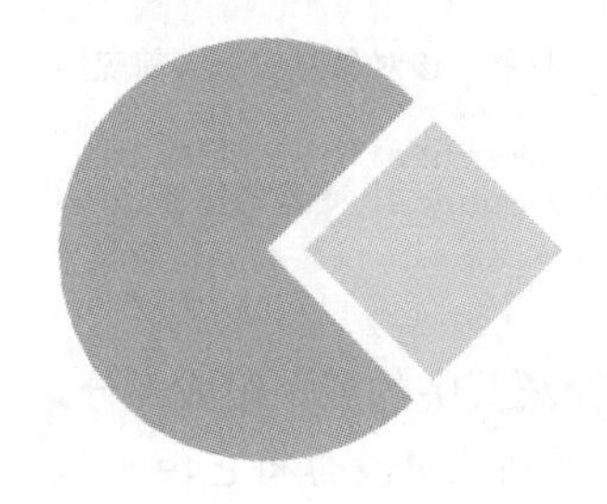

第 13 章　声音服务

在 iOS 应用中，当提供反馈或获取重要输入时，通过视觉方式进行通知比较合适。但是有时为了引起用户注意，通过声音效果可以更好地完成提醒效果。本章将向广大读者朋友们详细讲解 iOS 应用中声音服务的基本知识，为读者步入本书后面知识的学习打下基础。

13.1 访问声音服务

在当前的设备中，声音几乎在每个计算机系统中都扮演了重要角色，而不管其平台和用途如何。它们告知用户发生了错误或完成了操作。声音在用户没有紧盯屏幕时仍可提供有关应用程序在做什么的反馈。而在移动设备中，震动的应用比较常见。当设备能够震动时，即使用户不能看到或听到，设备也能够与用户交流。对 iPhone 来说，震动意味着即使它在口袋里或附近的桌子上，应用程序也可将事件告知用户。这是不是最好的消息呢？可通过简单代码处理声音和震动，这让您能够在应用程序中轻松地实现它们。

13.1.1　声音服务基础

为了支持声音播放和震动功能，iOS 系统中的系统声音服务（System Sound Services）提供了一个接口，用于播放不超过 30 秒的声音。虽然它支持的文件格式有限，目前只支持 CAF、AIF 和使用 PCM 或 IMA/ADPCM 数据的 WAV 文件，并且这些函数没有提供操纵声音和控制音量的功能，但是为我们开发人员提供了很大的方便。

iOS 使用 System Sound Services 支持如下 3 种不同的通知。

- 声音：立刻播放一个简单的声音文件。如果手机被设置为静音，用户什么也听不到。
- 提醒：也播放一个声音文件，但如果手机被设置为静音和震动，将通过震动提醒用户。
- 震动：震动手机，而不考虑其他设置。

要在项目中使用系统声音服务，必须添加框架 AudioToolbox 以及要播放的声音文件。另外还需要在实现声音服务的类中导入该框架的接口文件：

```
#import <AudioToolbox/AudioToolbox.h>
```

不同于本书讨论的其他大部分开发功能，系统声音服务并非通过类实现的，相反，我们将使用传统的 C 语言函数调用来触发播放操作。

要想播放音频，需要使用的两个函数是 AudioServicesCreateSystemSoundID 和 AudioServices PlaySystemSound。还需要声明一个类型为 SystemSoundID 的变量，它表示要使用的声音文件。为使读者对如何结合使用这些有一个大致认识，请读者看如下所示的代码。

```
-(IBAction)doSound:(id)sender {
   SystemSoundID soundID;//声明这个系统变量是为了后来的引用做准备
   NSString *soundFile = [[NSBundle mainBundle]      pathForResource:@"soundeffect"
```

```
ofType:@"wav"]//调用 NSBundle 的类方法 mainBundle 以返回一个 NSBundle 对象，该对象对应于当前应用程序可执行二进制文件所属的目录
 AudioServicesCreateSystemSoundID((CFURLRef)[NSURL        fileURLWithPath:soundFile],
&soundID);//一个指向文件为止的 CFURLRef 对象和一个指向我们要设置的 SystemSoundID 变量的指针
   AudioServicesPlaySystemSound(soundID);
}
```

这些代码看起来与我们一直使用的 Objective-C 代码有些不同，下面介绍其中的各个组成部分。

① 第 1 行声明了变量 soundID，我们将使用它来引用声音文件（注意到这里没有将它声明为指针，声明指针时需要加上）。

② 第 2 行声明了字符串变量 soundFile，并将其设置为声音文件 soundeffect.wav 的路径。为此首先使用 NSBundle 的类方法 mainBundle 返回一个 NSBundle 对象，该对象对应于当前应用程序的可执行二进制文件所属的目录。

然后使用 NSBundle 对象的 pathForResource:ofType:方法，通过文件名和扩展名指定具体的文件。

在确定声音文件的路径后，必须使用函数 AudioServicesCreateSystemSoundID 创建一个代表该文件的 SystemSoundID，供实际播放声音的函数使用（第 4～6 行）。这个函数接受两个参数，一个参数指向文件位置的 CFURLRef 对象，另一个参数指向我们要设置的 SystemSoundID 变量的指针。为了设置第一个参数，我们使用 NSURL 的类方法 fileURLWithPath，根据声音文件的路径创建一个 NSUIU 对象，并使用（_brige CFURLRef）将这个 NSURL 对象转换为函数要求的 CFURLRef 类型，其中，_brige 是必不可少的，因为我们要将一个 C 语言结构转换为 Objective_C 对象。为设置第二个参数，只需使用&soundID 即可。

&<variable>能够返回一个指向该变量的引用（指针）。在使用 Objective-C 类时很少需要这样做，因为几乎任何东西都已经是指针。

在正确设置 soundID 后，接下来的工作就是播放它了。为此只需将变量 soundID 传递给函数 AudioServicesPlaySystemSound 即可。

13.1.2　实战演练——播放声音文件

实例 13-1	播放声音文件
源码路径	光盘:\daima\13\MediaPlayer

① 新打开 Xcode，建一个名为“MediaPlayer”的“Single View Application”项目，如图 13-1 所示。

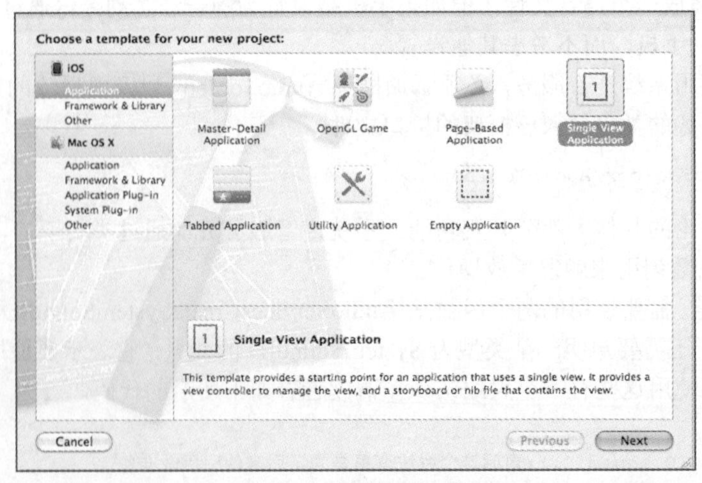

▲图 13-1　新建 Xcode 项目

② 设置新建项目的工程名，然后设置设备为“iPad”，如图 13-2 所示。

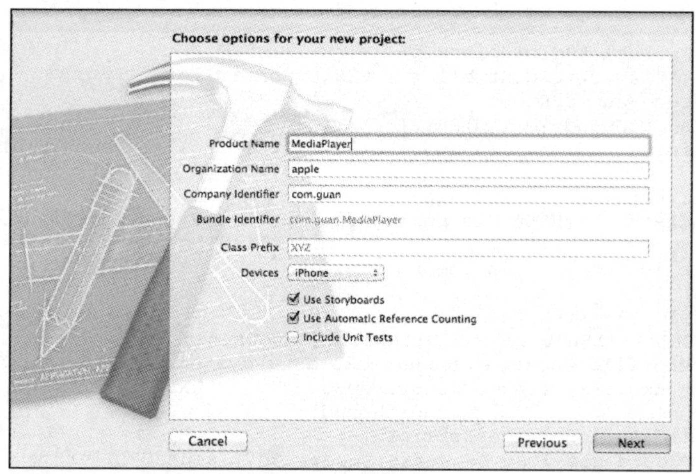

▲图 13-2　设置设备

③ 设置一个 UI 界面，在里面插入了两个按钮，效果如图 13-3 所示。

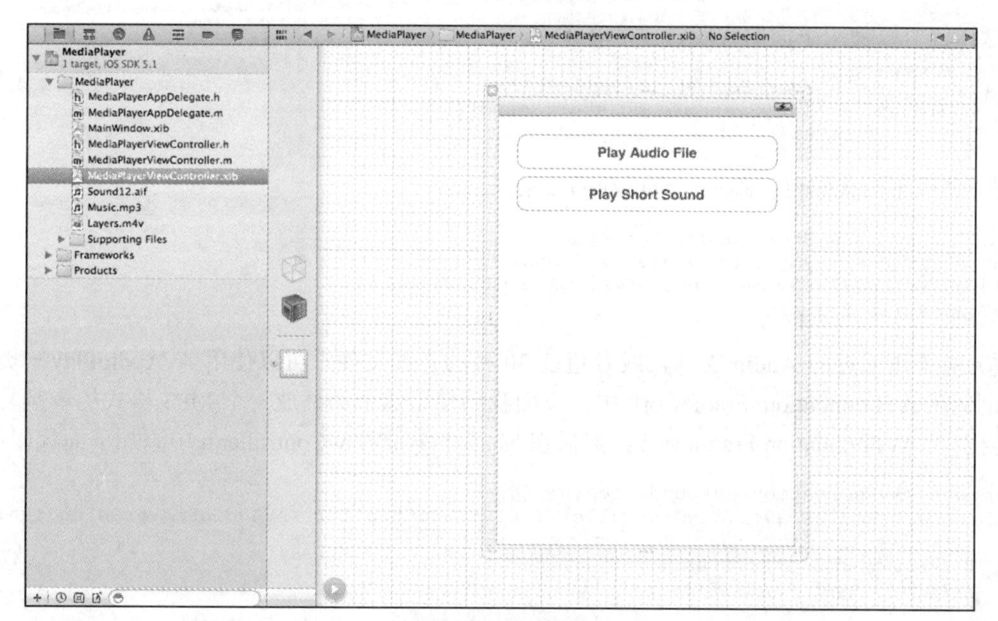

▲图 13-3　UI 界面

④ 准备两个声音素材文件“Music.mp3”和“Sound12.aif”，如图 13-4 所示。

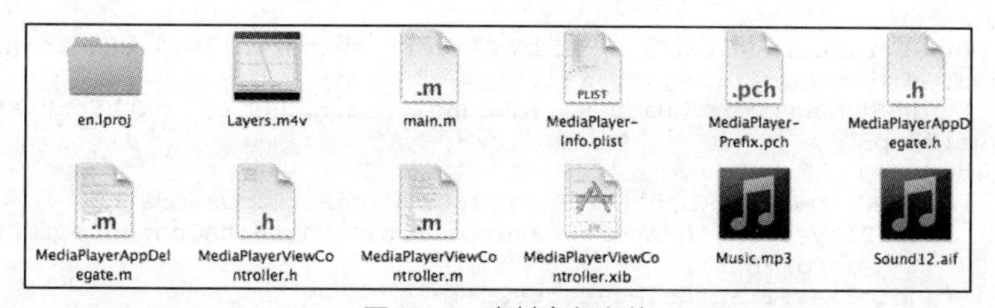

▲图 13-4　素材音频文件

⑤ 声音文件必须放到设备的本地文件夹下面。通过方法 AudioServicesCreateSystemSoundID

注册这个声音文件，AudioServicesCreateSystemSoundID 需要声音文件的 URL 的 CFURLRef 对象。看下面的注册代码：

```
#import <AudioToolbox/AudioToolbox.h>
@interface MediaPlayerViewController : UIViewController{
IBOutlet UIButton *audioButton;
SystemSoundID shortSound;}- (id)init{
self = [super initWithNibName:@"MediaPlayerViewController" bundle:nil];
if (self) {
// Get the full path of Sound12.aif
NSString *soundPath = [[NSBundle mainBundle] pathForResource:@"Sound12"
                                             ofType:@"aif"];
// If this file is actually in the bundle...
 if (soundPath) {
 // Create a file URL with this path
  NSURL *soundURL = [NSURL fileURLWithPath:soundPath];
// Register sound file located at that URL as a system sound
 OSStatus err = AudioServicesCreateSystemSoundID((CFURLRef)soundURL,
                                        &shortSound);
      if (err != kAudioServicesNoError)
       NSLog(@"Could not load %@, error code: %d", soundURL, err);
    }
  }
return self;
}
```

这样就可以使用下面的代码播放声音了：

```
- (IBAction)playShortSound:(id)sender{
    AudioServicesPlaySystemSound(shortSound);
}
```

⑥ 使用下面代码可以添加一个震动的效果：

```
- (IBAction)playShortSound:(id)sender{
AudioServicesPlaySystemSound(shortSound);
AudioServicesPlaySystemSound(kSystemSoundID_Vibrate);}
AVFoundation framework
```

⑦ 对于压缩过的 Audio 文件，或者超过 30 秒的音频文件，可以使用 AVAudioPlayer 类。这个类定义在 AVFoundation Framework 中。下面我们使用这个类播放一个 MP3 格式的音频文件。首先要引入 AVFoundation Framework，然后在 MediaPlayerViewController.h 中添加下面代码：

```
#import <AVFoundation/AVFoundation.h>
@interface MediaPlayerViewController : UIViewController <AVAudioPlayerDelegate>{
    IBOutlet UIButton *audioButton;
    SystemSoundID shortSound;
    AVAudioPlayer *audioPlayer;
```

⑧ AVAudioPlayer 类也需要知道音频文件的路径，使用下面代码创建一个 AVAudioPlayer 实例：

```
- (id)init{
    self = [super initWithNibName:@"MediaPlayerViewController" bundle:nil];
      if (self) {
               NSString *musicPath = [[NSBundle mainBundle]  pathForResource:@"Music"
        ofType:@"mp3"];
      if (musicPath) {
              NSURL *musicURL = [NSURL fileURLWithPath:musicPath];
             audioPlayer = [[AVAudioPlayer alloc]  initWithContentsOfURL:musicURL
                   error:nil];
             [audioPlayer setDelegate:self];
     }
     NSString *soundPath = [[NSBundle mainBundle] pathForResource:@"Sound12"
  ofType:@"aif"];
```

⑨ 我们可以在一个 button 的点击事件中开始播放这个 MP3 文件，例如下面的代码：

```
- (IBAction)playAudioFile:(id)sender{
    if ([audioPlayer isPlaying]) {
            // Stop playing audio and change text of button
              [audioPlayer stop];
              [sender setTitle:@"Play Audio File"
              forState:UIControlStateNormal];
    }   else {
    // Start playing audio and change text of button so
    // user can tap to stop playback
    [audioPlayer play];
    [sender setTitle:@"Stop Audio File"
    forState:UIControlStateNormal];
    }
}
```

这样运行我们的程序，就可以播放音乐了。

⑩ 这个类对应的 AVAudioPlayerDelegate 有两种委托方法。一种方法是 audioPlayerDidFinishPlaying:successfully:，当音频播放完成之后触发。当播放完成之后，可以将播放按钮的文本重新设置成 Play Audio File。

```
- (void)audioPlayerDidFinishPlaying:(AVAudioPlayer *)player
                  successfully:(BOOL)flag
              {
          [audioButton setTitle:@"Play Audio File"
                        forState:UIControlStateNormal];
            }
```

另一种方法是 audioPlayerEndInterruption:，当程序被应用外部打断之后，重新回到应用程序的时候触发。在这里，当回到此应用程序的时候，继续播放音乐。

```
- (void)audioPlayerEndInterruption:(AVAudioPlayer *)player{    [audioPlayer play];}
MediaPlayer framework
```

这样执行后即可播放指定的音频，效果如图 13-5 所示。

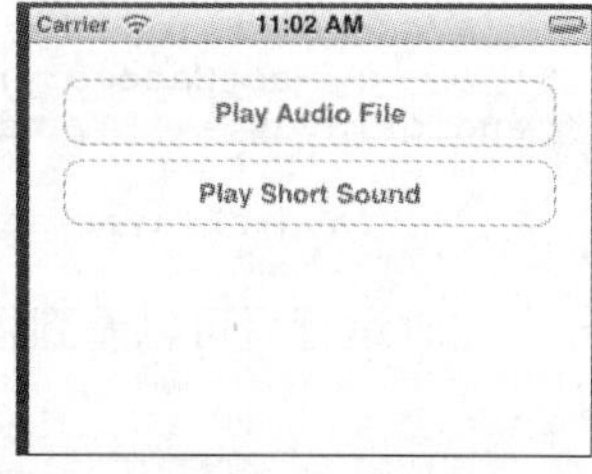

▲图 13-5 执行效果

除此之外，在 iOS SDK 中还可以使用 MPMoviePlayerController 来播放电影文件。但是在 iOS 设备上播放电影文件有严格的格式要求，只能播放下面两种格式的电影文件。

- H.264 (Baseline Profile Level 3.0)
- MPEG-4 Part 2 video (Simple Profile)

幸运的是，可以先使用 iTunes 将文件转换成上面两个格式。MPMoviePlayerController 还可以播放互联网上的视频文件。但是建议先将视频文件下载到本地，然后播放。如果不这样做，iOS 可能会拒绝播放很大的视频文件。

这个类定义在 MediaPlayer Framework 中。在应用程序中，先添加这个引用，然后修改 MediaPlayerViewController.h 文件。

```
#import <MediaPlayer/MediaPlayer.h>
@interface MediaPlayerViewController : UIViewController <AVAudioPlayerDelegate>
{
 MPMoviePlayerController *moviePlayer;
```

下面我们使用这个类来播放一个“.m4v”格式的视频文件。与前面的类似，需要一个 URL 路径即可。

```
- (id)init{
 self = [super initWithNibName:@"MediaPlayerViewController" bundle:nil];
    if (self) {            NSString *moviePath = [[NSBundle mainBundle]
```

```
    pathForResource:@"Layers"
    ofType:@"m4v"
  ];
   if (moviePath) {
     NSURL *movieURL = [NSURL fileURLWithPath:moviePath];
     moviePlayer = [[MPMoviePlayerController alloc]
     initWithContentURL:movieURL];
  }
```

MPMoviePlayerController 有一个视图来展示播放器控件，我们在 viewDidLoad 方法中，将这个播放器展示出来。

```
- (void)viewDidLoad{
[[self view] addSubview:[moviePlayer view]];
    float halfHeight = [[self view] bounds].size.height / 2.0;
    float width = [[self view] bounds].size.width;
    [[moviePlayer view] setFrame:CGRectMake(0, halfHeight, width, halfHeight)];
 }
```

还有一个 MPMoviePlayerViewController 类，用于全屏播放视频文件，其用法和 MPMoviePlayerController 一样。

```
MPMoviePlayerViewController *playerViewController =
    [[MPMoviePlayerViewController alloc] initWithContentURL:movieURL];
[viewController presentMoviePlayerViewControllerAnimated:playerViewController];
```

当我们在听音乐时，可以使用 iPhone 做其他的事情，这个时候需要播放器在后台也能运行，我们只需要在应用程序中做个简单的设置就行了。

① 在 Info property list 中添加一个 Required background modes 节点，它是一个数组，将第一项设置成 App plays audio。

② 在播放 MP3 文件的代码中加入下面代码：

```
if (musicPath) {
NSURL *musicURL = [NSURL fileURLWithPath:musicPath];
[[AVAudioSession sharedInstance]
        setCategory:AVAudioSessionCategoryPlayback error:nil];
audioPlayer = [[AVAudioPlayer alloc] initWithContentsOfURL:musicURL
                            error:nil];
     [audioPlayer setDelegate:self];
```

此时运行后可以看到播放视频的效果，如图 13-6 所示。

▲图 13-6　执行效果

13.2 提醒和震动

提醒音和系统声音之间的差别在于，如果手机处于静音状态，提醒音将自动触发震动。提醒音的设置和用法与系统声音相同，如果要播放提醒音，只需使用函数 AudioServicesPlayAlertSound 即可实现，而不是使用 AudioServicesPlaySystemSound。实现震动的方法更加容易，只要在支持震动的设备（当前为 iPhone）中调用 AudioServicesPlaySystemSound 即可，并将常量 kSystemSoundID_Vibrate 传递给它，例如下面的代码。

```
AudioServicesPlaySystemSound( kSystemSoundID_Vibrate);
```

如果试图震动不支持震动的设备（如 iPad 2），则不会成功。这些实现震动代码将留在应用程序中，不会有任何害处，而不管目标设备是什么。

13.2.1 播放提醒音

iOS 开发之多媒体播放是本文要介绍的内容，iOS SDK 中提供了很多方便的方法来播放多媒体。接下来我们将利用这些 SDK 做一个实例，来讲述一下如何使用它们来播放音频文件。本实例使用了 AudioToolbox Framework 框架，通过此框架可以将比较短的声音注册到 system sound 服务上。被注册到 system sound 服务上的声音称为 system sounds。它必须满足下面 4 个条件。

① 播放的时间不能超过 30 秒。

② 数据必须是 PCM 或者 IMA4 流格式。

③ 必须被打包成下面 3 个格式之一。

- Core Audio Format (.caf)。
- Waveform audio (.wav)。
- Audio Interchange File (.aiff)。

④ 声音文件必须放到设备的本地文件夹下面。通过 AudioServicesCreateSystemSoundID 方法注册这个声音文件。

13.2.2 实战演练——实现 iOS 的提醒功能

本节的演示实例将实现一个沙箱效果，在里面可以实现提醒视图、多个按钮的提醒视图、文本框的提醒视图、操作表和声音提示以及震动提示效果。本实例只包含一些按钮和一个输出区域，其中的按钮用于触发操作，以便演示各种提醒用户的方法，而输出区域用于指出用户的响应。生成提醒视图、操作表、声音和震动的工作都是通过代码完成的，因此越早完成项目框架的设置，就能越早实现逻辑。

实例 13-2	在网页中实现触摸处理
源码路径	光盘:\daima\13\lianhe

1. 创建项目

① 新打开 Xcode，建一个名为“lianhe”的“Single View Application”项目，如图 13-7 所示。

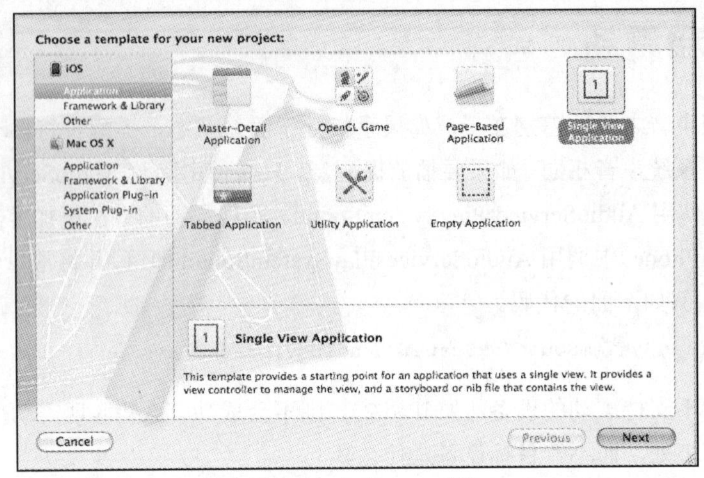

▲图 13-7　新建 Xcode 项目

② 设置新建项目的工程名，然后设置设备为“iPhone”，如图 13-8 所示。

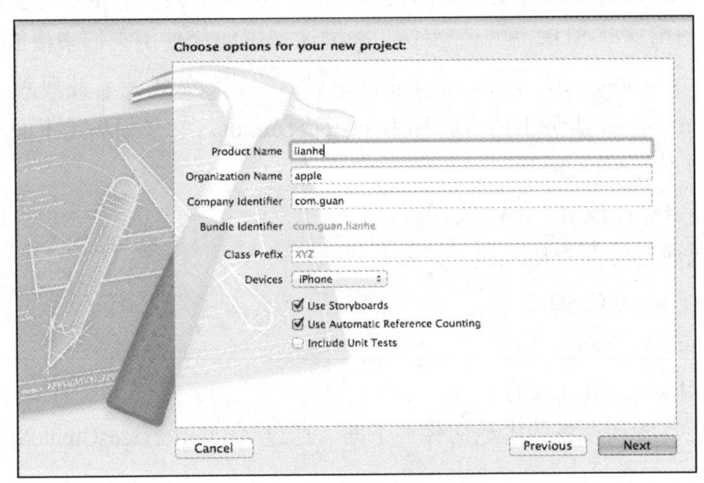

▲图 13-8　设置设备

③ 在“Sounds”准备两个声音素材文件“Music.mp3”和“Sound12.aif”，如图 13-9 所示。

▲图 13-9　素材音频文件

④ 本实例需要多个项目默认没有的资源，其中最重要的是我们要使用系统声音服务播放的声音以及播放这些声音所需的框架。在 Xcode 中打开了项目“lianhe”的情况下，切换到 Finder 并找到本章项目文件夹中的 Sounds 文件夹。将该文件夹拖放到 Xcode 项目文件夹，并在 Xcode 提示时指定复制文件并创建编组。该文件夹将出现在项目编组中，如图 13-10 所示。

⑤ 要想使用任何声音播放函数，都必须将框架 AudioToolbox 加入到项目中。所以选择项目 GettingAttention 的顶级编组，并在编辑器区域选择选项卡“Summary”。在选项卡“Summary”中向下滚动，找到 Linked Frameworks and Libraries 部分，如图 13-11 所示。

⑥ 再单击列表下方的“+”按钮，在出现的列表中选择 AudioToolbox.framework，再单击“Add”按钮，如图 13-12 所示。

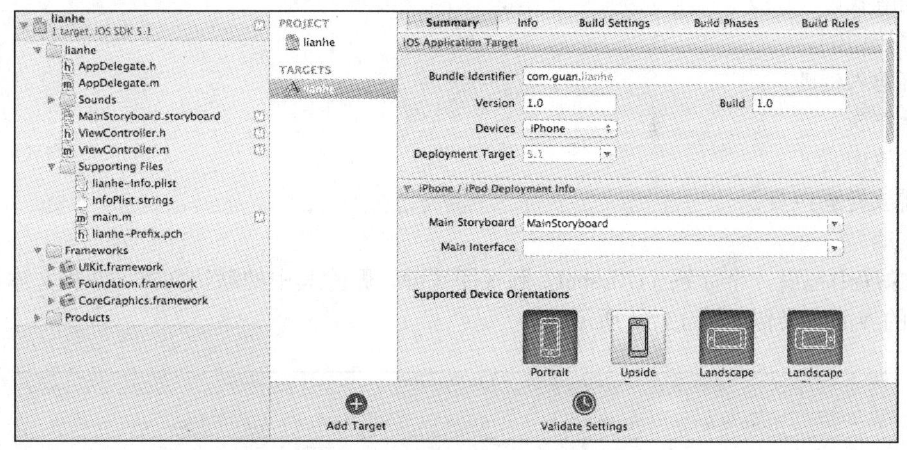

▲图 13-10　将声音文件加入到项目中

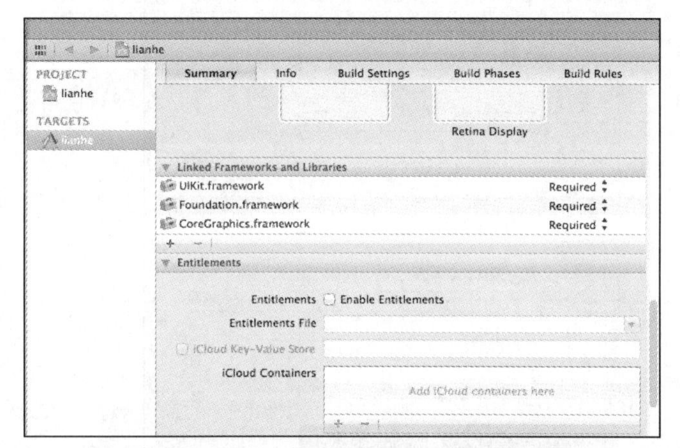

▲图 13-11　找到 Linked Frameworks and Libraries

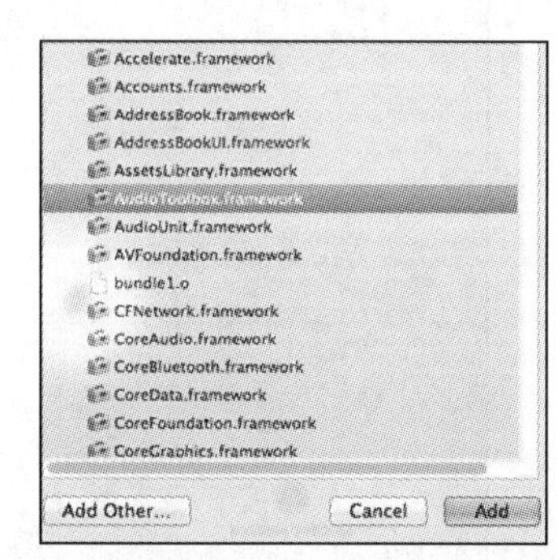

▲图 13-12　将框架 AudioToolbox 加入到项目中

在添加该框架后，建议将其拖放到项目的 Frameworks 编组，因为这样可以让整个项目显得更加整洁有序，如图 13-13 所示。

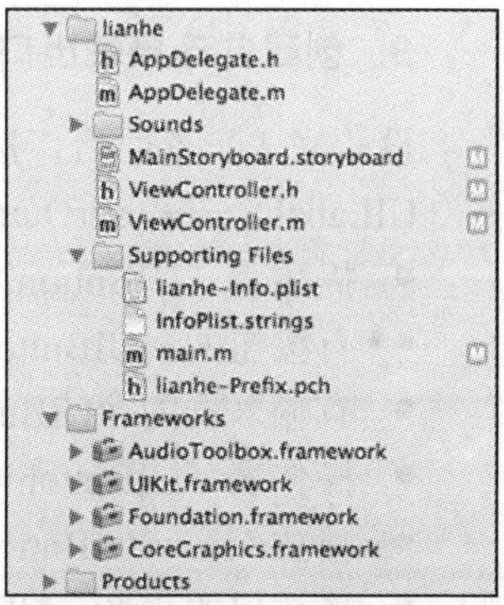

▲图 13-13　重新分组

⑦ 在给应用程序 GettingAttention 设计界面和编写代码前，要确定需要哪些输出口和操作，以便能够进行我们想要的各种测试。本实例只需要一个输出口，它对应于一个标签（UILabel），而该标签提供有关用户做了什么的反馈。我们将这个输出口命名为“userOutput”。

除了输出口外，总共还需要 7 个操作，它们都是由用户界面中的各个按钮触发的，这些操作分别是 doAlert、doMultiButtonAlert、doAlertInput、doActionSheet、doSormd、doAlertSound 和 doVibration。

2. 设计界面

在 Interface Builder 中打开文件 MainStoryboard.storyboard，然后在空视图中添加 7 个按钮和一个文本标签。首先添加一个按钮，方法是选择菜单“View”→“Utilitise”→“Show Object Library”打开对象库，将一个按钮（UIButton）拖曳到视图中。再通过拖曳的方式添加 6 个按钮，也可以复制并粘贴第一个按钮。然后修改按钮的标题，使其对应于将使用的通知类型。具体地说，按从上到下的顺序将按钮的标题分别设置为：

- 提醒我。
- 有按钮的。
- 有输入框的。
- 操作表。
- 播放声音。
- 播放提醒声音。
- 震动。

从对象库中拖曳一个标签（UILabel）到视图底部，删除其中的默认文本，并将文本设置为居中。现在的界面应类似于图 13-14 所示。

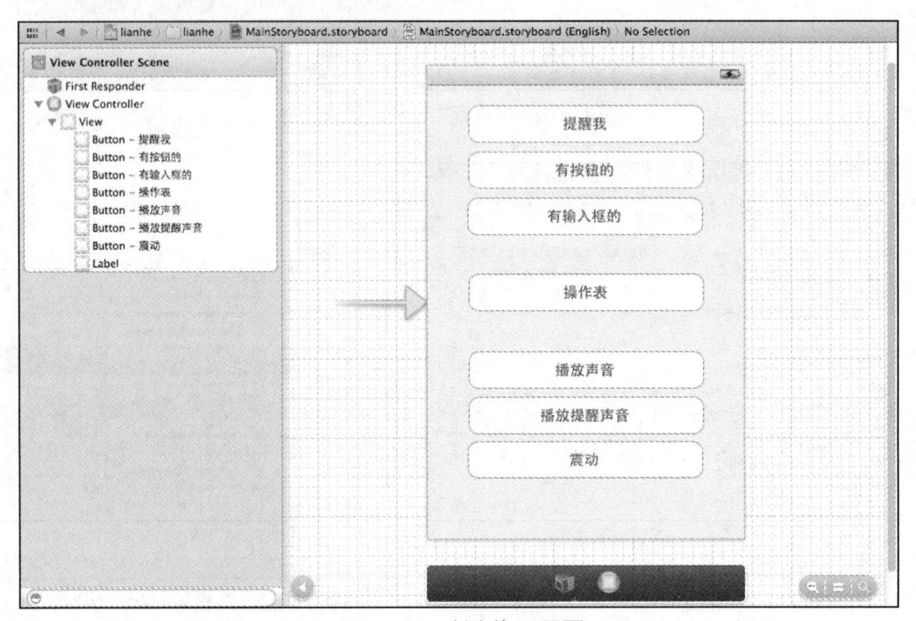

▲图 13-14　创建的 UI 界面

3. 创建并连接输出口和操作

设计好 UI 界面后，接下来需在界面对象和代码之间建立连接。我们需要建立的用户输出标签（UILabel）——userOutput，需要创建的操作如下。

- 提醒我（UIButton）：doAlert。
- 有按钮的（UIButton）：doMultiButtonAlert。
- 有输入框的（UIButton）：doAlertInput。
- 操作表（UIButton）：doActionSheet。
- 播放声音（UIButton）：doSound。
- 播放提醒声音（UIButton）：doAlertSound。
- 震动（UIButton）：doVibration。

在选择了文件 MainStoryboard.storyboard 的情况下，单击“Assistant Editor”按钮，再隐藏项目导航器和文档大纲（选择菜单“Editor”→“Hide Document Outline”），以腾出更多的空间，从而方便建立连接。文件 ViewController.h 应显示在界面的右边。

（1）添加输出口

按住“Control”键，从唯一一个标签拖曳到文件 ViewController.h 中编译指令@interface 下方。在 Xcode 提示时，选择新建一个名为“userOutput”的输出口，如图 13-15 所示。

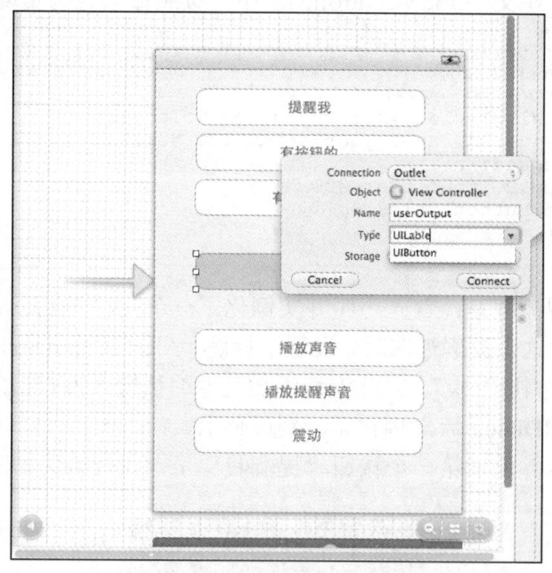

▲图 13-15　将标签连接到输出口 userOutput

（2）添加操作

按住“Control”键，从按钮“提醒我”拖曳到文件 ViewController.h 中编译指令@property 下方，并连接到一个名为“doAlert”的新操作，如图 13-16 所示。

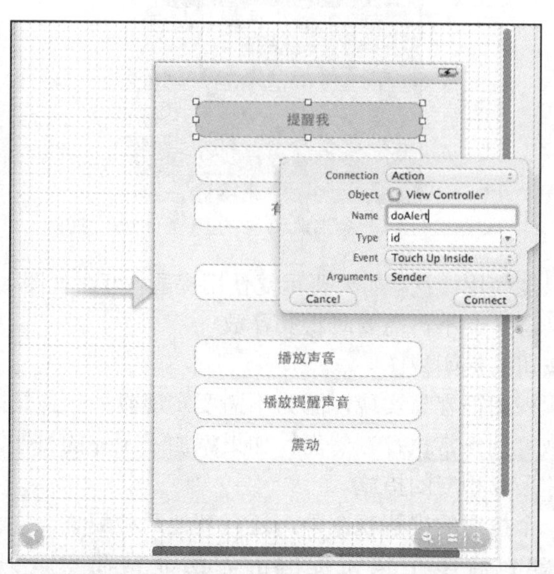

▲图 13-16　将每个按钮都连接到相应的操作

对其他 6 个按钮重复进行上述相同的操作，将“有按钮的”连接到 doMultiButtonAlert，将“有输入框的”连接到 doAlertInput，将“操作表”连接到 doActionSheet，将“播放声音”连接到 doSound，将“播放提醒声音”连接到 doAlertSound，将“震动”连接到 doVibration。

4. 实现提醒视图

切换到标准编辑器显示项目导航器（“Command+1”），再打开文件 ViewController.m，首先实现一个简单的提醒视图。在文件 ViewController.m 中，按照如下代码实现方法 doAlert。

```
- (IBAction)doAlert:(id)sender {
    UIAlertView *alertDialog;
   alertDialog = [[UIAlertView alloc]
                 initWithTitle: @"Alert Button Selected"
                 message:@"I need your attention NOW!"
                 delegate: nil
                 cancelButtonTitle: @"Ok"
                 otherButtonTitles: nil];
   [alertDialog show];
}
```

上述代码的具体实现流程是：首先声明并实例化了一个 UIAlertView 实例，再将其存储到变量 alertDialog 中。初始化这个提醒视图时，设置了标题（Alert Button Selected）、消息（I need your attention NOW!）和取消按钮“Ok”。在此没有添加其他的按钮，没有指定委托，因此不会响应该提醒视图。在初始化 alertDialog 后，将它显示到屏幕上。

现在可以运行该项目并测试第一个按钮“提醒我”了，执行效果如图 13-17 所示。

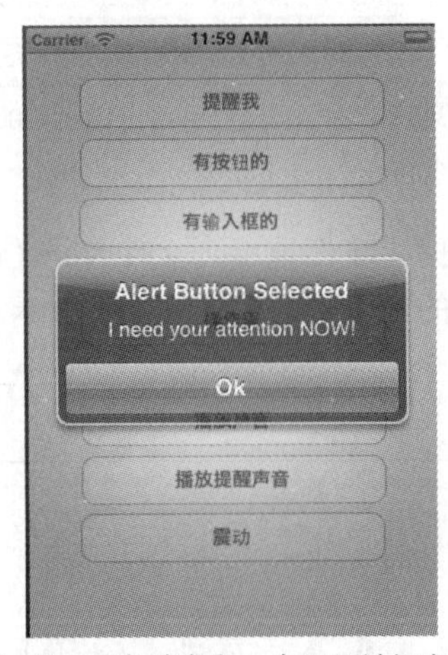

▲图 13-17　一条消息和一个用于关闭它的按钮

提醒视图对象并非只能使用一次。如果要重复使用提醒，可在视图加载时创建一个提醒实例，并在需要时显示它，但别忘了在不再需要时将其释放。

（1）创建包含多个按钮的提醒视图

只有一个按钮的提醒视图很容易实现，因为不需要实现额外的逻辑。用户轻按按钮后，提醒视图将关闭，而程序将恢复到正常执行。然而，如果添加了额外的按钮，应用程序必须能够确定用户按下了哪个按钮，并采取相应的措施。

除了创建的只包含一个按钮的提醒视图外，还有其他两种配置，它们之间的差别在于提醒视图显示的按钮数。创建包含多个按钮提醒的方法非常简单，只需利用初始化方法的 otherButtonTitles 参数即可实现，不将其设置为 nil，而是提供一个以“nil”结尾的字符串列表，这些字符串将用作新增按钮的标题。当只有两个按钮时，“取消”按钮总是位于左边。当有更多按钮时，它将位于最下面。

在前面创建方法存根 doMultiButtonAlert 中，复制前面编写的 doAlert 方法，并将其修改为如下所示的代码。

```
- (IBAction)doMultiButtonAlert:(id)sender {
    UIAlertView *alertDialog;
    alertDialog = [[UIAlertView alloc]
                   initWithTitle: @"Alert Button Selected"
                   message:@"I need your attention NOW!"
                   delegate: self
                   cancelButtonTitle: @"Ok"
                   otherButtonTitles: @"Maybe Later", @"Never", nil];
   [alertDialog show];
}
```

在上述代码中，使用参数 otherButtonTitles 在提醒视图中添加了按钮"Maybe Later"和"Never"。按下按钮"有按钮的"，将显示如图 13-18 所示的提醒视图。

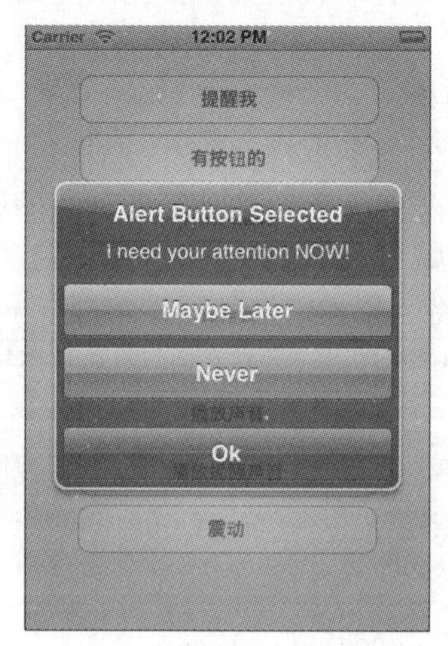

▲图 13-18　包含 3 个按钮的提醒

（2）响应用户单击提醒视图中的按钮

要想响应提醒视图，处理响应的类必须实现 AlertViewDelegate 协议。在此让应用程序的视图控制类承担这种角色，但在大型项目中可能会让一个独立的类承担这种角色。具体如何选择完全取决于我们。

为了确定用户按下了多按钮提醒视图中的哪个按钮，ViewController 遵守协议 UIAlertView Delegate 并实现方法 alertView:clickedButtonAtIndex:

```
@interfaCe ViewCOntrOller  :UIViewController <UIAlertViewDelegate>
```

接下来，更新 doMultiButtonAlert 中初始化提醒视图的代码，将委托指定为实现了协议 UIAlertViewDelegate 的对象。由于它就是创建提醒视图的对象（视图控制器），因此可以使用 self 来指定。

```
alertDialog=  [[UIAlertView alloc]
    initWithTitle: @"Alert Button Selected"
    message:@"I need your attention NOW!"
    delegate:  self
    cancelButtonTitle: @"Ok"
    otherButtonTitles:  @"Maybe Later", @"Never",  nil];
```

接下来需要编写方法 alertView:clickedButtonAtIndex，它将用户按下的按钮的索引数作为参数，这让我们能够采取相应的措施。我们利用 UIAlertView 的实例方法 buttonTitleAtIndex 获取按钮的标题，而不使用数字索引值。

在文件 ViewController.m 中添加如下所示的代码，这样当用户按下按钮时会显示一条消息。这是一个全新的方法，在文件 ViewController.m 中没有包含其存根。

```
- (void)alertView:(UIAlertView *)alertView
clickedButtonAtIndex:(NSInteger)buttonIndex {
   NSString *buttonTitle=[alertView buttonTitleAtIndex:buttonIndex];
   if ([buttonTitle isEqualToString:@"Maybe Later"]) {
        self.userOutput.text=@"Clicked 'Maybe Later'";
    } else if ([buttonTitle isEqualToString:@"Never"]) {
        self.userOutput.text=@"Clicked 'Never'";
   } else {
        self.userOutput.text=@"Clicked 'Ok'";
   }
}
```

在上述代码中，首先将 buttonTitle 设置为被按下的按钮的标题。然后将 buttonTitle 同我们创建提醒视图时初始化的按钮的名称进行比较，如果找到匹配的名称，则相应地更新视图中的标签 userOutput。

（3）在提醒对话框中添加文本框

虽然可以在提醒视图中使用按钮来获取用户输入，但是有些应用程序在提醒框中包含文本框。例如，App Store 提醒您输入 iTune 密码，然后才让您下载新的应用程序。要想在提醒视图中添加文本框，可以将提醒视图的属性 alertViewStyle 设置为 UIAlertViewSecureTextInput 或 UIAlertViewStylePlainTextInput,这将会添加一个密码文本框或一个普通文本框。第 3 种选择是将该属性设置为 UIAlertViewStyleLoginAndPasswordInput，这将在提醒视图中包含一个普通文本框和一个密码文本框。

下面以方法 doAlert 为基础来实现 doAlertInput，让提醒视图提示用户输入电子邮件地址，显示一个普通文本框和一个“Ok”按钮，并将 ViewController 作为委托。下面的演示代码显示了该方法的具体实现。

```
- (IBAction)doAlertInput:(id)sender {
    UIAlertView *alertDialog;
   alertDialog = [[UIAlertView alloc]
                initWithTitle: @"Email Address"
                message:@"Please enter your email address:"
                delegate: self
                cancelButtonTitle: @"Ok"
                otherButtonTitles: nil];
    alertDialog.alertViewStyle=UIAlertViewStylePlainTextInput;
   [alertDialog show];
}
```

此处只需设置属性 alertViewStyle 就可以在提醒视图中包含文本框。运行该应用程序，并触摸按钮“有输入框的”，就会看到如图 13-19 所示的提醒视图。

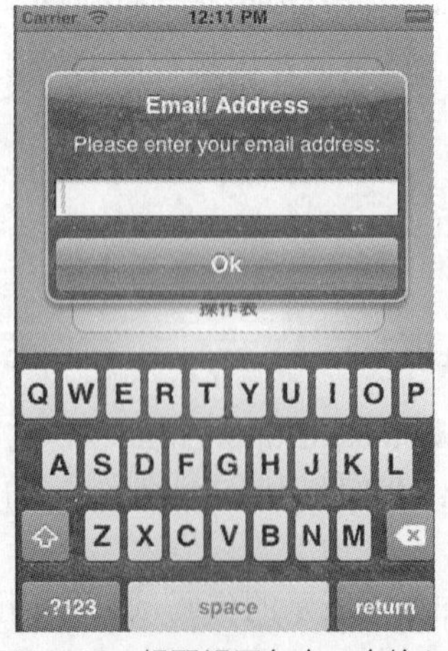

▲图 13-19　提醒视图包含一个输入框

（4）访问提醒视图的文本框

要想访问用户通过提醒视图提供的输入，可以使用方法 alertView:clickedButtonAtIndex 实现。前面已经在 doMultiButtonAlert 中使用过这个方法来处理提醒视图，此时我们应该知道调用的是哪种提醒，并做出相应的反应。鉴于在方法 alertView:clickedButtonAtIndex 中可以访问提醒视图本身，因此可检查提醒视图的标题，如果它与包含文本框的提醒视图的标题（Email Address）相同，则将 userOutput 设置为用户在文本框中输入的文本。此功能很容易实现，只需对传递给 alertView:clickedButtonAtIndex 的提醒视图对象的 title 属性进行简单的字符串比较即可。修改方法 alertView:clickedButtonAtIndex，在最后添加如下所示的代码。

```
if ([alertView.title
        isEqualToString: @"Email Address"]) {
       self.userOutput.text=[[alertView textFieldAtIndex:0] text];
    }
```

这样对传入的 alertView 对象的 title 属性与字符串 EmailAddress 进行比较。如果它们相同，我们就知道该方法是由包含文本框的提醒视图触发的。使用方法 textFieldAtIndex 获取文本框。由于只有一个文本框，因此使用了索引零。然后，向该文本框对象发送消息 text，以获取用户在该文本框中输入的字符串。最后，将标签 userOutput 的 text 属性设置为该字符串。

完成上述修改后运行该应用程序。现在，用户关闭包含文本框的提醒视图时，该委托方法将被调用，从而将 userOutput 标签设置为用户输入的文本。

5. 实现操作表

实现多种类型的提醒视图后，再实现操作表将毫无困难。实际上，在设置和处理方面，操作表比提醒视图更简单，因为操作表只做一件事情，即显示一系列按钮。为了创建我们的第一个操作表，将实现在文件 ViewController.m 中创建的方法存根 doActionSheet。该方法将在用户按下按钮“Lights”,“Camera”,“Action”“Sheet”时触发。它显示标题为“Available Actions”、名为“Cancel”的取消按钮以及名为“Destroy”的破坏性按钮，还有其他两个按钮，名称分别为“Negotiate”和“Compromise”，并且使用 ViewController 作为委托。

将下面的演示代码加入到方法 doActionSheet 中。

```
- (IBAction)doActionSheet:(id)sender {
    UIActionSheet *actionSheet;
   actionSheet=[[UIActionSheet alloc] initWithTitle:@"Available Actions"
                                          delegate:self
                                 cancelButtonTitle:@"Cancel"
                          destructiveButtonTitle:@"Destroy"
                                 otherButtonTitles:@"Negotiate",@"Compromise",nil];
   actionSheet.actionSheetStyle=UIActionSheetStyleBlackTranslucent;
    [actionSheet showFromRect:[(UIButton *)sender frame]
                   inView:self.view animated:YES];
    // [actionSheet showInView:self.view];
}
```

在上述代码中，首先声明并实例化了一个名为“actionSheet”的 UIActionSheet 实例，这与创建提醒视图类似，初始化方法几乎完成了所有的设置工作。在此，在第 8 行将操作表的样式设置为 UIActionSheetStyleBlackTranslucent，最后在当前视图控制器的视图（selfview）中显示操作表。

运行该应用程序并触摸“操作表”按钮，结果如图 13-20 所示。

为了让应用程序能够对用户单击操作表按钮做出检测并响应，ViewController 类必须遵守 UIAction SheetDelegate 协议，并实现方法 actionSheet:clickedButtonAtIndex。

▲图 13-20 操作表

在接口文件 ViewController.h 中，按照下面的样式修改@interface 行，这样做的目的是让这个类遵守必要的协议。

```
@interface ViewController:UIViewController <UIAlertViewDelegate,
UIActionSheetDelegate>
```

此时注意到 ViewController 类现在遵守了两种协议，即 UIAlertViewDelegate 和 UIActionSheetDelegate。类可根据需要遵守任意数量的协议。

为了捕获单击事件，需要实现方法 actionSheet:clickedButtonAtIndex，这个方法将用户单击的操作表按钮的索引作为参数。在文件 ViewController.m 中添加如下所示的代码。

```
- (void)actionSheet:(UIActionSheet *)actionSheet
clickedButtonAtIndex:(NSInteger)buttonIndex {
    NSString *buttonTitle=[actionSheet buttonTitleAtIndex:buttonIndex];
    if ([buttonTitle isEqualToString:@"Destroy"]) {
        self.userOutput.text=@"Clicked 'Destroy'";
    } else if ([buttonTitle isEqualToString:@"Negotiate"]) {
        self.userOutput.text=@"Clicked 'Negotiate'";
    } else if ([buttonTitle isEqualToString:@"Compromise"]) {
        self.userOutput.text=@"Clicked 'Compromise'";
    } else {
        self.userOutput.text=@"Clicked 'Cancel'";
    }
}
```

在上述代码中，根据提供的索引使用 buttonTitleAtIndex 获取用户单击的按钮的标题，其他的代码与前面处理提醒视图时使用的相同，即第 4～12 行根据用户单击的按钮更新输出消息，以指出用户单击了哪个按钮。

6. 实现提醒音和振动

要想在项目中使用系统声音服务，需要使用框架 AudioToolbox 和要播放的声音素材。在前面的步骤中，已经将这些资源加入到项目中，但应用程序还不知道如何访问声音函数。为让应用程序知道该框架，需要在接口文件 ViewController.h 中导入该框架的接口文件。为此，在现有的编译指令#import 下方添加如下代码行：

```
#import <AudioToolbox/AudioToolbox.h>
```

（1）播放系统声音

首先要实现的是用于播放系统声音的方法 doSound。其中系统声音比较短，如果设备处于静音状态，它们不会导致振动。前面设置项目时添加了文件夹 Sounds，其中包含文件 soundeffect.wav，我们将使用它来实现系统声音播放。

在实现文件 ViewController.m 中，方法 doSound 的实现代码如下所示。

```
- (IBAction)doSound:(id)sender {
    SystemSoundID soundID;
    NSString *soundFile = [[NSBundle mainBundle]
                          pathForResource:@"soundeffect" ofType:@"wav"];
    AudioServicesCreateSystemSoundID((__bridge CFURLRef)
                                    [NSURL fileURLWithPath:soundFile]
                                    , &soundID);
    AudioServicesPlaySystemSound(soundID);
}
```

上述代码的实现流程如下所示。

- 声明变量 soundID，它将指向声音文件。
- 声明字符串 soundFile，并将其设置为声音文件 soundeffect.wav 的路径。
- 使用函数 AudioServicesCreateSystemSoundID 创建了一个 SystemSoundID（表示文件 soundeffect.wav），供实际播放声音的函数使用。
- 使用函数 AudioServicesPlaySystemSound 播放声音。

运行并测试该应用程序，如果按“播放声音”按钮将播放文件 soundeffect.wav。

（2）播放提醒音并振动

提醒音和系统声音之间的差别在于，如果手机处于静音状态，提醒音将自动触发振动。提醒音的设置和用法与系统声音相同，要实现 ViewController.m 中的方法存根 doAlert Sound，只需复制方法 doSound 的代码，再替换为声音文件 alertsound.wav，并使用函数 AudioServicesPlayAlert-Sound 实现，而不是 AudioServicesPlaySystemSound 函数。

```
AudioServicesPlayAlertSound (soundID);
```

当实现这个方法后，运行并测试该应用程序。按“播放提醒声音”按钮将播放指定的声音，如果 iPhone 处于静音状态，则用户按下该按钮将导致手机振动。

（3）振动

我们能够以播放声音和提醒音的系统声音服务实现震动效果。这里需要使用常量 kSystemSoundID Vibrate，当在调用 AudioServicesPlaySystemSound 时使用这个常量来代替 SystemSoundID，此时设备将会震动。实现方法 doVibration 的具体代码如下所示。

```
- (IBAction)doVibration:(id)sender {
    AudioServicesPlaySystemSound(kSystemSoundID_Vibrate);
}
```

到此为止，已经实现 7 种引起用户注意的方式，我们可在任何应用程序中使用这些技术，以确保用户知道发生的变化并在需要时做出响应。

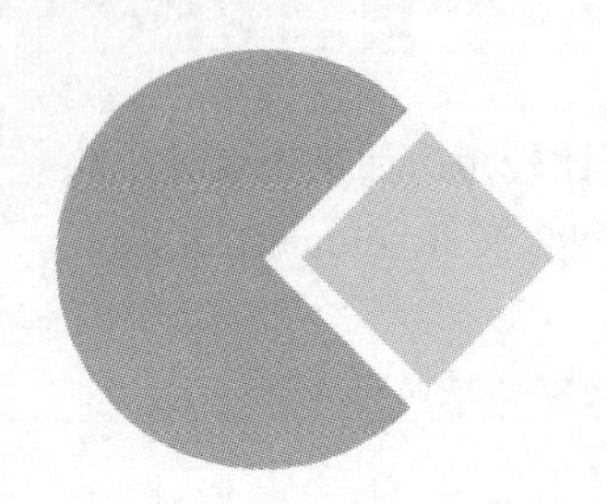

第14章　多媒体应用

作为一款智能设备的操作系统，iOS 提供了功能强大的多媒体功能，例如视频播放、音频播放等。通过这些多媒体应用，iOS 吸引了广大用户的眼球。在 iOS 系统中，这些多媒体功能是通过专用的框架实现的，通过这些框架可以实现如下功能。

- 播放本地或远程（流式）文件中的视频。
- 在 iOS 设备中录制和播放视频。
- 在应用程序中访问内置的音乐库。
- 显示和访问内置照片库或相机中的图像。
- 使用 Core Image 过滤器轻松地操纵图像。
- 检索并显示有关当前播放的多媒体内容的信息。

Apple 提供了很多 Cocoa 类，通过这些类可以将多媒体（视频、照片、录音等）加入到应用程序中。本章将详细讲解在 iOS 应用程序中添加的多种多媒体功能的方法，为读者步入本书后面知识的学习打下基础。

14.1 Media Player 框架

Media Player 框架用于播放本地和远程资源中的视频和音频。在应用程序中可使用它打开模态 iPod 界面，选择歌曲以及控制播放。这个框架让我们能够与设备提供的所有内置多媒体功能集成。iOS 的 MediaPlayer 框架不仅支持 MOV、MP4 和 3GP 格式，而且还支持其他视频格式。该框架还提供控件播放、设置回放点、播放视频及文件停止功能，同时对播放各种视频格式的 iPhone 屏幕窗口进行尺寸调整和旋转。

14.1.1 Media Player 框架中的类

用户可以利用 iOS 中的通知来处理已完成的视频，还可以利用 bada 中 IPlayerEventListener 接口的虚拟函数来处理。在 bada 中，用户可以利用上述 Osp::Media::Player 类来播放视频。Osp::Media 命名空间支持 H264、H.263、MPEG 和 VC-1 视频格式。与音频播放不同，在播放视频时，应显示屏幕。为显示屏幕，借助 Osp::Ui::Controls::OverlayRegion 类来使用 OverlayRegion。OverlayRegion 还可用于照相机预览。

在 Media Player 框架中，通常使用其中如下所示的 5 个类。

- MPMoviePlayerController：能够播放多媒体，无论它位于文件系统中还是远程 URL 处，播放控制器可以提供一个 GUI，用于浏览视频、暂停、快进、倒带或发送到 AirPlay。
- MPMediaPickerController：向用户提供用于选择要播放的多媒体的界面。我们可以筛选媒体选择器显示的文件，也可让用户从多媒体库中选择任何文件。
- MPMediaItem：单个多媒体项，如一首歌曲。

● MPMediaItemCollection：表示一个将播放的多媒体项集。MPMediaPickerController 实例提供一个 MPMediaItemCollection 实例，可在下一个类（音乐播放器控制器中）直接使用它。

● MPMusicPlayerController：处理多媒体项和多媒体项集的播放。不同于电影播放器控制器，音乐播放器在幕后工作，让我们能够在应用程序的任何地方播放音乐，而不管屏幕上当前显示的是什么。

要使用任何多媒体播放器功能，都必须导入框架 Media Player，并在要使用它的类中导入相应的接口文件：

```
#import <MediaPlayer/MediaPlayer.h>
```

这就为应用程序使用各种多媒体播放功能做好了准备。

14.1.2 使用电影播放器

类 MPMoviePlayerController 用于表示和播放电影文件。它可以在全屏模式下播放视频，也可在嵌入式视图中播放——要在这两种模式之间进行切换，只需调用一个简单的方法。它还对当前视频启用 AirPlay。

要使用电影播放器，需要声明并初始化一个 MPMoviePlayerController 实例。为初始化这种实例，通常调用方法 initWithContentURL，并给它传递文件名或指向视频的 URL。

例如要创建一个电影播放器，它播放应用程序内部的文件 movie.m4v，可使用如下代码实现。

```
NSString *movieFile= [[NSBundle mainBundle]
pathForResource:@"movie" ofType:@nm4v"];
MPMoviePlayerController *moviePlayer= [[MPMoviePlayerController alloc]
initWithContentURL:
[NSURL fileURLWithPath: movieFile]];
```

要添加 AirPlay 支持也很简单，只需将电影播放器对象的属性 allowsAirPlay 设置为 true 即可，例如：

```
moviePlayer.allowsAirPlay=YES;
```

要指定将电影播放器加入到屏幕的什么地方，必须使用函数 CGRectMake 定义一个电影播放器将占据的矩形，然后将它加入到视图中。函数 CGRectMake 可以接受 4 个参数，包括 x 坐标、y 坐标、宽度和高度（单位为点）。例如，要将电影播放器左上角的 *x* 轴和 *y* 轴坐标分别设置为 50 点和 50 点，并将宽度和高度分别设置为 100 点和 75 点，可使用如下代码实现：

```
[moviePlayer.view setFrame:CGRectMake(50.0, 50.0, 100.0,75.0)];
[self .view addSubview:moviePlayer.view];
```

要切换到全屏模式，可使用方法 setFullscreen:animated:实现，例如：

```
[moviePlayer setFullscreen:YES animated:YES];
```

最后如果要启动播放，只需给电影播放器实例发送 play 消息，例如：

```
[moviePlayer play];
```

要暂停播放，可发送 pause 消息；而要停止播放，可发送消息 stop。

注意 Apple 支持如下编码方法：H.264 Baseline Profile 3 以及.mov, .m4v, .mpv 或.mp4 容器中的 MPEG-4 Part2 视频。在音频方面，支持的格式包括 AAC-LC 和 MP3。下面是 iOS 支持的全部音频格式。

- AAC(16~320kbit/s)。
- AIFF。
- AAC Protected（来自 iTunes Store 的 MP4）。
- MP3(16~320kbit/s)。
- MP3 VBR。
- Audible(formats 2-4)。
- Apple LossleSS。
- WAV。

14.1.3　处理播放结束

当电影播放器播放完多媒体文件时，可能需要做一些清理工作，例如将电影播放器从视图中删除。为此可以使用 NSNotificationCenter 类注册一个“观察者”。该观察者将监视来自对象 moviePlayer 的特定通知，并在收到这种通知时调用指定的方法。例如：

```
[[NSNotificationCenter defaultCenter]
   addObserver:self
   selector:@selector(playMovieFinished:)
   name:MPMoviePlayerPlaybackDidFinishNotification
   object: moviePlayer];
```

上述代码的功能是在类中添加一个观察者，它监视事件 MPMoviePlayerPlaybackDidFinish Notification，并在检测到这种事件时调用方法 playMovieFinished:。

在方法 playMovieFinashed: 的实现中，必须删除通知观察者（因为我们不再需要等待通知），再执行其他的清理工作，如将电影播放器从视图中删除。

14.1.4　使用多媒体选择器

要在应用程序中添加全面的音乐播放功能，需要实现一个多媒体选择器控制器（MPMediaPickerController），让用户能够选择音乐；另外还需实现一个音乐播放器控制器（MPMusicPlayerController）来播放音乐。

MPMediaPickerController 可以显示一个界面，让用户能够从设备中选择多媒体文件。方法 initWithMediaTypes 能够初始化多媒体选择器，并限定可供用户选择的文件。因为在显示多媒体选择器之前可以调整其行为，所以可以将属性 prompt 设置为在用户选择多媒体时显示的字符串；还可设置属性 allowsPickingMultipleItems，以指定是否允许用户一次选择多个多媒体。

另外，还需设置其 delegate 属性，以便用户做出选择，这样应用程序能够做出合适的反应。配置好多媒体选择器后，就可以使用方法 presentModalViewController 显示它了。

下面是可应用于多媒体选择器的多种过滤器之一。

- MPMediaTypeMusic：音乐库。
- MPMediaTypeMusic：播客。
- MPMediaTypeMusic：录音书籍。
- MPMediaTypeAnyAudio：任何类型的音频文件。

显示多媒体选择器，而用户选择（或取消选择）歌曲后，就轮到委托“登场”了。通过遵守协议 MPMediaPickerControllerDelegate 并实现两个方法，可在用户选择多媒体或取消选择时做出响应。

用户显示多媒体选择器并做出选择后，我们需要采取某一种措施来处理，具体采取哪种措施取决于如下两个委托协议方法的实现。

- 第一个方法是 mediaPickerDidCancel，它在用户单击“Cancel”按钮时被调用。
- 第二个是 mediaPicker:didPickMediaItems，在用户从多媒体库中选择了多媒体时被调用。

在用户取消选择时，正确的响应是关闭多媒体选择器（这是一个模态视图）。由于没有选择任何多媒体，因此无需做其他处理。但是如果用户选择了多媒体，将调用 mediaPicker: didPickMediaItems，并通过一个 MPMediaItemCollection 对象将选择的多媒体传递给这个方法。这个对象包含指向所有选定多媒体项的引用，可以用来将歌曲加入音乐播放器队列。鉴于还未介绍音乐播放器，稍后将介绍如何处理 MPMediaItemCollection。除了给播放器提供多媒体选项集外，这个方法还应关闭多媒体选择器，因为用户已做出选择。

14.1.5　使用音乐播放器

音乐播放控制器 MPMusicPlayerController 的用法和电影播放器类似，但是它没有屏幕控件，我们不需要分配和初始化这种控制器。要核实音乐播放器是否在播放音频，可以检查其属性 playbackState。属性 playbackState 指出了播放器当前正执行的操作。

- MPMusicPlaybackStateStopped：停止播放音频。
- MPMusicPlaybackStatePlaying：正在播放音频。
- MPMusicPlaybackStatePaused：暂停播放音频。

另外，您还可能想访问当前播放的音频文件，以便给用户提供反馈，为此可以使用 MPMediaItem 类。

MPMediaItemCollection 包含的多媒体项为 MPMediaItem。要获取播放器当前访问的 MPMediaItem，只需使用其属性 NowPlayingItem。

通过调用 MPMediaItem 的方法 valueForProperty，并给它传递多个预定义的属性名之一，可获取为多媒体文件存储的元数据。假如要获取当前歌曲的名称，可以使用如下代码：

```
NSString *songTitle;
songTitle=[currentSong valueForProperty:MPMediaItemPropertyTitle];
```

其他预定义的属性包括如下 4 项。

- MPMediaItemPropertyArtist：创作多媒体项的艺术家。
- MPMediaItemPropertyGenre：多媒体项的流派。
- MPMediaItemPropertyLyrics：多媒体项的歌词。
- MPMediaItemAlbumTitle：多媒体项所属专辑的名称。

这只是其中的几个元数据。您还可使用类似的属性访问 BPM 以及其他数据，这些属性可以在 MPMediaItem 类参考文档中找到。

14.1.6　实战演练——使用 Media Player 播放视频

本节的内容中将演示使用 MediaPlayer Framework 框架播放视频的基本流程。

实例 14-1	使用 Media Player 播放视频
源码路径	光盘:\daima\14\BigBuckBunny

① 打开 Xcode，新建一个名为“BigBuckBunny”的工程项目。

② 然后导入 MediaPlayer Framework 框架，如图 14-1 所示。

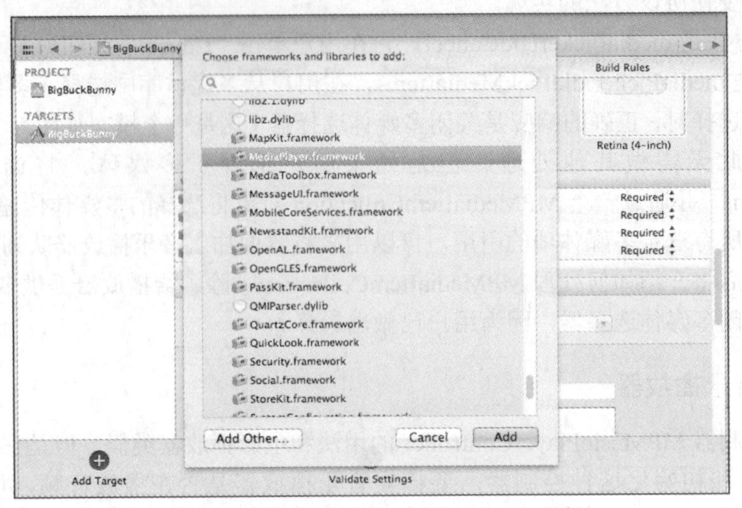

▲图 14-1　导入 MediaPlayer Framework 框架

③ 在导入的 MediaPlayer 框架后声明 playMovie 方法，代码如下所示：

```
#import <UIKit/UIKit.h>
#import <MediaPlayer/MediaPlayer.h>
@interface BigBuckBunnyViewController : UIViewController {
}
-(IBAction)playMovie:(id)sender;
@end
```

④ 实现 playMovie 方法播放视频，具体代码如下所示。

```
-(IBAction)playMovie:(id)sender
{
NSString *filepath   =   [[NSBundle mainBundle] pathForResource:@"big-buck-bunny-clip"
ofType:@"m4v"];
NSURL    *fileURL    =   [NSURL fileURLWithPath:filepath];
MPMoviePlayerController  *moviePlayerController  =  [[MPMoviePlayerController  alloc]
initWithContentURL:fileURL];
 [self.view addSubview:moviePlayerController.view];
 [moviePlayerController play];
}
```

如前所述，我们明确地给 moviePlayerController 对象分配内存，但我们没有释放该内存。这是一个很严重的问题。我们不能给分配它的方法去释放，因为我们设置的电影仍然会在此方法执行完毕时继续播放下去。这种做法对自动释放也不安全，因为我们不知道电影在 autorelease 池释放时是否还在播放。幸运的是，MPMoviePlayerController 对象是预置来处理，这种情况下，在电影播放结束时注册一个名为“MPMoviePlayerPlaybackDidFinishNotification”的通知到 NSNotificationCenter。为了接受这个通知，我们必须注册一个“观察员”以实现具体的通知。因此需要对 playMovie 的方法进行如下修改：

```
-(IBAction)playMovie:(id)sender
{
NSString *filepath   =   [[NSBundle mainBundle] pathForResource:@"big-buck-bunny-clip"
ofType:@"m4v"];
NSURL    *fileURL    =   [NSURL fileURLWithPath:filepath];
MPMoviePlayerController  *moviePlayerController  =  [[MPMoviePlayerController  alloc]
initWithContentURL:fileURL];
 [[NSNotificationCenter defaultCenter] addObserver:self
selector:@selector(moviePlaybackComplete:)
name:MPMoviePlayerPlaybackDidFinishNotification
```

```
object:moviePlayerController];
 [self.view addSubview:moviePlayerController.view];
moviePlayerController.fullscreen = YES;
 [moviePlayerController play];
}
```

现在需要创建 moviePlaybackComplete（我们刚刚注册的通知），添加以下方法 playMovie。

```
- (void)moviePlaybackComplete:(NSNotification *)notification
{
MPMoviePlayerController *moviePlayerController = [notification object];
 [[NSNotificationCenter defaultCenter] removeObserver:self
name:MPMoviePlayerPlaybackDidFinishNotification
object:moviePlayerController];
 [moviePlayerController.view removeFromSuperview];
 [moviePlayerController release];
}
```

⑤ 自定义动画显示大小，具体代码如下所示。

```
[moviePlayerController.view setFrame:CGRectMake(38, 100, 250, 163)];
```

当然 MPMoviePlayerController 还有其他属性的设置，比如缩放模式，缩放模式包含一下 4 种。

- MPMovieScalingModeNone。
- MPMovieScalingModeAspectFit。
- MPMovieScalingModeAspectFill。
- MPMovieScalingModeFill。

在本实例我们设置为：

```
moviePlayerController.scalingMode = MPMovieScalingModeFill;
```

这样整个实例介绍完毕，执行后可以播放视频，如图 14-2 所示。

▲图 14-2　执行效果

> **注意**　Media Player 框架涵盖的内容非常多，因为本书的篇幅有限，无法对其进行全面介绍。读者可以参阅其他相关资料对其进行全面了解。

14.2 AV Foundation 框架

虽然使用 Media Player 框架可以满足所有普通多媒体播放需求，但是 Apple 推荐使用 AV Foundation 框架来实现大部分系统声音服务不支持的、超过 30 秒的音频播放功能。另外，AV

Foundation 框架还提供了录音功能，让您能够在应用程序中直接录制声音文件。整个编程过程非常简单，只需 4 条语句就可以实现录音工作。本节将详细讲解 AV Foundation 框架的基本知识。

14.2.1　准备工作

要在应用程序中添加音频播放和录音功能，需要添加如下所示的两个新类。

① AVAudioRecorder：以各种不同的格式将声音录制到内存或设备本地文件中。录音过程可在应用程序执行其他功能时持续进行。

② AVAudioPlayer：播放任意长度的音频。使用这个类可实现游戏配乐和其他复杂的音频应用程序。您可全面控制播放过程，包括同时播放多个音频。

要使用 AV Foundation 框架，必须将其加入到项目中，再导入如下两个（而不是一个）接口文件：

```
#import <AVFoundation/AVFoundation.h>
#import<CoreAudio/CoreAudioTypes.h>
```

在文件 CoreAudioTypes.h 中定义了多种音频类型，因为希望能够通过名称引用它们，所以必须先导入这个文件。

14.2.2　使用 AV 音频播放器

要使用 AV 音频播放器播放音频文件，需要执行的步骤与使用电影播放器相同。首先，创建一个引用本地或远程文件的 NUSRL 实例，然后分配播放器，并使用 AVAudioPlayer 的方法 initWithContentsOfURL:error 初始化它。

例如，要创建一个音频播放器，以播放存储在当前应用程序中的声音文件 sound.wav，可以编写如下代码实现。

```
NSString *soundFile=[[NSBundle mainBundle]
pathForResource:@"mysound"ofType:@"wav"];
AVAudioPlayer  *audioPlayer=[[AVAudioPlayer alloc]
initWithContentsOfURL:[NSURL fileURLWithPath: soundFile]  :
error:nil];
```

要播放声音，可以向播放器发送 play 消息，例如：

```
[audioPlayer play];
```

要想暂停或禁止播放，只需发送消息 pause 或 stop。还有其他方法，可以用于调整音频或跳转到音频文件的特定位置，这些方法可在类参考中找到。

如果要在 AV 音频播放器播放完声音时做出反应，可以遵守协议 AVAudioPlayerDelegate，并将播放器的 delegate 属性设置为处理播放结束的对象，例如：

```
audioPlayer.delegate=self;
```

然后，实现方法 audioPlayerDidFinishPlaying:successfully。例如下面的代码演示了这个方法的存根。

```
-(void) audioPlayerDidFinishPlaying: (AVAudioPlayer *)player
   successfully: (BOOL)flag{
   //Do something here, if needed.
   }
```

这不同于电影播放器，不需要在通知中心添加通知，而只需遵守协议，设置委托并实现方法即可。在有些情况下，甚至都不需要这样做，而只需播放文件即可。

14.2.3 使用 AV 录音机

在应用程序中录制音频时，需要指定用于存储录音的文件（NSURL），配置要创建的声音文件参数（NSDictionary），然后再使用上述文件和设置分配并初始化一个 AVAudioRecorder 实例。下面开始讲解录音的基本流程。

① 准备声音文件。如果不想将录音保存到声音文件中，可将录音存储到 temp 目录，否则，应存储到 Documents 目录。有关访问文件系统的更详细信息请参阅本书前面的内容。例如在下面的代码中创建了一个 NSURL，它指向 temp 目录中的文件 sound.caf。

```
NSURL *soundFileURL=[NSURL fileURLWithPath:
  [NSTemporaryDirectory()
  stringByAppendingString:@" sound.caf"]];
```

② 创建一个 NSDictionary，它包含录制的音频的设置，例如：

```
NSDictionary *soundSetting=[NSDictionary dictionaryWithObjectsAndKeys:
[NSNumber numberWithFloat: 44100.0],AVSampleRateKey,
[NSNumber numberWithInt: kAudioFormatMPEG4AAC],AVFormatIDKey,
[NSNumber numberWithInt:2],AVNumberOfChannelsKey,
[NSNumber numberWithInt: AVAudioOualityHigh] ,AVEncoderAudioQualityKey,
nil];
```

上述代码创建一个名为“soundSetting”的 NSDictionary，下面简要地总结一下这些键。

- AVSampleRateKey：录音机每秒采集的音频样本数。
- AVFormatIDKey：录音的格式。
- AVNumberofChannelsKey：录音的声道数。例如，立体声为双声道。
- AVEncoderAudioQualityKey：编码器的质量设置。

注意 要想更详细地了解各种设置及其含义和可能取值，请参阅 Xcode 开发文档中的 AVAudioRecorder Class Reference（滚动到 Constants 部分）。

③ 在指定声音文件和设置后，就可以创建 AV 录音机实例了。为此可以分配一个这样的实例，并使用方法 initWithURL:settings:error 初始化它，例如：

```
AVAudioRecorder csoundRecorder=[[AVAudioRecorder alloc]
initWithURL: soundFileURL
settings: soundSetting
error:  nil];
```

④ 现在可以录音了。如果要录音，可以给录音机发送 record 消息；如果要停止录音，可以发送 stop 消息，例如：

```
[soundRecorder record];
```

录制好后，就可以使用 AV 音频播放器播放新录制的声音文件了。

14.3 图像选择器（UIImagePickerController）

图像选择器（UIImagePickerController）的工作原理与 MPMediaPickerController 类似，但不是显示一个可用于选择歌曲的视图，而显示用户的照片库。用户选择照片后，图像选择器会返回一个相应的 UIImage 对象。与 MPMediaPickerController 一样，图像选择器也以模态方式出现在应用程序中。因为这两个对象都实现了自己的视图和视图控制器，所以几乎只需调用 presentModal

ViewController 就能显示它们。本节将详细讲解图像选择器的基本知识。

14.3.1　使用图像选择器

要显示图像选择器，可以分配并初始化一个 UIImagePickerController 实例，然后再设置属性 sourceType，以指定用户可从哪些地方选择图像。此属性有如下 3 个值。

- UIImagePickerControllerSourceTypeCamera：使用设备的相机拍摄一张照片。
- UIImagePickerControllerSourceTypePhotoLibrary：从设备的照片库中选择一张图片。
- UIImagePickerControllerSourceTypeSavedPhotosAlbum：从设备的相机胶卷选择一张图片。

接下来应设置图像选择器的属性 delegate，功能是设置为在用户选择（拍摄）照片或按“Cancel”按钮后做出响应的对象。最后，使用 presentModalViewController:animated 显示图像选择器。例如下面的演示代码配置并显示了一个将相机作为图像源的图像选择器。

```
UIImagePickerController *imagePicker;
imagePicker=[[UIImagePickerController alloc]  init];
imagePicker.sourceType=UIImagePickerControllerSourceTypeCamera;
imagePicker.delegate=self;
[[UIApplication sharedApplication]setstatusBarHidden:YES];
[self presentModalViewController:imagePicker animated:YES];
```

在上述代码中，方法 setStatusBarHidden 的功能是隐藏了应用程序的状态栏，因为照片库和相机界面需要以全屏模式显示。语句[UIApplication sharedApplication]获取应用程序对象，再调用其方法 setStatusBarHidden 以隐藏状态栏。

如果要判断设备是否装备了特定类型的相机，可以使用 UIImagePickerController 的方法 isCameraDeviceAvailable，它返回一个布尔值：

```
[UIImagePickerController isCameraDeviceAvailable:<camera type>]
```

其中，camera type（相机类型）为 UIImagePickerControllerCamera DeviceRear 或 UIImagePicker-ControllerCameraDeviceFront。

14.3.2　图像选择器控制器委托

要在用户取消选择图像或选择图像时采取相应的措施，必须让我们的类遵守协议 UIImagePickerControllerDelegate，并实现方法 imagePickerController:didFinishPickingMediaWithInfo 和 imagePickerControllerDidCancel。

首先，用户在图像选择器中做出选择时，将自动调用方法 imagePickerController:didFinish-PickingMediaWithInfo。给这个方法传递了一个 NSDictionary 对象，它可能包含多项信息，例如图像本身、编辑后的图像版本（如果允许裁剪/缩放）或有关图像的信息。要想获取所需的信息，必须提供相应的键。例如要获取选定的图像（UIImage），需要使用 UIImagePickerController-OriginalImage 键。例如下面的演示代码是该方法的一个实现，能够获取选择的图像，显示状态栏并关闭图像选择器。

```
-(void)imagePickerController: (UIImagePickerCantroller *)picker
   didFinishPickingMediaWithInfo: (NSDictionary *)info{
   [[UIApplication sharedApplication]setStatusBarHidden:NO];
   [self dismissModalViewControllerAnimated:YES];
   UIImage *chosenImage=[info objectForKey:
   UIImagePickerControllerOriginalImage];
  // Do something with the image here
   }
```

> **注意** 有关图像选择器可返回的数据的更详细信息，请参阅 Apple 开发文档中的 UIImagePickerControllerDelegate 协议参考。

在第二个协议方法中，对用户取消选择图像做出响应以显示状态栏，并关闭图像选择器这个模态视图。下面的演示代码是该方法的一个示例实现。

```
- (void)imagePickerControllerDidCancel: (UIImagePickerController *)picker{
[[UIApplication sharedApplication] setStatusBarHidden:NO];
[self dismissModalViewControllerAnimated:YES];
}
```

由此可见，图像选择器与多媒体选择器很像，掌握二者中的其中一个后，另一个的使用就是小菜一碟了。另外读者需要注意，每当您使用图像选择器时都必须遵守导航控制器委托（UINavigationControllerDelegate），好消息是无需实现该协议的任何方法，而只需在接口文件中引用它即可。

14.3.3 用 UIImagePickerController 调用系统照相机

iPhone API 中提供了调用系统照相机的接口，我们只需调用相应的界面，即可在自己的程序中获取相机图片。本节演示了一个非常简单的调用系统照相机的例子，相应的界面如图 14-3 所示。

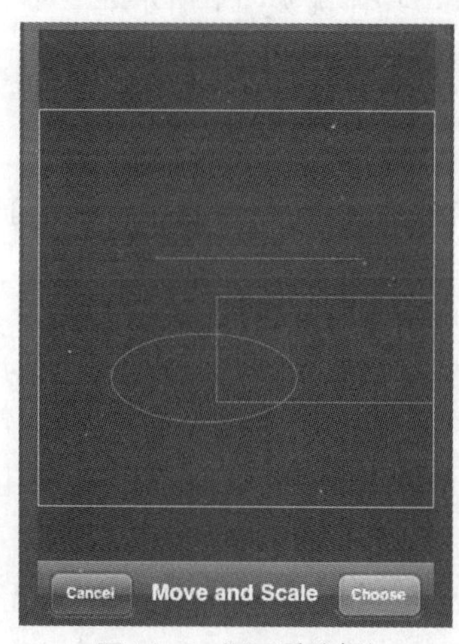

▲图 14-3 调用系统相机

调用系统相机的核心代码如下所示：

```
- (void) addPicEvent {          //先设定 sourceType 为相机，然后判断相机是否可用（ipod），没相机、不可用将 sourceType 设定为相片库
     UIImagePickerControllerSourceType sourceType = UIImagePickerController-SourceTypeCamera;
      if (![UIImagePickerController isSourceTypeAvailable: UIImagePickerController-SourceTypeCamera]) {
        sourceType = UIImagePickerControllerSourceTypePhotoLibrary;      }
     UIImagePickerController *picker = [[UIImagePickerController alloc] init];      picker.delegate = self;
     picker.allowsEditing = YES;
     picker.sourceType = sourceType;
     [self presentModalViewController:picker animated:YES];
     [picker release];
 }
  - (void)saveImage:(UIImage *)image {
     NSLog(@"保存");
 }
 #pragma mark -  #pragma mark Camera View Delegate Methods
 - (void)imagePickerController:(UIImagePickerController *)
```

```
picker didFinishPickingMediaWithInfo:(NSDictionary *)
info {
    [picker dismissModalViewControllerAnimated:YES];
    UIImage *image = [[info objectForKey:UIImagePickerControllerEditedImage] retain];
[self performSelector:@selector(saveImage:)                    withObject:image
afterDelay:0.5];
  }
  - (void)imagePickerControllerDidCancel:(UIImagePickerController *)
picker {
    [picker dismissModalViewControllerAnimated:YES];
  }
```

14.4 一个多媒体的应用程序

本节将实现一个综合的多媒体实例，来演示在 iOS 系统中实现多媒体项目的流程。

实例 14-2	在网页中实现触摸处理
源码路径	光盘:\daima\14\MediaPlayground

14.4.1 实现概述

本应用程序包含 5 个主要部分，具体说明如下所示。

① 设置一个视频播放器，它在用户按下一个按钮时播放一个 MPEG-4 视频文件，还有一个开关可用于切换到全屏模式。

② 创建一个有播放功能的录音机。

③ 添加一个按钮、一个开关和一个 UIImageView，按钮用于显示照片库或相机，UIImageView 用于显示选定的照片，而开关用于指定图像源。

④ 选择图像后，用户可对其应用滤镜（CIFilter）。

⑤ 可以让用户从音乐库中选择歌曲以及开始和暂停播放，并且还将使用一个标签在屏幕上显示当前播放的歌曲名。

14.4.2 创建项目

在 Xcode 中使用模板 Single Vew Application 新建一个项目，并将其命名为“MediaPlayground”。

1. 添加框架

本应用程序中总共需要添加 3 个额外的框架，以支持多媒体播放（MediaPlayer. Framework）、声音播放/录制（AVFoundation.framework）以及对图像应用滤镜（CoreImage.framework）。选择项目 MediaPlayground 的顶级编组，并确保选择了目标 MediaPlayground。然后单击编辑器中的 Summary 标签，在该选项卡中向下滚动，以找到 Linked Frameworks and Libraries 部分。单击列表下方的“+”按钮，并在出现的列表中选择“MediaPlayer.framework”，再单击“Add”按钮。

最后对 AVFoundation.framework 和 CoreImage.framework 重复上述操作。在添加框架后，将它们拖放到编组 Frameworks 中，让项目更加整洁有序。

2. 添加多媒体文件

本实例需要添加两个多媒体文件：movie.m4v 和 norecording.wav。其中第一个文件用于演示电影播放器，而第二个文件是在没有录音时将在录音机中播放的声音。

在本章的项目文件夹中将文件夹 Media 拖曳到 Xcode 中的项目代码编组中，以便能够在应用程序中直接访问它。在 Xcode 询问时，请务必选择复制文件并新建编组。最后的项目代码编组如图 14-4 所示。

▲图 14-4　项目代码编组

3. 规划变量和连接

为了让本应用程序正确运行，需要设置很多输出口和操作。对于多媒体播放器，需要设置一个连接到开关的输出口 toggleFullScreen，该开关切换到全屏模式。另外还需要一个引用 MPMoviePlayerController 实例的属性/实例变量 moviePlayer，这不是输出口，我们将使用代码而不是通过 Interface Builder 编辑器来创建它。

为了使用 AV Foundation 录制和播放音频，需要一个连接到“Record”按钮的输出口，以便能够将该按钮的名称在 Record 和 Stop 之间切换。在此将这个输出口命名为“recordButton”，还需要声明指向录音机（AVAudioRecorder）和音频播放器（AVAudioPlayer）的属性/实例变量：audioRecorder 和 audioPlayer。同样，这两个属性无需暴露为输出口，因为没有 UI 元素连接到它们。

为了实现播放音乐功能，需要连接到“播放音乐”按钮和按钮的输出口（分别是 musicPlayButton 和 displayNowPlaying），其中按钮的名称将在“Play”和“Pause”之间切换，而标签将显示当前播放的歌曲的名称。与其他播放器/录音机一样，还需要一个指向音乐播放器本身的属性：musicPlayer。

为了显示图像，需要启用相机的开关连接到输出口 toggleCamera；而显示选定图像的图像视图将连接到 displayImageView。

最后开始看具体操作，在此总共需要定义 7 个操作，包括 playMovie、recordAudio、playAudio、chooseImage、applyFilter、chooseMusic 和 playMusic，每个操作都将由一个名称与之类似的按钮触发。

14.4.3 设计界面

本应用程序包括 7 个按钮（UIButton）、2 个开关（UISwitch）、3 个标签（UILabel）和 1 个 UIImageView。并且需要给嵌入式视频播放器预留控件，该播放器将以编程方式加入。下面的图 14-5 展示了本实例的界面效果。

在此需要注意，可能需要使用 Attributes Inspector（“Option+ Command+4”）将 UIImageView 的模式设置为 Aspect Fill 或 Aspect Scale，以确保在视图中正确显示照片。

14.4.4 创建并连接输出口和操作

创建好视图后，切换到助手编辑器模式，为建立连接做好准备。本实例需要如下所示的输出口。

- 全屏播放电影开关（UISwitch）：toggleFullScreen。

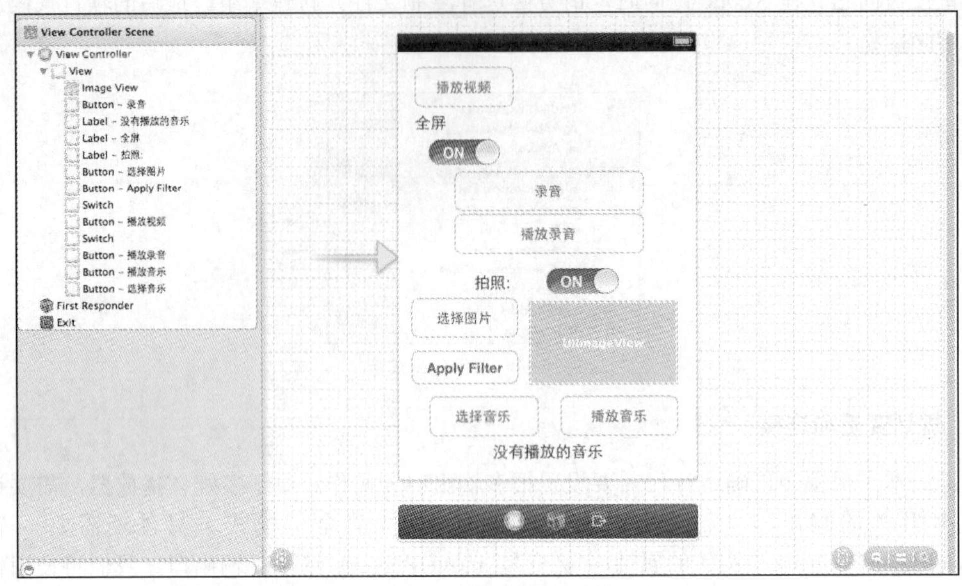

▲图 14-5　设计的 UI 界面

- Record Audio 按钮（UIButton）：recordButton。
- 相机/照片库切换开关（UISwitch）：toggleCamera。
- 图像视图（ UIImageView）：displayImageView。
- Play Music 按钮（UIButton）：musicPlayButton。
- 显示当前歌曲名称的标签（UILabel）：displayNowPlaying。

本实例需要如下所示的操作。

- 播放视频按钮（UIButton）：playMovie。
- 录音按钮（UIButton）：recordAudio。
- 播放录音按钮（UIButton）：playAudio。
- 选择图片按钮（UIButton）：chooseImage。
- Apple Filter 按钮（UIButton）：applyFilter。
- 选择音乐按钮（UIButton）：chooseMusiC。
- 播放音乐按钮（cInButton）：playMusic。

1．添加输出口

选择文件 MainStoryboard.storyboard，然后切换到助手编辑器界面，按住“Control”键，从切换全屏模式的开关拖曳到文件 ViewController.h 中代码行@interface 下方。在 Xcode 提示时，将输出口命名为“toggleFullscreen”。然后不断重复上述操作，在文件 ViewController.h 中依次创建并连接前面列出的输出口。

2．添加操作

创建并连接全部 6 个输出口后，开始创建并连接操作。首先，按住“Control”键，并从“播放视频”按钮拖曳到您添加的最后一个编译指令@property 下方。在 Xcode 提示时，新建一个名为“playMovie”的操作。然后对其他每个按钮重复上述操作，直到在文件 ViewController.h 中新建了 7 个操作。

14.4.5　实现电影播放器

在本实例中将使用本章前面介绍的 MPMoviePlayerController 类。只需实现如下 3 个方法即可播放电影。

- initWithContentURL：使用提供的 NSURL 对象初始化电影播放器，为播放做好准备。
- play：开始播放选定的电影文件。
- setFullscreen:animated：以全屏模式播放电影。

由于电影播放控制器本身实现了用于控制播放的 GUI，所以不需要实现额外的功能。

1. 为使用 Media Player 框架做好准备

要想使用电影播放器，必须导入 Media Player 框架的接口文件。为此需要修改文件 ViewController.h，在现有#import 代码行后面添加如下代码行：

```
#import <MediaPlayer/MediaPlayer.h>
```

现在可以创建 MPMoviePlayerController 并使用它来播放视频文件了。

2. 初始化一个电影播放器实例

要播放电影文件，首先需要声明并初始化一个电影播放器（MPMoviePlayerController）对象。我们将在方法 viewDidLoad 中设置表示电影播放器的实例方法/属性。首先在文件 ViewController.h 中添加属性 moviePlayer，用于表示 MPMoviePlayerController 实例。所以在其他属性声明后面添加如下代码行。

```
@property (strong, nonatomic) MPMoviePlayerController*moviePlayer;
```

然后在文件 ViewController.m 中的编译指令@implementation 后面添加对应的@synthesize 编译指令。

```
@synthesize moviePlayer;
```

然后在方法 viewDidUnload 中将该属性设置为 nil，从而删除电影播放器。

```
[self setMoviePlayer:nil];
```

这样便可以在整个类中使用属性 moviePlayer，接下来需要初始化它。为此将方法 viewDidLoad 修改成如下所示的代码。

```
-(void)viewDidLoad {
NSString kmovieFile=[[NSBundle mainBundle]
pathForResource:@"movie"ofType:@"m4v"];
//声明了一个名为 "movieFile" 的字符串变量，并将其设置为前面添加到项目中的电影文件( movie.m4v)的路径
    self.moviePlayer=[[MPMoviePlayerController alloc]
    initWithContentURL:[NSURL
//分配 moviePlayer，并使用一个 NSURL 实例初始化它
//该 NSURL 包含 movieFile 提供的路径
//使用一行代码完成该任务后，如果愿意就可立即调用 moviePlayer 对象的 play 方法，并看到电影播放
      fileURLWithPath:
       movieFile]];
      self.moviePlayer.allowsAirPlay=YES;
     [self.moviePlayer.view setFrame:
   //为视频播放启用了 AirPlay
   CGRectMake(145.0, 20.0, 155.0,100.0)];
//设置电影播放器的尺寸，再将视图 moviePlayer 加入到应用程序主视图中
[super viewDidLoad];
}
```

如果编写的是 iPad 应用程序，需要稍微调整尺寸，将这些值替换为 414.0、50.0、300.0 和 250.0。这样就准备好了电影播放器，可在应用程序的任何地方使用它来播放视频文件 movie.m4v，即在方法 playMovie 中使用。

3. 实现电影播放

要在应用程序 MediaPlayground 中添加电影播放功能，需要实现方法 playMovie，它将被前面添加到界面中的按钮“播放视频”调用。在文件 ViewController.m 中，按照如下代码实现方法 playMovie。

```
- (IBAction)playMovie:(id)sender {
    [self.view addSubview:self.moviePlayer.view];
   [[NSNotificationCenter defaultCenter] addObserver:self
                                            selector:@selector(playMovieFinished:)
                                            name:MPMoviePlayerPlaybackDidFinishNotification
                                            object:self.moviePlayer];

    if ([self.toggleFullscreen isOn]) {
        [self.moviePlayer setFullscreen:YES animated:YES];
    }

    [self.moviePlayer play];
}
```

在上述代码中，第 2 行代码将 moviePlayer 的视图加入到当前视图中，其坐标是在方法 viewDidLoad 中指定的。当播放完多媒体后，MPMoviePlayerController 将发送 MPMoviePlayerPlaybackDidFinishNotification。第 3～6 行代码为对象 moviePlayer 注册该通知，并请求通知中心接到这种通知后调用方法 playMovieFinished。总之，电影播放器播放完电影（或用户停止播放）时调用 playMovieFinished 方法。第 8～10 行代码使用 UISwitch 的实例方法 isOn 检查开关 toggleFullscreen 是否开启。如果是开的，则使用方法 setFullscreen:animated 将电影放大到覆盖整个屏幕；否则什么也不做，而电影将在前面指定的框架内播放。最后，第 12 行代码开始播放。

4. 执行清理工作

为了在电影播放完毕后进行清理，需要把对象 moviePlayer 从视图中删除。为了执行清理工作，在文件 ViewController.m 中，通过如下代码实现方法 playMediaFinished，此方法是由通知中心触发的。

```
-(void)playMovieFinished:(NSNotification*)theNotification
{
    [[NSNotificationCenter defaultCenter]
     removeObserver:self
     name:MPMoviePlayerPlaybackDidFinishNotification
     object:self.moviePlayer];

    [self.moviePlayer.view removeFromSuperview];
}
```

在此方法中需要完成如下任务。

① 告诉通知中心可以停止监控通知 MPMoviePlayerPlaybackDidFinishNotification。由于已使用电影播放器播放完视频，将其保留到用户再次播放没有意义。

② 从应用程序主视图中删除电影播放器视图。

③ 释放电影播放器。

现在可以在该应用程序中播放电影了，单击 Xcode 工具栏中的“Run”按钮，按“播放视频”

按钮即可播放，如图 14-6 所示。

▲图 14-6　播放视频

14.4.6　实现音频录制和播放

本项目的第二部分将在应用程序中添加录制和播放音频的功能。这不同于电影播放器功能，此功能需要使用框架 AV Foundation 中的类来实现。为了实现录音机，将使用 AVAudioRecorder 类及其如下方法来实现。

- initWithURL:settings:error：该方法接收一个指向本地文件的 NSURL 实例和一个包含一些设置的 NSDictionary 作为参数，并返回一个可供使用的录音机。
- record：开始录音。
- stop：结束录音过程。

播放功能是由 AVAudioPlayer 实现的，涉及到的具体方法如下所示。

- initWithContentsOfURL:error：创建一个音频播放器对象，该对象可用于播放 NSURL 对象指向的文件的内容。
- play：播放音频。

1. 为使用 AV Foundation 框架做好准备

要使用 AV Foundation 框架，必须导入两个接口文件，即 AVFoundation.h 和 CoreAudioTypes.h。在文件 ViewController.h 中，在现有#import 代码行后面添加如下代码行：

```
#import <AVFoundation/AVFoundation.h>
#import<CoreAudio/CoreAudioTypes.h>
```

此处不会实现协议 AVAudioPlayerDelegate，因为并不需要知道音频播放器何时结束播放，它要播放多久就播放多久。

2. 实现录音功能

为了添加录音功能，需要创建方法 recordAudio。在本实例中的录音过程将一直持续下去，直到用户再次按下相应的按钮为止。为了实现这种功能，必须在两次调用方法 recordAudio 之间将录音机对象持久化。为了确保这一点，将在类 ViewController 中添加实例变量/属性 audioRecorder，用于存储 AVAudioRecorder 对象。为此，在文件 ViewController.h 中添加如下的新属性。

```
@property (strong, nonatomic) AVAudioRecorder *audioRecorder;
```

然后在文件 ViewController.m 中，在现有编译指令@synthesize 后面添加如下配套的@synthesize 编译指令。

```
@synthesize audioRecorder;
```

然后在方法 viewDidUnload 中将该属性设置为 nil，从而将录音机删除。

```
[self setAudioRecorder:nil];
```

然后在方法 viewDidLoad 中分配并初始化录音机，让我们能够随时随地使用它。为此，在文件 ViewController.m 的方法 viewDidLoad 中添加如下所示的代码。

```
//Set up the audio recorder
      NSURL *soundFileURL=[NSURL fileURLWithPath:
     [NSTemporaryDirectory()
      stringByAppendingString:@" sound.caf”]];

NSDictionary 'soundSetting;
soundSetting=  [NSDictionary dictionaryWithObjectsAndKeys:
[NSNumber numberWithFloat: 44100.O],AVSampleRateKey,
 [N$Number numberWithlnt: kAudioFormatMPEG4AACl,AVFormatIDKey,
 [NSNumber numberWithlnt: 2],AVNumberOfChannelsKey,
 [NSNumber numberWithlnt: AVAudioOualityHigh],
AVEncoderAudioOualityKey,nil];
self.audjoRecorder=  [[AVAudioRecorder alloc]
initWithURL: soundFileURL
settings: soundSetting
error: nil];
 [super viewDidLoad];
 }
```

在上述代码中，首先声明了一个 URL（soundFileURL），并将其初始化成指向要存储录音的声音文件。我们使用函数 NSTemporaryDirectory0 获取临时目录的路径（应用程序将把录音存储到这里），再在它后面加上声音文件名“sound.caf”。

然后创建了一个 NSDictionary 对象，它包含用于配置录音格式的键和值。这与本章前面介绍过的代码完全相同。接下来使用 soundFileURL 和存储在字典 soundSettings 中的设置，来初始化录音机 audioRecorder。此处将参数 error 设置成了 nil，因为在这个例子中我们不关心是否发生了错误。如果发生错误，将返回传递给这个参数的值。

控制录音

分配并初始化 audioRecorder 后，需要做的只是实现 recordAudio，以便根据需要调用 record 和 stop。为了让程序更有趣，在用户按下按钮“recordButton”时，将其标题在“录音”和“停止录音”之间切换。

在文件 ViewController.m 中，按如下代码修改方法 recordAudio。

```
  - (IBAction) recordAudio: (id) sender{
if  ([self. recordButton. titleLabel.text
isEqualToString:@”Record Audio“]){
    [self.audioRecorder record];
    [self.recordButton setTitle:@“停止录音”
fo rState:UICont rolStateNormal];
    } else{
    [self,audioRecorder stop];
    [self.recordButton setTitle:@“ 录音”
    forState:UIControlStateNormal];
    }
  }
```

上述代码只是初步实现，在后面实现音频播放功能时将修改这个方法，因为它非常适合用于加载录制的音频，为播放做好准备。在上述代码中的第 2 行，这个方法首先检查按钮 recordButton 的标题，如果是“录音”，则使用[self audioRecorder record]开始录音（第 4 行），并将 recordButton 的标题设置为“停止录音”（第 5～6 行）；否则，说明正在录音，因此使用[self.audioRecorder stop]结束录音（第 8 行），并将按钮的标题恢复到“录音”（第 9～10 行）。

3. 实现音频播放

为了实现音频播放器，需要创建一个可以在整个应用程序中使用的实例变量/属性（audiPlayer），然后在 viewDidLoad 中使用默认声音初始化它，这样即使用户没有录音，也有可以播放的声音。

首先，在文件 ViewController.h 添加这个新属性。

```
@property (strong, nonatomic) AVAudioPlayer *audioPlayer;
```

然后在文件 ViewController.m 中，在现有编译指令@synthesize 后面添加配套的@synthesize 编译指令。

```
@synthesize audioPlayer;
```

在方法 viewDidUnload 中将该属性设置为 nil，这样可以将音频播放器删除。

```
[self setAudioPlayer:nil];
```

然后在方法 viewDidLoad 中分配并初始化音频播放器，在方法 viewDidLoad 中添加如下所示的代码，这样使用默认声音初始化了音频播放器。

```
1: - (void)viewDidLoad
2:  {
3://Set up the movie player
4:NSString  kmovieFile=[[NSBundle mainBundle]
5:pathForResource:@"movie" ofType:@"m4v"];
6:self.moviePlayer=[[MPMoviePlayerController alloc]
7:initWithContentURL: [NSURL
8:    fileURLWithPath:
9:    movieFile]];
10:    self.moviePlayer.allowsAirPlay=YES;
11:    [self .moviePlayer.view  setFrame:
12:    CGRectMake(145.0,  20.0,  155.0,100.0)];
13:
14:
15:    //Set up the audio recorder
16:    NSURL *soundFileURL=[NSURL fileURLWithPath:
17:    [NSTemporaryDirectory()
18:    stringByAppendingString:@" sound.caf"]];
19:
20:    NSDictionary *soundSetting;
22:  soundsetting[NSNumber numberWithFloat:y 44100.O],AVSampleRateKey,
22:    [NSNumber numberWithFloat:44100.0],AVSampleRateKey,
23:    [NSNumber numberWithInt: kAudioFormatMPEG4AAC] ,AVFormatIDKey,
24:    [NSNumber numberWithInt:2],AVNumberOfChannelsKey,
25:    [NSNumber numberWithInt: AVAudioQualityHigh],
26:    AVEncoderAudioQualityKey,nil];
27:
28:    self.audioRecorder=[[AVAudioRecorder alloc]
29:    initWithURL: soundFileURL
30:    settings: soundSetting
31:    error: nil];
32:
33:    //Set up the audio player
34:    NSURL *noSoundFileURL=[NSURL fileURLWithPath:
```

```
35:     [[NSBundle mainBundle]
36:     pathForResource:@"norecording" ofType:@"wav'
37:     self.audioPlayer= [[AVAudioPlayer alloc]
38:     lnitWithContentsOfURL:noSoundFileURL error:nil]
39:
40:     [super viewDidLoad];
41:  }
```

在上述代码中，音频播放器设置代码始于第 34 行。在此处创建了一个 NSURL（noSoundFile URL），它指向文件 norecording.wav，这个文件包含在前面创建项目时添加的文件夹 Media 中。第 37 行分配一个音频播放器实例（audioPlayer），并使用 noSoundFileURL 的内容初始化它。现在可以使用对象 audioPlayer 来播放默认声音了。

（1）控制播放

要播放 audioPlayer 指向的声音，只需向它发送消息 play 即可，所以需要在方法 playAudio 中添加如下实现上述功能的代码。

```
- (IBAction)playAudio:(id)sender {
//    self.audioPlayer.delegate=self;
    [self.audioPlayer play];
}
```

（2）加载录制的声音

为了加载录音，最佳方式是在用户单击“停止录音”按钮时在方法 recordAudio 中加载。在此按照如下代码修改方法 recordAudio。

```
- (IBAction)recordAudio:(id)sender {
    if ([self.recordButton.titleLabel.text
                isEqualToString:@"录音"]) {
        [self.audioRecorder record];
        [self.recordButton setTitle:@"停止录音"
                forState:UIControlStateNormal];
    } else {
        [self.audioRecorder stop];
        [self.recordButton setTitle:@"Record Audio"
                forState:UIControlStateNormal];
        // Load the new sound in the audioPlayer for playback
        NSURL *soundFileURL=[NSURL fileURLWithPath:
                [NSTemporaryDirectory()
                 stringByAppendingString:@"sound.caf"]];
        self.audioPlayer =  [[AVAudioPlayer alloc]
                initWithContentsOfURL:soundFileURL error:nil];
    }
}
```

在上述代码中，第 12～14 行用于获取并存储临时目录的路径，再使用它来初始化一个 NSURL 对象:soundFileURL，使其指向录制的声音文件 sound.caf。第 15～16 行用于分配音频播放器 audioPlayer，并使用 soundFileURL 的内容来初始化它。

如果此时运行该应用程序，当按下“播放录音”按钮时，如果还未录音，将听到默认声音；如果已经录制过声音，将听到录制的声音。

14.4.7　使用照片库和相机

在 iOS 系统中，通过将照片库与应用程序集成，可以直接访问存储在设备中的任何图像或拍摄新照片，并在应用程序中使用它。本节将实现一个 UIImagePickerController 实例来显示照片。在 ViewController 中调用方法 presentModalViewController，这样以模态视图的方式显示照片库。

1. 准备图像选择器

为了使用UIImagePickerController，无需导入任何新的接口文件，但是必须将类声明为遵守多个协议，具体地说是协议UIImagePickerControllerDelegate和UINavigationControllerDelegate。在文件ViewController.h中，修改代码行@interface，使其包含这些协议。

```
@interface ViewController  :UIViewController
<UIImagePickerControllerDelegate,UINavigationControllerDelegate>
```

2. 显示图像选择器

用户触摸按钮“选择图片”时，应用程序将调用方法chooseImage。在该方法中需要分配UIImagePickerController，并配置它用于浏览的媒体类型（相机或图片库）或设置其委托并显示它。方法chooseImage的实现代码如下所示。

```
- (IBAction)chooseImage:(id)sender {
   UIImagePickerController *imagePicker;
   imagePicker = [[UIImagePickerController alloc] init];

   if ([self.toggleCamera isOn]) {
      imagePicker.sourceType=UIImagePickerControllerSourceTypeCamera;
  } else {
      imagePicker.sourceType=UIImagePickerControllerSourceTypePhotoLibrary;
   }
  imagePicker.delegate=self;

   [[UIApplication sharedApplication] setStatusBarHidden:YES];
   [self presentModalViewController:imagePicker animated:YES];
}
```

在上述代码中，第2～3行分配并初始化了一个UIImagePickerController实例，并将其赋给变量imagePicker。第5～9行判断开关toggleCamera的状态，如果为开，则将图像选择器的sourceType属性设置为UIImagePickerControllerSourceTypeCamera，否则将其设置为UIImagePickerController SourceTypePhotoLibrary。第10行将图像选择器委托设置为ViewController，这表示需要实现一些支持方法，以便在用户选择照片后做相应的处理。第12行隐藏应用程序的状态栏，因为照片库和相机界面都将以全屏模式显示，所以说这是必要的。第13行将imagePicker视图显示在现有视图上面。

3. 显示选定的图像

如果仅编写上述代码，则用户触摸按钮“Choose Image”并选择图像时，什么也不会发生。为对用户选择图像做出响应，需要实现委托方法imagePickerController:didFinishPickingMediaWithInfo。

在文件ViewController.m中，添加委托方法imagePickerController:didFinishPickingMedia-WithInfo，具体代码如下所示。

```
- (void)imagePickerController:(UIImagePickerController *)picker
      didFinishPickingMediaWithInfo:(NSDictionary *)info {
   [[UIApplication sharedApplication] setStatusBarHidden:NO];
   [self dismissModalViewControllerAnimated:YES];
   self.displayImageView.image=[info objectForKey:
                        UIImagePickerControllerOriginalImage];
}
```

当用户选择图像后，就可重新显示状态栏（第3行），再使用dismissModalViewController-Animated关闭图像选择器（第4行）。第5～6行完成了其他所有的工作！为访问用户选择的

UIImage，使用 UIImagePickerControllerOriginalImage 键从字典 info 中提取它，再将其赋给 displayImageView 的属性 image，这将在应用程序视图中显示该图像。

4. 删除图像选择器

当用户单击图像选择器中的“取消”按钮时不会选择任何图像，这一功能是通过委托方法 imagePickerControllerDidCancel 实现的。通过此方法可以使其重新显示状态栏，并调用 dismissModalViewControllerAnimated 将图像选择器关闭。下面的代码列出了此方法的完整实现。

```
- (void)imagePickerControllerDidCancel:(UIImagePickerController *)picker {
    [[UIApplication sharedApplication] setStatusBarHidden:NO];
    [self dismissModalViewControllerAnimated:YES];
}
```

现在，可以运行该应用程序，并使用按钮“选择图片”按钮来显示照片库和相机中的照片了 。

> **注意**　如果使用 iOS 模拟器运行该应用程序，请不要试图使用相机拍摄照片，否则应用程序将崩溃，因为这个应用程序没有检查是否有相机。

14.4.8　实现 Core Image 滤镜

在使用滤镜时，首先需要在文件 ViewController.h 中导入框架 Core Image 的接口文件，在其他#import 语句后面添加如下代码行：

```
#import<CoreImage/CoreImage.h>
```

现在可以使用 Core Image 创建并配置滤镜，再将其应用于应用程序的 UIImageView 显示的图像。

准备并应用滤镜

要应用滤镜，需要一个 CIImage 实例，但现在只有一个 UIImageView。我们必须做些转换工作，以便应用滤镜并显示结果。方法 applyFilter 的实现代码如下所示。

```
- (IBAction)applyFilter:(id)sender {
    CIImage *imageToFilter;
    imageToFilter=[[CIImage alloc]
                initWithImage:self.displayImageView.image];

    CIFilter *activeFilter = [CIFilter filterWithName:@"CISepiaTone"];
    [activeFilter setDefaults];
    [activeFilter setValue: [NSNumber numberWithFloat: 0.75]
                 forKey: @"inputIntensity"];
    [activeFilter setValue: imageToFilter forKey: @"inputImage"];
    CIImage *filteredImage=[activeFilter valueForKey: @"outputImage"];

    // This varies from the book, because the iOS beta is broken
    CIContext *context = [CIContext contextWithOptions:[NSDictionary dictionary]];
    CGImageRef cgImage = [context createCGImage:filteredImage fromRect:[imageToFilter
extent]];
    UIImage *myNewImage = [UIImage imageWithCGImage:cgImage];
    //  UIImage *myNewImage = [UIImage imageWithCIImage:filteredImage];
    self.displayImageView.image = myNewImage;
    CGImageRelease(cgImage);
}
```

此时可以运行该应用程序，选择一张照片并单击“Apple Filter”按钮后，棕色滤镜将导致照片的颜色饱和度接近零，使其看起来像张老照片。

14.4.9 访问并播放音乐库

首先使用 MPMediaPickerController 类来选择要播放的音乐。这里只调用这个类的一个方法——initWithMediaTypes，通过此方法初始化多媒体选择器并限制选择器显示的文件。此处需要使用如下属性来配置这种对象的行为。

- prompt：用户选择歌曲时向其显示的一个字符串。
- allowsPickingMultipleItems：指定用户只能选择一个声音文件还是可选择多个。

需要遵守 MPMediaPickerControllerDelegate 协议，以便能够在用户选择播放列表后采取相应的措施。还将添加该协议的方法 mediaPicker:didPickMediaItems。

为了播放音频，将使用 MPMusicPlayerController 类，它可使用多媒体选择器返回的播放列表。为开始和暂停播放，将使用如下 4 个方法。

- iPodMusicPlayer：这个类方法将音乐播放器初始化为 iPod 音乐播放器，这种播放器能够访问音乐库。
- setQueueWithItemCollection：使用多媒体选择器返回的播放列表对象（MPMediaItem-Collection）设置播放队列。
- play：开始播放音乐。
- pause：暂停播放音乐。

1. 为使用多媒体选择器做准备

无需再导入其他接口文件，必须将类声明为遵守协议 MPMediaPickerControllerDelegate，这样才能响应用户选择。为此在文件 ViewController.h 中，在@interface 代码行中包含这个协议。

```
@interface ViewController:UIViewController
<MPMediaPickerControllerDelegate,UIImagePickerControllerDelegate,
UINavigationControllerDelegate>
```

2. 准备音乐播放器

添加一个属性/实例变量（musicPlayer），它是一个 MPMusicPlayerController 实例：

```
@property (strong, nonatomic) MPMusicPlayerController*musicPlayer;
```

然后在文件 ViewController.m 中，在现有编译指令@synthesize 后面添加配套的编译指令@synthesize。

```
@synthesize musicPlayer;
```

在方法 viewDidUnload 中将该属性设置为 nil，目的是删除音乐播放器。

```
[self setMusicPlayer:nil];
```

修改方法 viewDidLoad，使用 MPMusicPlayerController 类的方法 iPodMusicPlayer 新建一个音乐，此方法的最终代码如下所示。

```
- (void)viewDidLoad
{
    //Setup the movie player
    NSString *movieFile = [[NSBundle mainBundle]
                           pathForResource:@"movie" ofType:@"m4v"];
   self.moviePlayer = [[MPMoviePlayerController alloc]
                      initWithContentURL: [NSURL
                                          fileURLWithPath:
```

```
                                             movieFile]];
    self.moviePlayer.allowsAirPlay=YES;
    [self.moviePlayer.view setFrame:
                     CGRectMake(145.0, 20.0, 155.0 , 100.0)];

    //Setup the audio recorder
    NSURL *soundFileURL=[NSURL fileURLWithPath:
                         [NSTemporaryDirectory()
                          stringByAppendingString:@"sound.caf"]];

   NSDictionary *soundSetting;
    soundSetting = [NSDictionary dictionaryWithObjectsAndKeys:
               [NSNumber numberWithFloat: 44100.0],AVSampleRateKey,
               [NSNumber numberWithInt: kAudioFormatMPEG4AAC],AVFormatIDKey,
               [NSNumber numberWithInt: 2],AVNumberOfChannelsKey,
               [NSNumber numberWithInt: AVAudioQualityHigh],
                  AVEncoderAudioQualityKey,nil];

   self.audioRecorder = [[AVAudioRecorder alloc]
                         initWithURL: soundFileURL
                         settings: soundSetting
                         error: nil];

    //Setup the audio player
    NSURL *noSoundFileURL=[NSURL fileURLWithPath:
                          [[NSBundle mainBundle]
                           pathForResource:@"norecording" ofType:@"wav"]];
    self.audioPlayer =  [[AVAudioPlayer alloc]
                        initWithContentsOfURL:noSoundFileURL error:nil];


    //Setup the music player
   self.musicPlayer=[MPMusicPlayerController iPodMusicPlayer];

    [super viewDidLoad];
}
```

在上述代码中，只有第 42 行是新增的，功能是创建一个 MPMusicPlayerController 实例，并将其赋给属性 musicPlayer。

3. 显示多媒体选择器

在这个应用程序中，用户触摸按钮“选择音乐”时，将触发操作 chooseMusic，而该操作将显示多媒体选择器。要使用多媒体选择器，需要采取的步骤与使用图像选择器时类似，即实例化选择器并配置其行为，然后将其作为模态视图加入应用程序视图中。用户使用完多媒体选择器后，我们将把它返回的播放列表加入音乐播放器，并关闭选择器视图；如果用户没有选择任何多媒体，则我们只需关闭选择器视图即可。

在实现文件 ViewController.m 中，方法 chooseMusic 的实现代码如下所示。

```
- (IBAction)chooseMusic:(id)sender {
    MPMediaPickerController *musicPicker;

   [self.musicPlayer stop];
   self.displayNowPlaying.text=@"No Song Playing";
   [self.musicPlayButton setTitle:@"Play Music"
                  forState:UIControlStateNormal];

   musicPicker = [[MPMediaPickerController alloc]
                 initWithMediaTypes: MPMediaTypeMusic];

   musicPicker.prompt = @"Choose Songs to Play" ;
   musicPicker.allowsPickingMultipleItems = YES;
   musicPicker.delegate = self;
```

```
    [self presentModalViewController:musicPicker animated:YES];
}
```

在上述代码中，第 2 行代码声明了 MPMediaPickerController 实例 musicPicker。接下来，第 4～7 行代码确保调用选择器时，音乐播放器将停止播放当前歌曲，界面中 nowPlaying 标签的文本被设置为默认字符串“No Song Playing”，且播放按钮的标题为“PlayMusic”。这些代码行并非必不可少，但可确定界面与应用程序中实际发生的情况同步。第 9～10 行代码分配并初始化多媒体选择器控制器实例。初始化时使用的是常量 MPMediaTypeMusic，该常量指定了用户使用选择器可选择的文件类型（音乐）。第 12 行代码指定一条将显示在音乐选择器顶部的消息。第 13 行代码将属性 allowsPickingMultipleItems 设置为一个布尔值（YES 或 NO），它决定了用户能否选择多个多媒体文件。第 14 行设置音乐选择器的委托。换句话说，它告诉 musicPicker 对象到 ViewController 中去查找 MPMediaPickerControllerDelegate 协议方法。第 16 行使用视图控制器 musicPicker 将音乐库显示在应用程序视图的上面。

4. 响应用户选择

为了获取多媒体选择器返回的播放列表并执行清理工作，需要在实现文件中添加委托协议方法 mediaPicker:didPickMediaItems，具体代码如下所示。

```
- (void)mediaPicker: (MPMediaPickerController *)mediaPicker
  didPickMediaItems:(MPMediaItemCollection *)mediaItemCollection {
   [musicPlayer setQueueWithItemCollection: mediaItemCollection];
   [self dismissModalViewControllerAnimated:YES];
}
```

在上述代码中，第 1 行使用该播放列表对音乐播放器实例 musicPlayer 进行了配置，这是通过 setQueueWithItemCollection 完成的。为了执行清理工作，在第 2 行关闭了模态视图。

5. 响应用户取消选择

为了处理用户在没有选择任何多媒体文件的情况下退出多媒体选择器的情形，需要添加委托协议方法 mediaPickerDidCancel。这与图像选择器一样，只需在该方法中关闭模态视图控制器即可。所以在文件 ViewController.m 中添加这个方法，此方法的实现代码如下所示。

```
- (void)mediaPickerDidCancel:(MPMediaPickerController *)mediaPicker {
   [self dismissModalViewControllerAnimated:YES];
}
```

6. 播放音乐

由于已经在视图控制器的 viewDidLoad 方法中创建了 musicPlayer 对象，并且在方法 mediaPicdidPickMediaItems 中设置了音乐播放器的播放列表，现在最后工作是在方法 playMusic 中开始播放和暂停播放。并且在需要时将 musicPlayButton 按钮的标题在播放音乐和暂停音乐之间进行切换。方法 playMusic 的实现代码如下所示。

```
- (IBAction)playMusic:(id)sender {
    if ([self.musicPlayButton.titleLabel.text
              isEqualToString:@"Play Music"]) {
        [self.musicPlayer play];
        [self.musicPlayButton setTitle:@"Pause Music"
                    forState:UIControlStateNormal];
       self.displayNowPlaying.text=[self.musicPlayer.nowPlayingItem
                    valueForProperty:MPMediaItemPropertyTitle];
```

```
    } else {

        [self.musicPlayer pause];
        [self.musicPlayButton setTitle:@"Play Music"
                    forState:UIControlStateNormal];
        self.displayNowPlaying.text=@"No Song Playing";
    }
}
```

在上述代码中，第 2 行的作用是检查 musicPlayButton 的标题是否为“Play Music”。如果是则用第 4 行代码开始播放，第 5～6 行将该按钮的标题重置为 Pause Music，而第 7～8 行将标签 displayNowPlaying 的文本设置为当前歌曲的名称。如果按钮 musicPlayButton 的标题不是“Play Music”（第 10 行），将暂停播放音乐，将该按钮的标题重置为“Play Music”，并将标签的文本改为“No Soon Playing”。实现该方法后，保存文件 ViewController.m，并在 iOS 设备上运行该应用程序，以便对其进行测试。按“选择音乐”按钮将打开多媒体选择器，创建播放列表后，按多媒体选择器中的“Done”按钮，再按“Play Music”按钮开始播放选择的歌曲。当前歌曲的名称将显示在界面底部。

注意　如果在模拟器上测试音乐播放功能，不会有任何效果。要想测试这些功能，必须使用实际设备。

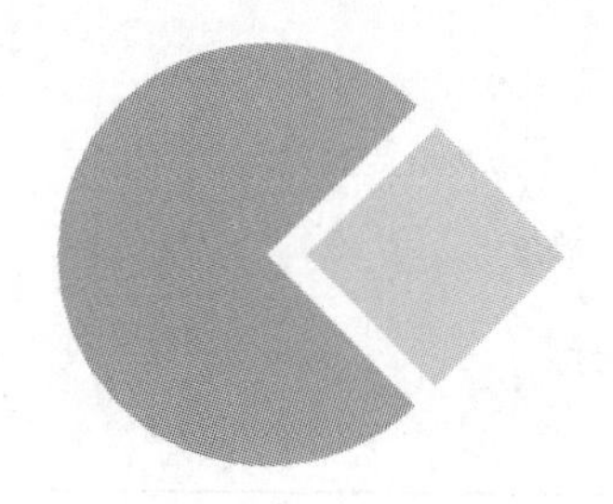

第 15 章　定位处理

随着当代科学技术的发展，移动导航和定位处理技术已经成为了人们生活中的一部分，极大地方便了人们的生活。利用 iOS 设备中的 GPS 功能，可以精确地获取位置数据和指南针信息。本章将分别讲解 iOS 位置检测硬件、如何读取并显示位置信息和使用指南针确定方向的知识，介绍使用 Core Location 和磁性指南针的基本流程，为读者步入本书后面知识的学习打下基础。

15.1 Core Location 框架

Core Location 是 iOS SDK 中一个提供设备位置的框架，通过这个框架可以实现定位处理。本节将简要介绍 Core Location 框架的基本知识。

15.1.1 Core Location 基础

根据设备的当前状态（在服务区、在大楼内等），可以使用如下 3 种技术之一。

① 使用 GPS 定位系统，可以精确地定位您当前所在的地理位置，但由于 GPS 接收机需要对准天空才能工作，因此在室内环境中基本无用。

② 找到自己所在位置的有效方法是使用手机基站，当手机开机时会与周围的基站保持联系，如果知道这些基站的身份，就可以使用各种数据库（包含基站的身份和它们的确切地理位置）计算出手机的物理位置。基站不需要卫星，和 GPS 不同，它在室内环境一样管用。但它没有 GPS 那样精确，它的精度取决于基站的密度，它在基站密集型区域的准确度最高。

③ 依赖 Wi-Fi，当使用这种方法时，将设备连接到 Wi-Fi 网络，通过检查服务提供商的数据确定位置，它既不依赖卫星，也不依赖基站，因此这个方法对于可以连接到 Wi-Fi 网络的区域有效，但它的精确度也是这 3 种方法中最差的。

在这些技术中，GPS 最为精准，如果有 GPS 硬件，Core Location 将优先使用它。如果设备没有 GPS 硬件（如 Wi-Fi iPad）或使用 GPS 获取当前位置失败时，Core Location 将退而求其次，选择使用蜂窝或 Wi-Fi。

想得到定点的信息，需要涉及如下几个类。

- CLLocationManager。
- CLLocation。
- CLLocationManagerdelegate 协议。
- CLLocationCoordinate2D。
- CLLocationDegrees。

15.1.2 使用流程

下面开始讲解基本的使用流程。

① 先实例化一个 CLLocationManager，同时设置委托及精确度等。

```
CCLocationManager *manager = [[CLLocationManager alloc] init];//初始化定位器
[manager setDelegate: self];//设置代理
[manager setDesiredAccuracy: kCLLocationAccuracyBest];//设置精确度
```

其中，desiredAccuracy 属性表示精确度，有表 15-1 所示的 5 种选择。

表 15-1　desiredAccuracy 属性

desiredAccuracy 属性	描　述
kCLLocationAccuracyBest	精确度最佳
kCLLocationAccuracynearestTenMeters	精确度 10 米以内
kCLLocationAccuracyHundredMeters	精确度 100 米以内
kCLLocationAccuracyKilometer	精确度 1000 米以内
kCLLocationAccuracyThreeKilometers	精确度 3000 米以内

NOTE 的精确度越高，用点就越多，具体需要根据实际情况而定。

```
manager.distanceFilter = 250;//表示在地图上每隔 250 米才更新一次定位信息。
[manager startUpdateLocation];//用于启动定位器，如果不用的时候就必须调用 stopUpdateLocation
以关闭定位功能
```

② 在 CCLocation 对象中包含着定点的相关信息数据，其属性主要包括 coordinate，altitude，horizontalAccuracy，verticalAccuracy，timestamp 等，具体说明如下所示。

- coordinate：用来存储地理位置的 latitude 和 longitude，分别表示纬度和经度，都是 float 类型。例如可以这样：

```
float latitude = location.coordinat.latitude;
```

- location：CCLocation 的实例。上面提到的 CLLocationDegrees 其实是一个 double 类型，在 Core Location 框架中用来储存 CLLocationCoordinate2D 实例 coordinate 的 latitude 和 longitude。

```
typedef double CLLocationDegrees;
typedef struct
  {CLLocationDegrees latitude;
  CLLocationDegrees longitude}  CLLocationCoordinate2D;
```

- altitude：表示位置的海拔高度，这个值是极不准确的。
- horizontalAccuracy：表示水平准确度，可以这么理解，它是以 coordinate 为圆心的半径，返回的值越小，证明准确度越好，如果是负数，则表示 Core Location 定位失败。
- verticalAccuracy：表示垂直准确度，它的返回值与 altitude 相关，所以不准确。
- Timestamp：用于返回定位时的时间，是 NSDate 类型。

③ CLLocationManagerDelegate 协议。

我们只需实现两种方法就可以了，例如下面的代码。

```
- (void)locationManager:(CLLocationManager *)manager
didUpdateToLocation:(CLLocation *)newLocation
   fromLocation:(CLLocation *)oldLocation ;
- (void)locationManager:(CLLocationManager *)manager
   didFailWithError:(NSError *)error;
```

上面第一个是定位时候回访调，后者定位出错时被调。

④ 现在可以实现定位了。假设新建一个 View-Based Application 模板的工程，假设项目名称为“CoreLocation”。在 Contronller 的头文件和源文件中的代码如下。其中，.h 文件的代码如下

所示。

```
#import <UIKit/UIKit.h>
#import <CoreLocation/CoreLocation.h>
@interface CoreLocationViewController : UIViewController
<CLLocationManagerDelegate>{
 CLLocationManager *locManager;
}
@property (nonatomic, retain) CLLocationManager *locManager;
@end
```

.m 文件的代码如下所示。

```
#import "CoreLocationViewController.h"
@implementation CoreLocationViewController
@synthesize locManager;
// Implement viewDidLoad to do additional setup after loading the view, typically from
a nib.
- (void)viewDidLoad {
locManager = [[CLLocationManager alloc] init];
locManager.delegate = self;
locManager.desiredAccuracy = kCLLocationAccuracyBest;
[locManager startUpdatingLocation];
    [super viewDidLoad];
}
- (void)didReceiveMemoryWarning {
// Releases the view if it doesn't have a superview.
    [super didReceiveMemoryWarning];

// Release any cached data, images, etc that aren't in use.
}
- (void)viewDidUnload {
// Release any retained subviews of the main view.
// e.g. self.myOutlet = nil;
}
- (void)dealloc {
[locManager stopUpdatingLocation];
[locManager release];
[textView release];
    [super dealloc];
}
#pragma mark -
#pragma mark CoreLocation Delegate Methods

- (void)locationManager:(CLLocationManager *)manager
didUpdateToLocation:(CLLocation *)newLocation
  fromLocation:(CLLocation *)oldLocation {
CLLocationCoordinate2D locat = [newLocation coordinate];
float lattitude = locat.latitude;
float longitude = locat.longitude;
float horizon = newLocation.horizontalAccuracy;
float vertical = newLocation.verticalAccuracy;
NSString *strShow = [[NSString alloc] initWithFormat:
@"currentpos: 经度=%f 维度=%f 水平准确读=%f 垂直准确度=%f ",
lattitude, longitude, horizon, vertical];
UIAlertView *show = [[UIAlertView alloc] initWithTitle:@"coreLoacation"
         message:strShow delegate:nil cancelButtonTitle:@"i got it"
         otherButtonTitles:nil];
[show show];
[show release];
}
- (void)locationManager:(CLLocationManager *)manager
  didFailWithError:(NSError *)error{

NSString *errorMessage;
if ([error code] == kCLErrorDenied){
          errorMessage = @"你的访问被拒绝";}
if ([error code] == kCLErrorLocationUnknown) {
         errorMessage = @"无法定位到你的位置!";}
```

```
UIAlertView *alert = [[UIAlertView alloc]
    initWithTitle:nil  message:errorMessage
  delegate:self  cancelButtonTitle:@"确定"  otherButtonTitles:nil];
[alert show];
[alert release];
}
@end
```

通过上述流程实现了 ige 简单的定位处理。

15.2 获取位置

Core Location 的大多数功能都是由位置管理器提供的，后者是 CLLocationManager 类的一个实例。我们使用位置管理器来指定位置更新的频率和精度以及开始和停止接收这些更新。要想使用位置管理器，必须首先将框架 Core Location 加入到项目中，再导入如下接口文件。

```
#import<CoreLocation/CoreLocation.h>
```

接下来需要分配并初始化一个位置管理器实例，指定将接收位置更新的委托并启动更新，代码如下所示：

```
CLLocationManager *locManager=  [[CLLocationManager alloc]  init ];
locManager.delegate=self;
[locManager startUpdatingLocation];
```

应用程序接收完更新（通常一个更新就够了）后，使用位置管理器的 stopUpdatingLocation 方法停止接收更新。

15.2.1　位置管理器委托

位置管理器委托协议定义了用于接收位置更新的方法。被指定为委托以接收位置更新的类必须遵守协议 CLLocationManagerDelegate。该委托有如下两个与位置相关的方法。

- locationManager:didUpdateToLocation:fromLocation。
- locationManager:didFailWithError。

方法 locationManager:didUpdateToLocation:fromLocation 的参数为位置管理器对象和两个 CLLocation 对象，其中一个表示新位置，另一个表示以前的位置。CLLocation 实例有一个 coordinate 属性，该属性是一个包含 longitude 和 latitude 的结构，而 longitude 和 latitude 的类型为 CLLocationDegrees。CLLocationDegrees 是类型为 double 的浮点数的别名。不同的地理位置定位方法的精度也不同，而同一种方法的精度随计算时可用的点数（卫星、蜂窝基站和 Wi-Fi 热点）不同而不同。CLLocation 通过属性 horizontalAccuracy 指出了测量精度。

位置精度通过一个圆表示，实际位置可能位于这个圆内的任何地方。这个圆是由属性 coordinate 和 horizontalAccuracy 表示的，其中前者表示圆心，而后者表示半径。属性 horizontalAccuracy 的值越大，它定义的圆就越大，因此位置精度越低。如果属性 horizontalAccuracy 的值为负，则表明 coordinate 的值无效，应忽略它。

除经度和纬度外，CLLocation 还以米为单位提供了海拔高度（altitude 属性）。该属性是一个 CLLocationDistance 实例，而 CLLocationDistance 也是 double 型浮点数的别名。正数表示在海平面之上，而负数表示在海平面之下。还有另一种精度-verticalAccuracy，它表示海拔高度的精度。verticalAccuracy 为正表示海拔高度的误差为相应的米数，为负表示 altitude 的值无效。

另外， CLLocation 还有一个 speed 属性，该属性是通过比较当前位置和前一个位置，并比较它们之间的时间差异和距离计算得到的。鉴于 Core Location 更新的频率，speed 属性的值不是非常精确，除非移动速度变化很小。

15.2.2 处理定位错误

应用程序开始跟踪用户的位置时会在屏幕上显示一条警告消息，如果用户禁用定位服务，iOS 不会禁止应用程序运行，但位置管理器将生成错误。

当发生错误时，将调用位置管理器委托方法 locationManager:didFailWithError，让我们知道设备无法返回位置更新。该方法的参数指出了失败的原因。如果用户禁止应用程序定位，error 参数将为 kCLErrorDenied。如果 Core Location 经过努力后无法确定位置，error 参数将为 kCLErrorLocationUnknown。如果没有可供获取位置的源，error 参数将为 kCLErrorNetwork。

通常，Core Location 在发生错误后将继续尝试确定位置，但如果是用户禁止定位，它就不会这样做。在这种情况下，需要使用方法 stopUpdatingLocation 停止位置管理器，并对相应的实例变量进行设置。如果您使用了这样的变量，建议将其设置为 nil，以释放位置管理器占用的内存。

15.2.3 位置精度和更新过滤器

我们可以根据应用程序的需要来指定位置精度。例如那些只需确定用户在哪个国家的应用程序，没有必要要求 Core Location 的精度为 10 米，而只需要提供大概的位置，这样获得答案的速度会更快。要指定精度，可以在启动位置更新前设置位置管理器的 desiredAccuracy。可以使用枚举类型 CLLocationAccuracy 来指定该属性的值。当前有如下 5 个表示不同精度的常量。

- kCLLocationAccuracyBest。
- kCLLocationAccuracyNearest TenMeters。
- kCLLocationNearestHundredMeters。
- kCLLocation Kilometer。
- kCLLocationAccuracy ThreeKilometers。

启动更新位置管理器后，更新将不断传递给位置管理器委托，一直到更新停止。我们无法直接控制这些更新的频率，但是可以使用位置管理器的属性 distanceFilter 进行间接控制。在启动更新前设置属性 distanceFilter，它指定设备（水平或垂直）移动多少米后将另一个更新发送给委托。

在 iOS 系统中，每种对设备进行定位的方法（GPS、蜂窝和 Wi-Fi）都可能非常耗电。应用程序要求对设备进行定位的精度越高，属性 distanceFilter 的值越小，应用程序的耗电量就越大。为增长电池的续航时间，请求的位置更新精度和频率务必不要超过应用程序的需求。为延长电池的续航时间，应在可能的情况下停止位置管理器更新。

15.2.4 获取航向

通过位置管理器中的 headingAvailable 属性，能够指出设备是否装备了磁性指南针。如果该属性的值为 YES，便可以使用 Core Location 来获取航向(heading)信息。接收航向更新与接收位置更新极其相似，要开始接收航向更新，可以指定位置管理器委托，设置属性 headingFilter 以指定要以什么样的频率（以航向变化的度数度量）接收更新，并对位置管理器调用方法 startUpdatingHeading，例如下面的代码：

```
locManager.delegate=self;
locManager.headingFilter=10
 [locManager startUpdatingHeading];
```

其实并没有准确的北方，地理学意义的北方是固定的，即北极；而磁北与北极相差数百英里且每天都在移动。磁性指南针总是指向磁北，但对于有些电子指南针（如 iPhone 和 iPad 中的指南针），可通过编程使其指向地理学意义的北方。通常，当我们同时使用地图和指南针时，地理学意义的北方更有用。请务必理解地理学意义的北方和磁北之间的差别，并知道应在应用程序中使用哪个。如果您使用相对于地理学意义的北方的航向（属性 trueHeading），请同时向位置管理器请求位置更新和航向更新，否则 trueHeading 将不正确。

位置管理器委托协议定义了用于接收航向更新的方法。该协议有如下两个与航向相关的方法。

① locationManager:didUpdateHeading：其参数是一个 CLHeading 对象。

② locationManager:ShouldDisplayHeadingCalibration：通过一组属性来提供航向读数，即 magneticHeading 和 trueHeading，这些值的单位为度，类型为 CLLocationDirection，即双精度浮点数，具体说明如下。

- 如果航向为 0.0，则前进方向为北。
- 如果航向为 90.0，则前进方向为东。
- 如果航向为 180.0，则前进方向为南。
- 如果航向为 270.0，则前进方向为西。

另外，CLHeading 对象还包含属性 headingAccuracy（精度）、timestamp（读数的测量时间）和 description（描述）。

> 注意　iOS 模拟器将报告航向数据可用，并且只提供一次航向更新。

15.3 地图功能

iOS 的 Google Maps 向用户提供了一个地图应用程序，它响应速度快，使用起来很有趣。通过使用 Map Kit，您的应用程序也能提供这样的用户体验。本节将简要介绍在 iOS 中使用地图的基本知识。

15.3.1　Map Kit 基础

通过使用 Map Kit，可以将地图嵌入到视图中，并提供显示该地图所需的所有图块（图像）。它在需要时处理滚动、缩放和图块加载。Map Kit 还能执行反向地理编码（reverse geocoding），即根据坐标获取位置信息（国家、州、城市、地址）。

> 注意　Map Kit 图块（map tile）来自 Google Maps/Google Earth API，虽然我们不能直接调用该 API，但 Map Kit 代表您进行这些调用，因此使用 Map Kit 的地图数据时，我们和我们的应用程序必须遵守 Google Maps/Google Earth API 服务条款。

开发人员无需编写任何代码就可使用 Map Kit，只需将 Map Kit 框架加入到项目中，并使用 Interface Builder 将一个 MKMapView 实例加入到视图中。添加地图视图后，便可以在 Attributes Inspector 中设置多个属性，这样可以进一步定制它。

可以在地图、卫星和混合模式之间选择，可以指定让用户的当前位置在地图上居中，还可以控制用户是否可与地图交互，例如通过轻扫和张合来滚动和缩放地图。如果要以编程方式控制地图对象（MKMapView），可以使用各种方法，例如移动地图和调整其大小。然而必须先导入框架 Map Kit 的接口文件：

```
#import <MapKit/MapKit-h>
```

当需要操纵地图时，在大多数情况下都需要添加框架 Core Location 并导入其接口文件：

```
#import<CoreLocation/CoreLocation.h>
```

为了管理地图的视图，需要定义一个地图区域，再调用方法 setRegion:animated。区域（region）是一个 MKCoordinateRegion 结构（而不是对象），它包含成员 center 和 span。其中，center 是一个 CLLocationCoordinate2D 结构，这种结构来自框架 Core Location，包含成员 latitude 和 longitude；而 span 指定从中心出发向东西南北延伸多少度。一个纬度相当于 69 英里；在赤道上，一个经度也相当于 69 英里。通过将区域的跨度（span）设置为较小的值，如 0.2，可将地图的覆盖范围缩小到绕中点几英里。例如，如果要定义一个区域，其中心的经度和纬度都为 60.0，并且每个方向的跨越范围为 0.2 度，可编写如下代码：

```
MKCoordinateRegion mapRegion;
mapRegion.center.latitude=60.0;
mapRegion.center.longitude=60.0;
mapRegion. span .latit udeDelta=0.2;
mapRegion.span.longitudeDelta=0.2;
```

要在名为“map”的地图对象中显示该区域，可以使用如下代码实现。

```
[map setRegion:mapRegion animated:YES];
```

另一种常见的地图操作是添加标注，通过标注可以让我们能够在地图上突出重要的点。

15.3.2 为地图添加标注

在应用程序中可以给地图添加标注，就像 Google Maps 一样。要想使用标注功能，通常需要实现一个 MKAnnotationView 子类，它描述了标注的外观以及应显示的信息。对于加入到地图中的每个标注，都需要一个描述其位置的地点标识对象（MKPlaceMark）。为了理解如何结合使用这些对象，接下来看一个简单的示例，我们的目的是在地图视图 map 中添加标注，必须分配并初始化一个 MKPlacemark 对象。为初始化这种对象，需要一个地址和一个 CLLocationCoordinate2D 结构。该结构包含了经度和纬度，指定了要将地点标识放在什么地方。在初始化地点标识后，使用 MKMapView 的方法 addAnnotation 将其加入地图视图中。

要想删除地图视图中的标注，只需将 addAnnotation 替换为 removeAnnotation 即可，而参数完全相同，无需修改。当我们添加标注时，iOS 会自动完成其他工作。Apple 提供了一个 MKAnnotationView 子类 MKPinAnnotationView。当对地图视图对象调用 addAnnotation 时，iOS 会自动创建一个 MKPinAnnotationView 实例。要想进一步定制图钉，还必须实现地图视图的委托方法 mapView:viewForAnnotation。

例如在下面的代码中，方法 mapView:viewForAnnotation 分配并配置了一个自定义的 MKPinAnnotationView 实例。

```
1: - (MKAnnotationView *)mapView: (MKMapView *)mapView
2:viewForAnnotation:(id <MKAnnotation>annotation{
3:
4:MKPinAnnotationView *pinDrop=[[MKPinAnnotationView alloc]
5:initWithAnnotation:annotation reuseIdentifier:@"myspot "];
6:pinDrop.animatesDrop=YES;
7:pinDrop.canShowCallout=YES;
8:pinDrop.pinColor=MKPinAnnotationColorPurple;
9:    return pinDrop;
10:  }
```

在上述代码中，第 4 行声明分配一个 MKPinAnnotationView 实例，并使用 iOS 传递给方法

mapView: viewForAnnotation 的参数 annotation 和一个重用标识符字符串初始化它。这个重用标识符是一个独特的字符串，让您能够在其他地方重用标注视图。就这里而言，可以使用任何字符串。第 6～8 行通过 3 个属性对新的图钉标注视图 pinDrop 进行了配置。animatesDrop 是一个布尔属性，当其值为 true 时，图钉将以动画方式出现在地图上；通过将属性 canShowCallout 设置为 YES，当用户触摸图钉时将在注解中显示额外信息；最后，pinColor 设置图钉图标的颜色。正确配置新的图钉标注视图后，第 9 行将其返回给地图视图。

如果在应用程序中使用上述方法，它将创建一个带注解的紫色图钉效果，该图钉以动画方式加入到地图中。但是可以在应用程序中创建全新的标注视图，它们不一定非得是图钉。在此使用了 Apple 提供的 MKPinAnnotationView，并对其属性做了调整，这样显示的图钉将与根本没有实现这个方法时稍微不同。

注意　从 iOS 6 开始，Apple 产品不再使用 Google 地图产品，而是使用自己的地图系统。

15.4 实战演练——创建一个支持定位的应用程序

本实例的功能是，得到当前位置距离 Apple 总部的距离。在创建该应用程序时，将分两步进行，首先使用 Core Location 指出当前位置离 Apple 总部有多少英里；然后，使用设备指南针显示一个箭头，在用户偏离轨道时指明正确方向。在具体实现时，先创建一个位置管理器实例，并使用其方法计算当前位置离 Apple 总部有多远。在计算距离期间，我们将显示一条消息，让用户耐心等待。如果用户位于 Apple 总部，我们将表示祝贺，否则以英里为单位显示离 Apple 总部有多远。

实例 15-1	创建一个支持定位的应用程序
源码路径	光盘:\daima\15\juli

15.4.1 创建项目

在 Xcode 中，使用模板 SingleView Application 新建一个项目，并将其命名为“juli”，如图 15-1 所示。

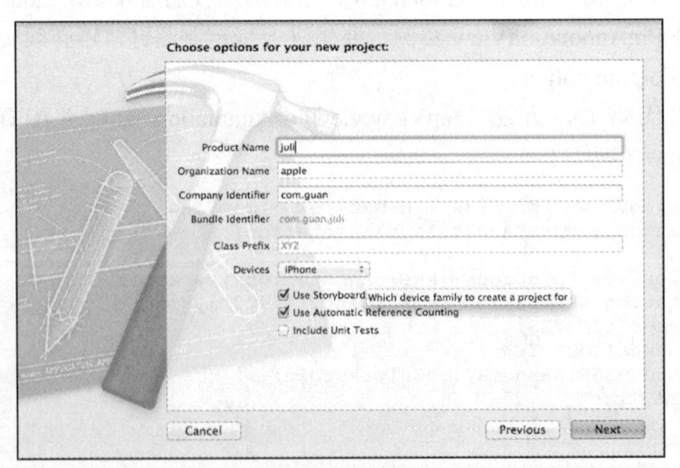

▲图 15-1　创建工程

1. 添加 Core Location 框架

因为在默认情况下并没有链接 Core Location 框架，所以需要添加它。选择项目 Cupertino 的顶级编组，并确保编辑器中当前显示的是 Summary 选项卡。接下来在该选项卡中向下滚动到 Linked Libraries and Frameworks 部分，单击列表下方的“+”按钮，在出现的列表中选择“CoreLocation.framework”，再单击“Add”按钮，如图 15-2 所示。

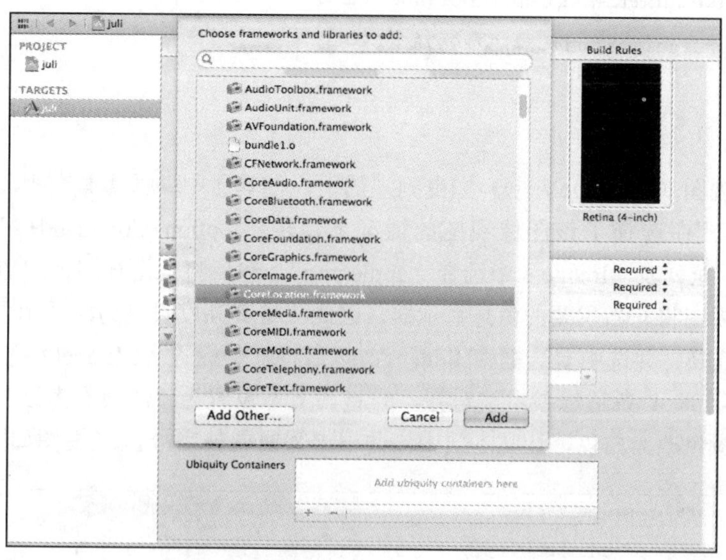

▲图 15-2　添加 CoreLocation.framework

2. 添加背景图像资源

将素材文件夹 Image（它包含 apple.png）拖曳到项目导航器中的项目代码编组中，在 Xcode 提示时选择复制文件并创建编组，如图 15-3 所示。

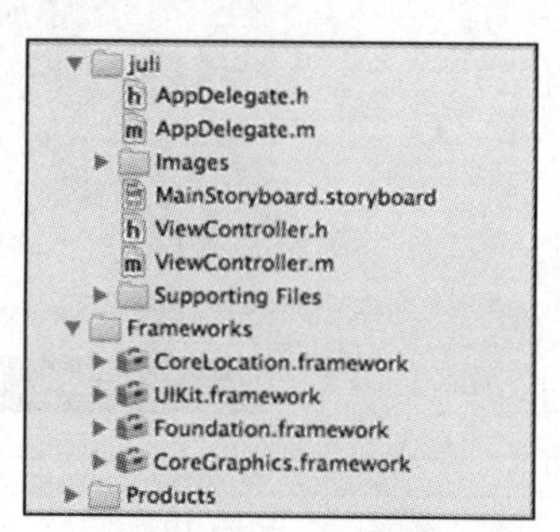

▲图 15-3　工程组

3. 规划变量和连接

ViewController 将充当位置管理器委托，它接收位置更新，并更新用户界面以指出当前位置。在这个视图控制器中，需要一个实例变量/属性（但不需要相应的输出口），它指向位置管理器实例。我们将把这个属性命名为“locMan”。

在本实例的界面中，需要一个标签（distanceLabel）和两个子视图（distanceView 和 waitView）。其中，标签将显示到 Apple 总部的距离；子视图包含标签 distanceLabel，仅当获取了当前位置并计算出距离后才显示；而子视图 waitView 将在 iOS 设备获取航向时显示。

4. 添加表示 Apple 总部位置的常量

要计算到 Apple 总部的距离，显然需要知道 Apple 总部的位置，以便将其与用户的当前位置进行比较。根据 http://gpsvisualizer.com/geocode 提供的信息，Apple 总部的纬度为 37.3229978，经度为−122.0321823。在实现文件 ViewController.m 中的#import 代码行后面，添加两个表示这些值的常量（kCupertinoLatitude 和 kCupertinoLongitude）：

```
#define kCupertinoLatitude 37.3229978
#define kCupertinoLongitude -122.0321823
```

15.4.2　设计视图

将一个图像视图（UIImageView）拖曳到视图中，使其居中并覆盖整个视图，它将用作应用程序的背景图像。在选择了该图像视图的情况下，按“Option+Command+4”打开 Attributes Inspector，并从下拉列表“Image”中选择“apple.png”，然后将一个视图（UIView）拖曳到图像视图底部。这个视图将充当主要的信息显示器，因此应将其高度设置为能显示大概两行文本。将“Alpha”设置为 0.75，并选中复选框“Hidden”。然后将一个标签（UILabel）拖曳到信息视图中，调整标签使其与全部 4 条边缘参考线对齐，并将其文本设置为“距离有多远”。使用 Attributes Inspector 将文本颜色改为白色，让文本居中，并根据需要调整字号。UI 视图如图 15-4 所示。

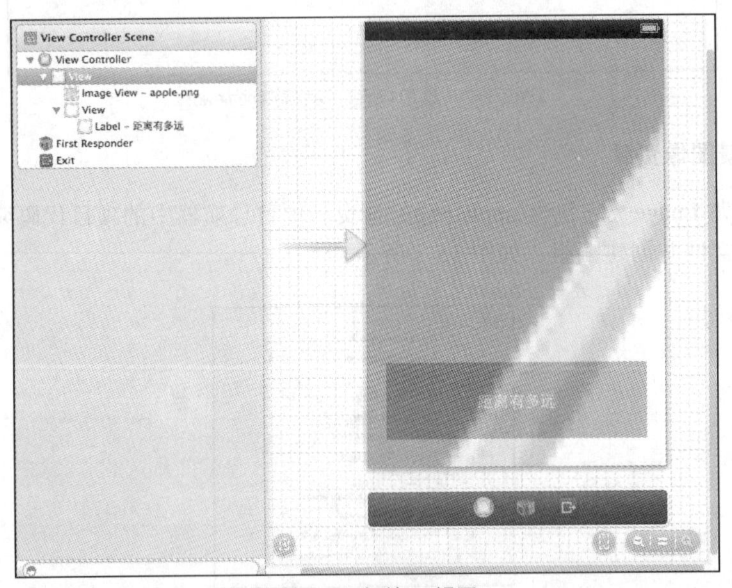

▲图 15-4　初始 UI 视图

再添加一个半透明的视图，其属性与前一个视图相同，但不隐藏且高度大约为 1 英寸。拖曳这个视图，使其在背景中垂直居中，在设备定位时，这个视图将显示让用户耐心等待的消息。在这个视图中添加一个标签，将其文本设置为“检查距离”。调整该标签的大小，使其占据该视图的右边大约 2/3。然后从对象库拖曳一个活动指示器（UIActivityIndicatorView）到第二个视图中，并使其与标签左边缘对齐。指示器显示一个纺锤图标，它与标签 Checking the Distance 同时显示。使用 Attributes Inspector 选中属性 Animated 的复选框，让纺锤旋转。最终的视图应如图 15-5 所示。

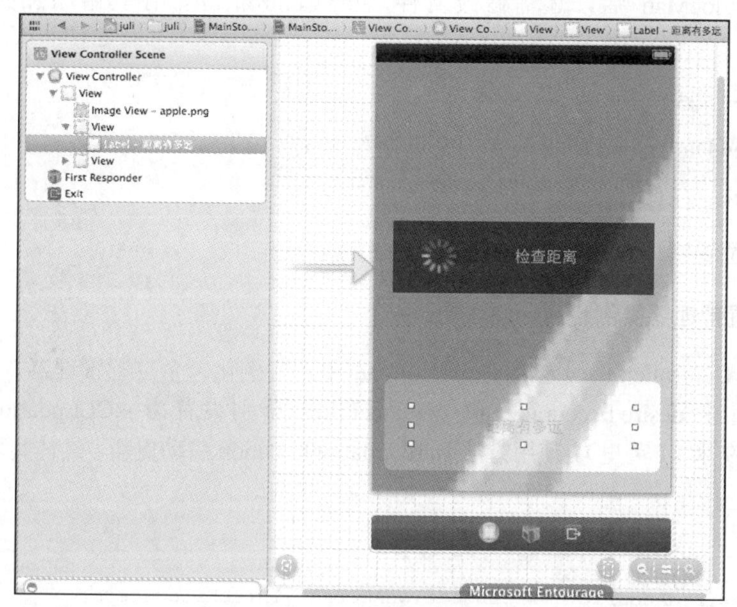

▲图 15-5 最终 UI 视图

15.4.3 创建并连接输出口

在本实例中，只需根据位置管理器提供的信息更新 UI，也就是说不需要连接操作。需要连接我们添加的两个视图，还需连接用于显示离 Apple 总部有多远的标签。切换到助手编辑器模式，按住“Control”键，从标签“距离有多远”拖曳到 ViewController.h 中代码行@interface 下方。在 Xcode 提示时，新建一个名为“distanceLabel”的输出口。然后对两个视图做同样的处理，将包含活动指示器的视图连接到输出口 waitView，将包含距离的视图连接到输出口 distanceView。

15.4.4 实现应用程序逻辑

根据刚才设计的界面可知，应用程序将在启动时显示一条消息和转盘，让用户知道应用程序正在等待 Core Location 提供初始位置读数。将在加载视图后立即在视图控制器的 viewDidLoad 方法中请求这种读数。位置管理器委托获得读数后，我们将立即计算到 Apple 总部的距离，更新标签，隐藏活动指示器视图并显示距离视图。

1. 准备位置管理器

首先，在文件 ViewController.h 中导入框架 Core Location 的头文件，然后在代码行@interface 中添加协议 CLLocationManagerDelegate。这让我们能够创建位置管理器实例以及实现委托方法，但还需要一个指向位置管理器的实例变量/属性（locMan)。

完成上述修改后，文件 ViewController.h 的代码如下所示。

```
#import <UIKit/UIKit.h>
#import <CoreLocation/CoreLocation.h>
@interface ViewController : UIViewController <CLLocationManagerDelegate>

@property (strong, nonatomic) CLLocationManager *locMan;
@property (strong, nonatomic) IBOutlet UILabel *distanceLabel;
@property (strong, nonatomic) IBOutlet UIView *waitView;
@property (strong, nonatomic) IBOutlet UIView *distanceView;
@end
```

当声明属性 locMan 后，还需修改文件 ViewController.h，在其中添加配套的编译指令@synthesize。

```
@synthesize locMan;
```

并在方法 viewDidUnload 中将该实例变量设置为 nil。

```
[self setLocMan: nil];
```

现在该实现位置管理器并编写距离计算代码了。

2. 创建位置管理器实例

在文件 ViewController.m 的方法 viewDidLoad 中，实例化一个位置管理器，将视图控制器指定为委托，将属性 desiredAccuracy 和 distanceFilter 分别设置为 kCLLocationAccuracyThree-Kilometers 和 1609 米（1 英里）。使用方法 startUpdatingLocation 启动更新。具体实现代码如下所示。

```
- (void)viewDidLoad
{
    locMan = [[CLLocationManager alloc] init];
    locMan.delegate = self;
    locMan.desiredAccuracy = kCLLocationAccuracyThreeKilometers;
    locMan.distanceFilter = 1609; // a mile
    [locMan startUpdatingLocation];

    [super viewDidLoad];
   // Do any additional setup after loading the view, typically from a nib.
}
```

3. 实现位置管理器委托

在文件 ViewController.m 中，方法 locationManager:did FailWithError 的实现代码如下所示。

```
- (void)locationManager:(CLLocationManager *)manager
      didFailWithError:(NSError *)error {

    if (error.code == kCLErrorDenied) {
        // Turn off the location manager updates
        [self.locMan stopUpdatingLocation];
        [self setLocMan:nil];
    }
    self.waitView.hidden = YES;
    self.distanceView.hidden = NO;
}
```

在上述错误处理程序中，只考虑了位置管理器不能提供数据的情形。第 4 行检查错误编码，判断是否是用户禁止访问。如果是，则停止位置管理器（第 6 行）并将其设置为 nil（第 7 行）。第 9 行隐藏 waitView 视图，而第 10 行显示视图 distanceView（它包含默认文本距离有多远）。

方法 locationManager:didUp dateToLocation:fromLocation 能够计算离 Apple 总部有多远，这需要使用 CLLocation 的另一个功能。在此无需编写根据经度和纬度计算距离的代码，因为可以使用 distanceFromLocation 计算两个 CLLocation 之间的距离。在 locationManager:didUpdateLocation: fromLocation 的实现中，将创建一个表示 Apple 总部的 CLLocation 实例，并将其与从 Core Location 获得的 CLLocation 实例进行比较，以获得以米为单位表示的距离，然后将米转换为英里。如果距离超过 3 英里，则显示它，并使用 NSNumberFormatter 在超过 1000 英里的距离中添加逗号；如果小于 3 英里，则停止位置更新，并输出祝贺用户信息“欢迎成为我们的一员”。方法 locationManager:didUpdateLocation:fromLocation 的完整实现代码如下所示。

```
- (void)locationManager:(CLLocationManager *)manager
```

```
    didUpdateToLocation:(CLLocation *)newLocation
         fromLocation:(CLLocation *)oldLocation {

    if (newLocation.horizontalAccuracy >= 0) {
        CLLocation *Cupertino = [[CLLocation alloc]
                           initWithLatitude:kCupertinoLatitude
                           longitude:kCupertinoLongitude];
        CLLocationDistance delta = [Cupertino
                             distanceFromLocation:newLocation];
        long miles = (delta * 0.000621371) + 0.5; // meters to rounded miles
        if (miles < 3) {
            // Stop updating the location
            [self.locMan stopUpdatingLocation];
            // Congratulate the user
            self.distanceLabel.text = @"欢迎你\n 成为我们的一员!";
        } else {
            NSNumberFormatter *commaDelimited = [[NSNumberFormatter alloc]
                                          init];
            [commaDelimited setNumberStyle:NSNumberFormatterDecimalStyle];
            self.distanceLabel.text = [NSString stringWithFormat:
                                  @"%@ 英里\n 到 Apple",
                                  [commaDelimited stringFromNumber:
                                   [NSNumber numberWithLong:miles]]];
        }
        self.waitView.hidden = YES;
        self.distanceView.hidden = NO;
    }
}
```

15.4.5 生成应用程序

单击“Run”并查看结果。确定当前位置后，应用程序将显示离加州 Apple 总部有多远，执行效果如图 15-6 所示。

▲图 15-6 执行效果

我们可以在应用程序运行时设置模拟的位置。为此，启动应用程序，再选择菜单“View”→“Debug Area”→“Show Debug Area”(或在 Xcode 工具栏的 View 部分单击中间的按钮)。您将在调试区域顶部看到标准的 iOS“位置”图标，单击它并选择众多的预置位置之一。

另一种方法是，在 iOS 模拟器中选择菜单“Debug”→“Location”，这让您能够轻松地指定经度和纬度，以便进行测试。请注意，要让应用程序使用您的当前位置，必须设置位置；否则当单击“OK”按钮时，它将指出无法获取位置。如果您犯了这种错，可在 Xcode 中停止执行应用程序，将应用程序从 iOS 模拟器中卸载，然后再次运行它。这样它将再次提示您输入位置信息。

15.5 实战演练——在屏幕中实现一个定位系统

在本实例中，将通过一个定位系统的具体实现过程来详细讲解开发这类项目的基本知识。本实例的源码来源于网络中的开源项目，功能是定位当前移动设备的位置。

实例 15-2	在屏幕中实现一个定位系统
源码路径	光盘:\daima\15\WhereAmI

15.5.1　设计界面

本实例的目录结构如图 15-7 所示。

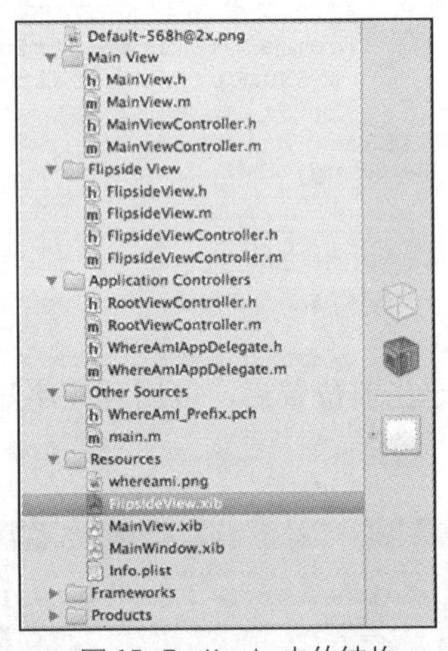

▲图 15-7　Xcode 中的结构

MainWindow.xib 是本项目的主窗口，默认的 Cocoa 程序都有这个窗口，启动主程序时会读取这个文件，根据这个文件配置的信息会启动对应的根控制器，其界面效果如图 15-8 所示。

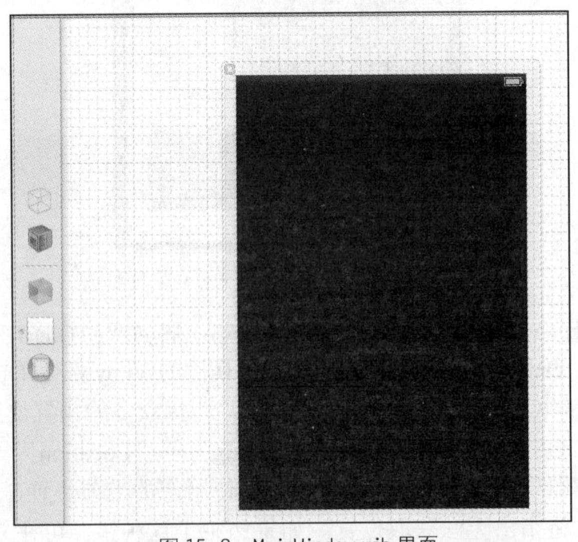

▲图 15-8　MainWindow.xib 界面

MainView.xib 是主视图的 nib 文件，是连接 MainViewController 和 MainView 的纽带。在此界面中，以表单的样式显示定位信息，如图 15-9 所示。

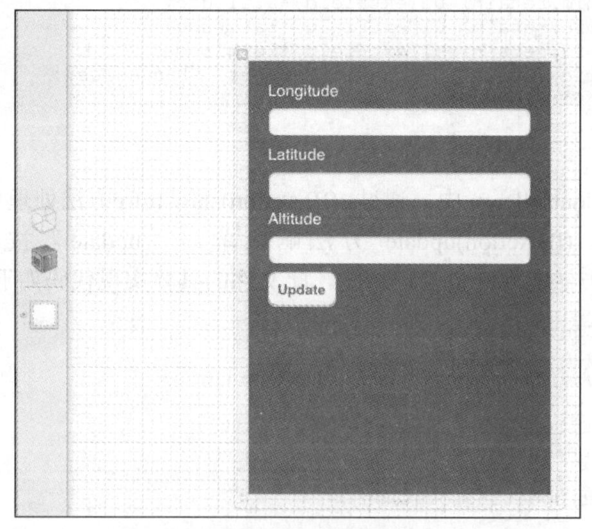

▲图 15-9 MainView.xib

FlipsideView.xib 是主视图的 nib 文件，是 FlipsideViewController 和 FlipsideView 的纽带。在此界面中，以文本的样式显示当前系统的描述性信息，如图 15-10 所示。

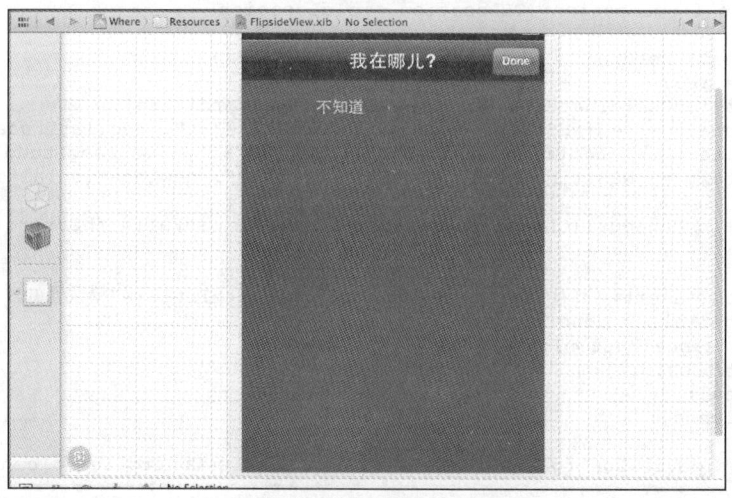

▲图 15-10 FlipsideView.xib

15.5.2 具体编码

在本实例中，文件 MainViewController.h 实现了主视图的关系映射，对应代码如下所示。

```
#import <UIKit/UIKit.h>
#import <CoreLocation/CoreLocation.h>
#import <CoreLocation/CLLocationManagerDelegate.h>
#import "FlipsideViewController.h"
@interface MainViewController : UIViewController <FlipsideViewControllerDelegate,
CLLocationManagerDelegate> {
  IBOutlet UITextField *altitude;
   IBOutlet UITextField *latitude;
   IBOutlet UITextField *longitude;
```

```
    CLLocationManager   *locmanager;
    BOOL                wasFound;
}
@property (nonatomic,retain) UITextField *altitude;
@property (nonatomic,retain) UITextField *latitude;
@property (nonatomic,retain) UITextField *longitude;
@property (nonatomic,retain) CLLocationManager  *locmanager;
- (IBAction)showInfo:(id)sender;
- (IBAction)update;
@end
```

在文件 MainViewController.m 中，通过- (IBAction)showInfo:方法处理单击ⓘ图标后显示另一个视图界面。通过- (IBAction)update 方法响应单击“update”按钮后的事件，通过-(void)locationManager 方法实现定位管理功能。此文件的具体实现代码如下所示。

```
#import "MainViewController.h"
@implementation MainViewController
@synthesize altitude,latitude,longitude,locmanager;
- (IBAction)update {
    locmanager = [[CLLocationManager alloc] init];
    [locmanager setDelegate:self];
    [locmanager setDesiredAccuracy:kCLLocationAccuracyBest];
    [locmanager startUpdatingLocation];
}
// Implement viewDidLoad to do additional setup after loading the view, typically from
a nib.
- (void)viewDidLoad {
    [self update];
}
- (void)locationManager:(CLLocationManager *)manager didUpdateToLocation:(CLLocation
*)newLocation fromLocation:(CLLocation *)oldLocation
{
    if (wasFound) return;
    wasFound = YES;
        CLLocationCoordinate2D loc = [newLocation coordinate];
          latitude.text = [NSString stringWithFormat: @"%f", loc.latitude];
    longitude.text  = [NSString stringWithFormat: @"%f", loc.longitude];
    altitude.text = [NSString stringWithFormat: @"%f", newLocation.altitude];
}
- (void)locationManager:(CLLocationManager *)manager didFailWithError:(NSError *)error
{

    UIAlertView *alert = [[UIAlertView alloc] initWithTitle:@"错误通知"
        message:[error description]
delegate:nil cancelButtonTitle:@"OK"
otherButtonTitles:nil];
    [alert show];
    [alert release];
}
- (void)flipsideViewControllerDidFinish:(FlipsideViewController *)controller {

    [self dismissModalViewControllerAnimated:YES];
}
- (IBAction)showInfo:(id)sender {

    FlipsideViewController    *controller    =    [[FlipsideViewController    alloc]
initWithNibName:@"FlipsideView" bundle:nil];
    controller.delegate = self;
    controller.modalTransitionStyle = UIModalTransitionStyleFlipHorizontal;
    [self presentModalViewController:controller animated:YES];
    [controller release];
}
- (void)didReceiveMemoryWarning {
    // Releases the view if it doesn't have a superview.
     [super didReceiveMemoryWarning];
}
- (void)viewDidUnload {
```

```
    [locmanager stopUpdatingLocation];
}
/*
// Override to allow orientations other than the default portrait orientation.
-
(BOOL)shouldAutorotateToInterfaceOrientation:(UIInterfaceOrientation)interfaceOrient
ation {
    // Return YES for supported orientations.
    return (interfaceOrientation == UIInterfaceOrientationPortrait);
}
*/
- (void)dealloc {
    [altitude release];
    [latitude release];
    [longitude release];
    [locmanager release];
     [super dealloc];
}
@end
```

在上述代码中，方法(void)flipsideViewControllerDidFinish:是在委托协议 FlipsideViewControllerDelegate 中定义的方法，作为 FlipsideViewControllerDelegate 协议的实现者，MainViewController 视图控制器必须实现这个方法，此方法的作用是调用[self dismissModalViewControllerAnimated:YES]语句关闭模态视图控制器。

在本实例中，FlipsideView 视图显示系统的说明信息。在前面的文件 MainViewController.m 中，通过调用 - (IBAction)showInfo:方法显示 FlipsideView 视图。其中，实现文件 FlipsideViewController.h 的代码如下所示。

```
#import <UIKit/UIKit.h>
@protocol FlipsideViewControllerDelegate;
@interface FlipsideViewController : UIViewController {
id <FlipsideViewControllerDelegate> delegate;
}
@property (nonatomic, assign) id <FlipsideViewControllerDelegate> delegate;
- (IBAction)done:(id)sender;
@end
@protocol FlipsideViewControllerDelegate
- (void)flipsideViewControllerDidFinish:(FlipsideViewController *)controller;
@end
```

在上述文件 FlipsideViewController.h 中，不但定义了 FlipsideViewController 类，而且还定义了委托协议 FlipsideViewControllerDelegate。

文件 FlipsideViewController.m 的实现代码如下所示。

```
#import "FlipsideViewController.h"
@implementation FlipsideViewController
@synthesize delegate;
- (void)viewDidLoad {
    [super viewDidLoad];
    self.view.backgroundColor = [UIColor viewFlipsideBackgroundColor];
}
- (IBAction)done:(id)sender {
   [self.delegate flipsideViewControllerDidFinish:self];
}
- (void)didReceiveMemoryWarning {
   // Releases the view if it doesn't have a superview.
    [super didReceiveMemoryWarning];
   // Release any cached data, images, etc that aren't in use.
}
- (void)viewDidUnload {
   // Release any retained subviews of the main view.
   // e.g. self.myOutlet = nil;
}
```

```
/*
// Override to allow orientations other than the default portrait orientation.
-
(BOOL)shouldAutorotateToInterfaceOrientation:(UIInterfaceOrientation)interfaceOrient
ation {
  // Return YES for supported orientations
  return (interfaceOrientation == UIInterfaceOrientationPortrait);
}
*/
- (void)dealloc {
   [super dealloc];
}
@end
```

在上述代码中，通过 - (void)viewDidLoad 方法实现初始化处理。当单击“Done”按钮时会调用 - (IBAction)done:方法，通过此方法关闭模态视图控制器。

到此为止，整个实例的主要功能就介绍完毕了。主视图的执行效果如图 15-11 所示，可以实现定位功能。

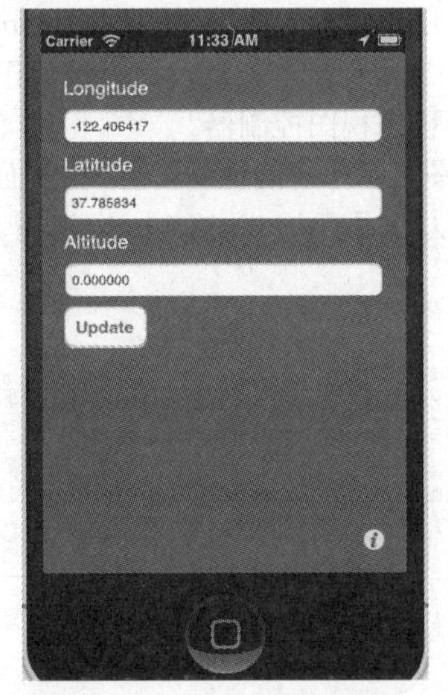

▲图 15-11　主视图的执行效果

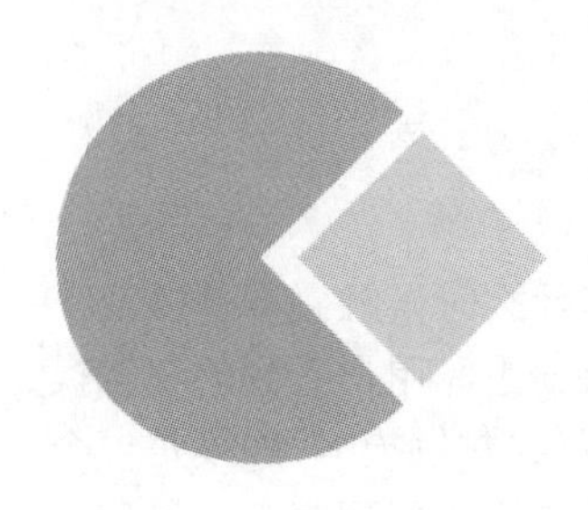

第 16 章　多点触摸和手势识别

iOS 系统在推出时，吸引用户的最大特点便是多点触摸功能，通过对屏幕的触摸实现了良好的用户体验。通过使用多点触摸屏技术，让用户能够使用大量的自然手势来完成原本只能通过菜单、按钮和文本来完成的操作。另外，iOS 系统还提供了高级手势识别功能，我们可以在应用程序中轻松实现它们。本章将详细讲解 iOS 多点触摸和手势识别的基本知识，为读者步入本书后面知识的学习打下基础。

16.1　多点触摸和手势识别基础

iPad 和 iPhone 无键盘的设计是为了给屏幕争取到更多的显示空间。用户不再是隔着键盘发出指令。触摸屏上的典型操作有：轻按（tap）某个图标来启动一个应用程序，向上或向下（也可以左右）拖移来滚动屏幕，将手指合拢或张开（pinch）来进行放大和缩小等。在邮件应用中，如果决定删除收件箱中的某个邮件，那么用户只需轻扫（swipe）要删除的邮件的标题，邮件应用程序会弹出一个删除按钮，然后轻击这个删除按钮，这样就删除了邮件。UIView 能够响应多种触摸操作。例如，UIScrollView 就能响应手指合拢或张开来进行放大和缩小。在程序代码上，我们可以监听某一个具体的触摸操作，并做出响应。

为了简化编程工作，对于我们在应用程序可能实现的所有常见手势，简单来说，需要创建一个 UIGestureRecognizer 类的对象，或者是它的子类的对象。Apple 创建了如下几种“手势识别器”类。

- 轻按（UITapGestureRecognizer）：用一个或多个手指在屏幕上轻按。
- 按住（UILongPressGestureRecognizer）：用一个或多个手指在屏幕上按住。
- 长时间按住（UILongPressGestureRecogrlizer）：用一个或多个手指在屏幕上按住指定时间。
- 张合（UIPinchGestureRecognizer）：张合手指以缩放对象。
- 旋转（UIRotationGestureRecognizer）：沿圆形滑动两个手指。
- 轻扫（UISwipeGestureRecognizer）：用一个或多个手指沿特定方向轻扫。
- 平移（UIPanGestureRecognizer）：触摸并拖曳。
- 摇动：摇动 iOS 设备。

在以前的 iOS 版本中，开发人员必须读取并识别低级触摸事件，以判断是否发生了张合，即屏幕上是否有两个触摸点，它们是否相互接近？在 iOS 4 和更晚的版本中，可指定要使用的识别器类型，并将其加入到视图（UIView）中，然后就能自动收到触发的多点触摸事件。您甚至可获悉手势的值，如张合手势的速度和缩放比例（scale）。下面来看看如何使用代码实现这些功能。

上述的每个类都能准确地检测到某一个动作。在创建了上述的对象之后，可以使用 add GestureRecognizer 方法把它传递给视图。当用户在这个视图上进行相应操作时，上述对象中的某一个方法就被调用。在本章，我们阐述如何编写代码来响应上述触摸操作。

16.2 触摸处理

触摸就是用户把手指放到屏幕上。系统和硬件一起工作，知道手指什么时候触碰屏幕以及在屏幕中的触碰位置。UIView 是 UIResponder 的子类，触摸发生在 UIView 上。用户看到的和触摸到的是视图（用户也许能看到图层，但图层不是一个 UIResponder，它不参与触摸）。触摸是一个 UITouch 对象，该对象被放在一个 UIEvent 中，然后系统将 UIEvent 发送到应用程序上。最后，应用程序将 UIEvent 传递给一个适当的 UIView。通常不需要关心 UIEvent 和 UITouch。大多数系统视图会处理这些低级别的触摸，并且通知高级别的代码。例如，当 UIButton 发送一个动作消息报告一个 Touch Up Inside 事件时，它已经汇总了一系列复杂的触摸动作（“用户将手指放到按钮上，也许还移来移去，最后手指抬起来了”）。UITableView 报告用户选择了一个表单元，当滚动 UIScrolView 时，它报告滚动事件。还有，有些界面视图只是自己响应触摸动作，而不通知代码。例如，当拖动 UIWebView 时，它仅滚动而已。

然而，知道怎样直接响应触摸是有用的，这样开发人员可以实现自己的可触摸视图，并且充分理解 Cocoa 的视图在做些什么。

16.2.1　触摸事件和视图

假设在一个屏幕上用户没有触摸。现在，用户用一个或更多手指接触屏幕。从这一刻开始到屏幕上没有手指触摸为止，所有触摸以及手指移动一起组成 Apple 所谓的多点触控序列。在一个多点触控序列期间，系统向您的应用程序报告每个手指的改变，从而应用程序知道用户在做什么。每个报告是一个 UIEvent。事实上，在一个多点触控序列上的报告是相同的 UIEvent 实例。每一次手指发生改变时，系统就发布这个报告。每一个 UIEvent 包含一个或更多个的 UITouch 对象，每个 UITouch 对象对应一个手指。一旦某个 UITouch 实例表示一个触摸屏幕的手指，那么，在一个多点触控序列上，这个 UITouch 实例就被一直用来表示该手指（直到该手指离开屏幕）。

在一个多点触控序列期间，系统只有在手指触摸形态改变时才需要报告。对于一个给定的 UITouch 对象（即一个具体的手指），只有 4 件事情会发生。它们被称为触摸阶段，它们通过一个 UITouch 实例的 phase（阶段）属性来描述。

- UITouchPhaseBegan：手指首次触摸屏幕，该 UITouch 实例刚刚被构造。这通常是第一阶段，并且只有一次。
- UITouchPhaseMoved：手指在屏幕上移动。
- UITouchPhaseStationary：手指停留在屏幕上不动。为什么要报告这个状态呢？一旦一个 UITouch 实例被创建，它必须在每一次 UIEvent 中出现。因此，如果由于其他某事发生（例如，另一个手指触摸屏幕）而发出 UIEvent，我们必须报告该手指在干什么，即使它没有做任何事情。
- UITouchPhaseEnded：手指离开屏幕。和 UITouchPhaseBegan 一样，该阶段只有一次。该 UITouch 实例将被销毁，并且不再出现在多点触控序列的 UIEvents 中。
- UITouchPhaseCancelled：系统已经摒弃了该多点触控序列，可能是由于某事打断了它。那么，什么事情可能打断一个多点触控序列？这有很多可能性。也许用户在当中单击了“Home”按钮或者屏幕锁按钮。在 iPhone 上，假如一个电话打进来了，如果您自己正在处理触摸操作，那么就不能忽略这个取消动作；当触摸序列被打断时，您可能需要完成一些操作。

当 UITouch 首次出现时（UITouchPhaseBegan），应用程序定位与此相关的 UIView。该视图被设置为触摸的 View（视图）属性值。从那一刻起，该 UITouch 一直与该视图关联。一个 UIEvent 就被分发到 UITouch 的所有视图上。

1. 接收触摸

作为一个 UIResponder 的 UIView，它继承与 4 个 UITouch 阶段对应的 4 种方法（各个阶段都需要 UIEvent）。通过调用这 4 种方法中的一个或多个，一个 UIEvent 被发送给一个视图。

- touchesBegan:withEvent：一个手指触摸屏幕，创建一个 UITouch。
- touchesMoved:withEvent：手指移动了。
- touchesEnded:withEvent：手指已经离开了屏幕。
- touchesCancelled:withEvent：取消一个触摸操作。

上述方法包括如下所示的参数。

- 相关的触摸：这些是事件的触摸，它们存放在一个 NSSet 中。如果知道这个集合中只有一个触摸，或者在集合中的任何一个触摸，那么，可以用 anyObject 来获得这个触摸。
- 事件：这是一个 UIEvent 实例，它把所有触摸放在一个 NSSet 中，可以通过 allTouches 消息来获得它们。这意味着所有的事件的触摸包括但并不局限于在第一个参数中的那些触摸。它们可能是在不同阶段的触摸，或者用于其他视图的触摸。可以调用 touchesForView:或 touchesForWindow:来获得一个指定视图或窗口所对应的触摸的集合。

UITouch 中还有如下所示的有用的方法和属性。

- locationInView:和 previousLocationInView：在一个给定视图的坐标系上，该触摸的当前或之前的位置。开发人员感兴趣的视图通常是 self 或者 self.superview，如果是 nil，则得到相对于窗口的位置。仅当是 UITouchPhaseMoved 阶段时，您才会感兴趣之前的位置。
- timestamp：最近触摸的时间。当它被创建（UITouchPhaseBegan）时，有一个创建时间；当每次移动（UITouchPhaseMoved）时，也有一个时间。
- tapCount：连续多个轻击的次数。如果在相同位置上连续两次轻击，那么，第二个被描述为第一个的重复，它们是不同的触摸对象，但第二个将被分配一个 tapCount，比前一个大 1，默认值为 1。因此，如果一个触摸的 tapCount 是 3，那么这是在相同位置上的第 3 次轻击（连续轻击 3 次）。
- View：与该触摸相关联的视图，包含一些 UIEvent 属性。
- Type：主要是 UIEventTypeTouches。
- Timestamp：事件发生的时间。

2. 多点触摸

实现 iOS 多点触摸的代码如下：

```
-(void)touchesBegan:(NSSet *)touches withEvent:(UIEvent *)event{
    NSUInteger numTouches = [touches count];
}
```

上述方法传递一个 NSSet 实例与一个 UIEvent 实例，可以通过获取 touches 参数中的对象来确定当前有多少根手指触摸，touches 中的每个对象都是一个 UITouch 事件，表示一个手指正在触摸屏幕。倘若该触摸是一系列轻击的一部分，则还可以通过询问任何 UITouch 对象来查询相关的属性。

同鼠标操作一样，iOS 也可以有单击、双击甚至更多类似的操作。有了这些，在这个大小有限的屏幕上，可以完成更多的功能。

3. iOS 的触摸事件处理

iPhone/iPad 无键盘的设计是为了给屏幕争取更多的显示空间，大屏幕在观看图片、文字、视频等方面为用户带来了更好的用户体验。而触摸屏幕是 iOS 设备接受用户输入的主要方式，包括单击、双击、拨动以及多点触摸等，这些操作都会产生触摸事件。

在 Cocoa 中，代表触摸对象的类是 UITouch。当用户触摸屏幕后，就会产生相应的事件。所有相关的 UITouch 对象都被包装在事件中，被程序交由特定的对象来处理。UITouch 对象直接包括触摸的详细信息。

在 UITouch 类中包含如下 5 个属性。

① window：触摸产生时所处的窗口。由于窗口可能发生变化，当前所在的窗口不一定是最开始的窗口。

② view：触摸产生时所处的视图。由于视图可能发生变化，当前视图也不一定是最初的视图。

③ tapCount：轻击（Tap）操作和鼠标的单击操作类似，tapCount 表示短时间内轻击屏幕的次数。因此可以根据 tapCount 判断单击、双击或更多的轻击。

④ timestamp：时间戳记录了触摸事件产生或变化时的时间，单位是秒。

⑤ phase：触摸事件在屏幕上有一个周期，即触摸开始、触摸点移动、触摸结束，还有中途取消。而通过 phase 可以查看当前触摸事件在一个周期中所处的状态。phase 是 UITouchPhase 类型的，是一个枚举配型，包含如下 5 种状态。

- UITouchPhaseBegan：触摸开始。
- UITouchPhaseMoved：接触点移动。
- UITouchPhaseStationary：接触点无移动。
- UITouchPhaseEnded：触摸结束。
- UITouchPhaseCancelled：触摸取消。

在 UITouch 类中包含如下所示的成员函数。

① - (CGPoint)locationInView:(UIView *)view：函数返回一个 CGPoint 类型的值，表示触摸在 View 这个视图上的位置，这里返回的位置是针对 View 的坐标系而言的。调用时传入的 View 参数为空的话，返回时触摸点在整个窗口的位置。

② - (CGPoint)previousLocationInView:(UIView *)view：该方法记录了前一个坐标值，函数返回的也是一个 CGPoint 类型的值，表示触摸在 View 这个视图上的位置，这里返回的位置是针对 View 的坐标系而言的。调用时传入的 View 参数为空的话，返回时触摸点在整个窗口的位置。

当手指接触到屏幕，不管是单点触摸还是多点触摸，事件都会开始，直到用户所有的手指都离开屏幕。期间所有的 UITouch 对象都被包含在 UIEvent 事件对象中，由程序分发给处理者。事件记录了这个周期中所有触摸对象状态的变化。

只要屏幕被触摸，系统就会报若干个触摸的信息封装到 UIEvent 对象中发送给程序，由管理程序 UIApplication 对象将事件分发。一般来说，事件将被发给主窗口，然后传给第一响应者对象（FirstResponder）处理。

关于响应者的概念，接下来通过以下几点进行详细说明。

（1）响应者对象（Response object）

响应者对象就是可以响应事件并对事件作出处理。在 iOS 中，存在 UIResponder 类，它定义了响应者对象的所有方法。UIApplication、UIView 等类都继承了 UIResponder 类，UIWindow 和 UIKit 中的控件因为继承了 UIView，所以也间接继承了 UIResponder 类，这些类的实例都可以当作响应者。

（2）第一响应者（First responder）

当前接受触摸的响应者对象被称为第一响应者，即表示当前该对象正在与用户交互，它是响应者链的开端。

（3）响应者链（Responder chain）

响应者链表示一系列的响应者对象。事件被交由第一响应者对象处理，如果第一响应者不处理，事件被沿着响应者链向上传递，交给下一个响应者（next responder）。一般来说，第一响应者是一个视图对象或者其子类对象，当其被触摸后事件被交由它处理，如果它不处理，事件就会被传递给它的视图控制器对象（如果存在），然后是它的父视图（superview）对象（如果存在），依此类推，直到顶层视图。接下来会沿着顶层视图（top view）到窗口（UIWindow 对象）再到程序（UIApplication 对象）。如果整个过程都没有响应这个事件，该事件就被丢弃。一般情况下，在响应者链中只要由对象处理事件，事件就停止传递。但有时候可以在视图的响应方法中根据一些条件判断来决定是否需要继续传递事件。

（4）管理事件分发

视图对触摸事件是否需要做出回应可以通过设置视图的 userInteractionEnabled 属性实现。该属性默认状态为 YES，如果设置为 NO，可以阻止视图接收和分发触摸事件。除此之外，当视图被隐藏（setHidden：YES）或者透明（alpha 值为 0）也不会接收事件。不过这个属性只对视图有效，如果想要整个程序都不响应事件，可以调用 UIApplication 的 beginIgnoringInteractionEvents 方法来完全停止事件接收和分发。通过 endIgnoringInteractionEvents 方法来恢复让程序接收和分发事件。

如果要让视图接收多点触摸，需要设置它的 multipleTouchEnabled 属性为 YES，默认状态下这个属性值为 NO，即视图默认不接收多点触摸。

在接下来的内容中将学习如何处理用户的触摸事件。首先触摸的对象是视图，而视图类 UIView 继承了 UIRespnder 类，但是要对事件做出处理，还需要重写 UIResponder 类中定义的事件处理函数。根据不同的触摸状态，程序会调用相应的处理函数，这主要包括如下几个函数。

① -(void)touchesBegan:(NSSet *)touches withEvent:(UIEvent *)event。

② -(void)touchesMoved:(NSSet *)touches withEvent:(UIEvent *)event。

③ -(void)touchesEnded:(NSSet *)touches withEvent:(UIEvent *)event。

④ -(void)touchesCancelled:(NSSet *)touches withEvent:(UIEvent *)event。

当手指接触屏幕时，就会调用 touchesBegan:withEvent 方法；当手指在屏幕上移动时，就会调用 touchesMoved:withEvent 方法；当手指离开屏幕时，就会调用 touchesEnded:withEvent 方法；当触摸被取消（比如触摸过程中被来电打断），就会调用 touchesCancelled:withEvent 方法。而这几个方法被调用时，正好对应了 UITouch 类中 phase 属性的 4 个枚举值。

对于上面的 4 个事件方法，在开发过程中并不要求全部实现，可以根据需要重写特定的方法。这 4 个方法都有两个相同的参数，即 NSSet 类型的 touches 和 UIEvent 类型的 event。其中，touches 表示触摸产生的所有 UITouch 对象，而 event 表示特定的事件。因为 UIEvent 包含了整个触摸过程中所有的触摸对象，因此可以调用 allTouches 方法获取该事件内所有的触摸对象，也可以调用 touchesForView：或者 touchesForWindows：取出特定视图或者窗口上的触摸对象。在这几个事件中，都可以拿到触摸对象，然后根据其位置、状态和时间属性做逻辑处理。

检测 tapCount 可以放在 touchesBegan 也可以放在 touchesEnded，不过一般后者更准确，因为 touchesEnded 可以保证所有的手指都已经离开屏幕，这样就不会把轻击动作和按下拖动等动作混淆。

轻击操作很容易引起歧义，比如当用户点了一次之后，系统并不知道用户是想单击还是只是双击的一部分，或者点了两次之后并不知道用户是想双击还是继续点击。为了解决这个问题，一般可以使用“延迟调用”函数。

4. 触摸和响应链

一个 UIView 是一个响应器，并且参与到响应链中。如果一个触摸被发送给 UIView（它是命中测试视图），并且该视图没有实现相关的触摸方法，那么，沿着响应链寻找那个实现了触摸方法的响应器（对象）。如果该对象被找到了，则触摸被发送给该对象。这里有一个问题，如果 touchesBegan:withEvent:在一个超视图上而不是子视图上实现，那么在子视图上的触摸将导致超视图的 touchesBegan:withEvent:被调用。它的第一个参数包含一个触摸，该触摸的 view 属性值是那个子视图。但是，大多数 UIView 触摸方法都假定第一个参数（触摸）的 view 属性值是 self，还有，如果 touchesBegan:withEvent:同时在超视图和子视图上实现，那么，在子视图上调用 super，则相同的参数传递给超视图的 touchesBegan:withEvent:，超视图的 touchesBegan:withEvent:的第一个参数包含一个触摸。

上述问题的解决方法如下。

- 如果整个响应链都是自己的 UIView 子类或 UIViewController 子类，那么在一个类中实现所有的触摸方法，并且不要调用 super。
- 如果创建了一个系统的 UIView 的子类，并且重载它的触摸处理，那么，不必重载每个触摸事件，但需要调用 super（触发系统的触摸处理）。
- 不要直接调用一个触摸方法（除了调用 super）。

16.2.2　实战演练——触摸屏幕中的按钮

在 iOS 应用中，最常见的触摸操作是通过 UIButton 按钮实现的，这也是最简单的一种方式。iOS 中包含如下所示的操作手势。

- 单击（Tap）：单击作为最常用手势，用于按下或选择一个控件或条目（类似于普通的鼠标单击）。
- 拖动（Drag）：拖动用于实现一些页面的滚动，以及对控件的移动功能。
- 滑动（Flick）：滑动用于实现页面的快速滚动和翻页的功能。
- 横扫（Swipe）：横扫手势用于激活列表项的快捷操作菜单。
- 双击（Double Tap）：双击放大并居中显示图片，或恢复原大小（如果当前已经放大）。同时，双击能够激活针对文字编辑菜单。
- 放大（Pinch open）：放大手势可以实现以下功能，打开订阅源，打开文章的详情。在查看照片的时候，通过放大手势也可实现放大图片的功能。
- 缩小（Pinch close）：缩小手势可以实现与放大手势相反且对应的功能，即关闭订阅源，退出到首页；关闭文章，退出至索引页。在查看照片的时候，缩小手势也可实现缩小图片的功能。
- 长按（Touch &Hold）：如果针对文字长按，将出现放大镜辅助功能。松开后，则出现编辑菜单。针对图片长按，将出现编辑菜单。
- 摇晃（Shake）：摇晃手势，将出现撤销与重做菜单，主要是针对用户文本输入的。

在本实例中，在屏幕中央设置了一个“触摸我”按钮，当触摸此按钮时会调用 buttonDidPush:(id)sender 方法，在屏幕中显示一个提示框效果。

实例 16-1	触摸屏幕中的按钮
源码路径	光盘:\daima\16\TouchSample\

实例文件 UIKitPrjButton.m 的具体实现代码如下所示。

```
#import "UIKitPrjButton.h"
@implementation UIKitPrjButton
- (void)viewDidLoad {
  [super viewDidLoad];
  self.title = @"UIButton";
  self.view.backgroundColor = [UIColor whiteColor];
  // 创建按钮
  UIButton* button = [UIButton buttonWithType:UIButtonTypeRoundedRect];
  // 设置按钮标题
  [button setTitle:@"触摸我!" forState:UIControlStateNormal];
  // 根据标题长度自动决定按钮尺寸
  [button sizeToFit];
  // 将按钮布置在中心位置
  button.center = self.view.center;
  // 画面变化时按钮位置自动调整
  button.autoresizingMask = UIViewAutoresizingFlexibleWidth |
                         UIViewAutoresizingFlexibleHeight |
                         UIViewAutoresizingFlexibleLeftMargin |
                         UIViewAutoresizingFlexibleRightMargin |
                         UIViewAutoresizingFlexibleTopMargin |
                         UIViewAutoresizingFlexibleBottomMargin;

  // 设置按钮被触摸时响应方法
  [button addTarget:self
         action:@selector(buttonDidPush:)
   forControlEvents:UIControlEventTouchUpInside];
  // 将按钮追加到画面 view 中
  [self.view addSubview:button];
}
// 按钮被触碰时调用的方法
- (void)buttonDidPush:(id)sender {
  if ( [sender isKindOfClass:[UIButton class]] ) {
    UIButton* button = sender;
    UIAlertView* alert = [[[UIAlertView alloc] initWithTitle:nil
                                             message:button.currentTitle
                                            delegate:nil
                                   cancelButtonTitle:nil
                                   otherButtonTitles:@"OK", nil] autorelease];
    [alert show];
  }
}
@end
```

执行后首先显示一个“触摸我!”按钮，触摸此按钮后会弹出一个对话框，如图 16-1 所示。

▲图 16-1　执行效果

16.2.3　实战演练——同时滑动屏幕中的两个滑块

在 iOS 应用中，除了 UIButton 按钮以外，最常见的触摸操作是通过 UISlider 滑块控件实现的。在本实例中预先设置了两个滑块，当使用触摸方式滑动一个滑块时，另一个滑块会以同样的进度进行同步滑动。在实例文件 UIKitPrjSlider.m 中定义了两个滑块的最小值和最大值，并且指定了滑块变化时调用方法 sliderDidChange，通过此方法设置两个滑块的值保持同步。

实例 16-2	同时滑动两个滑块
源码路径	光盘:\daima\16\TouchSample\

文件 UIKitPrjSlider.m 的具体实现代码如下所示。

```
#import "UIKitPrjSlider.h"
@implementation UIKitPrjSlider
// 对象释放方法
- (void)dealloc {
  [sliderCopy_ release];
  [super dealloc];
}
- (void)viewDidLoad {
  [super viewDidLoad];
  self.title = @"UISlider 滑块";
  self.view.backgroundColor = [UIColor whiteColor];
  // 创建滑块控件
  UISlider* slider = [[[UISlider alloc] init] autorelease];
  slider.frame = CGRectMake( 0, 0, 200, 50 );
  slider.minimumValue = 0.0; //< 设置滑块最小值
  slider.maximumValue = 1.0; //< 设置滑块最大值
  slider.center = self.view.center;
  // 指定滑块变化时被调用的方法
  [slider addTarget:self
          action:@selector(sliderDidChange:)
   forControlEvents:UIControlEventValueChanged];
  // 拷贝滑块
  sliderCopy_ = [[UISlider alloc] init];
  sliderCopy_.frame = slider.frame;
  sliderCopy_.minimumValue = slider.minimumValue;
  sliderCopy_.maximumValue = slider.maximumValue;
  CGPoint point = slider.center;
  point.y += 50;
  sliderCopy_.center = point;
  // 在画面中追加两个滑块
  [self.view addSubview:slider];
  [self.view addSubview:sliderCopy_];
}
// 滑块变化时调用
- (void)sliderDidChange:(id)sender {
  if ( [sender isKindOfClass:[UISlider class]] ) {
    UISlider* slider = sender;
    // 将 sliderCopy_的值保持与 slider 相同
    sliderCopy_.value = slider.value;
  }
}
@end
```

执行后的效果如图 16-2 所示。

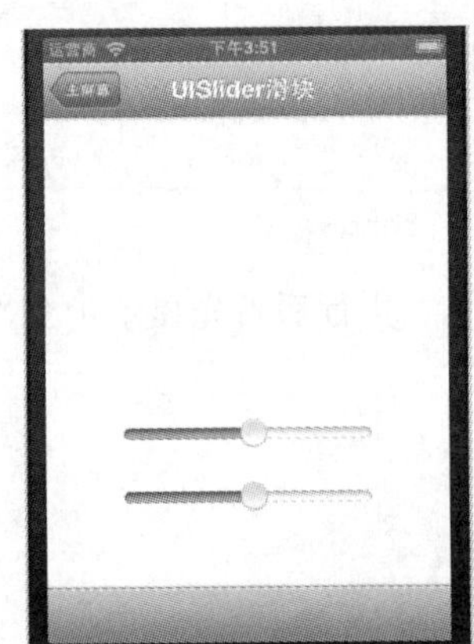

▲图 16-2　执行效果

16.3 手势处理

不管是单击、双击、轻扫或者使用更复杂的操作，用户都在操作触摸屏。iPad/iPhone 屏幕还可以同时检测出多个触摸，并跟踪这些触摸，例如通过两个手指的捏合控制图片的放大和缩小。所有这些功能都拉近了用户与界面的距离，这也使我们之前的习惯随之改变。

16.3.1 手势处理基础

手势（gesture）是指从用一个或多个手指开始触摸屏幕，直到手指离开屏幕为止所发生的全部事件。无论触摸多长时间，只要仍在屏幕上，用户就仍然处于某个手势中。触摸（touch）是指手指放到屏幕上。手势中的触摸数量等于同时位于屏幕上的手指数量（一般情况下，2～3 个手指就够用）。轻击是指用一个手指触摸屏幕，然后立即离开屏幕（不是来回移动）。系统跟踪轻击的数量，从而获得用户轻击的次数。在调整图片大小时，我们可以进行放大或缩小（将手指合拢或张开来进行放大和缩小）。

在 Cocoa 中，代表触摸对象的类是 UITouch。当用户触摸屏幕时，产生相应的事件。我们在处理触摸事件时，还需要关注触摸产生时所在的窗口和视图。UITouch 类中包含有 LocationInView、previousLocationInView 等方法。

- LocationInView：返回一个 CGPoint 类型的值，表示触摸（手指）在视图上的位置。
- previousLocationInView：和上面方法一样，但除了当前坐标，还能记录前一个坐标值。
- CGRect：一个结构，它包含了一个矩形的位置（CGPoint）和尺寸（CGSize）。
- CGPoint：一个结构，它包含了一个点的二维坐标（CGFloatX，CGFloatY）。
- CGSize：包含长和宽（width、height）。
- CGFloat：所有浮点值的基本类型。

1. 手势识别器类

一个手势识别器是 UIGestureRecognizer 的子类。UIView 针对手势识别器有 addGesture Recognizer 与 removeGestureRecognizer 两种方法和一个 gestureRecognizers 属性。

UIGestureRecognizer 不是一个响应器（UIResponder），因此它不参与响应链。当一个新触摸发送给一个视图时，它同样被发送到视图的手势识别器和超视图的手势识别器，直到视图层次结构中的根视图。UITouch 的 gestureRecognizers 列出了当前负责处理该触摸的手势识别器。UIEvent 的 touchesForGestureRecognizer 列出了当前被特定的手势识别器处理的所有触摸。当触摸事件发生了，其中一个手势识别器确认了这是它自己的手势时，它发出一条（例如：用户轻击视图）或多条消息（例如：用户拖动视图），这里的区别是一个离散的还是连续的手势。手势识别器发送哪些消息，对哪些对象发送，是通过手势识别器上的一个“目标—操作”调度表来设置的。一个手势识别器在这一点上非常类似于一个 UIControl（不同的是一个控制可能报告几种不同的控制事件，然而每个手势识别器只报告一种手势类型，不同手势由不同的手势识别器报告）。

UIGestureRecognizer 是一个抽象类，定义了所有手势的基本行为，它有如下 6 个子类来处理具体的手势。

① UITapGestureRecognizer：任意手指任意次数的单击。

- numberOfTapsRequired：单击次数。
- numberOfTouchesRequired：手指个数。

② UIPinchGestureRecognizer：两个手指捏合动作。

- scale：手指捏合，大于 1 表示两个手指之间的距离变大，小于 1 表示两个手指之间的距离变小。
- velocity：手指捏合动作时的速率（加速度）。

③ UIPanGestureRecognizer：摇动或者拖曳。

- minimumNumberOfTouches：最少手指个数。
- maximumNumberOfTouches：最多手指个数。

④ UISwipeGestureRecognizer：手指在屏幕上滑动操作手势。

- numberOfTouchesRequired：滑动手指的个数。
- direction：手指滑动的方向，取值有 Up、Down、Left 和 Right。

⑤ UIRotationGestureRecognizer：手指在屏幕上旋转操作。

- rotation：旋转方向，小于 0 为逆时针旋转手势，大于 0 为顺时针手势。
- velocity：旋转速率。

⑥ UILongPressGestureRecognizer：长按手势。

- numberOfTapsRequired：需要长按时的点击次数。
- numberOfTouchesRequired：需要长按的手指的个数。
- minimumPressDuration：需要长按的时间，最小为 0.5 秒。
- allowableMovement：手指按住允许移动的距离。

2. 多手势识别器

当多手势识别器参与时，如果一个视图被触摸，那么，不仅仅是它自身的手势识别器参与进来，同时，任何在视图层次结构中的更高位置的视图的手势识别器也将参与进来。一般倾向于把一个视图想象成被一群手势识别器围绕，比如它自带的以及它的超视图的手势识别器等。在现实中，一个触摸的确有一群手势识别器。这就是为什么 UITouch 有一个 gestureRecognizers 属性，该属性名为复数形式。

一旦一个手势识别器成功识别它的手势，任何其他的关联该触摸的手势识别器被强制设置为 Failed 状态。识别这个手势的第一个手势识别器从那时起便拥有了手势和那些触摸，系统通过这个方式来消除冲突。例如，我们可以同时给单击增加 UITapGestureRecognizer 以及给一个视图增加 UIPanGestureRecognizer。如果我们也将 UITapGestureRecognizer 添加给一个双击手势，会发现双击不能阻止单击发生。所以对双击来说，单击动作和双击动作都被调用，这不是我们所希望的，我们没必要使用前面所讲的延时操作。可以构建一个手势识别器与另一个手势识别器的依赖关系，告诉第一个手势识别器暂停判断，直到第二个已经确定这是否是它的手势。这通过向第一个手势识别器发送 requireGestureRecognizerToFail:消息来实现。该消息不是“强迫该识别器识别失败”，它表示“在第二个识别器失败之前你不能成功”。

3. 给手势识别器添加子类

为了创建一个手势识别器的子类，需要做如下所示的两个工作。

① 在实现文件的开始，导入 UIKit UIGestureRecognizerSubclass.h>。该文件包含一个 UI GestureRecognizer 的 category，从而能够设置手势识别器的状态。这个文件还包含可能需要重载的方法的声明。

② 重载触摸方法（就好像手势识别器是一个 UIResponder）。调用 super 来执行父类的方法，从而对手势识别器设置它的状态。

例如给 UIPanGestureRecognizer 创建一个子类，从而水平或垂直移动一个视图。我们创建两个 UIPanGestureRecognizer 的子类，一个只允许水平移动，并且另一个只允许垂直移动，它们是互斥的。下面我们只列出水平方向拖动的手势识别器的代码（垂直识别器的代码类似）。我们只维护一个实例变量，该实例变量用来记录用户的初始移动是否是水平的。我们可以重载 touches Began:withEvent:来设置实例变量为第一个触摸的位置，然后重载 touchesMoved:withEvent:方法。

4. 手势识别器委托

一个手势识别器可以有一个委托，该委托可以执行如下两种任务。

（1）阻止一个手势识别器的操作

在手势识别器发出 Possible 状态之前，gestureRecognizerShouldBegin 被发送给委托；返回 NO

来强制手势识别器转变为Failed状态。在一个触摸被发送给手势识别器的touchesBegan:.方法之前，gestureRecognizer:shouldReceiveTouch被发送给委托；返回NO来阻止该触摸被发送给手势识别器。

（2）调解同时手势识别

当一个手势识别器正要宣告它识别出了它的手势时，如果该宣告将强制另一个手势识别器失败，那么，系统发送 gestureRecognizer:shouldRecognizeSimultaneouslyWithGestureRecognizer:给手势识别器的委托，并且也发送给被强制设为失败的手势识别器的委托。返回YES就可以阻止失败，从而允许两个手势识别器同时操作。例如，一个视图能够同时响应两个手指的按压以及两个手指拖动，一个是放大或者缩小，另一个是改变视图的中心（从而拖动视图）。

5. 手势识别器和视图

当一个触摸首次出现并且被发送给手势识别器时，它同样被发送给它的命中测试视图，触摸方法同时被调用。如果一个视图的所有手势识别器不能识别出它们的手势，那么，视图的触摸处理就继续。然而，如果手势识别器识别出它的手势，视图就接到 touchesCancelled:withEvent:消息，视图也不再接收后续的触摸。如果一个手势识别器不处理一个触摸（如使用 ignoreTouch:forEvent:方法），那么，当手势识别器识别出了它的手势后，touchesCancelled:withEvent:也不会发送给它的视图。

在默认情况下，手势识别器推迟发送一个触摸给视图。UIGestureRecognizer 的 delaysTouches Ended 属性的默认值为 YES，这就意味着：当一个触摸到达 UITouchPhaseEnded，并且该手势识别器的 touchesEnded:withEvent:被调用，如果触摸的状态还是 Possible（即手势识别器允许触摸发送给视图），那么，手势识别器不立即发送触摸给视图，而是等到它识别了手势之后。如果它识别了该手势，视图就接到 touchesCancelled:withEvent:；如果它不能识别，则调用视图的 touchesEnded: withEvent:方法。我们来看一个双击的例子。当第一个轻击结束后，手势识别器无法声明失败或成功，因此它必须推迟发送该触摸给视图（手势识别器获得更高优先权来处理触摸）。如果有第二个轻击，手势识别器应该成功识别双击手势并且发送 touchesCancelled:withEvent:给视图（如果视图已经被发送 touchesEnded:withEvent:消息，则系统就不能发送 touchesCancelled:withEvent:给视图）。

当触摸延迟了一会然后被交付给视图时，交付的是原始事件和初始时间戳。由于延时，这个时间戳也许和现在的时间不同了。苹果建议我们使用初始时间戳，而不是当前时钟的时间。

6. 识别

如果多个手势识别器来识别(Recognition)一个触摸，那么，谁获得这个触摸呢？这里有一个挑选的算法。一个处在视图层次结构中的偏底层的手势识别器（更靠近命中测试视图）比较高层的手势识别器先获得，并且一个新加到视图上的手势识别器比老的手势识别器更优先。

我们也可以修改上面的挑选算法。通过手势识别器的 requireGestureRecognizerToFail:方法，我们指定：只有当其他手势识别器失败了，该手势识别器才被允许识别触摸。另外，让 gesture RecognizerShouldBegin:委托方法返回NO，从而将成功识别变为失败识别。

还有一些其他途径，例如允许同时识别（一个手势识别器成功了，但有些手势识别器并没有被强制变为失败），canPreventGestureRecognizer:或 canBePreventedByGestureRecognizer:方法就可以实现类似功能。委托方法 gestureRecognizer:shouldRecognizeSimultaneouslyWithGesture Recognizer:返回YES来允许手势识别器在不强迫其他识别器失败的情况下还能成功。

7. 添加手势识别器

要想在视图中添加手势识别器，可以采用如下两种方式之一。

- 使用代码。
- 使用 Interface Builder 编辑器，以可视化方式添加。

虽然使用编辑器添加手势识别器更容易，但仍需了解幕后发生的情况。可以设置在检测到手势后的具体动作，例如可以对手势做出简单的响应，使用提供给方法的参数获取有关手势发生位置的详细信息等。在大多数情况下，这些设置工作几乎都可以在 Xcode Interface Builder 中完成。从 Xcode 4.2 起，可以通过单击的方式来添加并配置手势识别器，图 16-3 中列出了和触摸有关的控件。

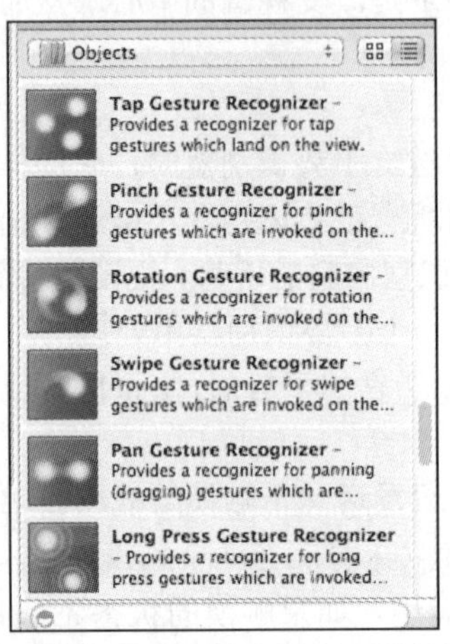

▲图 16-3　可以使用 Interface Builder 添加手势识别器

8. 使用复杂的触摸和手势 UIXXGestureRecognizer

在 Apple 中有各种手势识别器的 Class，下面将使用几个手势识别器，实现轻按、轻扫、张合、旋转（摇动暂不涉及）。每个手势都将有一个标签的反馈，包括 3 个 UIView，分别响应轻按、轻扫、张合，一个 UIImageView 响应张合。

16.3.2　实战演练——实现一个手势识别器

在本节的演示实例中，将实现 5 种手势识别器（轻按、轻扫、张合、旋转和摇动）以及这些手势的反馈。每种手势都会更新标签，指出有关该手势的信息，在张合、旋转和摇动的基础上更进一步。当用户执行这些手势时，将缩放、旋转或重置一个图像视图。为了给手势输入提供空间，这个应用程序显示的屏幕中包含 4 个嵌套的视图（UIView），在故事板场景中，直接给每个嵌套视图指定了一个手势识别器。当您在视图中执行操作时，将调用视图控制器中相应的方法，在标签中显示有关手势的信息。另外，根据执行的手势，还可能更新屏幕上的一个图像视图（UIImage View）。

实例 16-3	实现一个手势识别器
源码路径	光盘:\daima\16\shoushi

1. 创建项目

启动 Xcode，使用模板 Single View Application 新建一个名为“shoushi”的应用程序，如图 16-4 所示。

本项目需要很多输出口和操作，并且还需要通过 Interface Builder 直接在对象之间建立连接。

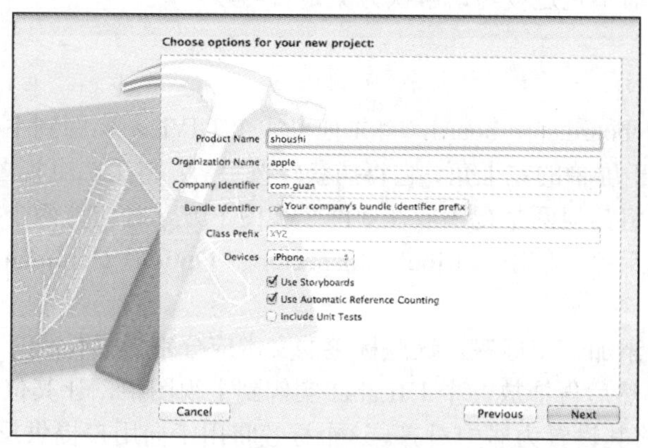

▲图 16-4　新建工程

（1）添加图像资源

这个应用程序的界面包含一幅可旋转或可缩放的图像，这旨在根据用户的手势提供视觉反馈。在本章的项目文件夹中，子文件夹 Images 包含一幅名为“flower.png”的图像。将文件夹 Images 拖放到项目的代码编组中，并选择必要时复制资源并创建编组。

（2）规划变量和连接

对于我们要检测的每个触摸手势，都需要提供让其能够得以发生的视图。通常，这可使用主视图，但出于演示目的，我们将在主视图中添加 4 个 UIView，每个 UIView 都与一个手势识别器相关联。令人惊讶的是，这些 UIView 都不需要输出口，因为我们将在 Interface Builder 编辑器中直接将它们连接到手势识别器。

但是我们需要两个输出口/属性 outputLabel 和 imageView，它们分别连接到一个 UILabel 和一个 UIImageView。其中，标签用于向用户提供文本反馈，而图像视图在用户执行张合和旋转手势时提供视觉反馈。

在这 4 个视图中检测到手势时，应用程序需要调用一个操作方法，以便与标签和图像交互。我们把手势识别器 UI 连接到方法 foundTap、foundSwipe、foundPinch、foundRotation。

（3）添加表示默认图像大小的常量

当手势识别器对 UI 中的图像视图调整大小或旋转时，我们希望能够恢复到默认大小和位置。为此，我们需要在代码中记录默认大小和位置。可以选择将 VIImageView 的大小和位置存储在 4 个常量中，而这些常量的值是这样确定的：将图像视图放到所需的位置，然后从 Interface Builder Size Inspector 读取其框架值。

对于 iPhone 版本，可以在文件 ViewController.m 的代码行#import 后面输入如下代码：

```
#define kOriginWidth 125.0
#define kOriginHeight 115.0
#define kOriginX 100.0
#define kOriginY 330.0
```

如果创建的是 iPad 应用程序，应该按照下面的代码定义这些常量：

```
#define kOriginWidth 265.0
#define kOriginHeight 250.0
#define kOriginX 250.0
#define kOriginY 750.0
```

使用这些常量可以快速记录 UIImageView 的位置和大小，但这并非唯一的解决方案。其可以在应用程序启动时读取并存储图像视图的 frame 属性，并在以后恢复它们。然而我们的目的是帮助我们理解工作原理，而不是过度考虑解决方案是否巧妙。

2. 设计界面

打开文件 MainStoryboard.storyboard，首先拖曳 4 个 UIView 实例到主视图中。将第一个视图调整为小型矩形，并位于屏幕的左上角，它将捕获轻按手势；将第二个视图放在第一个视图右边，它用于检测轻扫手势；将其他两个视图放在前两个视图下方，且与这两个视图等宽，它们分别用于检测张合手势和旋转手势。使用 Attributes Inspector（“Option+ Command+4”）将每个视图的背景设置为不同的颜色。

然后在每个视图中添加一个标签，这些标签的文本应分别为“Tap 我”、“Swipe 我!”、“Pinch 我!”和“Rotate 我!”。然后再拖放一个 UILabel 实例到主视图中，让其位于屏幕顶端并居中；使用 Attributes Inspector 将其设置为居中对齐。这个标签将用于向用户提供反馈，请将其默认文本设置为“动起来”。最后，在屏幕底部中央添加一个 UIImageView。使用 Attributes Inspector（“Option+ Command+4”）和 Size Inspector （“Option+Command+5”）将图像设置为 flower.png，并按如下方式设置其大小和位置，X 为 100.0，Y 为 330.0，W 为 125.0，H 为 115.0（对于 iPhone 应用程序）；或 X 为 250.0，Y 为 750.0，W 为 265.0，H 为 250.0（对于 iPad 应用程序），如图 16-5 所示。这些值与前面定义的常量值一致。

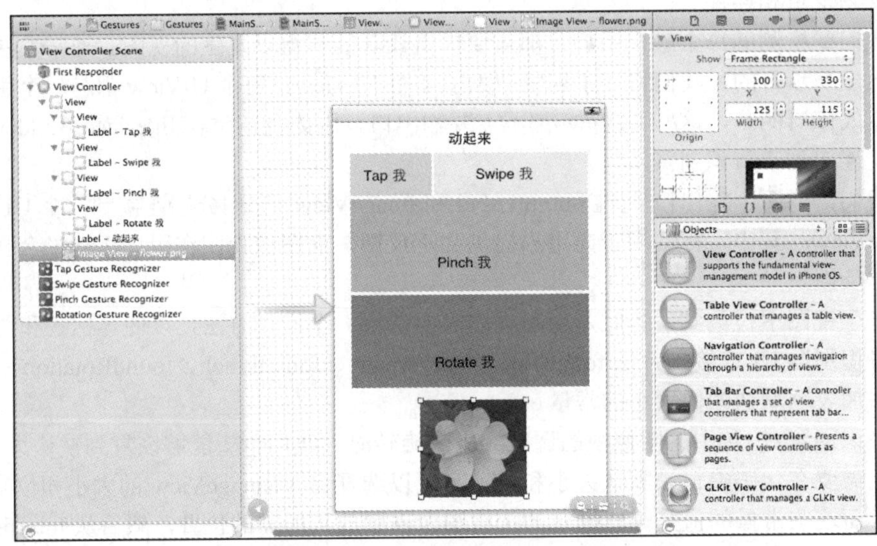

▲图 16-5　UIImageView 的大小和位置设置

3. 给视图添加手势识别器

（1）轻按手势识别器

首先在项目中添加一个 UITapGestureRecognizer 实例，在对象库中找到轻按手势识别器，将其拖放到包含标签“Tap 我!”的 UIView 实例中，如图 16-6 所示。识别器将作为一个对象出现在文档大纲底部，而无论将其放在哪里。

通过轻按的方式将手势识别器拖放到视图中，这样就创建了一个手势识别器对象，并将其关联到了该视图。接下来需要配置该识别器，让其知道要检测哪种手势。轻按手势识别器有如下两个属性。

- Taps：需要轻按对象多少次才能识别出轻按手势。
- Touches：需要有多少个手指在屏幕上才能识别出轻按手势。

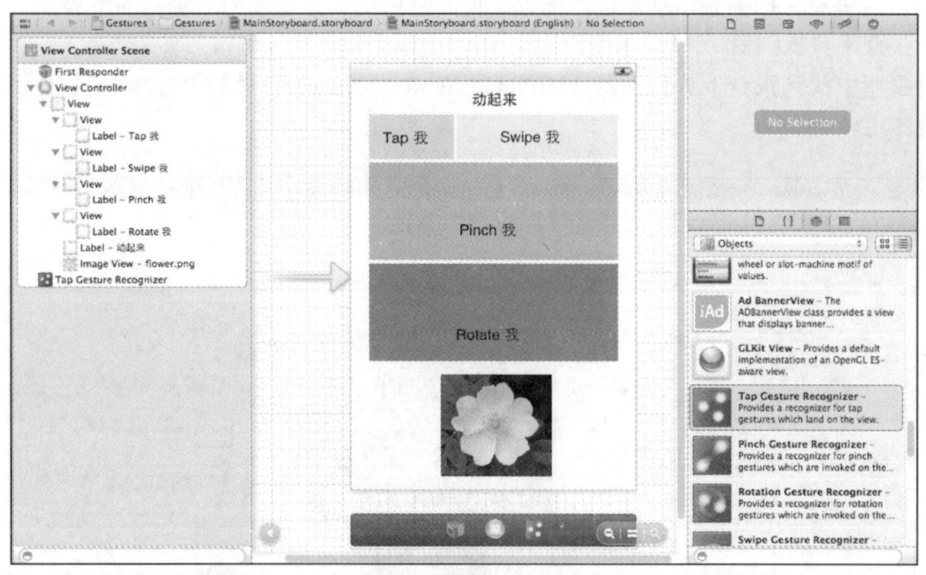

▲图 16-6　将识别器拖放到将使用它的视图上

在本实例中，将轻按手势定义为用一个手指轻按屏幕一次，因此指定一次轻按和一个触点。选择轻按手势识别器，再打开 Attributes Inspector（“Option+ Command+4”），如图 16-7 所示。

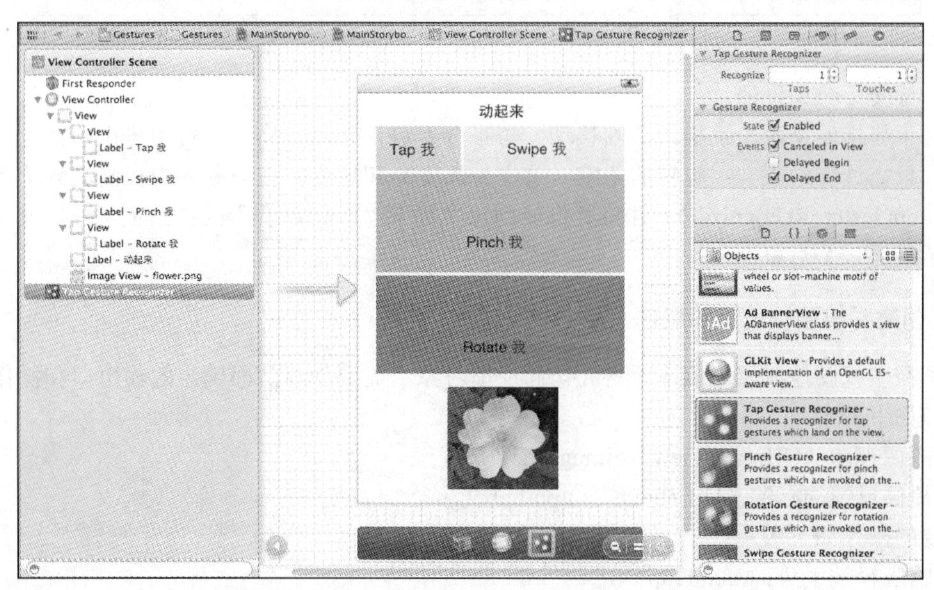

▲图 16-7　使用 Attributes Inspector 配置手势识别器

将文本框“Taps”和“Touches”都设置为 1，这样就在项目中添加了第一个手势识别器，并对其进行了配置。

（2）轻扫手势识别器

实现轻扫手势识别器的方式几乎与轻按手势识别器完全相同。但是不是指定轻按次数，而是指定轻扫的方向（上、下、左、右），还需指定多少个手指触摸屏幕（触点数）时才能视为轻扫手势。同样，在对象库中找到轻扫手势识别器（UISwipeGestureRecognizer），并将其拖放到包含标签“Swipe 我”的视图上。接下来，选择该识别器，并打开 Attributes Inspector 以便配置它，如图

16-8 所示。这里对轻扫手势识别器进行配置，使其监控用一个手指向右轻扫的手势。

（3）张合手势识别器

在对象库中找到张合手势识别器（UIPinGestureRecognizer），并将其拖放到包含标签“Pinch 我”的视图上。

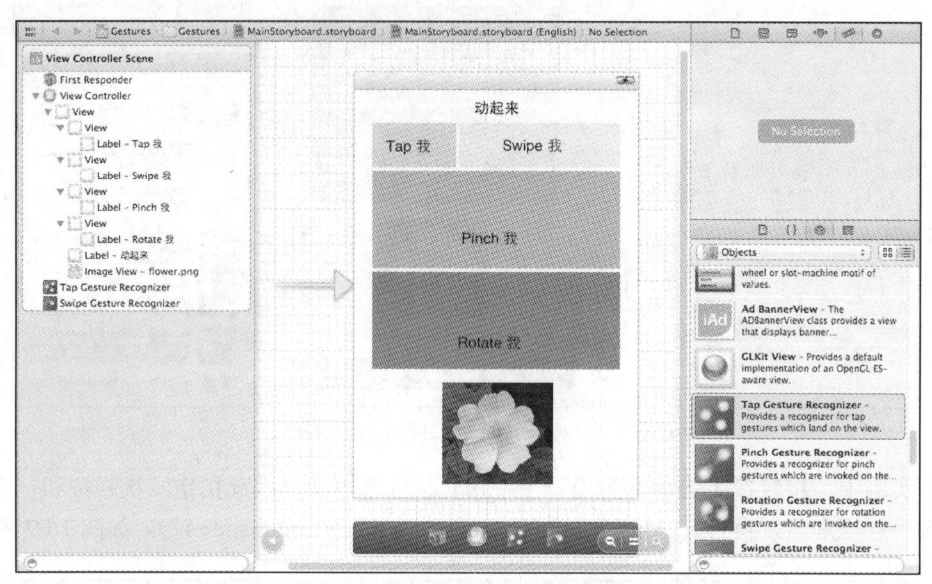

▲图 16-8　配置轻扫方向和触点数

（4）旋转手势识别器

旋转手势指的是两个手指沿圆圈移动。与张合手势识别器一样，旋转手势识别器也无需做任何配置，只需诠释结果——旋转的角度（单位为弧度）和速度。在对象库中找到旋转手势识别器（UIRotationGestureRecognizer），并将其拖放到包含标签“Rotate 我”的视图上。这样就在故事板中添加了最后一个对象。

4. 创建并连接输出口和操作

为了在主视图控制器中响应手势并访问反馈对象，需要创建前面确定的输出口和操作。需要的输出口如下所示。

- 图像视图（UIImageView）：imageView。
- 提供反馈的标签（UILabel）：outputLabel。

需要的操作如下所示。

- 响应轻按手势：foundTap。
- 响应轻扫手势：foundSwipe。
- 响应张合手势：foundPinch。
- 响应旋转手势：foundRotation。

为了建立连接准备好工作区，打开文件 MainStoryboard.storyboard 并切换到助手编辑器模式。由于将从场景中的手势识别器开始拖曳，请确保文档大纲可见（“Editor”→“Show Document Outline”），或者能够在视图下方的对象栏中区分不同的识别器。

（1）添加输出口

按住“Control”键，并从标签“Do Something!”拖曳到文件 ViewController.h 中代码行@interface

下方。在Xcode提示时，新建一个名为“outputLabel”的输出口，如图16-9所示。对图像视图重复上述操作，并将输出口命名为“imageView”。

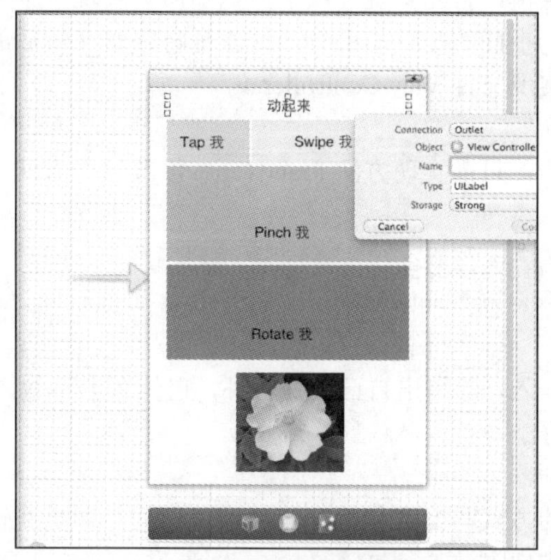

▲图16-9　将标签和图像视图连接到输出口

（2）添加操作

在此只需按住“Control”键，并从文档大纲中的手势识别器拖曳到文件ViewController.h，并拖曳到前面定义的属性下方。在Xcode提示时，将连接类型指定为操作，并将名称指定为“found Tap”，如图16-10所示。

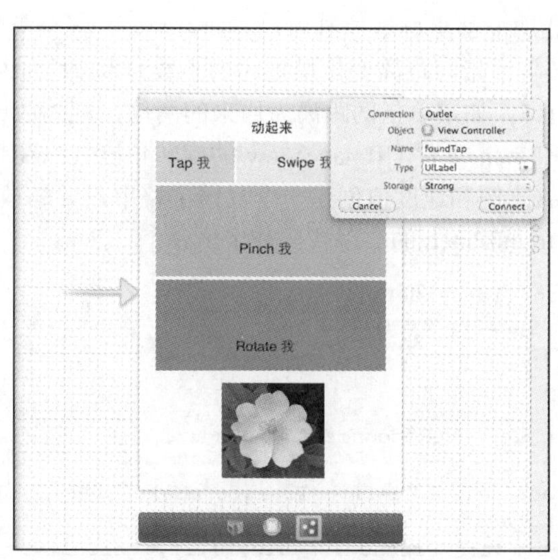

▲图16-10　将手势识别器连接到操作

对于其他每个手势识别器重复上述操作，将轻扫手势识别器连接到foundSwipe，将张合手势识别器连接到foundPinch，将旋转手势识别器连接到foundRotation。为了检查我们建立的连接，选择识别器之一（这里选择轻按手势识别器），并查看Connections Inspector（“Option+ Command+ 6”），将看到Sent Actions部分指定了操作，而Referencing Outlet Collection部分引用了使用识别器的视图。

5. 实现应用程序逻辑

下面实现手势识别器逻辑，首先实现轻按手势识别器。实现一个识别器后将发现其他识别器的实现方式极其类似，唯一不同的是摇动手势，这就是将它留在最后的原因。切换到标准编辑器模式，并打开视图控制器实现文件 ViewController.m。

（1）响应轻按手势识别器

要响应轻按手势识别器，只需实现方法 foundTap。修改这个方法的存根，使其实现代码如下所示。

```
- (IBAction)foundTap:(id)sender {
    self.outputLabel.text=@"Tapped";
}
```

这个方法不需要处理输入，除指出自己被执行外，它什么也不做。将标签 outPutLabel 的属性 text 设置为 Tapped 就足够了。

（2）响应轻扫手势识别器

响应轻扫手势识别器的方式与响应轻按手势识别器相同，即更新输出标签，指出检测到了轻扫手势。为此按如下代码实现方法 foundSwipe。

```
- (IBAction)foundSwipe:(id)sender {
    self.outputLabel.text=@"Swiped";
}
```

（3）响应张合手势识别器

轻按和轻扫都是简单手势，它们只存在发不发生的问题；而张合手势和旋转手势更加复杂一些，它们返回更多的值，让您能够更好地控制用户界面。例如，张合手势包含属性 velocity（张合手势发生的速度）和 scale（与手指间距离变化呈正比的小数）。例如，如果手指间距离缩小了 50%，则缩放比例（scale）将为 0.5。如果手指间距离为原来的两倍，则缩放比例为 2。

接下来使用方法 foundPinch 重置 UIImageView 的旋转角度（以免受旋转手势的影响），使用张合手势识别器返回的缩放比例和速度值创建一个反馈字符串，并缩放图像视图，以便立即向用户提供可视化反馈。方法 foundPinch 的实现代码如下所示。

```
- (IBAction)foundPinch:(id)sender {
    UIPinchGestureRecognizer *recognizer;
    NSString *feedback;
    double scale;

    recognizer=(UIPinchGestureRecognizer *)sender;
    scale=recognizer.scale;
    self.imageView.transform = CGAffineTransformMakeRotation(0.0);
    feedback=[[NSString alloc]
            initWithFormat:@"Pinched, Scale:%1.2f, Velocity:%1.2f",
            recognizer.scale,recognizer.velocity];
    self.outputLabel.text=feedback;
    self.imageView.frame=CGRectMake(kOriginX,
                        kOriginY,
                        kOriginWidth*scale,
                        kOriginHeight*scale);
}
```

如果现在生成并运行该应用程序，您将能够在 pinchView 视图中使用张合手势缩放图像，甚至可以将图像放大到超越屏幕边界，如图 16-11 所示。

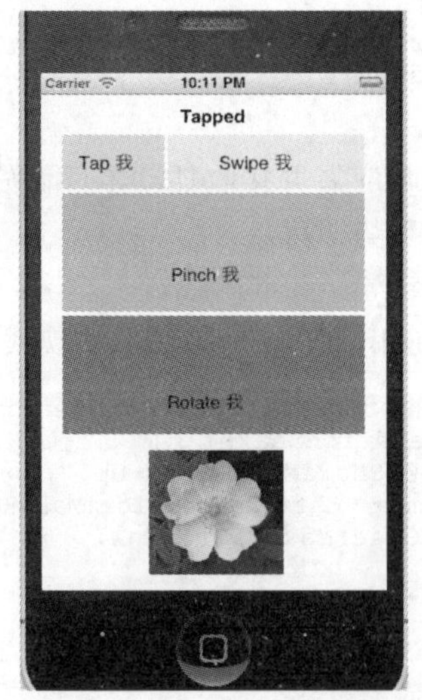

▲图 16-11 使用张合手势缩放图像

（4）响应旋转手势识别器

与张合手势一样，旋转手势也返回一些有用的信息，其中最著名的是速度和旋转角度，可以使用它们来调整屏幕对象的视觉效果。返回的旋转角度是一个弧度值，表示用户沿着顺时针或逆时针方向旋转了多少弧度。在文件 ViewController.m 中，foundRotation 方法的实现代码如下所示。

```
- (IBAction)foundRotation:(id)sender {
    UIRotationGestureRecognizer *recognizer;
    NSString *feedback;
    double rotation;

    recognizer=(UIRotationGestureRecognizer *)sender;
    rotation=recognizer.rotation;
    feedback=[[NSString alloc]
              initWithFormat:@"Rotated, Radians:%1.2f, Velocity:%1.2f",
              recognizer.rotation,recognizer.velocity];
    self.outputLabel.text=feedback;
    self.imageView.transform = CGAffineTransformMakeRotation(rotation);
}
```

（5）实现摇动识别器

摇动的处理方式与本章介绍的其他手势稍有不同，必须拦截一个类型为 UIEventTypeMotion 的 UIEvent。为此，视图或视图控制器必须是响应者链中的第一响应者，还必须实现方法 motion Ended:withEvent。

- 成为第一响应者。

要让视图控制器成为第一响应者，必须通过方法 canBecomeFirstResponder 允许它成为第一响应者，这个方法除了返回 YES 外什么都不做；然后在视图控制器加载视图时要求它成为第一响应者。首先，在实现文件 ViewController.m 中添加方法 canBecomeFirstResponder，具体代码如下所示。

```
- (BOOL)canBecomeFirstResponder{
    return YES;
}
```

通过上述代码，可以让视图控制器成为第一响应者。

接下来需要在视图控制器加载其视图后立即发送消息 becomeFirstResponder，让视图控制器成为第一响应者。为此可以修改文件 ViewController.m 中的方法 viewDidAppear，具体代码如下所示。

```
- (void)viewDidAppear:(BOOL)animated
{
    [self becomeFirstResponder];
    [super viewDidAppear:animated];
}
```

至此，视图控制器为成为第一响应者并接收摇动事件做好了准备，我们只需要实现 motion Ended:withEvent 以捕获并响应摇动手势即可。

- 响应摇动手势。

为了响应摇动手势，motionEnded:withEvent 方法的实现代码如下所示。

```
- (void)motionEnded:(UIEventSubtype)motion withEvent:(UI Event*)event {
    if (motion==UIEventSubtypeMotionShake) {
        self.outputLabel.text=@"Shaking things up!";
        self.imageView.transform = CGAffineTransformMakeRotation (0.0);
        self.imageView.frame=CGRectMake(kOriginX,
                                        kOriginY,
                                        kOriginWidth,
                                        kOriginHeight);
    }
}
```

此时就可以运行该应用程序并使用本章实现的所有手势了。尝试使用张合手势缩放图像，摇动设备将图像恢复到原始大小；缩放和旋转图像、轻按、轻扫操作也都可以实现这一功能。执行后的效果如图 16-12 所示。

▲图 16-12　执行效果

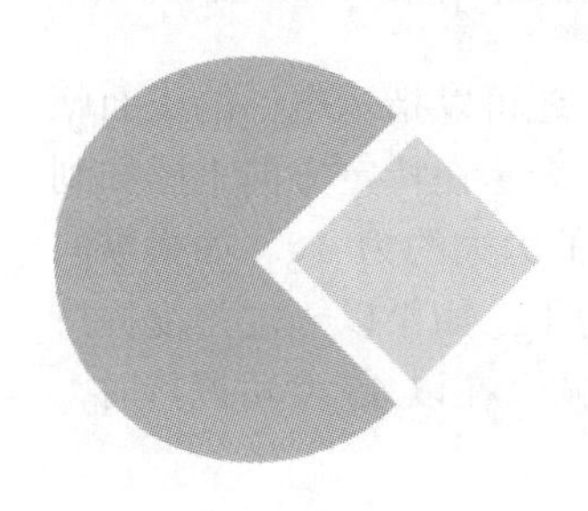

第 17 章 和硬件之间的操作

对智能手机用户来说，他们早已经习惯了通过移动手机来控制手机游戏，并且手机可以根据我们设备的朝向来自动显示屏幕中的信息，通过和硬件之间的交互来实现我们需要的功能。本章将详细讲解 iOS 和硬件结合的基本知识，为读者步入本书后面知识的学习打下基础。

17.1 加速计和陀螺仪

在当前应用中，Nintendo Wii 将运动检测作为一种有效的输入技术引入到了主流消费电子设备中，而 Apple 将这种技术应用到了 iPhone、iPod Touch 和 iPad 中，并获得了巨大成功。在 Apple 设备中装备的加速计可用于确定设备的朝向、移动和倾斜。通过 iPhone 加速计，用户只需调整设备的朝向并移动它，便可以控制应用程序。另外，在 iOS 设备（包括 iPhone 4、iPad 2 和更新的产品）中，Apple 还引入了陀螺仪，这样设备能够检测到不与重力方向相反的旋转。总之，如果用户移动支持陀螺仪的设备，应用程序就能够检测到移动并做出相应的反应。

在 iOS 中，通过框架 Core Motion 将这种移动输入机制暴露给了第三方应用程序，并且可以使用加速计来检测摇动手势。本章接下来的内容将详细讲解如何直接从 iOS 中获取数据，以检测朝向、加速和旋转的知识。在当前所有的 iOS 设备中，都可以使用加速计检测到运动。新型号的 iPhone 和 iPad 新增的陀螺仪都补充了这种功能。为了更好地理解这对于应用程序的意义，下面简要地介绍一下这些硬件可以提供哪些信息。

> **注意** 对本书中的大多数应用程序来说，使用 iOS 模拟器是完全可行的，但模拟器无法模拟加速计和陀螺仪硬件。因此在本章中，您可能需要一台用于开发的设备。要在该设备中运行本章的应用程序，请按第 1 章介绍的步骤进行。

17.1.1 加速计基础

加速计的度量单位为 g，这是重力（gravity）的简称。lg 是物体在地球的海平面上受到的下拉力（9.8 米/秒°）。您通常不会注意到 lg 的重力，但当您失足坠落时，lg 将带来严重的伤害。如果坐过过山车，您就一定熟悉高于和低于 lg 的力。在过山车底部，将您紧紧按在座椅上的力超过 lg；而在过山车顶部，您感觉要飘出座椅，这是负重力在起作用。

加速计以相对自由落体的方式度量加速度。这意味着如果将 iOS 设备在能够持续自由落体的地方（如帝国大厦）丢下，在下落过程中，其加速计测量到的加速度将为 0g。另一方面，放在桌面上的设备的加速计测量出的加速度为 lg，且方向朝上。设备静止时受到的地球引力为 lg，这是加速计用于确定设备朝向的基础。加速计可以测量 3 个轴（x、y 和 z）上的值。

通过感知特定方向的惯性力总量，加速计可以测量出加速度和重力。iPhone 内的加速计是一个三轴加速计，这意味着它能够检测到三维空间中的运动或重力引力。因此，加速计不但可以指示握持电话的方式（如自动旋转功能），而且如果电话放在桌子上的话，还可以指示电话的正面朝下还是朝上。加速计可以测量 g 引力，因此加速计的返回值为 1.0 时，表示在特定方向上感知到 1g。如果是静止握持 iPhone 而没有任何运动，那么地球引力对其施加的力大约为 1g。如果纵向竖直地握持 iPhone，那么 iPhone 会检测并报告其 *y* 轴上施加的力大约为 1g。如果以一定角度握持 iPhone，那么 1g 的力会分布到不同的轴上，这取决于握持 iPhone 的方式。在以 45 度角握持时，1g 的力会均匀地分解到两个轴上。

如果检测到的加速计值远大于 1g，那么可以判断这是突然运动。正常使用时，加速计在任一轴上都不会检测到远大于 1g 的值。如果摇动、坠落或投掷 iPhone，那么加速计便会在一个或多个轴上检测到很大的力。iPhone 加速计使用的三轴结构是：iPhone 长边的左右是 *x* 轴（右为正），短边的上下是 *y* 轴（上为正），垂直于 iPhone 的是 *z* 轴（正面为正）。需要注意的是，加速计对 *y* 坐标轴使用了更标准的惯例，即 *y* 轴伸长表示向上的力，这与 Quartz 2D 的坐标系相反。如果加速计使用 Quartz 2D 做为控制机制，那么必须要转换 *y* 坐标轴。使用 OpenGL ES 时则不需要转换。

根据设备的放置方式，1g 的重力将以不同的方式分布到这 3 个轴上。如果设备垂直放置，且其一边、屏幕或背面呈水平状态，则整个 1g 都分布在一条轴上。如果设备倾斜，1g 将分布到多条轴上。

1. UIAccelerometer 类

加速计（UIAccelerometer）是一个单例模式的类，所以需要通过方法 sharedAccelerometer 获取其唯一的实例。加速计需要设置如下两点。

① 设置其代理，用以执行获取加速计信息的方法。

② 设置加速计获取信息的频率，最高支持每秒 100 次。

例如下面的代码：

```
UIAccelerometer *accelerometer = [UIAccelerometer sharedAccelerometer];
accelerometer.delegate = self;
accelerometer.updateInterval = 1.0/30.0f;
```

下面是加速计的代理方法，需要符合协议<UIAccelerometerDelegate>。

```
-(void)accelerometer:(UIAccelerometer *)accelerometer didAccelerate:(UIAcceleration
*)acceleration
{
//    NSString *str = [NSString stringWithFormat:@"x:%g\ty:%g\tz:%g",acceleration.x,
acceleration.y,acceleration.z];
//    NSLog(@"%@",str);
    // 检测摇动, 1.5 为轻摇, 2.0 为重摇
//    if (fabsf(acceleration.x)>1.8||
//        fabsf(acceleration.y)>1.8||
//        fabsf(acceleration.z>1.8)) {
//        NSLog(@"你摇动我了~");
//    }
    static NSInteger shakeCount = 0;
    static NSDate *shakeStart;
    NSDate *now = [[NSDate alloc]init];
    NSDate *checkDate = [[NSDate alloc]initWithTimeInterval:1.5f sinceDate:shakeStart];
    if ([now compare:checkDate] == NSOrderedDescending || shakeStart == nil) {
        shakeCount = 0;
        [shakeStart release];
        shakeStart = [[NSDate alloc]init];
    }
    [now release];
    [checkDate release];
    if (fabsf(acceleration.x)>1.7||
        fabsf(acceleration.y)>1.7||
        fabsf(acceleration.z)>1.7) {
```

```
        shakeCount ++;
        if (shakeCount >4) {
           NSLog(@"你摇动我了~");
           shakeCount = 0;
           [shakeStart release];
           shakeStart = [[NSDate alloc]init];
        }
    }
}
```

UIAccelerometer 能够检测 iPhone 手机在 *x*、*y*、*z* 轴 3 个轴上的加速度，要想获得此类需要调用：

```
UIAccelerometer *accelerometer = [UIAccelerometer sharedAccelerometer];
```

同时还需要设置它的 delegate。

```
UIAccelerometer *accelerometer = [UIAccelerometer sharedAccelerometer];
accelerometer.delegate = self;
accelerometer.updateInterval = 1.0/60.0;
```

在委托方法-(void)accelerometer:(UIAccelerometer*)accelerometerdidAccelerate:(UIAcceleration *)acceleration 中，UIAcceleration 表示加速度类，包含了来自加速计 UIAccelerometer 的真实数据。它有 3 个属性的值 x、y、z。iPhone 的加速计支持最高以每秒 100 次的频率进行轮询，此时是 60 次。

应用程序可以通过加速计来检测摇动，例如用户可以通过摇动 iPhone 擦除绘图，也可以连续摇动几次 iPhone，执行一些特殊的代码：

```
- (void) accelerometer:(UIAccelerometer *)accelerometer didAccelerate:(UIAcceleration
*)acceleration
{
static NSInteger shakeCount = 0;
static NSDate *shakeStart;
NSDate *now = [[NSDate alloc] init];
NSDate *checkDate = [[NSDate alloc] initWithTimeInterval:1.5f sinceDate:shakeStart];
if ([now compare:checkDate] == NSOrderedDescending || shakeStart == nil)
{
shakeCount = 0;
[shakeStart release];
shakeStart = [[NSDate alloc] init];
}
 [now release];
[checkDate release];
if (fabsf(acceleration.x) > 2.0 || fabsf(acceleration.y) > 2.0 || fabsf(acceleration.z)
> 2.0)
{
shakeCount++;
if (shakeCount > 4)
{
// -- DO Something
shakeCount = 0;
[shakeStart release];
shakeStart = [[NSDate alloc] init];
}
}
}
```

加速计最常见的是用作游戏控制器，在游戏中使用加速计控制对象的移动。在简单情况下，可能只需获取一个轴的值，乘上某个数（灵敏度），然后添加到所控制对象的坐标系中。在复杂的游戏中，因为所建立的物理模型更加真实，所以必须根据加速计返回的值调整所控制对象的速度。

在 Cocoa 2D 中接收加速计输入"input"，使其平滑运动，一般不会去直接改变对象的 position。看下面的代码：

```
- (void) accelerometer:(UIAccelerometer *)accelerometer didAccelerate:(UIAcceleration
```

```
*)acceleration
{
// -- controls how quickly velocity decelerates(lower = quicker to change direction)
float deceleration = 0.4;
// -- determins how sensitive the accelerometer reacts(higher = more sensitive)
float sensitivity = 6.0;
// -- how fast the velocity can be at most
float maxVelocity = 100;
// adjust velocity based on current accelerometer acceleration
playerVelocity.x = playerVelocity.x * deceleration + acceleration.x * sensitivity;
// -- we must limit the maximum velocity of the player sprite, in both directions
if (playerVelocity.x > maxVelocity)
{
playerVelocity.x = maxVelocity;
}
else if (playerVelocity.x < - maxVelocity)
{
playerVelocity.x = - maxVelocity;
}
}
```

在上述代码中，deceleration 表示减速的比率，sensitivity 表示灵敏度。maxVelocity 表示最大速度，如果不限制则一直加大就很难停下来。

在 playerVelocity.x = playerVelocity.x * deceleration + acceleration.x * sensitivity;，中 playervelocity 是一个速度向量，是累积的。

```
- (void) update: (ccTime)delta
{
// -- keep adding up the playerVelocity to the player's position
CGPoint pos = player.position;
pos.x += playerVelocity.x;

// -- The player should also be stopped from going outside the screen
CGSize screenSize = [[CCDirector sharedDirector] winSize];
float imageWidthHalved = [player texture].contentSize.width * 0.5f;
float leftBorderLimit = imageWidthHalved;
float rightBorderLimit = screenSize.width - imageWidthHalved;

// -- preventing the player sprite from moving outside the screen
if (pos.x < leftBorderLimit)
{
pos.x = leftBorderLimit;
playerVelocity = CGPointZero;
}
else if (pos.x > rightBorderLimit)
{
pos.x = rightBorderLimit;
playerVelocity = CGPointZero;
}

// assigning the modified position back
player.position = pos;
}
```

2. 使用加速计的流程

① 在使用加速计之前必须开启重力感应计，方法为：

01.self.isAccelerometerEnabled = YES;，设置 layer 是否支持重力计感应，打开重力感应支持，会得到 accelerometer:didAccelerate:的回调。开启此方法以后设备才会对重力进行检测，并调用 accelerometer:didAccelerate:方法。下面例举了例子：

```
- (void)accelerometer:(UIAccelerometer *)accelerometer didAccelerate:(UIAcceleration
*)acceleration
{
```

```
CGPoint sPoint = _player.position;  //获取精灵所在位置
sPoint.x += acceleration.x*10;   //设置坐标变化速度
_player.position =sPoint;   //对精灵的位置进行更新
}
```

在模拟器上使用加速计是看不出效果的，需要使用真机测试。_player.position.x 实际上调用的是位置的获取方法(getter method):[_player position]。这个方法会获取当前主角精灵的临时位置信息，上述一行代码实际上是在尝试着改变这个临时 CGPoint 中成员变量 x 的值。不过这个临时的 CGPoint 是要被丢弃的。在这种情况下，精灵位置的设置方法(setter method): [_player setPosition] 根本不会被调用。必须直接赋值给_player.position 属性，这里使用的值是一个新的 CGPoint。在使用 Objective-C 的时候，必须习惯这个规则，而唯一的办法是改变开发人员从 Java、C++或 C#里带来的编程习惯。上面只是一个简单的说明，下面看下进一步的功能。

② 首先在本类的初始化方法 init 里添加：

```
01.[self scheduleUpdate];  //预定信息
```

③ 然后添加如下方法：

```
- (void)accelerometer:(UIAccelerometer *)accelerometer didAccelerate:(UIAcceleration
*)acceleration
 {
float deceleration = 0.4f;//控制减速的速率(值越低=可以更快的改变方向)
float sensitivity = 6.0f;//加速计敏感度的值越大,主角精灵对加速计的输入就越敏感
float maxVelocity = 100; //最大速度值
// 基于当前加速计的加速度调整速度
_playerVelocity.x = _playerVelocity.x*deceleration+acceleration.x*sensitivity;
// 我们必须在两个方向上都限制主角精灵的最大速度值
if(_playerVelocity.x > maxVelocity){
_playerVelocity.x = maxVelocity;
}else if(_playerVelocity.x < -maxVelocity){
_playerVelocity.x = -maxVelocity;
}
}
- (void)update:(ccTime)delta
CGPoint pos = _player.position;
pos.x += _playerVelocity.x;
CGSize size = [[CCDirector sharedDirector] winSize];
float imageWidthHalved = [_player texture].contentSizeInPixels.width*0.5;
float leftBorderLimit = imageWidthHalved;
float rightBorderLimit = size.width - imageWidthHalved;
// 如果主角精灵移动到了屏幕以外的话,它应该被停止
if(pos.x<leftBorderLimit){
pos.x = leftBorderLimit;
_playerVelocity = CGPointZero;
}else if(pos.x>rightBorderLimit){
pos.x = rightBorderLimit;
_playerVelocity = CGPointZero;
}
_player.position = pos;   //位置更新
}
```

边界测试可以防止主角精灵离开屏幕。我们需要将精灵贴图的 contentSize 考虑进来，因为精灵的位置在精灵贴图的中央，但是我们不想让贴图的任何一边移动到屏幕外面。所以我们计算得到了 imageWidthHalved 值，并用它来检查当前的精灵位置是不是落在左右边界里面。上述代码可能有些啰嗦，但是这样比以前更容易理解。这就是所有与加速计处理逻辑相关的代码。

在计算 imageWidthHalved 时，应该将 contentSize 乘以 0.5，而不是用它除以 2，这是因为除法可以用乘法来代替以得到同样的计算结果。因为上述更新方法在每一帧都会被调用，所以所有代码必须在每一帧的时间里以最快的速度运行。因为 iOS 设备使用的 ARM CPU 不支持直接在硬件上做除法，乘法一般会快一些。

17.1.2　陀螺仪

很多初学者误以为：使用加速计提供的数据好像能够准确地猜测到用户在做什么，其实并非如此。加速计可以测量重力在设备上的分布情况，假设设备正面朝上放在桌子上，将可以使用加速计检测出这种情形，但如果您在玩游戏时水平旋转设备，加速计测量到的值不会发生任何变化。

当设备通过一边直立着并旋转时，情况也如此。仅当设备的朝向相对于重力的方向发生变化时，加速计才能检测到；而无论设备处于什么朝向，只要它在旋转，陀螺仪就能检测到。陀螺仪是一个利用高速回转体的动量矩敏感壳体相对惯性空间、绕正交于自转轴的一个或二个轴的角运动检测装置。另外，利用其他原理制成的角运动检测装置有同样功能的也称为陀螺仪。

当我们查询设备的陀螺仪时，它将报告设备绕 x 轴、y 轴和 z 轴的旋转速度，单位为弧度每秒。2 弧度相当于一整圈，因此陀螺仪返回的读数 2 表示设备绕相应的轴每秒转一圈。

17.1.3　实战演练——检测倾斜和旋转

假设要创建一个这样的赛车游戏，即通过让 iPhone 左右倾斜来表示方向盘，而前后倾斜表示油门和制动，则为让游戏做出正确的响应，知道玩家将方向盘转了多少以及将油门牙动踏板踏下了多少很有用。考虑到陀螺仪提供的测量值，应用程序现在能够知道设备是否在旋转，即使其倾斜角度没有变化。想想在玩家之间进行切换的游戏吧，玩这种游戏时，只需将 iPhone 或 iPad 放在桌面上并旋转它即可。

在本实例的应用程序中，在用户左右倾斜或加速旋转设备时，设置将纯色逐渐转换为透明色。将在视图中添加两个开关（UISwitch），用于启用/禁用加速计和陀螺仪。

实例 17-1	检测倾斜和旋转
源码路径	光盘:\daima\17\xuan

1. 创建项目

启动 Xcode，使用模板 Single View Application 新建一个项目，并将其命名为“xuan”，如图 17-1 所示。

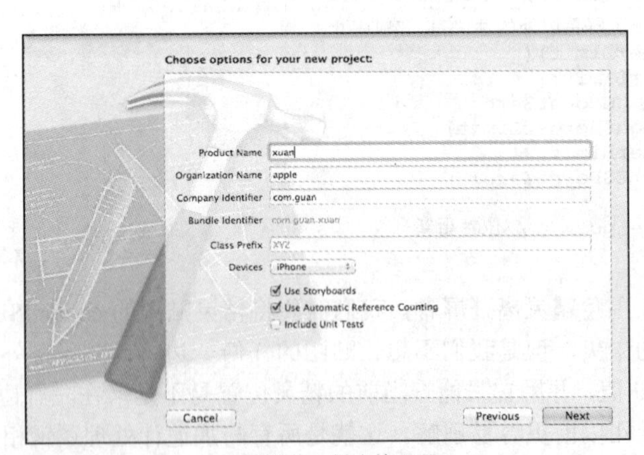

▲图 17-1　创建的工程

（1）添加框架 Core Motion

本项目依赖于 Core Motion 来访问加速计和陀螺仪，因此首先必须将框架 Core Motion 添加到项目中。为此选择项目“xuan”的顶级编组，并确保编辑器区域显示的是 Summary 选项卡。

接下来向下滚动到Linked Frameworks and Libraries部分。单击列表下方的“+”按钮，从出现的列表中选择“CoreMotion.framework”，再单击“Add”按钮，如图17-2所示。

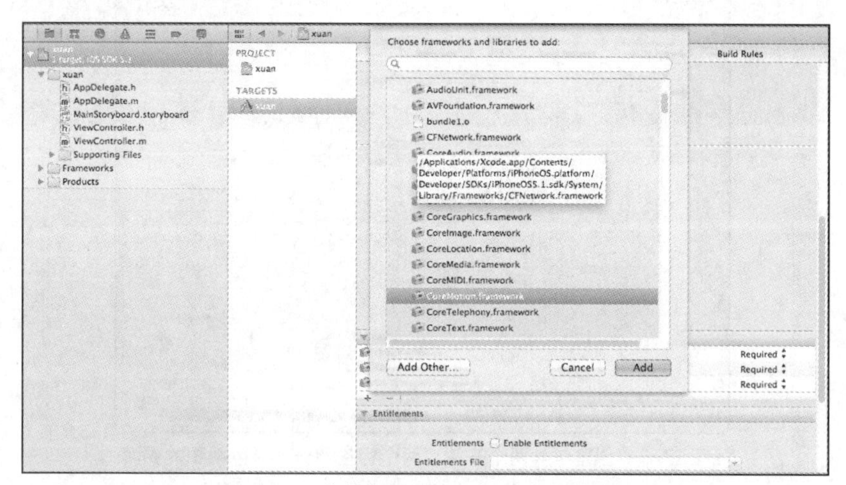

▲图17-2 将框架Core Motion加入到项目中

在将框架Core Motion加入到项目时，它可能不会位于现有项目编组中。出于整洁性考虑，将其拖曳到编组Frameworks中。并非必须这样做，但这样能够让项目更整洁有序。

（2）规划变量和连接

接下来需要确定所需的变量和连接。具体地说，需要为一个改变颜色的UIView创建输出口（colorView），还需为两个UISwitch实例创建输出口（toggleAccelerometer和toggleGyroscope），这两个开关指出了是否要监视加速计和陀螺仪。另外，这些开关还触发操作方法controlHardware，这个方法开启/关闭硬件监控。

另外还需要一个指向CMMotionManager对象的实例变量/属性，我们将其命名为“motion Manager”。本实例“变量/属性”不直接关联到故事板中的对象，而是功能实现逻辑的一部分，我们将在控制器逻辑实现中添加它。

2. 设计界面

与本章上一个实例一样，应用程序的界面非常简单，只包含几个开关和标签和一个视图。选择文件MainStoryboard.storyboard以打开界面。然后从对象库拖曳两个UISwitch实例到视图右上角，将其中一个放在另一个上方。使用Attributes Inspector（“Option+Command+4”）将每个开关的默认设置都设置为Off。然后在视图中添加两个标签（UILabel），将它们分别放在开关的左边，并将其文本分别设置为Accelerometer和Gyroscope。最后拖曳一个UIView实例到视图中，并调整其大小，使其适合开关和标签下方的区域。使用Attributes Inspector将视图的背景改为绿色。最终的UI视图界面如图17-3所示。

3. 创建并连接输出口和操作

在这个项目中，使用的输出口和操作不多，但并非所有的连接都是显而易见的。下面列出要使用的输出口和操作。其中需要的输出口如下所示。

- 将改变颜色的视图（UIView）：colorView。
- 禁用/启用加速计的开关（UISwitch）：toggleAccelerometer。
- 禁用/启用陀螺仪的开关（UISwitch）：toggleGyroscope。

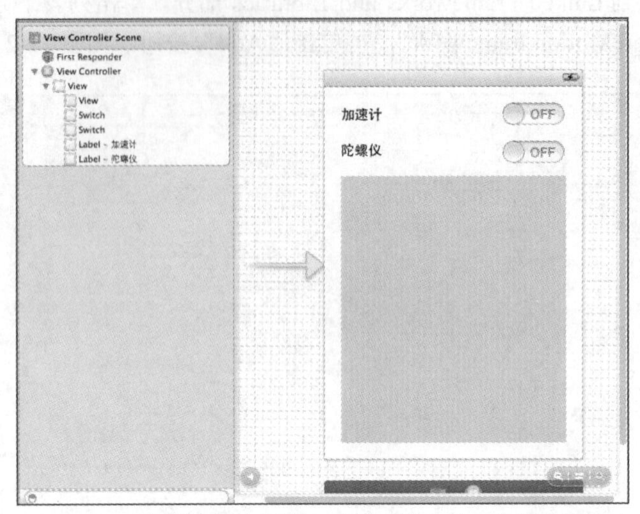

▲图 17-3　创建包含两个开关、两个标签和一个彩色视图的界面

在此需要根据开关的设置开始/停止监视加速计/陀螺仪，并确保选择了文件 MainStoryboard.storyboard，再切换到助手编辑器模式。如果必要，在工作区腾出一些空间。

（1）添加输出口

按住"Control"键，从视图拖曳到文件 ViewController.h 中代码行@interface 下方。在 Xcode 提示时将输出口命名为"colorView"，然后对两个开关重复上述过程，将标签 Accelerometer 旁边的开关连接到 toggleAccelerometer，并将标签 Gyroscope 旁边的开关连接到 toggleGyroscope。

（2）添加操作

为了完成连接，需要对这两个开关进行配置，使其 Value Changed 事件发生时调用方法 control Hardware。为此，首先按住"Control"键，从加速计开关拖曳到文件 ViewController.h 中最后一个@property 行下方。在 Xcode 提示时，新建一个名为"controlHardware"的操作，并将响应的开关事件指定为 Value Changed。这就处理好了第一个开关，但这里要将两个开关连接到同一个操作。最准确的方式是，选择第二个开关，从 Connections Inspector（"Option+ Command+6"）中的输出口 Value Changed 拖曳到您刚在文件 ViewController.h 中创建的代码行 controlHardwareIBAction。但也可按住"Control"键，并从第二个开关拖曳到代码行 controlHardwareIBAction，这是因为当我们建立从开关出发的连接时，Interface Builder 编辑器将默认使用事件 Value Changed。

4. 实现应用程序逻辑

要让应用程序正常运行，需要处理如下所示的工作。

- 初始化 Core Motion 运动管理器（CMMotionManager）并对其进行配置。
- 管理事件以启用/禁用加速计和陀螺仪（controlHardware），并在启用了这些硬件时注册一个处理程序块。
- 响应加速计/陀螺仪更新，修改背景色和透明度值。
- 放置界面旋转，旋转将干扰反馈显示。

下面来编写实现这些功能的代码。

（1）初始化 Core Motion 运动管理器

应用程序 ColorTilt 启动时，需要分配并初始化一个 Core Motion 运动管理器（CMMotion Manager）实例。我们将框架 Core Motion 加入到了项目中，但代码还不知道它。需要在文件 View

Controller.h 中导入 Core Motion 接口文件，因为我们将在 ViewController 类中调用 Core Motion 方法。为此，在 ViewController.h 中现有的#import 语句下方添加如下代码行：

```
#import.<CoreMotion/CoreMotion.h>
```

接下来需要声明运动管理器。其生命周期将与视图相同，因此需要在视图控制器中将其声明为实例变量和相应的属性。我们将把它命名为“colorView”。为声明该实例变量/属性，在文件 ViewController.h 中现有属性声明的下方添加如下代码行：

```
@property (strong, nonatomic) CMMotionManager *motionManager;
```

每个属性都必须有配套的编译指令@synthesize，因此打开文件 ViewController.m，并在现有的编译指令@synthesize 下方添加如下代码行：

```
@synthesize motionManager;
```

处理运动管理器生命周期的最后一步是，在视图不再存在时妥善地清理它。对所有实例变量（它们通常是自动添加的）都必须进行清理，方法是，在视图控制器的方法 viewDidUnload 中将 self setMotionManager:nil 的 dUnload 中添加如下代码行：

```
[self setMOtionManager:nil];
```

接下来初始化运动管理器，并根据要以什么样的频率（单位为秒）从硬件那里获得更新来设置两个属性 accelerometerUpdateInterval 和 gyroUpdateInterval。我们希望每秒更新 100 次，即更新间隔为 0.01 秒。这将在方法 viewDidUnload 中进行，这样 UI 显示到屏幕上后将开始监控。

方法 viewDidUnload 的具体代码如下所示。

```
- (void)viewDidUnload
{
    [self setColorView:nil];
    [self setToggleAccelerometer:nil];
    [self setToggleGyroscope:nil];
    [self setMotionManager:nil];
    [super viewDidUnload];
    // Release any retained subviews of the main view.
    // e.g. self.myOutlet = nil;
}
```

（2）管理加速计和陀螺仪更新

方法 controlHardware 的实现比较简单，如果加速计开关是开的，则请求 CMMotionManager 实例 motionManager 开始监视加速计。每次更新都将由一个处理程序块进行处理，为了简化工作，该处理程序块调用方法 doAcceleration。如果这个开关是关的，则停止监视加速计。陀螺仪的实现与此类似，但每次更新时陀螺仪处理程序块都将调用方法 doGyroscope。方法 controlHardware 的具体代码如下所示。

```
- (IBAction)controlHardware:(id)sender {
    if ([self.toggleAccelerometer isOn]) {
      [self.motionManager
        startAccelerometerUpdatesToQueue:[NSOperationQueue currentQueue]
        withHandler:^(CMAccelerometerData *accelData, NSError *error) {
            [self doAcceleration:accelData.acceleration];
        }];
    } else {
        [self.motionManager stopAccelerometerUpdates];
    }

    if ([self.toggleGyroscope isOn] && self.motionManager.gyroAvailable) {
        [self.motionManager
```

```
            startGyroUpdatesToQueue:[NSOperationQueue currentQueue]
            withHandler:^(CMGyroData *gyroData, NSError *error) {
               [self doRotation:gyroData.rotationRate];
            }];
      } else {
         [self.toggleGyroscope setOn:NO animated:YES];
         [self.motionManager stopGyroUpdates];
      }
}
```

（3）响应加速计更新

这里首先实现 doAccelerometer，因为它更复杂。这个方法需要完成两项任务，首先如果用户急剧移动设备，它将修改 colorView 的颜色；其次，如果用户绕 *x* 轴慢慢倾斜设备，它应让当前背景色逐渐变得不透明。为了在设备倾斜时改变透明度值，这里只考虑 *x* 轴。*x* 轴离垂直方向（读数为 1.0 或–1.0）越近，就将颜色设置得越不透明（alpha 值越接近 1.0）；*x* 轴的读数越接近 0，就将颜色设置得越透明（alpha 值越接近 0）。将使用 C 语言函数 fabs()获取读数的绝对值，因为在本实例中，不关心设备向左还是向右倾斜。在实现文件 ViewController.m 中实现这个方法前，先在接口文件 ViewController.h 中声明它。为此，在操作声明下方添加如下代码行：

```
- (void)doAcceleration: (CMAcceleration) acceleration;
```

并非必须这样做，但让类中的其他方法（具体地说，是需要使用这个方法的 controlHardware）知道这个方法存在。如果您不这样做，必须在实现文件中确保 doAccelerometer 在 controlHardware 前面。方法 doAccelerometer 的实现代码如下所示。

```
- (void)doAcceleration:(CMAcceleration)acceleration {
   if (acceleration.x > 1.3) {
      self.colorView.backgroundColor = [UIColor greenColor];
   } else if (acceleration.x < -1.3) {
      self.colorView.backgroundColor = [UIColor orangeColor];
   } else if (acceleration.y > 1.3) {
      self.colorView.backgroundColor = [UIColor redColor];
   } else if (acceleration.y < -1.3) {
      self.colorView.backgroundColor = [UIColor blueColor];
   } else if (acceleration.z > 1.3) {
      self.colorView.backgroundColor = [UIColor yellowColor];
   } else if (acceleration.z < -1.3) {
      self.colorView.backgroundColor = [UIColor purpleColor];
   }

   double value = fabs(acceleration.x);
   if (value > 1.0) { value = 1.0;}
   self.colorView.alpha = value;
}
```

（4）响应陀螺仪更新

响应陀螺仪更新比响应加速计更新更容易，因为用户旋转设备时不需要修改颜色，而只修改 colorView 的 alpha 属性即可。这里不是在用户沿特定方向旋转设备时修改透明度，而是检测全部 3 个方向的综合旋转速度。这是在一个名为“doRotation”的新方法中实现的。

同样，实现方法 doRotation 前需要先在接口文件 ViewController.h 中声明它，否则必须在文件 ViewController.m 中确保这个方法在“controlHardware”前面。为此在文件 ViewController.h 中的最后一个方法声明下方添加如下代码行：

```
-(void) doRotation: (CMRotationRate) rotation;
```

方法 doRotation 的代码如下所示。

```
- (void)doRotation:(CMRotationRate)rotation {
```

```
    double value = (fabs(rotation.x)+fabs(rotation.y)+fabs(rotation.z))/8.0;
    if (value > 1.0) { value = 1.0;}
    self.colorView.alpha = value;
}
```

（5）禁止界面旋转

现在可以运行这个应用程序了，但是编写的方法可能不能提供很好的视觉反馈。这是因为当用户旋转设备时界面也将在必要时发生变化，由于界面旋转动画的干扰，用户无法看到视图颜色快速改变。为了禁用界面旋转，在文件 ViewController.m 中找到方法 shouldAutorotateToInterfaceOrientation，并将其修改成只包含下面一行代码：

```
return NO;
```

这样无论设备出于哪种朝向，界面都不会旋转，从而让界面变成静态的。到此为止，本实例就完成了。本实例需要真实的 iOS 设备来演示，模拟器不支持。在 Xcode 工具栏的“Scheme”下拉列表中选择插入的设备，再单击“Run”按钮。尝试倾斜和旋转，结果如图 17-4 所示。在此需要注意，请务必尝试同时启用加速计和陀螺仪，然后尝试每次启用其中的一个。

▲图 17-4 执行效果

17.2 访问朝向和运动数据

要想访问朝向和运动信息，可使用两种不同的方法。首先，要检测朝向变化并做出反应，可以请求 iOS 设备在朝向发生变化时向我们编写的代码发送通知，然后将收到的消息与表示各种设备朝向的常量（包括正面朝上和正面朝下）进行比较，从而判断出用户做了什么。其次，可以利用框架 Core Motion 定期地直接访问加速计和陀螺仪数据。

17.2.1 两种方法

1. 通过 UIDevice 请求朝向通知

虽然可以直接查询加速计并使用它返回的值判断设备的朝向，但 Apple 为开发人员简化了这项工作。单例 UIDevice 表示当前设备，它包含方法 beginGeneratingDeviceOrientationNotifications，该方法命令 iOS 将朝向通知发送到通知中心（NSNotificationCenter）。启动通知后，就可以注册一个 NSNotificationCenter 实例，以便设备的朝向发生变化时自动调用指定的方法。

除了获悉发生了朝向变化事件外，还需要获悉当前朝向，为此可使用 UIDevice 的属性 orientation。该属性的类型为 UIDeviceOrientation，其可能取值为下面 6 个预定义值。

- UIDeviceOrientationFaceUp：设备正面朝上。
- UIDeviceOrientationFaceDown：设备正面朝下。
- UIDeviceOrientationPortrait:：设备处于“正常”朝向，主屏幕按钮位于底部。
- UIDeviceOrientationPortraitUpsideDown：设备处于纵向状态，主屏幕按钮位于顶部。
- UIDeviceOrientationLandscapeLeft：设备侧立着，左边朝下。
- UIDeviceOrientationLandscapeRight：设备侧立着，右边朝下。

通过将属性 orientation 与上述每个值进行比较，就可判断出朝向并做出相应的反应。

2. 使用 Core Motion 读取加速计和陀螺仪数据

直接使用加速计和陀螺仪时，方法稍有不同。首先，需要将框架 Core Motion 加入到项目中。在代码中需要创建 Core Motion 运动管理器（CMMotionManager）的实例，应该将运动管理器视为单例——由其一个实例向整个应用程序提供加速计和陀螺仪运动服务。在本书前面的内容中曾经说过，单例是在应用程序的整个生命周期内只能实例化一次的类。向应用程序提供的 iOS 设备硬件服务通常是以单例方式提供的。鉴于设备中只有一个加速计和一个陀螺仪，以单例方式提供它们合乎逻辑。在应用程序中包含多个 CMMotionManager 对象，不会带来任何额外的好处，而只会让内存和生命周期的管理更复杂，而使用单例可避免这两种情况发生。

不同于朝向通知，Core Motion 运动管理器让您能够指定从加速计和陀螺仪那里接收更新的频率（单位为秒），还让您能够直接指定一个处理程序块（handle block），每当更新就绪时都将执行该处理程序块。

我们需要判断以什么样的频率接收运动更新对应用程序有好处。为此，可尝试不同的更新频率，直到获得最佳的频率。如果更新频率超过了最佳频率，可能带来一些负面影响，应用程序将使用更多的系统资源，这将影响应用程序其他部分的性能，当然还有电池的寿命。由于您可能需要非常频繁地接收更新以便应用程序能够平滑地响应，因此应花时间优化与 CMMotionManager 相关的代码。

让应用程序使用 CMMotionManager 很容易，这个过程包含 3 个步骤，即分配并初始化运动管理器，设置更新频率，使用 startAccelerometerUpdatesToQueue:withHandler 请求开始更新，并将更新发送给一个处理程序块。请看如下所示的代码段。

```
motionManager=[[CMMotionManager alloc]  init];
motionManager.accelerometerUpdateInterval=  .01;
[motionManager
startAccelerometerUpdatesToQueue:  [NSOperationQueue currentQueue]
withHandler:^(CMAccelerometerData *accelData, NSError *error){
//Do something with the acceleration data here!
}];
```

在上述代码中，第 1 行代码分配并初始化运动管理器，类似的代码读者应该已经见过几十次了。第 2 行代码请求加速计每隔 0.01 秒发送一次更新，即每秒发送 100 次更新。第 3～7 行代码启动加速计更新，并指定了每次更新时都将调用的处理程序块。

上述代码看起来令人迷惑，为了更好地理解其格式，建议读者阅读 CMMotionManager 文档。基本上，它像是在 startAccelerometerUpdatesToQueue:withHandler 调用中定义的一个新方法。

给这个处理程序传递了两个参数——accelData 和 error，其中前者是一个 CMAccelerometerData 对象，而后者的类型为 NSError。对象 accelData 包含一个 acceleration 属性，其类型为 CMA cceleration，这是我们感兴趣的信息，包含沿 x 轴、y 轴和 z 轴的加速度。要使用这些输入数据，可以在处理程序中编写相应的代码（在该代码段中，当前只有注释）。

陀螺仪更新的工作原理几乎与此相同，但需要设置 Core Motion 运动管理器的 gyroUpdate Interval 属性，并使用 startGyroUpdatesToQueue:withHandler 开始接收更新。陀螺仪的处理程序接收一个类型为 CMGyroData 的对象 gyroData，还与加速计处理程序一样，接收一个 NSError 对象。我们感兴趣的是 gyroData 的 rotation 属性，其类型为 CMRotationRate。这个属性提供了绕 x 轴、y 轴和 z 轴的旋转速度。

> **注意** 只有 2010 年后的设备支持陀螺仪。要检查设备是否提供了这种支持，可以使用 CMMotionManager 的布尔属性 gyroAvailable，如果其值为 YES，则表明当前设备支持陀螺仪，可使用它。

处理完加速计和陀螺仪更新后，便可停止接收这些更新，为此可分别调用 CMMotion Manager 的方法 stopAccelerometerUpdates 和 stopGyroUpdates。

> **注意** 前面没有解释包含 NSOperationQueue 的代码。操作队列（operation queue）是一个需要处理的操作（如加速计和陀螺仪读数）列表。需要使用的队列已经存在，可使用代码[NSOperationQueue currentQueue]。只要您这样做，就无需手工管理操作队列。

17.2.2 实战演练——检测朝向演练

为了介绍如何检测移动，将首先创建一个名为“Orientation”的应用程序。该应用程序不会让用户叫绝，它只指出设备当前处于 6 种可能朝向中的哪种。本实例能够检测朝向正立、倒立、左立、右立、正面朝向和正面朝下。在实例中将设计一个只包含一个标签的界面，然后编写一个方法，每当朝向发生变化时都调用这个方法。为了让这个方法被调用，必须向 NSNotificationCenter 注册，以便在合适的时候收到通知。本实例需改变界面，能够处理倒立和左立朝向。

实例 17-2	检测朝向
源码路径	光盘:\daima\17\chao

1. 创建项目

首先启动 Xcode 并新建一个项目，在此使用模板 Single View Application，并将新项目命名为“chao”，如图 17-5 所示。

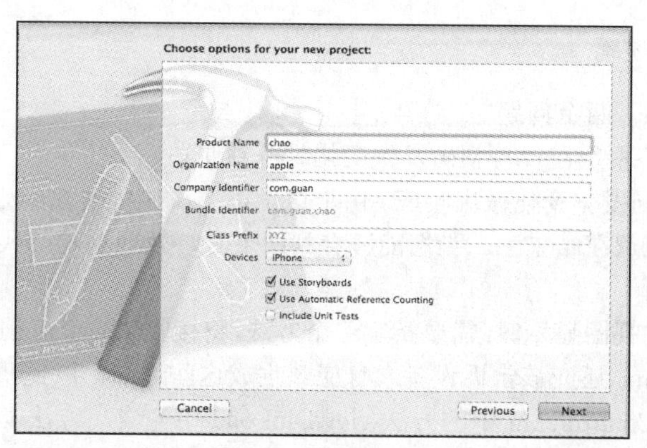

▲图 17-5 新建工程

在这个项目中，主视图只包含一个标签，它可通过代码进行更新。该标签名为“orientation Label”，将显示一个指出设备当前朝向的字符串。

2. 设计 UI

该应用程序的 UI 很简单（也很时髦）——一个黄色文本标签漂浮在一片灰色海洋中。为了创建界面，首先选择文件 MainStoryboard.storyboard，在 Interface Builder 编辑器中打开它。接下来打开对象库（“View”→“Utilities”→“Show Object Library”），拖曳一个标签到视图中，并将其文本设置为“朝向”。

使用 Attributes Inspector（“Option+Command+4”）设置标签的颜色，增大字号并让文本居中。在配置标签的属性后，对视图做同样的处理，将其背景色设置成与标签相称。最终的视图应与如图 17-6 所示的界面类似。

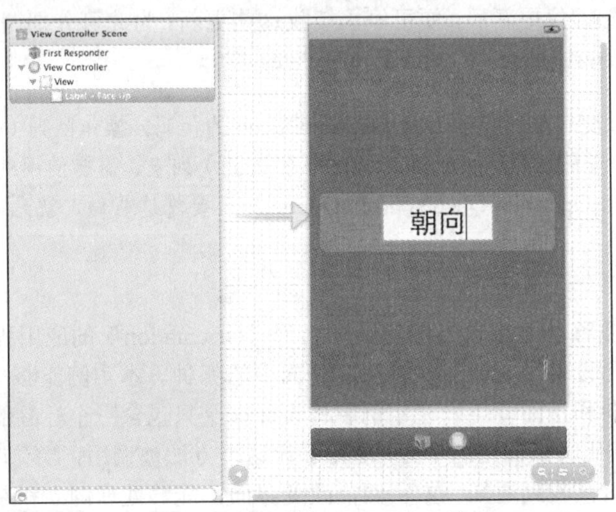

▲图 17-6　应用程序 Orientation 的 UI

3. 创建并连接输出口

在加速器指出设备的朝向发生变化时，该应用程序需要能够修改标签的文本。为此需要为前面添加的标签创建连接。在界面可见的情况下，切换到助手编辑器模式。

按住“Control”键，从标签拖曳到文件 ViewController.h 中代码行@interface 下方，并在 Xcode 提示时将输出口命名为“orientationLabel”。这就是到代码的桥梁——只有一个输出口，没有操作。

4. 实现应用程序逻辑

接下来需要解决如下两个问题。

● 必须告诉 iOS，希望在设备朝向发生变化时得到通知。

● 必须对设备朝向发生变化做出响应。由于这是第一次接触通知中心，它可能看起来有点不同寻常，但是请将重点放在结果上。当您能够看到结果时，处理通知的代码就不难理解了。

（1）注册朝向更新

当这个应用程序的视图显示时，需要指定一个方法，将接收来自 iOS 的 UIDeviceOrientationDidChangeNotification 通知。还应该告诉设备本身应该生成这些通知，以便我们做出响应。所有这些工作都可在文件 ViewController.m 中的方法 viewDidLoad 中完成。方法 viewDidLoad 的实现代码如下所示。

```
- (void)viewDidLoad
{
    [[UIDevice currentDevice]beginGeneratingDeviceOrientationNotifications];

    [[NSNotificationCenter defaultCenter]
     addObserver:self selector:@selector(orientationChanged:)
     name:@"UIDeviceOrientationDidChangeNotification"
     object:nil];

    [super viewDidLoad];
}
```

（2）判断朝向

为了判断设备的朝向，需要使用 UIDevice 的属性 orientation。属性 orientation 的类型为 UIDeviceOrientation，这是简单常量，而不是对象。这意味着可以使用一条简单的 switch 语句检查每种可能的朝向，并在需要时更新界面中的标签 orientationLabel。方法 orientationChanged 的实现代码如下所示。

```
- (void)orientationChanged:(NSNotification *)notification {

    UIDeviceOrientation orientation;
    orientation = [[UIDevice currentDevice] orientation];

    switch (orientation) {
        case UIDeviceOrientationFaceUp:
            self.orientationLabel.text=@"Face Up";
            break;
        case UIDeviceOrientationFaceDown:
            self.orientationLabel.text=@"Face Down";
            break;
        case UIDeviceOrientationPortrait:
            self.orientationLabel.text=@"Standing Up";
            break;
        case UIDeviceOrientationPortraitUpsideDown:
            self.orientationLabel.text=@"Upside Down";
            break;
        case UIDeviceOrientationLandscapeLeft:
            self.orientationLabel.text=@"Left Side";
            break;
        case UIDeviceOrientationLandscapeRight:
            self.orientationLabel.text=@"Right Side";
            break;
        default:
            self.orientationLabel.text=@"Unknown";
            break;
    }
}
```

上述实现代码的逻辑非常简单，每当收到设备朝向更新时都会调用这个方法。将通知作为参数传递给了这个方法，但没有使用它。到此为止，整个实例介绍完毕，执行后的效果如图 17-7 所示。

▲图 17-7　执行效果

如果您在 iOS 模拟器中运行该应用程序，可以旋转虚拟硬件（从菜单“Hardware”中选择“Rotate Left”或“Rotate Right”），但无法切换到正面朝上和正面朝下这两种朝向。

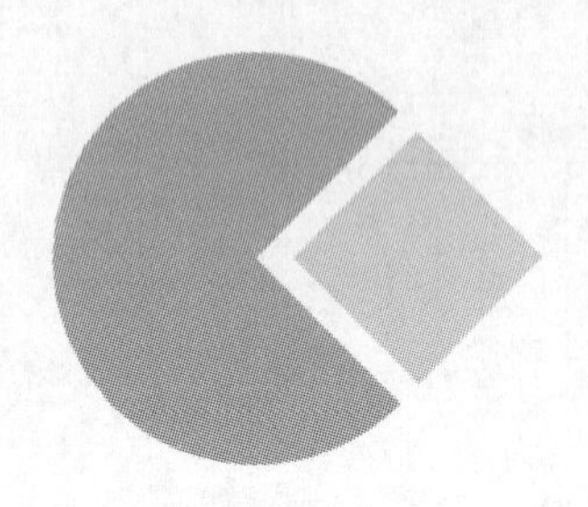

第 18 章　地址簿、邮件和 Twitter

本书前面的内容详细讲解了与 iOS 设备的硬件和软件的各个部分进行交互的知识。例如访问音乐库和使用加速计、陀螺仪等。Apple 通过 iOS 让开发人员能够访问这些功能。除本书前面介绍过的功能外，我们开发的 iOS 应用程序还可利用其他内置功能。本章将向大家讲解如下知识。

- 使用 Twitter 编写推特信息（tweet）。
- 使用 Mail 应用程序创建并发送电子邮件。
- 访问地址簿。

18.1 地址簿

地址簿（Address Book）是一个共享的联系人信息数据库，任何 iOS 应用程序都可使用。通过提供共享的常用联系人信息，而不是让每个应用程序管理独立的联系人列表，可改善用户体验。在拥有共享的地址簿后，无需在不同的应用程序中多次添加联系人，在一个应用程序中更新联系人信息后，其他所有应用程序就能够立刻使用它们。iOS 通过两个框架提供了全面的地址簿数据库访问功能，分别是 Address Book 和 Address Book UI。本节将讲解地址簿的基本知识。

18.1.1 框架 Address Book UI

Address Book UI 框架是一组用户界面类，封装了 Address Book 框架，并向用户提供了使用联系人信息的标准方式，如图 18-1 所示。

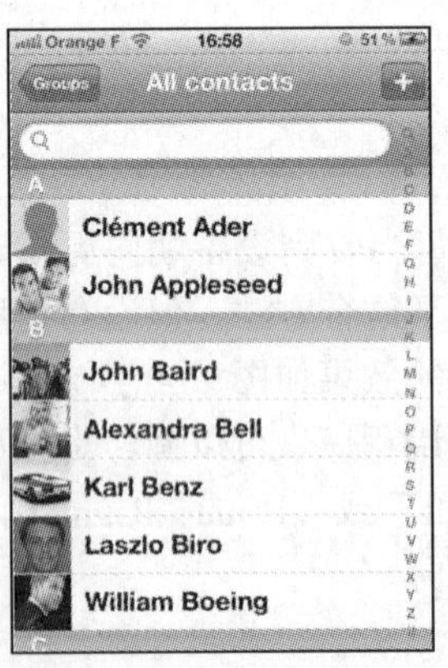

▲图 18-1　访问地址簿

通过使用 Address Book UI 框架的界面，可以让用户在地址簿中浏览、搜索和选择联系人，显示并编辑选定联系人的信息，以及创建新的联系人。在 iPhone 中，地址簿以模态视图的方式显示在现有视图上面；而在 iPad 中，我们也可以选择这样做，还可以编写代码让地址簿显示在弹出框中。

在使用框架 Address Book UI 之前，需要先将其加入到项目中，并导入其接口文件：

```
#import <AddressBookUI/AddressBookUI.h>
```

要显示让用户能够从地址簿中选择联系人的 UI，必须声明、分配并初始化一 ABPeoplePicker NavigationController 实例。这个类提供一个显示地址簿 UI 的视图控制器，让用户能够选择联系人。还必须设置委托，以指定对返回的联系人进行处理的对象。最后，在应用程序的主视图控制器中，使用 presentModalViewController:animated 显示联系人选择器，演示代码如下所示：

```
ABPeoplePickerNavigationController *picker;
picker=[[ABPeoplePickerNavigationController alloc]  init];
picker.peoplePickerDelegate=self;
[self presentModalViewController:picker animated:YES];
```

显示联系人选择器后，就只需等待用户做出选择了。联系人选择器负责显示 UI 以及用户与地址簿的交互。然而，用户做出选择后，我们必须通过地址簿联系人选择器导航控制器委托（这有点拗口）进行处理。

在此将其简称为联系人选择器委托，它定义了多个（准确地说是 3 个）方法，这些方法决定了用户选择地址簿中的联系人时，将如何做出响应。实现这些方法的类（如应用程序的视图控制器类）必须遵守协议 ABPeoplePickerNavigationControllerDelegate。

需要实现的第一个委托方法是 peoplePickerNavigationControllerDidCancel。用户在联系人选择器中取消选择时将调用这个方法，所以在这个方法中，只需使用方法 dismissModalViewController Animated 关闭联系人选择器即可，例如下面的代码关闭了联系人选择器。

```
-(void) peoplePickerNavigationControllerDidCancel:
   (ABPeoplePickerNavigationController *)peoplePicker{
   [self dismissModalViewControllerAnimated:YES];
   }
```

为了在用户触摸联系人时做出响应，需要实现委托方法 peoplePickerNavigationController: shouldContinueAfterSelectingPerson:，这个方法有如下两个用途。

① 它接受一个指向用户触摸的地址簿联系人的引用，我们可使用框架 Address Book 对该联系人进行处理。

② 如果想让用户向下挖掘，进而选择该联系人的属性，可返回 YES;如果只想让用户选择联系人，可以返回 NO。您很可能在应用程序中采取第二种方式，例如下面的演示代码关闭了联系人选择器。

```
1: - (BOOL)peoplePickerNavigationContraller:
2: (ABPeoplePickerNavigationController *)peoplePicker
3:shouldContinueAfterSelectingPerson: (ABRecordRef) person{
4:
5:    //work with the"person"  address book record here
6:
7:    [self dismissModalViewControllerAnimated:YES];
8:   return NO;
9:  }
```

这样，当用户触摸联系人选择器中的联系人时会调用这个方法。在这个方法中，可以通过地址簿记录引用 person 访问选定联系人的所有信息，并对联系人进行处理。在这个方法的最后，必须关闭联系人选择器这一模态视图（第 7 行）并返回 NO，这表明我们不想让用户在地址簿中进一步挖掘。

除此之外，我们必须实现的最后一个委托协议方法是 peoplePickerNavigationController:should ContinueAfterSelectingPerson:property:identifier。如果允许用户进一步挖掘联系人的信息，将调用

这个方法。它返回用户触摸的联系人的属性，还必须返回 YES 或 NO，这取决于您是否允许用户进一步挖掘属性。但是如果方法 peoplePickerNavigationController: shouldContinueAfterSelectingPerson:返回 NO，就不会调用这个方法。虽然如此，还是必须实现这个方法，例如下面的代码处理了用户进一步挖掘属性。

```
- ( BOOL) peoplePickerNavigationController:
(ABPeoplePickerNavigationController *)peoplePicker
shouldContinueAfterSelectingPerson: (ABRecordRef) person
property: (ABPropertyID) property
identifier: (ABMultiValueIdentifier) identifier{
//We won't get to this delegate method
return NO;
}
```

这就是与框架 Address Book UI 交互的基本骨架，但没有提供对返回的数据进行处理的代码。要对返回的数据进行处理，必须使用框架 Address Book。

18.1.2　框架 Address Book

通过使用 Address Book 框架，应用程序可以访问地址簿，从而检索和更新联系人信息以及创建新的联系人。例如，要处理联系人选择器返回的数据，就需要这个框架。Address Book 是一个基于 Core Foundation 的老式框架，这意味着该框架的 API 和数据结构都是使用 C 语言而不是 Objective-C 编写的。要想使用这个框架，需要将其加入到项目中，并导入其接口文件：

```
#import <AddressBook/AddressBook.h>
```

框架 Address Book 中的 C 语言函数的语法很容易理解，例如要实现方法 peoplePickerNavigationController:shouldContinueAfterSelectingPerson: 。通过该方法接受的参数 person（ABRecordRef）可以访问相应联系人的信息，方法是调用函数 ABRecordCopy（<ABRecordRef, <requested property>）。

要想获取联系人的名字，可以编写如下所示的代码：

```
firstName=(_bridge NSString *)ABRecordCopyValue(person,
kABPersonFirstNameProperty);
```

要想访问可能包含多个值的属性(其类型为 ABMultiValueRef)，可使用函数 ABMultiValueGetCount。例如，要确定联系人有多少个电子邮件地址，可编写如下代码实现：

```
ABMultiValueRef emailAddresses;
emailAddresses=ABRecordCopyValue(person, kABPersonEmailProperty);
int  countOfAddresses=ABMultiValueGetCount (emailAddresses);
```

接下来，要获取联系人的第一个电子邮件地址，可使用函数 ABMultiValueCopyValueAtIndex (<ABMultiValueRef>,<index>);实现。

```
firstEmail= (_bridge NSString *)ABMultiValueCopyValueAtIndex (emailAddresses,0);
```

有关可存储的联系人属性（包括是否是多值属性）的完整列表，请参阅 iOS 开发文档中的 ABPerson 参考。

18.2　电子邮件

在本书有关多媒体的章节中，曾经讲解了如何显示 iOS 提供的一个模态视图，让用户能够使用 Apple 的图像选择器界面中选择照片的方法。显示系统提供的模态视图控制器是 iOS 常用的一种方式，Message UI 框架也使用这种方式来提供用于发送电子邮件的界面。

在使用框架 Message UI 之前，必须先将其加入到项目中，并在要使用该框架的类（可能是视图控制器）中导入其接口文件：

```
#import <MessageUI/MessageUI.h>
```

要想显示邮件书写窗口，我们必须分配并初始化一个 MFMailComposeViewController 对象，它负责显示电子邮件。然后需要创建一个用作收件人的电子邮件地址数组，并使用方法 setToRecipients 给邮件书写视图控制器配置收件人。最后需要指定一个委托，它负责在用户发送邮件后做出响应，再使用 presentModalViewController 显示邮件书写视图。例如下面的代码是这些功能的一种简单实现。

```
1: MFMailComposeViewController *mailComposer;
2: NSArray *emailAddresses;
3:
4: mailComposer=[[MFMailComposeViewController alloc]init];
5: emailAddresses=[[ NSArray  alloc]initWithObj ects:@"me@myemail.com",nil];
6:
7: mailComposer.mailComposeDelegate=self;
8:  [mailComposer setToRecipients:emailAddresses];
9:  [self presentModalViewController:mailComposer animated:YES];
```

在上述代码中， 第 1 行和第 2 行代码分别声明了邮件书写视图控制器和电子邮件地址数组。第 4 行代码分配并初始化邮件书写视图控制器。 第 5 行使用一个地址 me@myemail.com 来始化邮件地址数组。第 7 行代码设置邮件书写视图控制器的委托，委托负责执行用户发送或取消邮件后需要完成的任务。第 8 行代码给邮件书写视图控制器指定收件人，而第 9 行代码显示邮件书写窗口。

与联系人选择器一样，要使用电子邮件书写视图控制器，也必须遵守协议 MFMailComposeViewControllerDelegate。该协议定义了一个清理方法 mailComposeController:didFinishWithResult:error，该方法将在用户使用完邮件书写窗口后被调用。在大多数情况下，在这个方法中只需关闭邮件书写视图控制器的模态视图即可，例如，下面的代码在用户使用完邮件书写视图控制器后做出响应。

```
- ( void) mailComposeController: (MFMailComposeViewController *) controller
didFinishWithResult: (MFMailComposeResult) result
error: (NSError*) error{
 [self dismissModalViewControllerAnimated:YES];
}
```

如果要获悉邮件书写视图关闭的原因，可以查看 result（其类型为 MFMailComposeResult)的值。其取值为下述常量之一：

```
MFMailComposeResultCancell
  MFMailComposeResultSaved
MFMailComposeResultSent
MFMailComposeResultFailede
```

18.3 使用 Twitter 发送推特信息

使用 Twitter 发送推特信息的流程与准备电子邮件的流程很像。要想使用 Twitter，必须包含框架 Twitter，创建一个推特信息书写视图控制器，再以模态方式显示它。图 18-2 显示了推特信息书写对话框。

▲图 18-2　在 iOS 中使用 Twitter

但是不同于邮件书写视图，显示推特信息书写视图后，无需做任何清理工作，只需显示这个视图即可。下面来看看实现这项功能的代码。

首先，在项目中加入框架 Twitter 后，必须导入其接口文件：

```
#import <Twitter/Twitter.h>
```

然后必须声明、分配并初始化一个 TWTweetComposeViewController，以提供用户界面。在发送推特信息之前，必须使用 TWTweetComposeViewController 类的方法 canSendTweet 确保用户配置了活动的 Twitter 账户。然后便可以使用方法 setInitialText 设置推特信息的默认内容，然后再显示视图。例如下面的代码演示了准备发送推特信息的实现。

```
TWTweetComposeViewController *tweetComposer;
tweetComposer=[[TWTweetComposeViewController alloc] init];
if([TWTweetComposeViewController canSendTweet]) {
[tweetComposer setInitialText:@“Hello World.”];
[self presentModalViewController:tweetComposer animated:YES];
}
```

在显示这个模态视图后就大功告成了。用户可修改推特信息的内容，将图像作为附件，取消或发送推特信息。 这只是一个简单的示例，在现实中还有很多其他方法用于与多个 Twitter 账户相关的功能、位置等。如果要在用户使用完推特信息书写窗口时获悉这一点，可以添加一个回调函数。如果需要实现更高级的 Twitter 功能，请参阅 Xcode 文档中的 Twitter Framework Reference。

18.4 实战演练——联合使用地址簿、电子邮件、Twitter和地图

在本节的演示实例中，将让用户从地址簿中选择一位好友。用户选择好友后，应用程序将从地址簿中检索有关这位好友的信息，并将其显示在屏幕上，这包括姓名、照片和电子邮件地址。并且用户还可以在一个交互式地图中显示朋友居住的城市以及给朋友发送电子邮件或推特信息，这些都将在一个应用程序屏幕中完成。本实例涉及的领域很多，但您无需输入大量代码。首先创建界面，然后添加地址簿、地图、电子邮件和 Twitter 功能。实现其中每项功能时，都必须添加框架，并在视图控制器接口文件中添加相应的#import 编译指令。也就是说，如果程序不能正常运行，请确保没有遗漏添加框架和导入头文件的步骤。

实例 18-1	联合使用地址簿、电子邮件、Twitter 和地图
源码路径	光盘:\daima\18\lianhe

18.4.1 创建项目

启动 Xcode，使用模板 Single View Application 新建一个名为“lianhe”的项目。本实例需要添加多个框架，并且还需建立几个一开始就知道的连接。

添加框架

选择项目“lianhe”的顶级编组，并确保选择了默认目标“lianhe” 。单击编辑器中的标签“Summary”，在该选项卡中向下滚动到“Linked Frameworks and Libraries”部分。单击列表下方的“+”按钮，从出现的列表中选择“AddressBook.framework”，再单击“Add”按钮。重复上述操作，分别添加如下框架：

- AddressBookUl.frameworkMapKitframework
- CoreLocation.framework
- MessageUI.framework
- Twitter.framework

添加框架后，将它们拖放到编组 Frameworks 中，这样可以让项目显得更加整洁有序。最后的项目代码编组如图 18-3 所示。

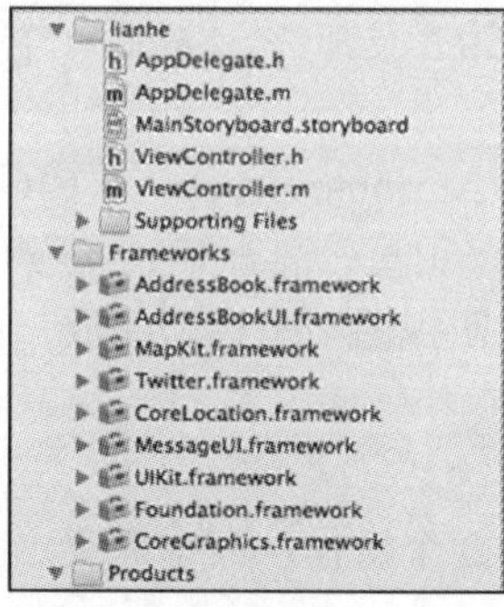

▲图 18-3　项目代码编组

在本实例中，将让用户从地址簿中选择一个联系人，并显示该联系人的姓名、电子邮件地址和照片。对于姓名和电子邮件地址，将通过两个名为“name”和“email”的标签（UILabel）显示；而对于照片，将通过一个名为“photo”的 UIImageView 显示。最后，需要显示一个地图（MKMap View），我们将通过输出口 map 引用它；还需要一个类型为 MKPlacemark 的属性/实例变量 zip Annotation，它表示地图上的一个点，将在这里显示特殊的标注。

本应用程序还将实现如下所示的 3 个操作。

- newBFF：让用户能够从地址簿选择一位朋友。
- sendEmail：让用户能够给朋友发送电子邮件。
- sendTweet：让用户能够在 Twitter 上发布信息。

18.4.2 设计界面

打开界面文件 MainStoryboard.storyboard 给应用程序设计 UI，最终的 UI 视图界面如图 18-4 所示。

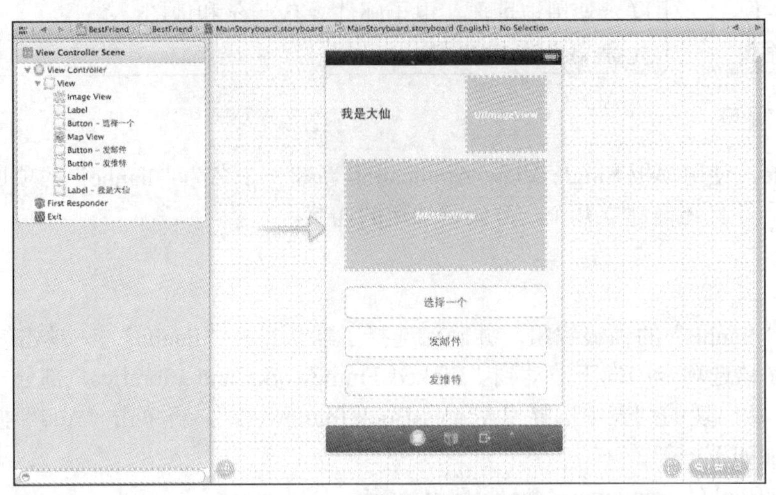

▲图 18-4　最终的 UI 视图界面

在项目中添加两个标签（UILabel），其中一个较大，用于显示朋友的姓名，另一个显示朋友的电子邮件地址。在笔者设计的 UI 中，清除了电子邮件地址标签的内容。接下来添加一个 UIImage View，用于显示地址簿中朋友的照片；使用 Attributes Inspector 将缩放方式设置为 Aspect Fit。将一个地图视图（MKMapView）拖放到界面中，这个地图视图将显示您所处的位置以及朋友居住的城市。最后，添加 3 个按钮（UIButton），一个按钮用于选择朋友，其标题为“选择一个”；另一个用于给朋友发送电子邮件，标题为“发邮件”；最后一个使用您的 Twitter 账户发送推特消息，其标题为“发推特”。

添加地图视图后，选择它并打开 Attributes Inspector（“Option+Command+4”）。使用下拉列表 Type（类型）指定要显示的地图类型（卫星、混合等），再激活所有的交互选项。这将让地图显示用户的当前位置，并让用户能够在地图视图中平移和缩放，就像地图应用程序一样。

18.4.3　创建并连接输出口和操作

在此总共需要定义 4 个输出口和 3 个操作，其中需要定义如下所示的输出口。

- 包含联系人姓名的标签（UILabel）：name。
- 包含电子邮件地址的标签（UILabel）：email。
- 显示联系人姓名的图像视图（UIImageView）：photo。
- 地图视图（MKMapView）：map。

需要定义如下所示的 3 个操作。

- Choose a Buddy 按钮（UIButton）：newBFF。
- Send Email 按钮（UIButton）：sendEmail。
- Send Tweet 按钮（UIButton）：sendTweet。

切换到助手编辑器模式，并打开文件 MainStoryboard.storyboard，以便开始建立连接。

1. 添加输出口

按住“Control”键，从显示选定联系人姓名的标签拖曳到 ViewController.h 中代码行@interface 下方。在 Xcode 提示时，将输出口命名为“name”。对电子邮件地址标签重复上述操作，将输出口命名为“email”。最后，按住“Control”键，从地图视图拖曳到 ViewController.h，并新建一个名为“map”的输出口。

2. 添加操作

按住“Control”键，从“选择一个”按钮拖曳到刚创建的属性下方。在 Xcode 提示时，新建一个名为“newBFF”的操作。重复上述操作，将按钮“发邮件”连接到操作 sendEmail，将按钮“发推特”连接到 sendTweet。在地图视图的实现中，可以包含一个委托方法（mapView:viewForAnnotation)，这用于定制标注。为将地图视图的委托设置为视图控制器，可以编写代码“self.map.delegate= self”，也可以在 Interface Builder 中，将地图视图的输出口 delegate 连接到文档大纲中的视图控制器。

选择地图视图并打开 Connections Inspector（“Option+ Command+6”）。从输出口 delegate 拖曳到文档大纲中的视图控制器。

18.4.4 实现地址簿逻辑

访问地址簿由两部分组成，即显示让用户能够选择联系人的视图（ABPeoplePicker Navigation Controller 类的实例）以及读取选定联系人的信息。要完成这个功能，需涉及两个步骤和两个框架。

1. 为使用框架 Address Book 做准备

要想显示地址簿 UI 和地址簿数据，必须导入框架 Address Book 和 Address BookUI 的头文件，并指出将实现协议 ABPeoplePickerNavigationControllerDelegate。

打开文件 ViewController.h，在现有编译指令#import 后面添加如下代码行。

```
#import <AddressBook/AddressBook.h>
#import <AddressBookUI/AddressBookUI.h>
```

接下来，修改代码行@interface，在其中添加<ABPeoplePickerNavigationControllerDelegate>，功能是指出我们要遵守协议 ABPeoplePickerNavigationControllerDelegate。

```
@interface ViewController:  UIViewController
<ABPeoplePickerNavigationControllerDelegate>
```

2. 显示地址簿联系人选择器

当用户按“选择一个”按钮时，应用程序需显示联系人选择器这一模态视图，它向用户提供与应用程序“通信录”类似的界面。在文件 ViewController.m 的方法 newBFF 中，分配并初始化一个联系人选择器，将其委托设置为视图控制器（self）然后再显示它。这个方法的代码如下所示。

```
- (IBAction)newBFF:(id)sender {
    ABPeoplePickerNavigationController *picker;
    picker=[[ABPeoplePickerNavigationController alloc] init];
    picker.peoplePickerDelegate = self;
    [self presentModalViewController:picker animated:YES];
}
```

在上述代码中，第 2 行代码将 picker 声明为一个 ABPeoplePickerNavigationController 实例，用于显示系统地址簿的 GU 对象。第 3～4 行代码分配该对象，并将其委托设置为 ViewController（self）。第 5 行代码将联系人选择器作为模态视图显示在现有用户界面上面。

3. 处理取消和挖掘

对本实例来说，只需知道用户选择的朋友，而不希望用户继续选择或编辑联系人属性。因此需要将委托方法 peoplePickerNavigationContoller:peoplePicker:shouldContinueAfterSelectingPerson

实现为返回 NO，这是这个应用程序的核心方法。还需让委托方法关闭联系人选择器模态视图，并将控制权交给 ViewController。

但是还必须实现联系人选择器委托协议定义如下两个方法。

- 处理用户取消选择的情形（peoplePickerNavigationControllerDidCancel）。
- 处理用户深入挖掘联系人属性的情形（peoplePickerNavigationController:shouldContinueAfterSelectingPerson:property: identifier）。

在文件 ViewController.m 中，实现方法 peoplePickerNavigationControllerDidCancel，此方法用于处理用户在联系人选择器中取消选择，具体代码如下所示：

```
- (void)peoplePickerNavigationControllerDidCancel:
(ABPeoplePickerNavigationController *)peoplePicker {
    [self dismissModalViewControllerAnimated:YES];
}
```

将方法 peoplePickerNavigationController:shouldContinueAfterSelectingPerson:property:identifier 实现为返回 NO，此方法用于处理用户在联系人选择器中取消选择，具体代码如下所示。

```
- (BOOL)peoplePickerNavigationController:
(ABPeoplePickerNavigationController *)peoplePicker
      shouldContinueAfterSelectingPerson:(ABRecordRef)person
                              property:(ABPropertyID)property
                            identifier:(ABMultiValueIdentifier)identifier {
    //We won't get to this delegate method

    return NO;
}
```

4. 选择、访问和显示联系人信息

如果用户没有取消选择，将调用委托方 peoplePickerNavigationContoller:peoplePicker:shouldContinueAfterSelectingPerson，并通过一个 ABRecordRef 将选定联系人传递给该方法。ABRecordRef 是在前面导入的 Address Book 框架中定义的。就本实例来说，将分别读取联系人的名字、照片、电子邮件地址和邮政编码共 4 项信息，在读取照片前需要检查联系人是否有照片。在此需要注意，返回的联系人名字和照片并非 Cocoa 对象（即 NSString 和 UIImage），而是 Core Foundation 中的 C 语言数据，因此需要使用 Address Book 框架中的函数 ABRecordCopyValue 和 UIImage 的方法 imageWithData 进行转换。

对于电子邮件地址和邮政编码，必须处理可能返回多个值的情形。就这些数据而言，也将使用 ABRecordCopyValue 获取指向数据集的引用，再使用函数 ABMultiValueGetCount 来核实联系人至少有一个电子邮件地址（或邮政编码），然后使用 ABMultiValueCopyValueAtIndex 复制第一个电子邮件地址或邮政编码。

在文件 ViewController.m 中添加一个委托方法 peoplePickerNavigationController:shouldContinueAfterSelectingPerson，此方法能够在用户选择了联系人时做出响应，具体代码如下所示。

```
- (BOOL)peoplePickerNavigationController:
(ABPeoplePickerNavigationController *)peoplePicker
    shouldContinueAfterSelectingPerson:(ABRecordRef)person {

    // Retrieve the friend's name from the address book person record
    NSString *friendName;
    NSString *friendEmail;
    NSString *friendZip;

    friendName=(__bridge NSString *)ABRecordCopyValue
                (person, kABPersonFirstNameProperty);
```

```
    self.name.text = friendName;

    ABMultiValueRef friendAddressSet;
    NSDictionary *friendFirstAddress;
    friendAddressSet = ABRecordCopyValue
                (person, kABPersonAddressProperty);

    if (ABMultiValueGetCount(friendAddressSet)>0) {
        friendFirstAddress = (__bridge NSDictionary *)
                ABMultiValueCopyValueAtIndex(friendAddressSet,0);
        friendZip = [friendFirstAddress objectForKey:@"ZIP"];
        [self centerMap:friendZip showAddress:friendFirstAddress];
    }

    ABMultiValueRef friendEmailAddresses;
    friendEmailAddresses = ABRecordCopyValue
                  (person, kABPersonEmailProperty);

    if (ABMultiValueGetCount(friendEmailAddresses)>0) {
        friendEmail=(__bridge NSString *)
                ABMultiValueCopyValueAtIndex(friendEmailAddresses, 0);
        self.email.text = friendEmail;
    }

    if (ABPersonHasImageData(person)) {
        self.photo.image = [UIImage imageWithData:
                (__bridge NSData *)ABPersonCopyImageData(person)];
    }

    [self dismissModalViewControllerAnimated:YES];
    return NO;
}
```

18.4.5　实现地图逻辑

本章前面在项目中添加了两个框架——Core Loaction 和 Map Kit，其中前者负责定位，而后者用于显示嵌入式 Google Map。要访问这些框架提供的函数，还需导入它们的接口文件。

1. 为使用 Map Kit 和 Core Location 做准备

在文件 ViewController.h 中，在现有编译指令#import 后面添加如下代码行：

```
#import <MapKit/MapKit.h>
#import <CoreLocation/CoreLocation.h>
```

现在可以使用位置并以编程方式控制地图了，但还需做一项设置工作，将添加到地图中的标注。我们需要创建一个实例变量/属性，以便能够在应用程序的任何地方访问该标注。所以在文件 ViewController.h 中，在现有属性声明下方添加一个@property 编译指令：

```
@property (strong, nonatamic) MKPlacemark *zipAnnotation;
```

在声明属性 zipAnnotation 后，还需要在文件 ViewConlroller.m 中添加配套的编译指令@synthesize:

```
@synthesize zipAnnotation;
```

在方法 viewDidUnload 中，将该实例变量设置为 nil:

```
[self setZipAnnotation:nil];
```

2. 控制地图的显示

通过使用 MKMapView，无需编写任何代码就可显示地图和用户的当前位置，所以在本实例程序中，只需获取联系人的邮政编码，确定其对应的经度和纬度，再放大地图并以这个地方为中心。我们还将在这个地方添加一个图钉，这就是属性 zipAnnotation 的用途 。但是 Map Kit 和 Core Location 都没有提供将地址转换为坐标的功能，但 Google 提供了这样的服务。通过请求 http://maps.google.com/maps/geo?output=csv&q=<address>，可获取一个用逗号分隔的列表，其中的第 3 个值和第 4 个值分别为纬度和经度。发送给 Google 的地址非常灵活，可以是城市、省、邮政编码或街道。无论您提供什么样的信息，Google 都尽力将其转换为坐标。如果提供的是邮政编码，该邮政编码标识的区域将位于地图中央，这正是我们所需要的。在知道位置后，需要指定地图的中心并放大地图。为保持应用程序的整洁，将在方法 centerMap:showAddress 中实现这些功能。这个方法接收两个参数，即字符串参数 zipCode（邮政编码）和字典参数 fullAddress（从地址簿返回的地址字典）。邮政编码将用于从 Google 获取经度和纬度，然后调整地图对象以显示该区域；而地址字典将被标注视图用于显示注解。

首先在文件 ViewController.h 中，在添加的 IBAction 后面添加该方法的原型：

```
- (void) centerMap: (NSString*) zipCode showAddress: (NSDictionary*)fullAddress;
```

然后打开实现文件 ViewController.m，并添加方法 centerMap，通过此方法添加标注，具体代码如下所示。

```
- (void)centerMap:(NSString*)zipCode
     showAddress:(NSDictionary*)fullAddress {
    NSString *queryURL;
    NSString *queryResults;
    NSArray *queryData;
    double latitude;
    double longitude;
    MKCoordinateRegion mapRegion;

    queryURL = [[NSString alloc]
               initWithFormat:
               @"http://maps.google.com/maps/geo?output=csv&q=%@",
               zipCode];

    queryResults = [[NSString alloc]
                   initWithContentsOfURL: [NSURL URLWithString:queryURL]
                   encoding: NSUTF8StringEncoding
                   error: nil];
    queryData = [queryResults componentsSeparatedByString:@","];

    if([queryData count]==4) {
        latitude=[[queryData objectAtIndex:2] doubleValue];
        longitude=[[queryData objectAtIndex:3] doubleValue];
        //      CLLocationCoordinate2D;
        mapRegion.center.latitude=latitude;
        mapRegion.center.longitude=longitude;
        mapRegion.span.latitudeDelta=0.2;
        mapRegion.span.longitudeDelta=0.2;
        [self.map setRegion:mapRegion animated:YES];

        if (zipAnnotation!=nil) {
            [self.map removeAnnotation: zipAnnotation];
        }
        zipAnnotation = [[MKPlacemark alloc]
                        initWithCoordinate:mapRegion.center
                        addressDictionary:fullAddress];
        [map addAnnotation:zipAnnotation];
    }
}
```

3. 定制图钉标注视图

如果要定制标注视图，可以实现地图视图的委托方法 mapView:viewForAnnotation，通过此方法定制标注视图，具体代码如下所示。

```
- (MKAnnotationView *)mapView:(MKMapView *)mapView
        viewForAnnotation:(id <MKAnnotation>)annotation {
    MKPinAnnotationView *pinDrop=[[MKPinAnnotationView alloc]
                        initWithAnnotation:annotation
                        reuseIdentifier:@"myspot"];
    pinDrop.animatesDrop=YES;
    pinDrop.canShowCallout=YES;
    pinDrop.pinColor=MKPinAnnotationColorPurple;
    return pinDrop;
}
```

4. 在用户选择联系人后显示地图

为了实现地图功能，需要完成的最后一项工作是将地图与地址簿选择关联起来，以便用户选择有地址的联系人时，显示包含该地址所属区域的地图。

```
[self centerMap:friendZip showAddress:friendFirstAddress];
```

修改方法 peoplePickerNavigationController:shouldContinueAfterSelectingPerson，在代码行 friendZip=[friendFirstAddressobjectForKey:@"ZIP"]，后面添加如下代码：

```
friendZip= [friendFirstAddress objectForKey:@"ZIP"];
```

18.4.6 实现电子邮件逻辑

此功能需要使用 Message UI 框架，用户可以按“发邮件”按钮向选择的朋友发送电子邮件。将使用在地址簿中找到的电子邮件地址填充电子邮件的 To（收件人）字段，然后用户可以使用 MFMailComposeViewController 提供的界面编辑并发送邮件。

1. 为使用框架 Message UI 做准备

为了导入框架 Message UI 的接口文件，在文件 ViewController.h 中添加如下代码行。

```
#import <MessageUI/MessageUI.h>
```

使用 Message UI 的类（这里是 ViewController）还必须遵守协议 MFMailComposeViewControllerDelegate。该协议定义了方法 mailComposeController: didFinishWithResult，将在用户发送邮件后被调用。在文件 ViewController.h 中，在代码行@interface 中包含这个协议：

```
@interface ViewController:UIViewController
<ABPeoplePickerNavigationControllerDelegate,
MFMailComposeViewControllerDelegate>
```

2. 显示邮件编写器

要让用户能够编写邮件，需要分配并初始化一个 MFMailComposeViewController 实例，并使用 MFMailComposeViewController 的方法 setToRecipients 配置收件人。这个方法会接收一个数组作为参数，因此需要使用选定朋友的电子邮件地址创建一个只包含一个元素的数组，以便将其传递给这个方法。配置好邮件编写器后，需要使用 presentModalViewController:animated 显示它。

因为前面将标签 email 的文本设置成了所需的邮件地址，所以只需使用 self.email.text 就可以获取朋友的邮件地址。方法 sendEmail 用于配置并显示邮件编写器，具体代码如下所示。

```
- (IBAction)sendEmail:(id)sender {
    MFMailComposeViewController *mailComposer;
    NSArray *emailAddresses;
```

```
    emailAddresses=[[NSArray alloc]initWithObjects: self.email.text,nil];

    mailComposer=[[MFMailComposeViewController alloc] init];
    mailComposer.mailComposeDelegate=self;
    [mailComposer setToRecipients:emailAddresses];
    [self presentModalViewController:mailComposer animated:YES];
}
```

3. 处理发送邮件后的善后工作

当编写并发送邮件后应该关闭模态化邮件编写窗口。为此，需要实现协议 MFMailComposeViewControllerDelegate 定义的方法 mailComposeController:didFinishWithResult。此方法在文件 ViewController.m 中实现，具体代码如下所示：

```
- (void)mailComposeController:(MFMailComposeViewController*)controller
        didFinishWithResult:(MFMailComposeResult)result
                      error:(NSError*)error {
    [self dismissModalViewControllerAnimated:YES];
}
```

由此可见，只需一行代码即可关闭这个模态视图。

18.4.7　实现 Twitter 逻辑

在本实例中，当用户按“发推特”按钮时，我们想显示推特信息编写器，其中包含默认文本“我厉害”。

1. 为使用框架 Twitter 做准备

在本实例的开头添加了框架 Twitter，此处需要导入其接口文件。在文件 ViewController.h 的 #import 语句列表末尾添加如下代码行，以导入这个接口文件：

```
#import <Twitter/Twitter.h>
```

使用基本的 Twitter 功能时，不需要实现任何委托方法和协议，因此只需添加这行代码就可以开始发送推特信息。

2. 显示推特信息编写器

要显示推特信息编写器，必须完成 4 项任务。首先，声明、分配并初始化一个 TWTweetComposeViewController 实例；然后使用 TWTweetComposeViewController 类的方法 canSendTweet 核实能否使用 Twitter，调用 TWTweetComposeViewController 类的方法 setInitialText 设置推特信息的默认内容；最后使用 presentModalViewController:animated 显示推特信息编写器。

打开文件 ViewController.m，并实现最后一个方法 sendTweet，具体代码如下所示：

```
- (IBAction)sendTweet:(id)sender {
    TWTweetComposeViewController *tweetComposer;
    tweetComposer=[[TWTweetComposeViewController alloc] init];
    if ([TWTweetComposeViewController canSendTweet]) {
        [tweetComposer setInitialText:@"我厉害"];
        [self presentModalViewController:tweetComposer animated:YES];
    }
}
```

在上述代码中，第 2～3 行代码声明并初始化一个 TWTweetComposeViewController 实例——tweetComposer。第 4 行代码检查能否使用 Twitter，如果可以，第 5 行代码将推特信息的默认内容设置为“我厉害”，而第 6 行代码显示 tweetComposer。

18.4.8 生成应用程序

单击“Run”按钮测试该应用程序，本实例项目提供了地图、电子邮件、Twitter 和地址簿功能，执行效果如图 18-5 所示。

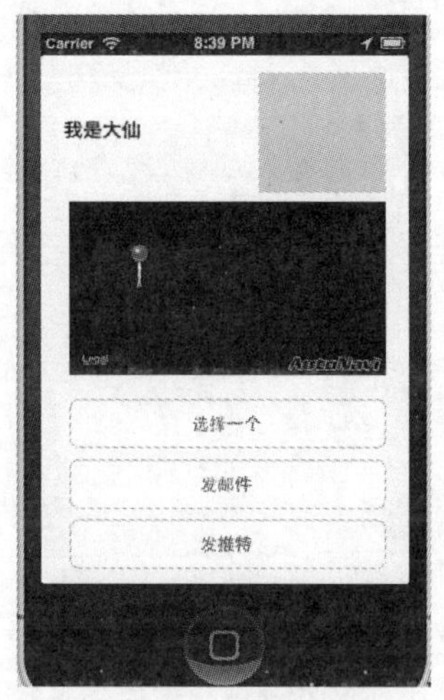

▲图 18-5 执行效果

第四部分

综合实战篇

第 19 章　体验 iOS 7 的全新功能
第 20 章　开发一个通讯录系统

第19章　体验iOS 7的全新功能

在本书第一章的内容中，曾经讲解过了iOS 7的全新功能。在这些众多功能中，其中最为突出的变化体现在UI设计上，例如，扁平化设计、仿动画设计和模糊效果。另外，iOS 7还新增了一些API，其中最主要的有iBeacons、Sprite Kit、Game Center和Game Controller Framework。在本节的内容中，将详细讲解iOS 7中新增功能的基本知识，为读者步入本书后面知识的学习打下基础。

19.1 UI方面的变化

iOS 7最大的变化莫过于UI设计，UI的变化必然带来用户使用习惯和方式的转变，如何运用iOS 7的UI，如何使自己的应用更切合新的系统，是iOS开发人员需要重点考虑的事情。另外，需要注意的是，使用iOS7 SDK打包的应用在iOS 7上运行时将会自动使用iOS 7的新界面，所以原有应用可能需要对新界面进行重大调整。具体的iOS 7中所使用的UI元素的人机交互界面文档，可以从官方网站找到（应该是需要开发者账号才能看）。在本节的内容中，将详细讲解iOS 7在UI界面上的变化，并通过具体的实例来体验这些变化。

19.1.1　新的UI变化改进

具体总结来说，在全新的iOS 7中，新的UI变化改进主要体现在如下3个方面。

（1）状态栏、导航栏和应用实际展示内容不再界限。

在全新的iOS 7系统中，系统自带的应用都不再区分状态栏和navigation bar，而是用统一的颜色力求简洁，这也算是一种未来发展的趋势。

（2）BarItem的按钮全部文字化。

iOS 7在这点做得相当坚决，所有的导航和工具条按钮都取消了拟物化，原来的文字（如Edit和Done之类）改为了简单的文字，原来的图标（如新建或者删除）也做了简化。

（3）打开程序时加入了动画效果。

在打开一个程序时，从主界面到图标所在位置的一个放大，同时显示应用的载入界面。

19.1.2　实战演练——体验扁平化设计风格

本演示实例体现了iOS 7扁平化设计风格的UISwitch 。允许使用者进行颜色的深度自定义，在此可以定义边框的颜色，开/关的颜色以及按钮的颜色。并且在实例中还提供了"onTintColor","thumbTintColor"以及"offTintColor"选项。

实例19-1	实现扁平化设计风格
源码路径	光盘:\daima\19\MBSwitchDemo

本实例的具体实现流程如下所示。

1. 设计 UI 视图

（1）新建一个名为“MBSwitchDemo”的 Xcode 工程，在视图顶部插入两个 Label 控件，设置文本内容分别为“ Animated :”和“Not animated :”，如图 19-1 所示。

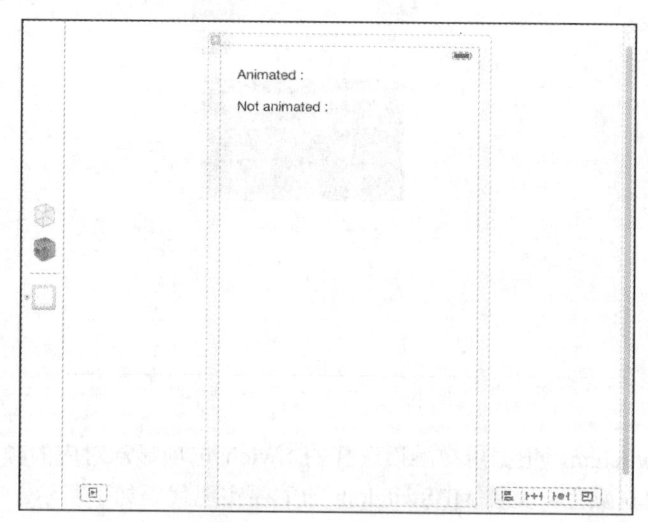

▲图 19-1　插入 Label 控件

（2）在 Label 控件右侧插入两个 Swich 控件，如图 19-2 所示。

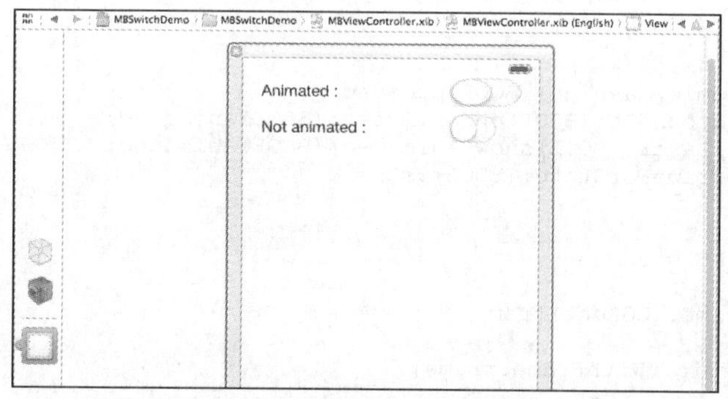

▲图 19-2　插入两个 Swich 控件

（3）在 UI 面板中部插入 4 个 View 视图，调整视图的大小，使上方的 3 个小一些，并分别定位这 4 个视图的坐标，并且设置背景颜色，如图 19-3 所示。

2. 具体编码

在文件 MBSwitch.h 中定义了各个元素的颜色变量，具体代码如下所示。

```
#import <UIKit/UIKit.h>
@interface MBSwitch : UIControl
@property(nonatomic, retain) UIColor *tintColor;
@property(nonatomic, retain) UIColor *onTintColor;
@property(nonatomic, assign) UIColor *offTintColor;
@property(nonatomic, assign) UIColor *thumbTintColor;
@property(nonatomic,getter=isOn) BOOL on;
- (id)initWithFrame:(CGRect)frame;
```

```
- (void)setOn:(BOOL)on animated:(BOOL)animated;
@end
```

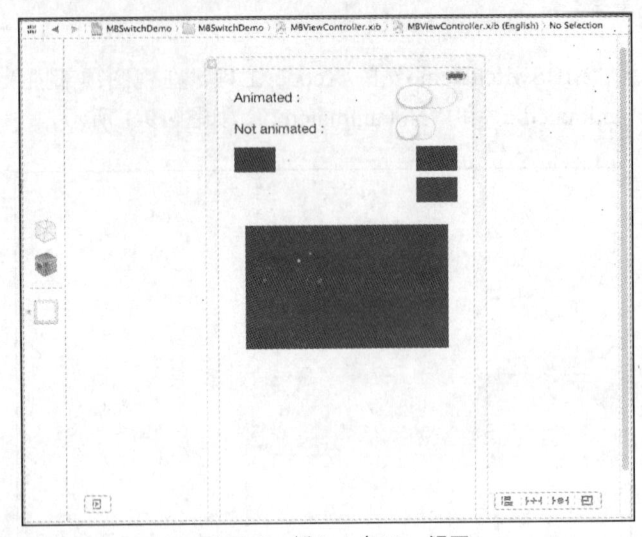

▲图 19-3　插入 4 个 View 视图

编写文件 MBSwitch.m，根据用户触摸选择的 Swich 选项显示对应的颜色。不但会改变背景颜色，而且会改变填充颜色。文件 MBSwitch.m 的主要实现代码如下所示。

```
@interface MBSwitch () <UIGestureRecognizerDelegate> {
    CAShapeLayer *_thumbLayer;
    CAShapeLayer *_fillLayer;
    CAShapeLayer *_backLayer;
    BOOL _dragging;
    BOOL _on;
}
@property (nonatomic, assign) BOOL pressed;
- (void) setBackgroundOn:(BOOL)on animated:(BOOL)animated;
- (void) showFillLayer:(BOOL)show animated:(BOOL)animated;
- (CGRect) thumbFrameForState:(BOOL)isOn;
@end

@implementation MBSwitch

- (id)initWithFrame:(CGRect)frame
{
    self = [super initWithFrame:frame];
    if (self) {
        [self configure];
    }
    return self;
}

- (void) awakeFromNib {
    [super awakeFromNib];
    [self layoutIfNeeded];
    [self configure];
}

- (void) configure {
    //Check width > height
    if (self.frame.size.height > self.frame.size.width*0.65) {
        self.frame = CGRectMake(self.frame.origin.x, self.frame.origin.y, self.frame.
size.width, ceilf(0.6*self.frame.size.width));
    }

    [self setBackgroundColor:[UIColor clearColor]];
```

```
    self.onTintColor = [UIColor colorWithRed:0.27f green:0.85f blue:0.37f alpha:1.00f];
    self.tintColor = [UIColor colorWithRed:0.90f green:0.90f blue:0.90f alpha:1.00f];
    _on = NO;
    _pressed = NO;
    _dragging = NO;


    _backLayer = [[CAShapeLayer layer] retain];
    _backLayer.backgroundColor = [[UIColor clearColor] CGColor];
    _backLayer.frame = self.bounds;
    _backLayer.cornerRadius = self.bounds.size.height/2.0;
    CGPathRef  path1  =  [UIBezierPath  bezierPathWithRoundedRect:_backLayer.bounds
cornerRadius:floorf(_backLayer.bounds.size.height/2.0)].CGPath;
    _backLayer.path = path1;
    [_backLayer setValue:[NSNumber numberWithBool:NO] forKey:@"isOn"];
    _backLayer.fillColor = [_tintColor CGColor];
    [self.layer addSublayer:_backLayer];

    _fillLayer = [[CAShapeLayer layer] retain];
    _fillLayer.backgroundColor = [[UIColor clearColor] CGColor];
    _fillLayer.frame = CGRectInset(self.bounds, 1.5, 1.5);
    CGPathRef path = [UIBezierPath bezierPathWithRoundedRect:_fillLayer.bounds corner
Radius:floorf(_fillLayer.bounds.size.height/2.0)].CGPath;
    _fillLayer.path = path;
    [_fillLayer setValue:[NSNumber numberWithBool:YES] forKey:@"isVisible"];
    _fillLayer.fillColor = [[UIColor whiteColor] CGColor];
    [self.layer addSublayer:_fillLayer];


    _thumbLayer = [[CAShapeLayer layer] retain];
    _thumbLayer.backgroundColor = [[UIColor clearColor] CGColor];
    _thumbLayer.frame = CGRectMake(1.0, 1.0, self.bounds.size.height-2.0, self.bounds.
size.height-2.0);
    _thumbLayer.cornerRadius = self.bounds.size.height/2.0;
    CGPathRef  knobPath  =  [UIBezierPath  bezierPathWithRoundedRect:_thumbLayer.bounds
cornerRadius:floorf(_thumbLayer.bounds.size.height/2.0)].CGPath;
    _thumbLayer.path = knobPath;
    _thumbLayer.fillColor = [UIColor whiteColor].CGColor;
    _thumbLayer.shadowColor = [UIColor blackColor].CGColor;
    _thumbLayer.shadowOffset = CGSizeMake(0.0, 3.0);
    _thumbLayer.shadowRadius = 3.0;
    _thumbLayer.shadowOpacity = 0.3;
    [self.layer addSublayer:_thumbLayer];

    UITapGestureRecognizer  *tapGestureRecognizer  =  [[UITapGestureRecognizer  alloc]
initWithTarget:self

action:@selector(tapped:)];
    [tapGestureRecognizer setDelegate:self];
    [self addGestureRecognizer:tapGestureRecognizer];
    UIPanGestureRecognizer  *panGestureRecognizer  =  [[UIPanGestureRecognizer  alloc]
initWithTarget:self

action:@selector(toggleDragged:)];
    //[panGestureRecognizer requireGestureRecognizerToFail:tapGestureRecognizer];
    [panGestureRecognizer setDelegate:self];
    [self addGestureRecognizer:panGestureRecognizer];

    [tapGestureRecognizer release];
    [panGestureRecognizer release];
}

#pragma mark -
#pragma mark Animations
- (void)setOn:(BOOL)on animated:(BOOL)animated {

    if (_on != on) {
        _on = on;
        [self sendActionsForControlEvents:UIControlEventValueChanged];
```

```
    }
    if (animated) {
        [CATransaction begin];
        [CATransaction setAnimationDuration:0.3];
        [CATransaction setDisableActions:NO];
        _thumbLayer.frame = [self thumbFrameForState:_on];
        [CATransaction commit];
    }else {
        [CATransaction setDisableActions:YES];
        _thumbLayer.frame = [self thumbFrameForState:_on];
    }
    [self setBackgroundOn:_on animated:animated];
    [self showFillLayer:!_on animated:animated];
}

- (void) setBackgroundOn:(BOOL)on animated:(BOOL)animated {
    BOOL isOn = [[_backLayer valueForKey:@"isOn"] boolValue];
    if (on != isOn) {
        [_backLayer setValue:[NSNumber numberWithBool:on] forKey:@"isOn"];
        if (animated) {
            CABasicAnimation *animateColor = [CABasicAnimation animationWithKeyPath:@"
fillColor"];
            animateColor.duration = 0.22;
            animateColor.fromValue = on ? (id)_tintColor.CGColor : (id)_onTintColor.
CGColor;
            animateColor.toValue = on ? (id)_onTintColor.CGColor : (id)_tintColor.
CGColor;
            animateColor.removedOnCompletion = NO;
            animateColor.fillMode = kCAFillModeForwards;
            [_backLayer addAnimation:animateColor forKey:@"animateColor"];
            [CATransaction commit];
        }else {
            [_backLayer removeAllAnimations];
            _backLayer.fillColor = on ? _onTintColor.CGColor : _tintColor.CGColor;
        }
    }
}

- (void) showFillLayer:(BOOL)show animated:(BOOL)animated {
    BOOL isVisible = [[_fillLayer valueForKey:@"isVisible"] boolValue];
    if (isVisible != show) {
        [_fillLayer setValue:[NSNumber numberWithBool:show] forKey:@"isVisible"];
        CGFloat scale = show ? 1.0 : 0.0;
        if (animated) {
            CGFloat from = show ? 0.0 : 1.0;
            CABasicAnimation *animateScale = [CABasicAnimation animationWithKeyPath:@"
transform.scale"];
            animateScale.duration = 0.22;
            animateScale.fromValue = [NSValue valueWithCATransform3D:CATransform3Dmake
Scale(from, from, 1.0)];
            animateScale.toValue = [NSValue valueWithCATransform3D:CATransform3DMake
Scale(scale, scale, 1.0)];
            animateScale.removedOnCompletion = NO;
            animateScale.fillMode = kCAFillModeForwards;
            animateScale.timingFunction = [CAMediaTimingFunction functionWithName:
kCAMediaTimingFunctionEaseInEaseOut];
            [_fillLayer addAnimation:animateScale forKey:@"animateScale"];
        }else {
            [_fillLayer removeAllAnimations];
            _fillLayer.transform = CATransform3DMakeScale(scale,scale,1.0);
        }
    }
}

- (void) setPressed:(BOOL)pressed {
    if (_pressed != pressed) {
        _pressed = pressed;

        if (!_on) {
```

```
            [self showFillLayer:!_pressed animated:YES];
        }
    }
}

#pragma mark -
#pragma mark Appearance

- (void) setTintColor:(UIColor *)tintColor {
    _tintColor = [tintColor retain];
    if (![[_backLayer valueForKey:@"isOn"] boolValue]) {
        _backLayer.fillColor = [_tintColor CGColor];
    }
}

- (void) setOnTintColor:(UIColor *)onTintColor {
    _onTintColor = [onTintColor retain];
    if ([[_backLayer valueForKey:@"isOn"] boolValue]) {
        _backLayer.fillColor = [_onTintColor CGColor];
    }
}
#pragma mark -
#pragma mark Interaction

- (void)tapped:(UITapGestureRecognizer *)gesture
{
    if (gesture.state == UIGestureRecognizerStateEnded)
        [self setOn:!self.on animated:YES];
}

- (void)toggleDragged:(UIPanGestureRecognizer *)gesture
{
    CGFloat minToggleX = 1.0;
    CGFloat maxToggleX = self.bounds.size.width-self.bounds.size.height+1.0;

    if (gesture.state == UIGestureRecognizerStateBegan)
    {
        self.pressed = YES;
        _dragging = YES;
    }
    else if (gesture.state == UIGestureRecognizerStateChanged)
    {
        CGPoint translation = [gesture translationInView:self];
         [CATransaction setDisableActions:YES];

        self.pressed = YES;

        CGFloat newX = _thumbLayer.frame.origin.x + translation.x;
        if (newX < minToggleX) newX = minToggleX;
        if (newX > maxToggleX) newX = maxToggleX;
        _thumbLayer.frame = CGRectMake(newX,
                                       _thumbLayer.frame.origin.y,
                                       _thumbLayer.frame.size.width,
                                       _thumbLayer.frame.size.height);

        if (CGRectGetMidX(_thumbLayer.frame) > CGRectGetMidX(self.bounds)
            && ![[_backLayer valueForKey:@"isOn"] boolValue]) {
            [self setBackgroundOn:YES animated:YES];
        }else if (CGRectGetMidX(_thumbLayer.frame) < CGRectGetMidX(self.bounds)
                  && [[_backLayer valueForKey:@"isOn"] boolValue]){
            [self setBackgroundOn:NO animated:YES];
        }


         [gesture setTranslation:CGPointZero inView:self];
    }
```

```
    else if (gesture.state == UIGestureRecognizerStateEnded)
    {
        CGFloat toggleCenter = CGRectGetMidX(_thumbLayer.frame);
        [self setOn:(toggleCenter > CGRectGetMidX(self.bounds)) animated:YES];
        _dragging = NO;
        self.pressed = NO;
    }

    CGPoint locationOfTouch = [gesture locationInView:self];
    if (CGRectContainsPoint(self.bounds, locationOfTouch))
        [self sendActionsForControlEvents:UIControlEventTouchDragInside];
    else
        [self sendActionsForControlEvents:UIControlEventTouchDragOutside];
}

- (void)touchesBegan:(NSSet *)touches withEvent:(UIEvent *)event
{
    [super touchesBegan:touches withEvent:event];

    self.pressed = YES;

    [self sendActionsForControlEvents:UIControlEventTouchDown];
}

- (void)touchesEnded:(NSSet *)touches withEvent:(UIEvent *)event
{
    [super touchesEnded:touches withEvent:event];
    if (!_dragging) {
        self.pressed = NO;
    }
    [self sendActionsForControlEvents:UIControlEventTouchUpInside];
}

- (void)touchesCancelled:(NSSet *)touches withEvent:(UIEvent *)event
{
    [super touchesCancelled:touches withEvent:event];
    if (!_dragging) {
        self.pressed = NO;
    }
    [self sendActionsForControlEvents:UIControlEventTouchUpOutside];
}

#pragma mark -
#pragma mark Thumb Frame

- (CGRect) thumbFrameForState:(BOOL)isOn {
    return CGRectMake(isOn ? self.bounds.size.width-self.bounds.size.height+1.0 : 1.0,
                      1.0,
                      self.bounds.size.height-2.0,
                      self.bounds.size.height-2.0);
}

#pragma mark -
#pragma mark Dealloc

- (void) dealloc {
    [_tintColor release], _tintColor = nil;
    [_onTintColor release], _onTintColor = nil;

    [_thumbLayer release], _thumbLayer = nil;
    [_fillLayer release], _fillLayer = nil;
    [_backLayer release], _backLayer = nil;
    [super dealloc];
}
@end
```

执行后的效果如图 19-4 所示。

在此需要注意的是，本实例完全支持 iPhone、iPod Touch 以及 iPad 设备，并且支持视网膜显示屏和非视网膜显示屏。

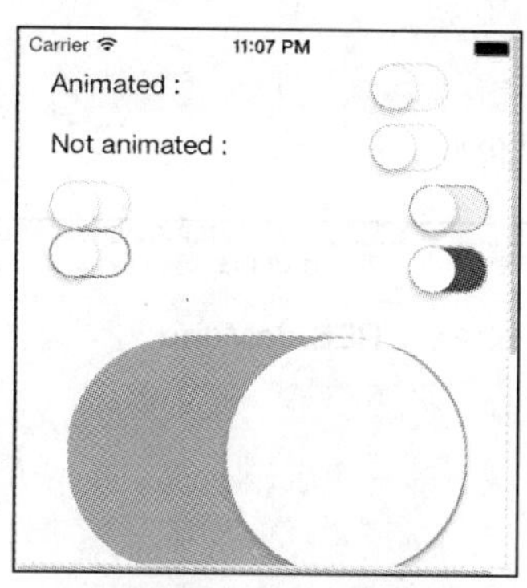

▲图 19-4　执行效果

19.1.3　实战演练——体验 iOS 7 的动画效果

在 iOS 7 系统中，单击菜单时，当前的视图和菜单视图会进行切换。其实菜单很容易实现，只需自定义偏移、字体、颜色及其他相关内容即可。在本实例中，演示了用类似 iOS 7 动画效果来展示侧边菜单效果的实现过程。

实例 19-2	实现动画效果
源码路径	光盘:\daima\19\RESideMenuExample

本实例的具体实现流程如下所示。

（1）新建一个名为“RESideMenuExample”的 Xcode 工程。

（2）文件 RootViewController.m 定义了根视图的实现，主要代码如下所示。

```
@implementation RootViewController
- (void)viewDidLoad
{
    [super viewDidLoad];
    self.navigationItem.leftBarButtonItem = [[UIBarButtonItem alloc] initWithTitle:@"
Menu" style:UIBarButtonItemStyleBordered target:self action:@selector(showMenu)];

    UIPanGestureRecognizer *gestureRecognizer = [[UIPanGestureRecognizer alloc] init
WithTarget:self action:@selector(swipeHandler:)];
    [self.view addGestureRecognizer:gestureRecognizer];
}
- (void)swipeHandler:(UIPanGestureRecognizer *)sender
{
    [[self sideMenu] showFromPanGesture:sender];
}
#pragma mark -
#pragma mark Button actions
- (void)showMenu
{
    [[self sideMenu] show];
}
```

（3）文件 DemoViewController.m 定义了根界面的顶部标题内容，并设置了界面的背景颜色。具体代码如下所示。

```
@implementation DemoViewController
```

```
- (void)viewDidLoad
{
    [super viewDidLoad];
    self.title = @"RESideMenu";
    self.view.backgroundColor = [UIColor colorWithWhite:0.902 alpha:1.000];
}
@end
```

根界面的执行效果如图 19-5 所示。

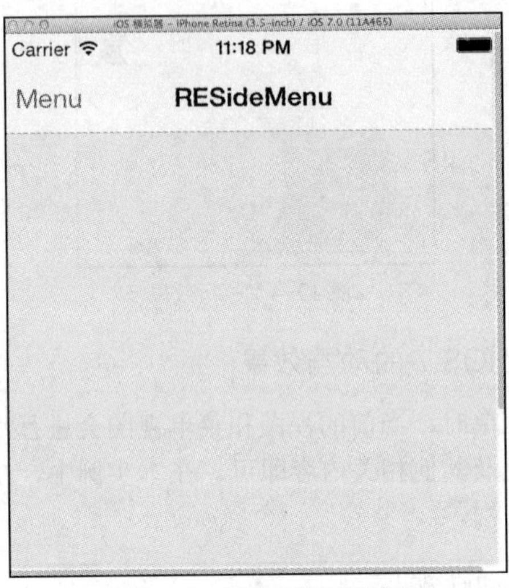

▲图 19-5　根界面的执行效果

（4）文件 SecondViewController.m 定义了二级界面的内容，具体实现代码如下所示。

```
@implementation SecondViewController
- (void)viewDidLoad
{
    [super viewDidLoad];
    self.view.backgroundColor = [UIColor colorWithRed:0.902 green:0.859 blue:0.487
alpha:1.000];
    [self.navigationController.navigationBar
setTitleTextAttributes:@{UITextAttributeTextColor: [UIColor whiteColor]}];
    if ([self.navigationController.navigationBar respondsToSelector:@selector(setBarTint
Color:)]) {
        [self.navigationController.navigationBar setTintColor:[UIColor whiteColor]];
        [self.navigationController.navigationBar
performSelector:@selector(setBarTintColor:) withObject:[UIColor blueColor]];
    } else {
        [self.navigationController.navigationBar setTintColor:[UIColor blueColor]];
    }
}
#ifdef __IPHONE_7_0
- (UIStatusBarStyle)preferredStatusBarStyle
{
    return UIStatusBarStyleLightContent;
}
#endif
@end
```

触摸根界面中的“Menu”文本后，会以 iOS 7 动画的样式显示二级界面的内容，如图 19-6 所示。

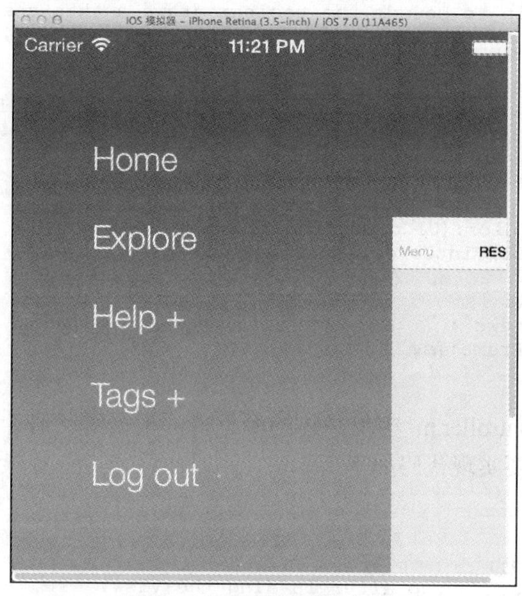

▲图 19-6　二级界面的执行效果

19.1.4　实战演练——体验 iOS 7 的模糊效果

在 iOS 7 中，苹果在多处使用了半透明和模糊相结合的视觉效果，但是苹果并没有给出合适的 API 来让开发者做出类似的效果。在本实例中，演示了实现 iOS 7 的模糊效果的基本过程。

实例 19-3	实现模糊效果
源码路径	光盘:\daima\19\blur

本实例的具体实现流程如下所示。

（1）新建一个名为“blur”的 Xcode 工程。

（2）文件 AMBlurView.m 设置了 toolbar 的递增值，根据这个滑动的值调整模糊的背景颜色。文件 AMBlurView.m 的具体实现代码如下所示。

```
- (instancetype)initWithCoder:(NSCoder *)aDecoder {
    self = [super initWithCoder:aDecoder];
    if (self) {
        [self setup];
    }
    return self;
}

- (instancetype)initWithFrame:(CGRect)frame {
    self = [super initWithFrame:frame];
    if (self) {
        [self setup];
    }
    return self;
}
- (instancetype)init
{
    self = [super init];
    if (self) {
        [self setup];
    }
    return self;
}
```

```
- (void)setup {
    // If we don't clip to bounds the toolbar draws a thin shadow on top
    [self setClipsToBounds:YES];

    if (![self toolbar]) {
        [self setToolbar:[[UIToolbar alloc] initWithFrame:[self bounds]]];
        [self.layer insertSublayer:[self.toolbar layer] atIndex:0];
    }
}

- (void) setBlurTintColor:(UIColor *)blurTintColor {
    [self.toolbar setBarTintColor:blurTintColor];
}
- (void)layoutSubviews {
    [super layoutSubviews];
    [self.toolbar setFrame:[self bounds]];
}
```

（3）文件 AMViewController.m 实现具体的颜色值，根据滑动值计算出对应的颜色值。文件 AMViewController.m 的主要实现代码如下所示。

```
- (void)viewDidLoad
{
    [super viewDidLoad];
    // Do any additional setup after loading the view.
    UIImageView *imageview = [UIImageView new];
    [imageview setFrame:[self.view bounds]];
    [imageview setAutoresizingMask:UIViewAutoresizingFlexibleWidth|UIViewAutoresizing
FlexibleHeight];
    [imageview setImage:[UIImage imageNamed:@"fish.jpg"]];
    [imageview setContentMode:UIViewContentModeScaleAspectFill];
    [self.view addSubview:imageview];

    [self setBlurView:[AMBlurView new]];
    [[self blurView] setFrame:CGRectMake(20.f, 20.f, [self.view bounds].size.width-40.f,
[self. view bounds].size.height-40.f)];
    [[self    blurView]    setAutoresizingMask:UIViewAutoresizingFlexibleWidth|UIView
AutoresizingFlexibleHeight];
    [self.view addSubview:[self blurView]];

    [self setRedSlider:[UISlider new]];
    [[self redSlider] setTintColor:[UIColor redColor]];
    [[self redSlider] setFrame:CGRectMake(0.0f, 50.0f, [[self view] bounds].size.width,
30.0f)];
    [[self redSlider] addTarget:self action:@selector(updateTintColor) forControlEvents:
UIControlEventValueChanged];
    [self.view addSubview:[self redSlider]];

    [self setGreenSlider:[UISlider new]];
    [[self greenSlider] setTintColor:[UIColor greenColor]];
    [[self greenSlider] setFrame:CGRectMake(0.0f, 80.0f, [[self view] bounds].size.width,
30.0f)];
    [[self  greenSlider]  addTarget:self  action:@selector(updateTintColor)  forControl
Events:UIControlEventValueChanged];
    [self.view addSubview:[self greenSlider]];

    [self setBlueSlider:[UISlider new]];
    [[self blueSlider] setTintColor:[UIColor blueColor]];
    [[self blueSlider] setFrame:CGRectMake(0.0f, 20.0f, [[self view] bounds].size.width,
30.0f)];
    [[self  blueSlider]  addTarget:self  action:@selector(updateTintColor)  forControl
Events:UIControlEventValueChanged];
    [self.view addSubview:[self blueSlider]];

    [self setAlphaSlider:[UISlider new]];
    [[self alphaSlider] setTintColor:[UIColor grayColor]];
    [[self   alphaSlider]   setFrame:CGRectMake(0.0f,   110.0f,   [[self   view]   bounds].
size.width, 30.0f)];
```

```
    [[self alphaSlider] addTarget:self action:@selector(updateTintColor) forControl
Events:UIControlEventValueChanged];
    [self.view addSubview:[self alphaSlider]];

    UIButton *resetButton = [UIButton new];
    [resetButton setTitle:@"Reset" forState:UIControlStateNormal];
    [resetButton setFrame:CGRectMake(0.0f, 140.0f, [[self view] bounds].size.width,
30.0f)];
    [resetButton addTarget:self action:@selector(resetTintColor) forControlEvents:
UIControlEventTouchUpInside];
    [[self view] addSubview:resetButton];
}
```

本实例执行后的效果如图 19-7 所示。

▲图 19-7　模糊效果

19.2 使用 SpriteKit

SpriteKit 是从 iOS 7 中开始出现的新功能，在使用 Xcode 5 新建工程时，会在模板中显示“SpriteKit Game”，如图 19-8 所示。

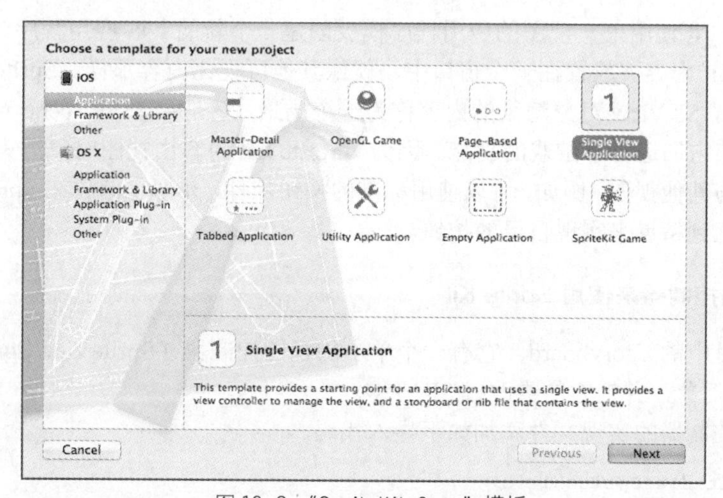

▲图 19-8 “SpriteKit Game”模板

苹果推出全新 Sprite Kit 开发框架的目的是，让开发者更容易为 iOS 7 移动设备和 Mac 桌面电脑创建 2D 游戏，并且暗示 Apple TV 可能在未来支持游戏。Sprite Kit 中的“Sprite”是指视频游戏中独立的图形元素，通常情况下能够在不同的背景层中进行活动。为了能使这些 Sprite 运动起来，Sprite Kit 还能够模拟真实的物理效果，如重力和惯性等。

Sprite Kit 框架允许开发者创建高性能 2D 游戏，可以控制多个精灵属性，例如，位置、尺寸、旋转以及重力等。这种技术包含内置的物理性能支持，让动画效果看起来更真实，也包含粒子系统以增强额外的游戏效果。

Sprite Kit 能够为游戏开发者提供高级框架，这说明可以在游戏中轻松地让各种元素动起来，而且不需要了解内在的 OpenGL 代码。Sprite Kit 与 Core Animation 的等级相似，Core Animation 是苹果专门为 iPhone 发布的框架，允许应用开发者轻松打造平滑的转换效果和其他图形特效。

19.2.1　Sprite Kit 介绍

Sprite Kit 的概念并不是最新的，iOS 开发者目前已经可以从大量第三方游戏框架中选择，如 Cocos2d-iphone 等。苹果发布自家的 Sprite Kit 框架后，苹果不仅可以将其紧密集成在 Xcode 开发环境中，而且还可以保证 Sprite Kit 的未来按照苹果拟定的路线发展。

（1）以统一 2D 游戏开发框架作为己任。

在目前第三方游戏开发框架应用中，最大的问题是未来不确定。虽然大部分游戏框架是开源的，如 Cocos2D，但是谁也不敢保证该项目一直开源免费，这样其未来就无法被苹果控制了，这些对于 OS X 和 iOS 开发者来说都是不稳定的因素。

自从推出 Sprite Kit 框架后，苹果可以保证开发者再也不会遇到新版 iOS 发布后的兼容性问题，Sprite Kit 必定会支持最新版的 Xcode、iOS、OS X 和苹果将来发布的各种新系统。并且，Sprite Kit 对于初学者来说不算太难，设计优雅并精简。

（2）3D 开发任重而道远。

从目前应用来看，苹果似乎不可能涉足 3D 游戏开发引擎，例如，Unity 和虚幻引擎。基本上大型开发者包括 id Software、Epic 和 EA 都采用复杂的 3D 引擎，这也是 3D 游戏区分大型开发商和小型开发商的主要因素。2011 年，苹果为 OS X 发布了 Scene Kit 框架，该框架可以导入 COLLADA 3D 物体并打造光影效果的场景。不过 Scene Kit 一直没有支持 iOS 平台。

19.2.2　使用 Sprite Kit 框架

打开 Xcode 5.0，使用单一视图的应用程序模板创建一个新的 iOS 应用程序，如图 19-9 所示。

此时 Sprite Kit 内容被放置在一个窗口中，就像其他可视化内容那样。Sprite Kit 的内容由类 SKView 渲染呈现，SKView 对象渲染的内容称为一个场景，它是一个 SKScene 对象。场景参与响应链，还有其他使它们适合于游戏的功能。因为，Sprite Kit 内容由视图对象渲染，可以在视图层次组合这个视图与其他视图。例如，可以使用标准的按钮控件，并把它们放在 Sprite Kit 视图上面，或者可以添加交互到精灵来实现自己的按钮。

1. 配置视图控制器来使用 Sprite Kit

（1）打开项目中的 Storyboard。它有一个单一的视图控制器（SpriteViewController）。选择视图控制器的 view 对象，并把它的类改成 SKView。

（2）在视图控制器的实现文件添加如下导入代码。

```
#import <SpriteKit/SpriteKit.h>
```

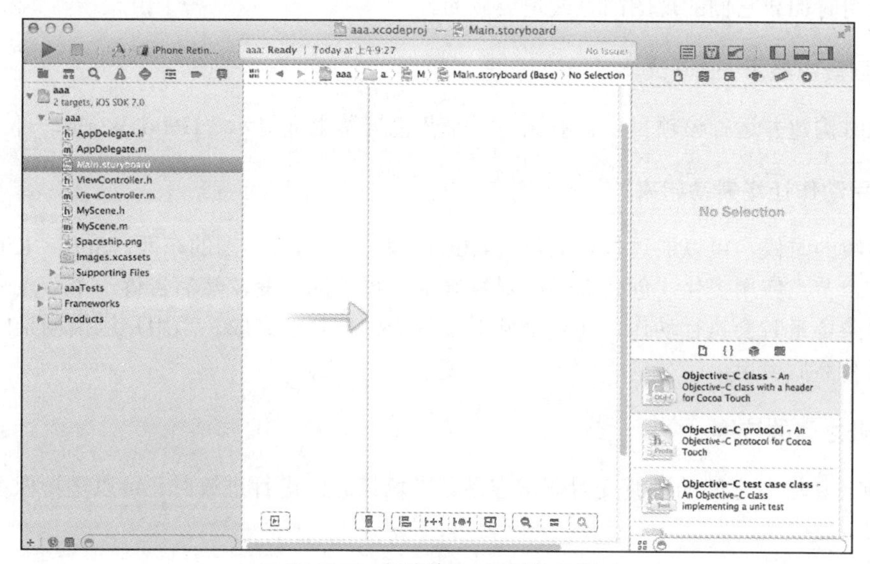

▲图 19-9 新建的 Sprite Kit 工程

（3）实现视图控制器的 viewDidLoad 方法来配置视图，如下面的代码。

```
- (void)viewDidLoad {
    [super viewDidLoad];     SKView * spriteView =(SKView *)self.view;
    spriteView.showsDrawCount = YES;     spriteView.showsNodeCount = YES;
    spriteView.showsFPS = YES;
}
```

通过上述代码开启了描述场景如何渲染视图的诊断信息，其中最重要的信息是帧率（spriteView.showsFPS），可以设置游戏尽可能地在一个恒定的帧率下运行。其他行则展示了在视图中显示了多少个节点，以及使用多少绘画传递来渲染内容（越少越好）的详情。

2. 创建 Hello 场景

（1）假设创建一个名为“HelloScene”的新类，并让它作为 SKScene 类的子类。

（2）通过如下代码在视图控制器导入场景的头文件。

```
#import "HelloScene.h"
```

（3）修改视图控制器来创建场景，并在视图中呈现场景。

```
- (void)viewWillAppear:(BOOL)animated {
    HelloScene *hello = [[HelloScene alloc] initWithSize:CGSizeMake(768,1024)];
    SKView *spriteView =(SKView *)self.view;
    [spriteView presentScene:hello];
}
```

现在，构建并运行项目。该应用程序应该启动并显示一个只有诊断信息的空白屏幕。

3. 将内容添加到场景

当设计一个基于 Sprite Kit 的游戏时，需要为游戏界面中的各主要大块（chuck）设计不同的场景类。例如，可以为主菜单创建一个场景，而为游戏设置创建另一个单独的场景。默认的第一个场景会显示传统的“Hello World”文本。

在大多数情况下，可以配置一个场景在它被视图首次呈现时的内容。这跟视图控制器只在视图属性被引用时加载它们的视图的方式是类似的。

4. 在场景中显示 Hello 文本

如果此时构建并运行该项目，会看到在一个蓝色屏幕上面显示“Hello, World!”信息。

5. 使用动作让场景动起来

在大多数的时候，可以通过执行动作（action）来移动场景周围的东西。Sprite Kit 中的大多数动作对一个节点应用变化。创建 action 对象来描述想要的改变，然后告诉一个节点来运行它。然后，当渲染场景时会执行动作，在几个帧上发生变化直到它完成。当用户触摸场景内容后，文字会先动起来然后淡出。

6. 场景之间的转换

Sprite Kit 让场景之间的过渡变得非常容易。当场景之间进行过渡时，可以坚持保留它们，或者清除它们。

7. 使用节点构建复杂的内容

此时新的场景还没有任何内容，例如，准备添加一个飞船到场景。要构建这个太空飞船，需要使用多个 SKSpriteNode 对象来创造飞船和它表面的灯光，并且每个精灵节点都将执行动作。

精灵节点是在一个 Sprite Kit 应用程序中最常见用于创建内容的类，能够绘制无纹理或纹理的矩形。虽然你可以直接添加所有 3 个精灵到场景，但这并不是 Sprite Kit 的方式。

8. 创建能交互的节点

在实际的游戏中，通常需要在节点之间实现相互交互。有很多将行为添加给精灵的方法，通常的做法是添加新节点到场景，使用物理子系统模拟它们的运动并实现碰撞效果。

Sprite Kit 提供了一个完整的物理模拟，可以使用它添加自动行为到节点。也就是说，物理在使其移动的节点上自动模拟，而不是在节点上执行动作。当它与物理系统一部分的其他节点交互时，碰撞自动计算并执行。在实际场景应用中，预处理及后处理与动作和物理结合的地方，就是我们建立游戏行为的地方。

19.2.3　实战演练——使用 Sprite Kit 框架开发一个小游戏

本实例的功能是，使用 Sprite Kit 框架开发一个简单的小游戏。

实例 19-4	实现模糊效果
源码路径	光盘:\daima\19\blur

本实例的具体实现流程如下所示。

（1）打开 Xcode 5.0，新建一个名为“SpriteWalkthrough”的工程。展开 Sprite View Controller，选中 View，在右边的 identity inspector 面板里，将 custom class 改为 SKView。

（2）文件在 SpriteViewController.h 中添加如下所示的代码语句：

```
#import <SpriteKit/SpriteKit.h>
```

在函数 viewDidLoad 中对 SKview 进行一些初始化操作，具体代码如下所示。

```
SKView *spriteView = (SKView *)self.view;
```

```
    spriteView.showsFPS = YES;
    spriteView.showsDrawCount = YES;
    spriteView.showsNodeCount = YES;
```

通过上述代码获取了当前的 SKView，将 view 强制转化为 SKView，showFPS 用于显示帧数，showsDrawCount 用于显示当前绘画次数，showsNodeCount 用于显示当前 node 的数量。

（3）创建一个新的类继承 SKScene，命名为 HelloScene，在文件 SpriteViewController.m 中添加如下所示的代码：

```
#import "HelloScene.h"
```

函数 viewWillAppear:animated 的具体实现代码如下所示。

```
HelloScene *hello = [[HelloScene alloc]initWithSize:CGSizeMake(360, 480)];
    SKView *spriteView = (SKView *)self.view;
    [spriteView presentScene:hello];
```

在上述代码中，通过设置 size 初始化了一个 HelloScene，在此可以将 presentScene 理解为显示 Scene。如果当前 SKView 有一个 Scene，也会被新的 Scene 所替代。

此时运行之后可以看到模拟器里一个空的黑色界面，在最下面一行显示 0 nodes 0 draws 60.0fps。如图 19-10 所示。

1 node 2 draws 60.0 fps

▲图 19-10　执行效果

（4）在 HelloScene 中添加一些元素，在文件 HelloScene.h 里添加 @property BOOL contentCreated，并在.m 文件里面添加如下所示的代码。

```
- (self)didMoveToView: (SKView*) view
{
    if (!self.contentCreated)
    {
        [self createSceneContents];
        self.contentCreated = YES;
    }
}
- (void)createSceneContents
{
    self.backgroundColor = [SKColor blueColor];
    self.scaleMode = SKSceneScaleModeAspectFit;
    [self addChild: [self newHelloNode]];
}
- (SKLabelNode*)newHelloNode
{
    SKLabelNode *helloNode = [SKLabelNode labelNodeWithFontNamed:
@"Chalkduster"];
    helloNode.text = @"Hello, World!";
    helloNode.fontSize = 24;
    helloNode.position = CGPointMake(CGRectGetMidX(self.frame),
CGRectGetMidY(self.frame));
    return helloNode;
}
```

在上述代码中，函数 didMoveToView 在 Scene 被 present 到 SKView 后立即执行。在此可以对 Scene 做一些初始化工作，例如，设置背景颜色为蓝色，设置 scaleMode 为适应 Scene 大小，然后在 Scene 上添加一个 SKLabelNode。在函数 newHelloNode 中，分别设置其字体样式、文本内容、字体大小和位置。此时执行后的效果如图 19-11 所示。

▲图 19-11　执行效果

（5）修改显示的文本，将“Hello World!!!”修改为“欢迎使用 Sprite Kit”。然后为文本添加动作以实现动画效果。在.m 文件中添加如下所示的代码。

```
- (void)touchesBegan:(NSSet *)touches withEvent:(UIEvent *)event{
    SKNode *helloNode = [self childNodeWithName:@"helloNode"];
    if (helloNode != nil) {
        helloNode.name = nil;
        SKAction *moveUp = [SKAction moveByX:0 y:100 duration:0.5];
        SKAction *zoom = [SKAction scaleTo:2 duration:0.25];
        SKAction *pause = [SKAction waitForDuration:0.5];
        SKAction *fadeAway = [SKAction fadeOutWithDuration:0.25];
        SKAction *remove = [SKAction removeFromParent];
        SKAction *moveSequence = [SKAction sequence:@[moveUp, zoom, pause, fadeAway,
remove]];
        [helloNode runAction:moveSequence];
    }
}
```

在上述代码中 重写了 touchesBegan:withEvent 函数，即单击屏幕便开始播放动画。在此可以通过属性 name 得到具有相同 name 的 node，它允许多个 node 具有同样的名字。第一个动作是上升 100 个单位，时间间隔为 0.5 秒，第二个动作是放大 2 倍，然后停 0.5 秒，接着 fadeOut，最后一个是将 labelNode 从 Scene 里面移除，将这几个动作用一个队列连接起来，它便会一个接一个地播放下去。

（6）新建一个继承于 SKScene 的类， 命名为 SpaceshipScene，然后添加如下所示的代码对其进行初始化设置。

```
@interface SpaceshipScene ()
@property BOOL contentCreated;
@end

@implementation SpaceshipScene
- (void)didMoveToView:(SKView *)view
{
    if (!self.contentCreated)
    {
        [self createSceneContents];
        self.contentCreated = YES;
    }
}

- (void)createSceneContents
{
    self.backgroundColor = [SKColor blackColor];
    self.scaleMode = SKSceneScaleModeAspectFit;
}
```

通过上述代码判断了是否创建了区域，并进行了初始化工作。为了区分不同的区域，特意将背景颜色设置为黑色。

（7）实现 Scene 的跳转，在文件 HelloScene.m 中导入如下所示的代码。

```
#import “SpaceshipScene.h”
```

然后在函数 touchesBegan:withEvent 中将函数 runAction 更改为如下所示的代码。

```
[helloNode runAction: moveSequence completion:^{
    SKScene* spaceshipScene  = [[SpaceshipScene alloc] initWithSize:self.size];
    SKTransition *doors = [SKTransition doorsOpenVerticalWithDuration:0.5];
    [self.view presentScene:spaceshipScene transition:doors];
}];
```

在上述代码中，函数 runAction 的功能是执行动作 moveSequence 后执行 block 中的内容。在

block 中实现跳转工作，并设置跳转的方式。SpriteKit 提供了好几种跳转方式，在此使用上下拉开 Scene 的方式，调用 view 中的 presentScene 函数，此时添加一个跳转效果，调用 presentScene: transition 函数将设置的 transition 进行赋值。

如果此时运行，在文本动画结束后会按照我们设置的跳转方式跳转到黑色的 Spaceship Scene。

（8）继续添加一些比较复杂的 SKSpriteNode，在文件 SpaceshipScene.m 中的函数 createScene Contents 里添加如下所示的代码。

```
SKSpriteNode *spaceship = [self newSpaceship];
spaceship.position = CGPointMake(CGRectGetMidX(self.frame),
                                CGRectGetMidY(self.frame));
[self addChild:spaceship];
```

接着编写函数 newSpaceship，具体代码如下所示。

```
- (SKSpriteNode *)newSpaceship
{
    SKSpriteNode  *hull  =  [[SKSpriteNode  alloc]  initWithColor:[SKColor  grayColor]
size:CGSize Make(33,24)];

    SKAction *hover = [SKAction sequence:@[
                      [SKAction waitForDuration:1.0],
                      [SKAction moveByX:100 y:50.0 duration:1.0],
                      [SKAction waitForDuration:1.0],
                      [SKAction moveByX:-100.0 y:-50 duration:1.0]]];
    [hull runAction: [SKAction repeatActionForever:hover]];

    return hull; }
```

在上述代码中，通过设置颜色和大小的方式初始化了一个 SKSpriteNode，并为其添加了动作：repeatActionForever，此动作表示重复的播放动画。

（9）添加两个子对象，对父对象的平移、放大、旋转等操作会连带子对象一起实现，子对象自身的操作不会影响父对象。在函数 newSpaceship 中，在 runAction 的后面添加如下所示的代码。

```
SKSpriteNode *light1 = [self newLight];
light1.position = CGPointMake(-28.0, 6.0);
[hull addChild:light1];

SKSpriteNode *light2 = [self newLight];
light2.position = CGPointMake(28.0, 6.0);
[hull addChild:light2];
```

接着编写 newLight 函数，具体实现代码如下所示。

```
- (SKSpriteNode *)newLight
{
    SKSpriteNode *light = [[SKSpriteNode alloc] initWithColor:[SKColor yellowColor]
size:CGSizeMake(8,8)];

    SKAction *blink = [SKAction sequence:@[
                      [SKAction fadeOutWithDuration:0.25],
                      [SKAction fadeInWithDuration:0.25]]];
    SKAction *blinkForever = [SKAction repeatActionForever:blink];
    [light runAction: blinkForever];

    return light;
}
```

在上述代码中，初始化设置了颜色和大小。其中 light 的属性 position 的参照物为 parent，即 hull。此处为 light 添加了一个闪烁的动作，此功能用 fadeOut 和 fadeIn 实现，并且是永远重复执行的。

如果此时运行程序，会看到一个 ship 带着左右两个闪烁的光点在屏幕上来回运动。

（10）为游戏对象加上物理效果，在函数 newSpaceship 中添加如下所示的代码。

```
hull.physicsBody = [SKPhysicsBodybodyWithRectangleOfSize:hull.size];
```

这样就为 ship 添加了一个物理系统，然后再添加如下所示的代码。

```
hull.physicsBody.dynamic = NO;
```

上述代码表示不使用重力效果。

（11）添加一个下落的陨石效果，此时需要使用重力效果。在文件 SpaceshipScene.m 的函数 createSceneContents 中，添加如下所示的代码。

```
SKAction *makeRocks = [SKAction sequence: @[
   [SKAction performSelector:@selector(addRock) onTarget:self],
   [SKAction waitForDuration:0.10 withRange:0.15]
   ]];
[self runAction: [SKAction repeatActionForever:makeRocks]];
```

然后编写实现 addRock 方法，具体实现代码如下所示。

```
static inline CGFloat skRandf() {
   return rand() / (CGFloat) RAND_MAX;
}

static inline CGFloat skRand(CGFloat low, CGFloat high) {
   return skRandf() * (high - low) + low;
}

- (void) addRock
{
   SKSpriteNode *rock = [[SKSpriteNode alloc] initWithColor:[SKColor brownColor]
size:CGSizeMake (8,8)];
   rock.position = CGPointMake(skRand(0, self.size.width), self.size.height-50);
   rock.name = @"rock";
   rock.physicsBody = [SKPhysicsBody bodyWithRectangleOfSize:rock.size];
   rock.physicsBody.usesPreciseCollisionDetection = YES;
   [self addChild:rock];
}
```

在上述代码中，引入了一个新的动作函数：performSelector:onTarget。在执行动作的时候会调用函数 addRock，此处执行一个重复的动作是 self，即 Scene 执行的，这两个内联函数是为了计算下落陨石的初始 x 坐标，使其随机从上边缘任意点下落。在 addRock 方法中，设置陨石的颜色、大小、位置、名字、属性。然后添加物理系统，在此需要注意 usesPreciseCollisionDetection 的属性。当启用属性 usesPreciseCollisionDetection 后可以精确检测出这些碰撞。

（12）在文件 SpcaeshipScene.m 中重写函数 didSimulatePhysics，这是一个每一帧都会调用的函数，当模拟物理系统完成后会立即执行。函数 didSimulatePhysics 会判断每个陨石的 y 坐标，超出屏幕的部分会从父对象中移除。函数 didSimulatePhysics 的具体实现代码如下所示。

```
-(void)didSimulatePhysics
{
   [self enumerateChildNodesWithName:@"rock" usingBlock:^(SKNode *node, BOOL *stop) {
      if (node.position.y < 0)
           [node removeFromParent];
   }];
}
```

在上述代码中，函数 enumerateChildNodesWithName:usingBlock 可以取得所有具有 name 的 nodes 。

到此为止，本实例全部介绍完毕。执行后的初始效果如图 19-12 所示。

触摸屏幕后会显示游戏节目，如图 19-13 所示。

▲图 19-12　初始效果

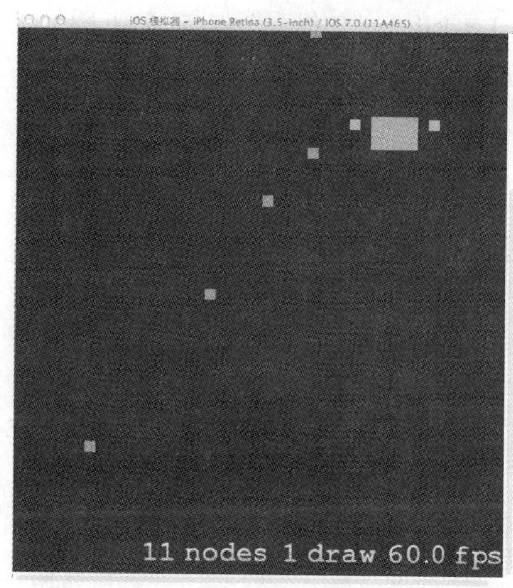

▲图 19-13　游戏界面效果

19.3 全新的 Game Center

GameCenter 为单机游戏为主的 iPhone 游戏平台引入了社会化特性，更为将来的网游、多人竞技等游戏打下了基础。在新的 iOS 7 中加入了新的回合制游戏模式（包括回合同步、聊天和交易），还包含全新的玩家认证和安全的游戏得分传输。在本节的内容中，将引领大家一起体验 iOS 7 系统中 Game Center 的基本用法。

19.3.1 GameCenter 设置

1. iTunes Connect 设置

首先申请一个应用程序，不必提交这个程序，我们的目地只是为了得到 Bundle ID。然后设置工程中 Info.plist 的 Bundle identifier，使之与 iTunes Connect 中的 Bundle ID 相同，否则当尝试登录 GameCenter 时会提示一个不支持 GameCenter 的错误。

申请完毕后打开刚申请的 application，单击 Manage Game Center 选项，如图 19-14 所示。

▲图 19-14　单击 Manage Game Center 选项

进入后单击 Enable Game Center，使 Game Center 生效，接下来就可以设置自己的 Leaderboard 和 Achievements，如图 19-15 所示。

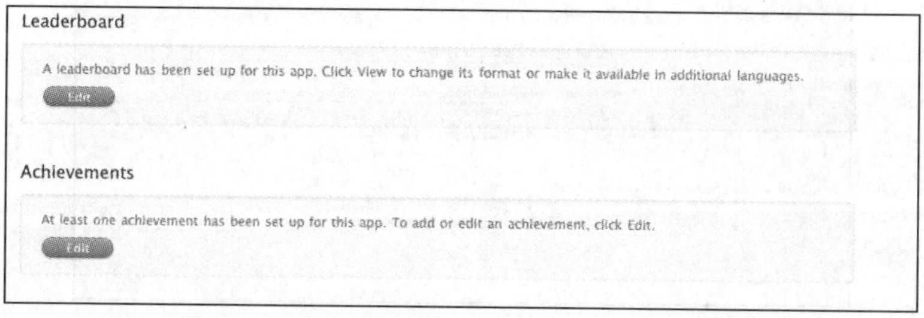

▲图 19-15　设置自己的 Leaderboard 和 Achievements

2. Leaderboard 设置

Leaderboard 的纵观图如图 19-16 所示。

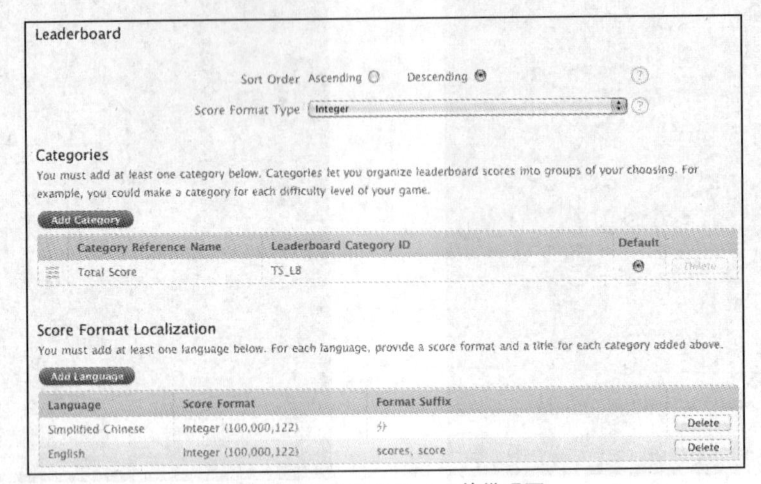

▲图 19-16　Leaderboard 的纵观图

图 19-16 中一些选项的具体说明如下所示。

- sort Order：设置 Leaderboard 中的内容是以升序还是降序排列。
- Score Format Type：分数的类型。
- Categories：Leaderboard 的一个分数榜，这个可以创建多个，例如，游戏可以分为 Easy、Normal、Hard 3 个难度，每个难度一个榜单，设置界面如图 19-17 所示。

▲图 19-17　设置界面

设置完成后将其保存，这样便完成了一个 Leaderboard 的设置。可以根据需要添加多个 leaderboard。

- Score Format Location：表示 leaderboard 支持的语言，界面如图 19-18 所示。

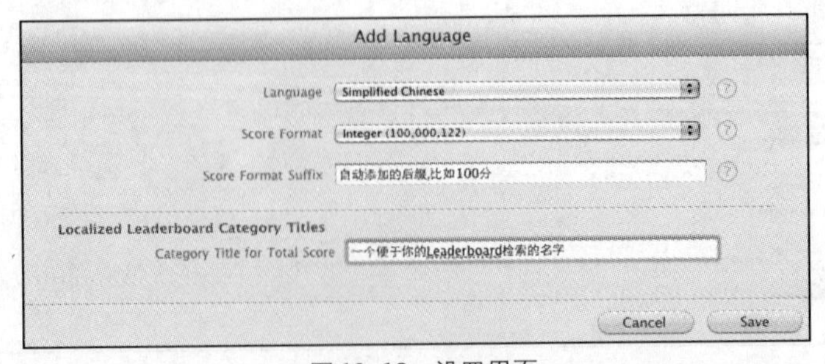

▲图 19-18　设置界面

3. Achievements 设置

Achievements 界面的内容比较少，单击左上角的“Add New Achievement”打开如图 19-19 所示的 Achievements 创建界面。

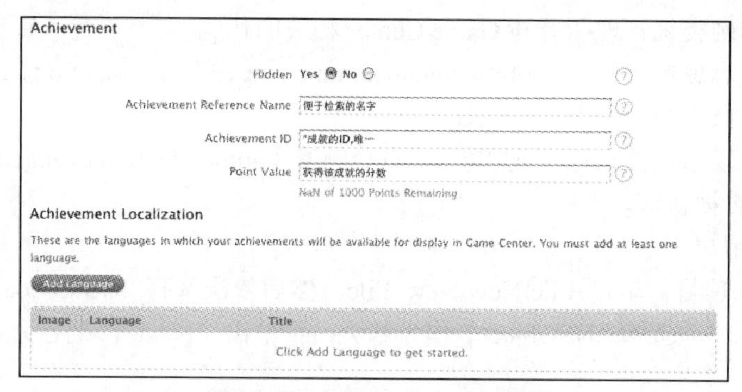

▲图 19-19 Achievements 创建界面

图 19-19 中各个选项的具体说明如下所示。

- Hidden：表示该程序为解锁前玩家是否可见。
- Achievement ID：程序通过这个属性来识别成就。
- Achievement Localization：表示该程序支持的语言。

Achievement Localization 的设置如图 19-20 所示。

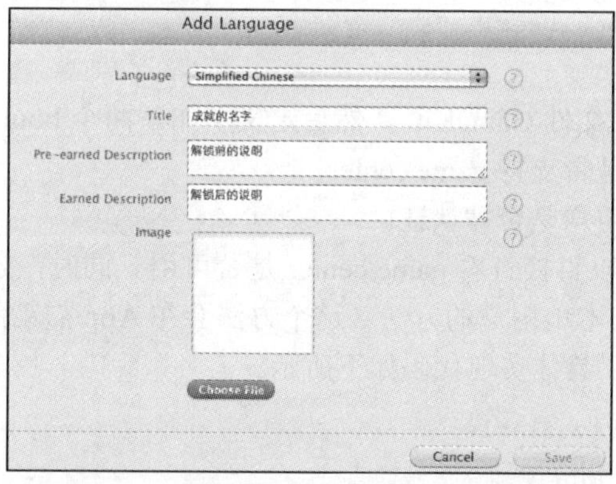

▲图 19-20 Achievement Localization 的设置

当一切设置完成后，单击“save change”按钮即完成一个设置。

19.3.2 实战演练——使用 GameCenter 开发一个简单的多人游戏

实例 19-5	在网页中实现触摸处理
源码路径	光盘:\daima\19\CatRacePart1

本实例的具体实现流程如下所示。

（1）打 Xcode 5.0，新建一个名为“CatRacePart1”的工程。

（2）创建并设置一个 App ID，然后在 Itunes Connect 中注册这个程序。

（3）认证本地的用户

当游戏运行开始的时候，需要先认证本地玩家。整个过程可以将其看作是“把玩家添加进 Game

Center 的过程。如果已经登录则会收到“Welcome Back!”的消息。否则会要求玩家输入用户名和密码。认证本地用户是非常容易的，只需要调用 authenticateWithCompletionHandler 即可。可以选择性地传入一个 block，当用户被认证身份以后就会回调这个 block。

本实例的认证用户策略的过程如下所示。

- 创建一个单例类来管理所有与 Game Center 相关的代码。
- 当创建单例对象的时候会注册“authentication changed” notification。
- 调用单例对象上的一个方法来认证用户。
- 无论什么时候用户被认证（或登出），将会触发“authentication changed”回调。这个回调会追踪用户当前是否被认证。

（4）认证本地用户

打开 Cat Race 项目，单击 File\New\New File，然后依次选择 iOS\Cocoa Touch\Objective-C class，再单击“Next”。选择“NSObject”作为基类，再单击“Next”，把它命名为 GCHelper，然后单击“Finish”。

编写文件 GCHelper.h，具体实现代码如下所示。

```
#import<Foundation/Foundation.h>
#import<GameKit/GameKit.h>

@interface GCHelper : NSObject {
BOOL gameCenterAvailable;
BOOL userAuthenticated;
}
@property (assign, readonly) BOOL gameCenterAvailable;
+ (GCHelper *)sharedInstance;
- (void)authenticateLocalUser;
@end
```

在上述代码中导入了头文件 GameKit ，然后定义了如下两个 bool 型的实例变量。

- 一个用来追踪设备是否支持 game center。
- 一个用来追踪当前用户是否被认证。

创建 property，这样可以直接查看 game center 是否可用。同时，还需要定义一个静态方法用来创建单例，还有一个认证本地用户的方法（这个方法会在 App 启动的时候被调用）。

编写文件 GCHelper.m，具体实现代码如下所示。

```
@synthesize gameCenterAvailable;
#pragma mark Initialization
static GCHelper *sharedHelper = nil;
+ (GCHelper *) sharedInstance {
if (!sharedHelper) {
sharedHelper = [[GCHelper alloc] init];
}
return sharedHelper;
}
```

在上述代码中定义了单例方法的实现。其实有很多方式可以实现单例方法，在本实例中使用了最简单的方式，在此并没有考虑多线程的情况。

在方法 sharedInstance 后面添加如下所示的代码。

```
- (BOOL)isGameCenterAvailable {
// check for presence of GKLocalPlayer API
Class gcClass = (NSClassFromString(@"GKLocalPlayer"));

// check if the device is running iOS 4.1 or later
NSString *reqSysVer =@"4.1";
NSString *currSysVer = [[UIDevice currentDevice] systemVersion];
```

```
BOOL osVersionSupported = ([currSysVer compare:reqSysVer
options:NSNumericSearch] != NSOrderedAscending);

return (gcClass && osVersionSupported);
}
```

上述方法的功能是检测当前设备是否支持 Game Center，读者一定要切记：在使用 Game Center 之前必须要判断其是否可用。

在方法 isGameCenterAvailable 后面添加如下所示的代码。

```
- (id)init {
if ((self = [super init])) {
gameCenterAvailable = [self isGameCenterAvailable];
if (gameCenterAvailable) {
NSNotificationCenter *nc =
[NSNotificationCenter defaultCenter];
[nc addObserver:self
selector:@selector(authenticationChanged)
name:GKPlayerAuthenticationDidChangeNotificationName
object:nil];
}
}
return self;
}

- (void)authenticationChanged {

if ([GKLocalPlayer localPlayer].isAuthenticated &&!userAuthenticated) {
NSLog(@"Authentication changed: player authenticated.");
userAuthenticated = TRUE;
} elseif (![GKLocalPlayer localPlayer].isAuthenticated && userAuthenticated) {
NSLog(@"Authentication changed: player not authenticated");
userAuthenticated = FALSE;
}
}
```

在上述代码中，方法 init 能够检测 Game Center 是否可用，如果可用则注册“authentication changed” notification（这是观察者模式）。在尝试认证用户之前，这个注册功能非常重要，当认证完成的时候就会被调用。

此处的回调函数 authenticationChanged 非常简单，只是简单地判断用户是否被认证，并且相应地更新标记变量。

在方法 authenticationChanged 后面添加如下所示的代码。

```
#pragma mark User functions
- (void)authenticateLocalUser {
if (!gameCenterAvailable) return;

NSLog(@"Authenticating local user...");
if ([GKLocalPlayer localPlayer].authenticated == NO) {
[[GKLocalPlayer localPlayer] authenticateWithCompletionHandler:nil];
} else {
NSLog(@"Already authenticated!");
}
}
```

在上述代码中，调用了 authenticateWithCompletionHandler 来认证用户。此时 GCHelper 已经包含了认证用户所需的所有代码，所以返回到 AppDelegate.，然后进行如下所示的更改。

```
// At the top of the file
#import"GCHelper.h"
// At the end of applicationDidFinishLaunching, right before
// the last line that calls runWithScene:
[[GCHelper sharedInstance] authenticateLocalUser];
```

在上述代码中，创建了 GCHelper 的单例，在其 init 方法里面注册了“authentication changed”通告，并且还调用了方法 authenticateLocalUser。

添加 Game Kit framework 到工程中，先单击工程文件，然后选择 Build Phases 标签，展开“Link Binary with Libraries”，再单击“＋”号来添加相应的 framework。选择 GameKit.framework 并单击 Add，并把 type 改成 Required。

此时编译并运行工程，如果进入 Game Center，则执行效果如图 19-21 所示。

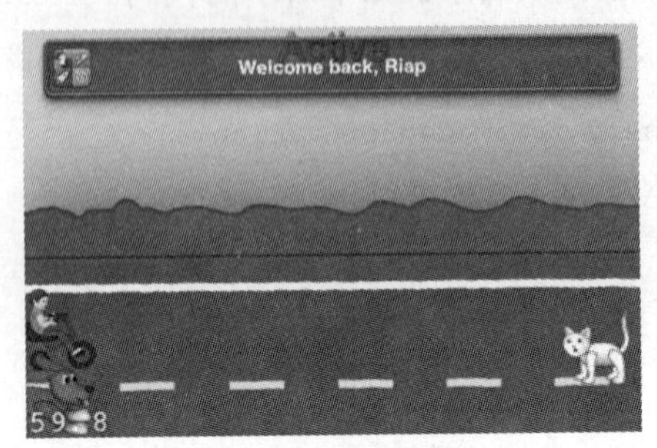

▲图 19-21　执行效果

（5）使用内置的 matchmaking 接口打造联机游戏

先在文件 GCHelper.h 中进行如下所示的修改。

```
// Add to top of file
@protocol GCHelperDelegate
- (void)matchStarted;
- (void)matchEnded;
- (void)match:(GKMatch *)match didReceiveData:(NSData *)data
fromPlayer:(NSString *)playerID;
@end

// Modify @interface line to support protocols as follows
@interface GCHelper : NSObject <GKMatchmakerViewControllerDelegate, GKMatchDelegate> {

// Add inside @interface
UIViewController *presentingViewController;
GKMatch *match;
BOOL matchStarted;
id<GCHelperDelegate>delegate;

// Add after @interface
@property (retain) UIViewController *presentingViewController;
@property (retain) GKMatch *match;
@property (assign) id<GCHelperDelegate>delegate;

- (void)findMatchWithMinPlayers:(int)minPlayers maxPlayers:(int)maxPlayers
viewController:(UIViewController *)viewController
delegate:(id<GCHelperDelegate>)theDelegate;
```

在上述代码中定义了一个名为“GCHelperDelegate”的协议。当 match 开始、结束或者从第三方接收到数据的时候就会通知其他对象，当然前提是那个对象要实现该协议。在本例中，Cocos2d 的 layer 将会实现此协议。

同时，GCHelper 对象实现了如下所示的两个协议。

- 第一个 matchmaker 进行玩家查找，不管有没有找到一个新的 match，就会通知实现该协议的对象。
- 第二个就是当数据到达或者连接状态改变的时候，Game Center 会通知 GCHelper 对象。

创建一个新的实例变量和相应的属性来追踪 view controlller 对象，这个对象将会用来显示 matchmaker 用户界面。

创建一个新的方法，后面的 Cocos2d layer 将会调用这个方法来查找可以一起玩游戏的玩家。然后对文件 GCHelper.m 进行如下所示的修改。

```
// At top of file
@synthesize presentingViewController;
@synthesize match;
@synthesizedelegate;

// Add new method, right after authenticateLocalUser
- (void)findMatchWithMinPlayers:(int)minPlayers maxPlayers:(int)maxPlayers
viewController:(UIViewController *)viewController
delegate:(id<GCHelperDelegate>)theDelegate {

if (!gameCenterAvailable) return;

matchStarted = NO;
self.match = nil;
self.presentingViewController = viewController;
delegate= theDelegate;
[presentingViewController dismissModalViewControllerAnimated:NO];

GKMatchRequest *request = [[[GKMatchRequest alloc] init] autorelease];
request.minPlayers = minPlayers;
request.maxPlayers = maxPlayers;

GKMatchmakerViewController *mmvc =
[[[GKMatchmakerViewController alloc] initWithMatchRequest:request] autorelease];
mmvc.matchmakerDelegate = self;

[presentingViewController presentModalViewController:mmvc animated:YES];

}
```

在上述代码中，Cocos2d layer 将要调用方法的主要功就是查找一个玩家。如果 Game Center 不可用则什么也不做，直接返回结果。首先初始化 match 为未开始状态，并把 match 对象设置为 nil，并存储视图控制器和代码以便后面使用。同时还要销毁前面已经出现的任何模态视图控制器，如 GKMatchmakerViewController 已经显示出来了。

GKMatchRequest 允许配置将要查找的 match 的类型，如最小或者最大的玩家数量。这个方法比较灵活，可以传递任何数量。但是，本游戏只需要设置最小和最大都为 2。

接下来使用给定的 request 创建一个 GKMatchmakerViewController 类的实例，同时把代理设置为 GCHelper 对象，然后把它显示到屏幕上。这时，类对象 GKMatchmakerViewController 的视图开始接管工作，它会允许用户查找一个随机的玩家来一起玩游戏。

接下来需要定义如下所示的代理方法。

```
#pragma mark GKMatchmakerViewControllerDelegate
// The user has cancelled matchmaking
-          (void)matchmakerViewControllerWasCancelled:(GKMatchmakerViewController
*)viewController {
[presentingViewController dismissModalViewControllerAnimated:YES];
}

// Matchmaking has failed with an error
- (void)matchmakerViewController:(GKMatchmakerViewController *)viewController didFail
WithError:(NSError *)error {
[presentingViewController dismissModalViewControllerAnimated:YES];
NSLog(@"Error finding match: %@", error.localizedDescription);
}

// A peer-to-peer match has been found, the game should start
- (void)matchmakerViewController:(GKMatchmakerViewController *)viewController didFind
Match:(GKMatch *)theMatch {
[presentingViewController dismissModalViewControllerAnimated:YES];
```

```
self.match = theMatch;
match.delegate= self;
if (!matchStarted && match.expectedPlayerCount ==0) {
NSLog(@"Ready to start match!");
}
}
```

如果用户取消查找 match 或者查找过程中出现了错误，则需要关闭 matchmaker 视图。如果找到一个 match，则需要隐藏此对象，并且设置 match 的 delegate 为 GCHelper 对象。这样当有新的数据到达或者连接状态改变时，GCHelper 对象就会得到通知。

同时也需要检测是否可以开始 match 了，在 match 对象中保存了仍然需要多少个玩家才能完成连接的变量数目，这个变量数目由“expectedPlayerCount”决定。如果这个变量是 0，则表示所有人都准备好了。当然，现在只是用 NSLog 输出一些语句，并查看是否执行到此处。

接下来添加回调函数 GKMatchDelegate，具体实现代码如下所示。

```
#pragma mark GKMatchDelegate
// The match received data sent from the player.
- (void)match:(GKMatch *)theMatch didReceiveData:(NSData *)data fromPlayer:(NSString
*)playerID {
if (match != theMatch) return;

[delegate match:theMatch didReceiveData:data fromPlayer:playerID];
}

// The player state changed (eg. connected or disconnected)
- (void)match:(GKMatch *)theMatch player:(NSString *)playerID didChangeState:(GKPlayer
ConnectionState)state {
if (match != theMatch) return;

switch (state) {
case GKPlayerStateConnected:
// handle a new player connection.
NSLog(@"Player connected!");

if (!matchStarted && theMatch.expectedPlayerCount ==0) {
NSLog(@"Ready to start match!");
}

break;
case GKPlayerStateDisconnected:
// a player just disconnected.
NSLog(@"Player disconnected!");
matchStarted = NO;
[delegate matchEnded];
break;
}
}

// The match was unable to connect with the player due to an error.
- (void)match:(GKMatch *)theMatch connectionWithPlayerFailed:(NSString *)playerID
withError: (NSError *)error {

if (match != theMatch) return;

NSLog(@"Failed to connect to player with error: %@", error.localizedDescription);
matchStarted = NO;
[delegate matchEnded];
}

// The match was unable to be established with any players due to an error.
- (void)match:(GKMatch *)theMatch didFailWithError:(NSError *)error {

if (match != theMatch) return;

NSLog(@"Match failed with error: %@", error.localizedDescription);
```

```
matchStarted = NO;
[delegate matchEnded];
}
```

在上述代码中，方法 match:didReceiveData:fromPlayer 是在其他玩家发送数据时被调用的，此方法只是简单地把这些数据再转发给它的代理类。方法 For match:player:didChangState 的功能是当有玩家接入时需要检测是否所有的玩家都已经就绪了。同时当有玩家断开连接的时候，这个方法也会被调用。最后两个方法是发生错误的时候被调用。任何一种情形，都把 match 标记为已经结束了，同时通知 delegate 对象。

接下来开始编写代码来建立一个 match，首先打开文件 HelloWorldLayer.h，并进行如下所示的修改。

```
// Add to top of file
#import"GCHelper.h"
// Mark @interface as implementing GCHelperDelegate
@interface HelloWorldLayer : CCLayer <GCHelperDelegate>
```

然后跳转到文件 HelloWorldLayer.m，并进行如下所示的修改。

```
// Add to top of file
#import"AppDelegate.h"
#import"RootViewController.h"

// Add to bottom of init method, right after setGameState
AppDelegate *delegate= (AppDelegate *) [UIApplication sharedApplication].delegate;
[[GCHelper  sharedInstance]  findMatchWithMinPlayers:2  maxPlayers:2  viewController:
delegate. viewController delegate:self];

// Add new methods to bottom of file
#pragma mark GCHelperDelegate

- (void)matchStarted {
CCLOG(@"Match started");
}

- (void)matchEnded {
CCLOG(@"Match ended");
}

- (void)match:(GKMatch *)match didReceiveData:(NSData *)data fromPlayer:(NSString*)playerID{
CCLOG(@"Received data");
}
```

在上述代码中，最重要的部分是 init 方法，此方法从 AppDelegate 处得到一个 RootViewController，因为这个视图控制器将会显示出 matchmaker 界面。然后创建一个 GCHelper 对象来查找一个 match。剩下的部分代码仅是实现了 GCHelper 协议，并同时在里面输出了一些语句。

因为在默认情况下，Cocos2d 模板并没有在 AppDelegate 里面包含一个 RootViewController 的属性，所以，必须手动添加一个。跳转到文件 AppDelegate.h，并添加如下所示的代码。

```
@property (nonatomic, retain) RootViewController *viewController;
```

然后跳转到 AppDelegate.m，添加如下所示的代码。

```
@synthesize viewController;
```

到此为止，编译并运行程序，此时会看到 matchmaker 视图，执行效果如图 19-22 所示。

▲图 19-22　执行效果

此时可以在另一个设备上运行这个程序，当然也可以一个运行在模拟器上面，另一个运行在 iPhone 上面。

注意　每一个设备上面需要使用一个不同的 Game Center 账号，否则的话就不能工作。

如果在两个设备上都单击“Play Now”，过了一段时间后 matchmaker 视图将会消失，接着将会在控制台输出下面的语句。

```
CatRace[16440:207] Authentication changed: player authenticated.
CatRace[16440:207] Player connected!
CatRace[16440:207] Ready to start match!
```

此时在两台设备之间完成了一次 match。

在默认情况下，GKMatchmakerViewController 显示的方向是竖的（portrait）。很明显这不够健壮，Cocos2d 模板生成的程序是横版的。解决办法是为 GKMatchmakerViewController 写一个类别，让它强制只接收横版方向。具体实现流程是，首先单击 File\New\New File，然后选择 iOS\Cocoa Touch\Objective-C class，再单击 Next。把 NSObject 作为基类，单击 Next，并把这个类取名为 GKMatchmakerViewController-LandscapeOnly.m，最后单击 Finish。然后将文件 GKMatchmakerViewController-LandscapeOnly.h 的代码换成如下所示的代码。

```
#import<Foundation/Foundation.h>
#import<GameKit/GameKit.h>
@interface GKMatchmakerViewController(LandscapeOnly)
-
(BOOL)shouldAutorotateToInterfaceOrientation:(UIInterfaceOrientation)interfaceOrient
ation;
@end
```

然后把文件 GKMatchmakerViewController-LandscapeOnly.m 中相应的代码替换成下面的代码。

```
#import"GKMatchmakerViewController-LandscapeOnly.h"
@implementation GKMatchmakerViewController (LandscapeOnly)
-
(BOOL)shouldAutorotateToInterfaceOrientation:(UIInterfaceOrientation)interfaceOrient
ation {
return ( UIInterfaceOrientationIsLandscape( interfaceOrientation ) );
}
@end
```

此时编译并运行程序，视图控制器会显示为横版模式，如图 19-23 所示。

▲图 19-23　执行效果

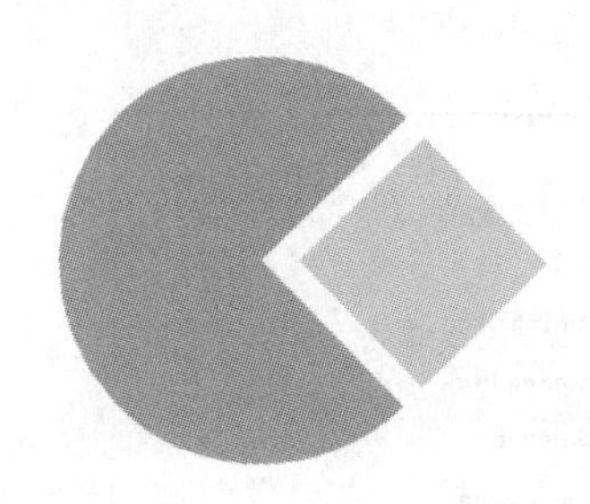

第20章 开发一个通讯录系统

在本章将通过一个通讯录系统的实现过程，详细讲解使用 Xcode 集成开发环境，并使用 Objective-C 语言开发此类项目的基本流程。本实例是一个综合性实例，需要用到本书前面所学的基础知识。希望读者仔细品味每一段代码，为自己在以后的开发应用工作打好基础。

20.1 设计 UI 视图

本章实例的功能是实现一个和iPone内置通讯录一样效果的功能。本项目包含的视图如图20-1所示。

（1）添加联系人视图 AddViewController.xib。

通过此视图可以向系统中添加新的联系人信息，包括名字、右键、电话、邮箱、街道和城市等信息。UI 视图界面如图 20-6 所示。

▲图 20-1 添加联系人视图

（2）查看某联系人信息视图 ContactViewController.xib。

通过此视图可以查看系统中某个联系人的信息，UI 视图界面如图 20-2 所示。

（3）根视图 RootViewController.xib。

此视图是系统的主界面，默认列表显示系统内的联系人信息，UI 视图界面如图 20-3 所示。

（4）编辑视图 EditableCell.xib。

通过此视图可以编辑系统内联系人的信息，单击后会出现删除按钮，UI 视图界面如图 20-4 所示。

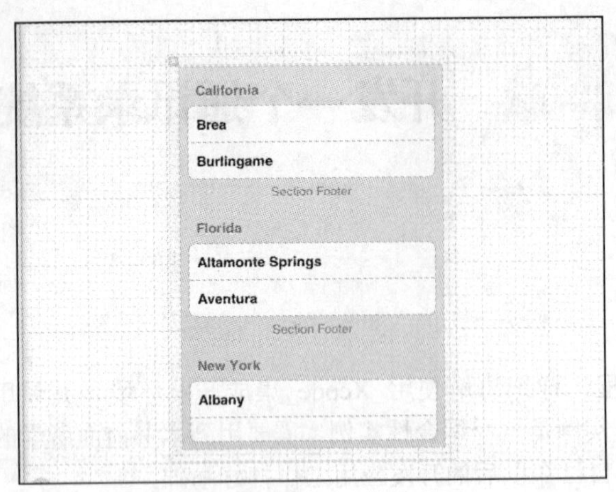

▲图 20-2　查看某联系人的 UI 视图

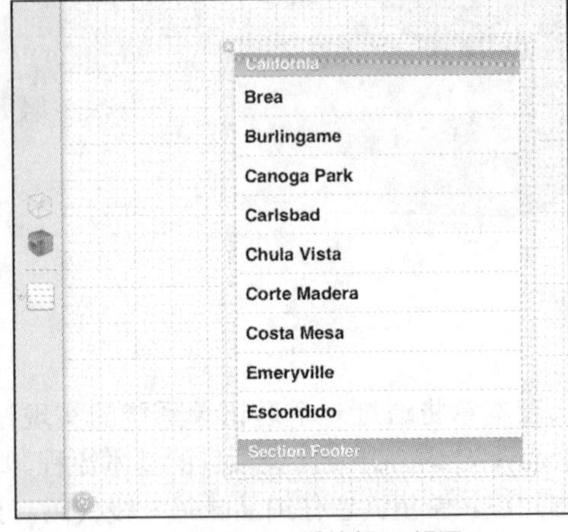

▲图 20-3　系统根 UI 视图

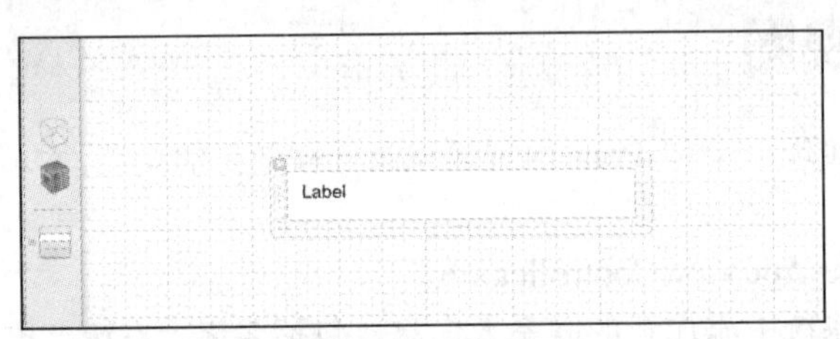

▲图 20-4　编辑视图

20.2 实现根视图

本项目的根视图是通过文件 RootViewController.h 和 RootViewController.m 实现的。其中文件 RootViewController.h 是控制器主表的地址簿应用程序，通过 NSMutableArray 对象 contacts 包含了所有添加的联系人信息，并显示“+”按钮和联系人列表，具体代码如下所示。

```
// RootViewController.h
// 控制器主表的地址簿应用程序
// Implementation in RootViewController.m
#import <UIKit/UIKit.h>
#import "AddViewController.h"
#import "ContactViewController.h"

// 开始 RootViewController 接口
@interface RootViewController : UITableViewController
<AddViewControllerDelegate>
{
   NSMutableArray *contacts; // 包含所有添加的联系人
   NSString *filePath; // 保存文件的路径
}
- (void)addContact; // 添加新的联系人视图
@end
// 开始类别排序
@interface NSDictionary (sorting)
  // 比较联系人名字并设为标题
  - (NSComparisonResult)compareContactNames:(NSDictionary *)contact;
@end
```

文件 RootViewController.m 是 RootViewController.h 的实现文件，主要包括如下所示的方法。

- (void)viewDidLoad：完成初始化时调用。
- - (void)addContact：当用户触摸加号按钮时调用此方法，会弹出添加联系人视图。

- - (void)addViewControllerDidFinishAdding：添加新联系人完成后的视图。
- - (NSInteger)tableView：确定行数，返回总联系人的数目。
- - (UITableViewCell *)tableView：返回在指定的索引表格的单元格。
- - (void)tableView：当用户触摸一个表中的行时调用此方法，在界面中会显示此联系人的新信息。

文件 RootViewController.m 的具体代码如下所示。

```
// RootViewController.m
// 控制器的主表的地址簿应用程序
#import "RootViewController.h"
#import "AddressBookAppDelegate.h"
@implementation RootViewController

// 完成初始化时调用
- (void)viewDidLoad
{
  // 创建清单有效目录保存文件
  NSArray *paths = NSSearchPathForDirectoriesInDomains(
    NSDocumentDirectory, NSUserDomainMask, YES);

  // 获得第一个目录，因为只关心一个人
  NSString *directory = [paths objectAtIndex:0];

  // 将文件名"联系"到最后的道路
  filePath = [[NSString alloc] initWithString:
    [directory stringByAppendingPathComponent:@"contacts"]];

  // 默认索引 NSFileManager
  NSFileManager *fileManager = [NSFileManager defaultManager];

  // 如果该文件存在，初始化其内容
  if ([fileManager fileExistsAtPath:filePath])
    contacts = [[NSMutableArray alloc] initWithContentsOfFile:filePath];
  else // 否则初始化空
    contacts = [[NSMutableArray alloc] init];

  // 创建按钮添加一个新的联系
  UIBarButtonItem *plusButton = [[UIBarButtonItem alloc]
    initWithBarButtonSystemItem:UIBarButtonSystemItemAdd target:self
    action:@selector(addContact)];

  // 创建"Back"按钮
  UIBarButtonItem *backButton = [[UIBarButtonItem alloc]initWithTitle:
    @"Back" style:UIBarButtonItemStylePlain target:nil action:nil];

  // 在 UIBarButtonItem 的右上方添加
  self.navigationItem.rightBarButtonItem = plusButton;
  self.navigationItem.leftBarButtonItem = self.editButtonItem;

  // 设置后，uibarbuttonitem 表示如果用户浏览离开
  self.navigationItem.backBarButtonItem = backButton;
  [plusButton release];
  [backButton release];
}
// 当用户触摸加号按钮
- (void)addContact
{
  // 创建一个新的 AddViewController 视图
  AddViewController *controller = [[AddViewController alloc] init];
  controller.delegate = self; // 设置控制器代表自我

  // 显示控制器
  [self presentModalViewController:controller animated:YES];
  [controller release]; // 释放 AddViewController 控制器
}
```

```
- (void)addViewControllerDidFinishAdding:(AddViewController *)controller
{
  // 加入新的联系人
  NSDictionary *person = [controller values];

  // 如果是一个人联系人
  if (person != nil)
  {
    [contacts addObject:person]; // 将联系人添加进去

    // 排序数组名的字母顺序
    [contacts sortUsingSelector:@selector(compareContactNames:)];
  }

  // 使 AddViewController 停止显示
  [self dismissModalViewControllerAnimated:YES];

  //写联系人文件
  [contacts writeToFile:filePath atomically:NO];

  [self.tableView reloadData]; // 刷新表格视图
}

//确定行数部分
- (NSInteger)tableView:(UITableView *)tableView numberOfRowsInSection:
  (NSInteger)section
{
  return contacts.count; //返回联系人数量
}

// 返回在指定的索引表格的单元格
- (UITableViewCell *)tableView:(UITableView *)tableView
  cellForRowAtIndexPath:(NSIndexPath *)indexPath
{
  // 创建单元标识符
  static NSString *MyIdentifier = @"StandardCell";
  UITableViewCell *cell = [tableView dequeueReusableCellWithIdentifier:
    MyIdentifier]; // 得到一个可重复使用的单元格

  // 没有可重复使用的单元格则创建一个
  if (cell == nil)
  {
    // 创建一个编辑单元格
    cell = [[[UITableViewCell alloc] initWithStyle:
      UITableViewCellStyleDefault reuseIdentifier:MyIdentifier]
      autorelease];
  }

  // 建立单元格
  NSString *name = [[contacts objectAtIndex:indexPath.row] valueForKey:
    @"Name"];
  UILabel *label = [cell textLabel];
  label.text = name;

  // 使单元格右侧显示一个箭头
  cell.accessoryType = UITableViewCellAccessoryDisclosureIndicator;
  return cell;
}

// 当用户触摸一个表中的行
- (void)tableView:(UITableView *)tableView didSelectRowAtIndexPath:
  (NSIndexPath *)indexPath
{
  // 初始化 ContactViewController
  ContactViewController *controller = [[ContactViewController alloc]
    initWithNibName:@"ContactViewController" bundle:nil];

  //显示控制器的数据
  [controller setPerson:[contacts objectAtIndex:[indexPath row]]];
```

```
    [controller updateTitle]; // 更新数据

    // 显示 ContactViewController
    [self.navigationController pushViewController:controller animated:YES];
    [controller release];
}

// 优先支持编辑表视图
- (void)tableView:(UITableView *)tableView commitEditingStyle:
    (UITableViewCellEditingStyle)editingStyle forRowAtIndexPath:
    (NSIndexPath *)indexPath
{
    // "删除"的编辑风格
    if (editingStyle == UITableViewCellEditingStyleDelete)
    {
        // 删除此联系人
        [contacts removeObjectAtIndex:indexPath.row];

        // 在数据中删除这一行
        [tableView deleteRowsAtIndexPaths:[NSArray arrayWithObject:
            indexPath] withRowAnimation:UITableViewRowAnimationFade];
        // 写联系人文件
        [contacts writeToFile:filePath atomically:NO];
    }
}

// 视图方向
- (BOOL)shouldAutorotateToInterfaceOrientation:
    (UIInterfaceOrientation)interfaceOrientation
{

    return  (interfaceOrientation  ==  UIInterfaceOrientation
Portrait);
}

//释放内存
- (void)dealloc
{
    [contacts release];
    [super dealloc];
}
@end

// 定义 NSDictionary 的类别排序方法
@implementation NSDictionary (sorting)
-  (NSComparisonResult)compareContactNames:(NSDictionary  *)
contact
{
    return [[self valueForKey:@"Name"]
        caseInsensitiveCompare:[contact valueForKey:@"Name"]];
}
@end
```

执行后的效果如图 20-5 所示。

▲图 20-5 主界面效果

20.3 添加联系人

本项目的添加联系人视图是通过文件 AddViewController.h 和 AddViewController.m 实现的。其中文件 AddViewController.h 声明了接口 addviewcontroller ，在此设置了触摸键盘的高度，并声明了接口和属性。具体代码如下所示。

```
// AddViewController.h
// 声明接口 addviewcontroller
// 在文件 AddViewController.m 执行
#import <UIKit/UIKit.h>
```

```
#import "EditableCell.h"
static const int KEYBOARD_HEIGHT = 200; // 触摸键盘高度
@protocol AddViewControllerDelegate; // AddViewControllerDelegate 接口
@interface AddViewController : UIViewController <UITableViewDataSource,
  EditableCellDelegate>
{
  id <AddViewControllerDelegate> delegate; // 接口类
  IBOutlet UITableView *table; // 表中显示可编辑域
  NSArray *fields; // 一个包含字段名称的数组
  NSMutableDictionary *data; // 联系人数据存储
  BOOL keyboardShown; // 键盘可见
  EditableCell *currentCell; // 正在编辑表格
}

// 声明接口和属性
@property (nonatomic, assign) id <AddViewControllerDelegate> delegate;
@property (nonatomic, retain) IBOutlet UITableView *table;
@property (readonly, copy, getter=values) NSDictionary *data;
- (IBAction)doneAdding:sender; //返回到根视图
- (NSDictionary *)values; //返回一个值
- (void)clearFields; // 清理表格
@end

// 通知按钮被按下
@protocol AddViewControllerDelegate
- (void)addViewControllerDidFinishAdding:(AddViewController *)controller;
@end
```

文件 AddViewController.m 是文件 AddViewController.h 的实现文件，主要包括如下所示的方法。

- - (id)initWithNibName：初始化 AddViewController 视图。
- - (IBAction)doneAdding：单击“Done”按钮时触发。
- - (NSDictionary *)values：用于返回一个包含所有联系人信息的字典。
- - (void)editableCellDidBeginEditing：在开始编辑时调用此方法。
- - (void)editableCellDidEndEditing：当用户停止编辑单元格或选择另一个单元格时调用此方法。
- - (void)editableCellDidEndOnExit：当用户触摸过的键盘上的按钮时调用此方法。
- - (NSInteger)numberOfSectionsInTableView：用于返回表中的数目。
- - (NSInteger)tableView：用于返回表格中的行数。
- - (NSString *)tableView：用于返回标题为给定的截面。
- - (UITableViewCell *)tableView：功能是在给定的索引路径返回单元格。

文件 AddViewController.m 的具体实现代码如下所示。

```
// AddViewController.m
// 添加新的联系人控制视图
#import "AddViewController.h"

@implementation AddViewController
@synthesize delegate;
@synthesize table;

// 初始化 AddViewController 视图
- (id)initWithNibName:(NSString *)nibNameOrNil bundle:
  (NSBundle *)nibBundleOrNil
{
  // 如果父类正确地初始化
  if (self = [super initWithNibName:nibNameOrNil bundle:nibBundleOrNil])
  {
    // 创建领域的名称
    fields = [[NSArray alloc] initWithObjects:@"Name", @"Email",
```

```
      @"Phone", @"Street", @"City/State/Zip", nil];

    // 初始化 NSMutableDictionary 数据
    data = [[NSMutableDictionary alloc] initWithCapacity:fields.count];
    keyboardShown = NO; // 隐藏键
    currentCell = nil; // 当前没有任何选择
  } // end if

  return self; // 返回 AddViewController 视图
}
// "Done"按钮被触发
- (IBAction)doneAdding:sender
{
  // 如果当前选择了一个表格
  if (currentCell != nil)

    // 更新数据与当前选定单元格的文本
    [data setValue:currentCell.textField.text
      forKey:currentCell.label.text];

  // 返回到根视图
  [delegate addViewControllerDidFinishAdding:self];
}

// 返回一个包含所有联系人信息的字典
- (NSDictionary *)values
{
  // 如果用户不提供一个名字
  if ([data valueForKey:@"Name"] == nil)
    return nil;

  // 返回一个复制的数据
  return [NSDictionary dictionaryWithDictionary:data];
}

// 开始编辑时调用
- (void)editableCellDidBeginEditing:(EditableCell *)cell
{
  // 如果键盘隐藏
  if (!keyboardShown)
  {
    // 动画大小适合键盘
    [UIView beginAnimations:nil context:NULL]; // 开头动画块
    [UIView setAnimationDuration:0.25]; // 设置动画时间
    [UIView setAnimationCurve:UIViewAnimationCurveEaseIn];
    CGRect frame = table.frame; // 获得表格框架
    frame.size.height -= KEYBOARD_HEIGHT; // 减去键盘高度
    [table setFrame:frame]; // 应用新的框架
    [UIView commitAnimations]; // 块结束动画
  }

  keyboardShown = YES; // 键盘在屏幕上出现
  currentCell = cell; // 更新当前选定的单元格

  // 获得索引路径为选定的单元格
  NSIndexPath *path = [table indexPathForCell:cell];

  // 滚动表使选定的单元格是在顶部
  [table scrollToRowAtIndexPath:path atScrollPosition:
    UITableViewScrollPositionTop animated:YES];
}

// 当用户停止编辑单元格或选择另一个单元格时调用
- (void)editableCellDidEndEditing:(EditableCell *)cell
{
  // 添加新的输入数据
  [data setValue:cell.textField.text forKey:cell.label.text];
}
// 当用户触摸过键盘上的按钮
```

```
- (void)editableCellDidEndOnExit:(EditableCell *)cell
{
// 调整表适合键盘
   CGRect frame = table.frame; // 获得表格框架
   frame.size.height += KEYBOARD_HEIGHT; // 加上键盘高度
   [table setFrame:frame]; // 应用新框架

   keyboardShown = NO; // 隐藏键盘
   currentCell = nil; // 当前没有单元格被选择
}
// 返回表中的数目
- (NSInteger)numberOfSectionsInTableView:(UITableView *)tableView
{
   return 2;
}
// 返回表格中的行数
- (NSInteger)tableView:(UITableView *)tableView numberOfRowsInSection:
   (NSInteger)section
{
   // 如果这是第一部分
   if (section == 0)
      return 3; // 有 3 排在第一节
   else
      return fields.count - 3; // 其他所有行的后半部分
}
// 返回标题为给定的截面
- (NSString *)tableView:(UITableView *)tableView titleForHeaderInSection:
   (NSInteger)section
{
   // 如果这是第二部分
   if (section == 1) // 返回标题
      return @"Address";
   else // 没有任何其他部分的标题
      return nil;
}
// 在给定的索引路径返回单元格
- (UITableViewCell *)tableView:(UITableView *)tableView
   cellForRowAtIndexPath:(NSIndexPath *)indexPath
{
   static NSString *identifier = @"EditableCell";
// 得到一个可重复使用的单元格
   EditableCell *cell = (EditableCell *)[table
      dequeueReusableCellWithIdentifier:identifier];

   //如果没有可重复使用的单元格存在
   if (cell == nil)
   {
      // 创建一个新的 EditableCell
      cell = [[EditableCell alloc] initWithStyle:
            UITableViewCellStyleDefault reuseIdentifier:identifier];
   }
   // 给定的索引路径获取到关键字
   NSString *key =
      [fields objectAtIndex:indexPath.row + indexPath.section * 3];
   [cell setLabelText:key]; // 更新单元格的关键文本

   //更新文本中的文本字段的值
   cell.textField.text = [data valueForKey:key];
// 如果单元格存储的是一个电子邮件地址（第一节第二行）
   if (indexPath.section == 0 && indexPath.row == 1)
   {
      // 键盘设置单元格的电子邮件地址
      cell.textField.keyboardType = UIKeyboardTypeEmailAddress;
   }
   // 如果单元格存储的是电话号码（第一节第三行）
   else if (indexPath.section == 0 && indexPath.row == 2)
   {
      // 则显示数字键盘
      cell.textField.keyboardType = UIKeyboardTypePhonePad;
```

```
    }
    cell.editing = NO; //单元格不在编辑模式
    cell.delegate = self; // 设置单元格对象

    // 选中单元格时做什么
    cell.selectionStyle = UITableViewCellSelectionStyleNone;
    return cell; // 返回定制单元格
}
// 确定方向视图
- (BOOL)shouldAutorotateToInterfaceOrientation:
    (UIInterfaceOrientation)interfaceOrientation
{
    // 返回支持的方向
    return (interfaceOrientation == UIInterfaceOrientationPortrait);
}
//释放内存
- (void)dealloc
{
    [fields release];
    [data release];
    [table release];
    [super dealloc];
}
@end
```

执行后的效果如图 20-6 所示。

▲图 20-6　添加联系人界面效果

20.4 查看联系人视图

本项目的查看某联系人详情视图是通过文件 ContactViewController.h 和 ContactViewController.m 实现的。其中文件 ContactViewController.h 声明了接口 ContactViewController，在此设置了数据项 person，并声明了更新导航栏中标题的方法。具体代码如下所示。

```
// ContactViewController.h
// 声明ContactViewController接口
// Implementation in ContactViewController.m
#import <UIKit/UIKit.h>

// 开始ContactViewController接口
@interface ContactViewController : UIViewController
    <UITableViewDataSource>
{
    NSDictionary *person; // 数据项
}
// 声明person属性
```

```
@property(nonatomic, retain) NSDictionary* person;
- (void)updateTitle; // 更新导航栏中的标题
@end
```

文件 ContactViewController.m 是文件 ContactViewController.h 的实现文件，主要包括如下所示的方法。

- - (void)updateTitle：用于更新导航栏中的标题；
- - (NSInteger)tableView：用于确定有多少行是在一个特定部分。
- - (UITableViewCell *)tableView：功能是在给定的索引路径检索 tableView 单元格。

文件 ContactViewController.m 的具体实现代码如下所示。

```
// ContactViewController.m
// 显示联系人信息类 ContactViewController
#import "ContactViewController.h"
#import "EditableCell.h"
@implementation ContactViewController
@synthesize person; // 获取和设置方法
// 更新导航栏中的标题
- (void)updateTitle
{
   // 设置标题为联系人的名字
   [self.navigationItem setTitle:[person valueForKey:@"Name"]];
}
// 确定有多少行是在一个特定部分
- (NSInteger)tableView:(UITableView *)tableView numberOfRowsInSection:
   (NSInteger)section
{
   return person.count; // 返回总人数的行
}
// 在给定的索引路径检索 tableView 单元格
- (UITableViewCell *)tableView:(UITableView *)tableView
        cellForRowAtIndexPath:(NSIndexPath *)indexPath
{
   //确定单元格作为一个正常表格
   static NSString *MyIdentifier = @"NormalCell";

   // 得到一个可重复使用的单元格
   UITableViewCell *cell =
      [tableView dequeueReusableCellWithIdentifier:MyIdentifier];
   // 如果没有单元格被重用，则创建一个
   if (cell == nil)
   {
      // 创建一个新的
      cell = [[UITableViewCell alloc] initWithStyle:
         UITableViewCellStyleDefault reuseIdentifier:MyIdentifier];
   }
// 在适当的索引位置获取关键字
   NSString *key = [[person allKeys] objectAtIndex:indexPath.row];
   NSString *value = [person valueForKey:key]; // 获取值
   UILabel *label = [cell textLabel]; // 获取标签单元格
// 更新的标签文本
   label.text = [NSString stringWithFormat:@"%@: %@", key, value];
   return cell; // 返回定制的单元格
}
// 确定视图方向
- (BOOL)shouldAutorotateToInterfaceOrientation:
(UIInterfaceOrientation)interfaceOrientation
{
   // 只允许纵向方向
   return (interfaceOrientation == UIInterfaceOrientationPortrait);
}
//释放内存
- (void)dealloc
{
   [person release];
   [super dealloc];
```

```
}
@end
```

执行后的效果如图 20-7 所示。

▲图 20-7 查看联系人界面效果

20.5 实现编辑视图

本项目的编辑视图功能是通过文件 EditableCell.h 和 EditableCell.m 实现的。其中文件 EditableCell.h 声明了接口 UITableViewcell，在此声明了 3 个属性和相关的方法。具体代码如下所示。

```
// EditableCell.h
// 接口 uitableviewcell 包含一个标签和一个文本字段
// 在文件 EditableCell.m 中启用
#import <UIKit/UIKit.h>

@protocol EditableCellDelegate; // 声明 EditableCellDelegate 协议

@interface EditableCell : UITableViewCell <UITextFieldDelegate>
{
   id <EditableCellDelegate> delegate; // 类
   UITextField *textField; // 用户编辑文本域
   UILabel *label; // 标签在左侧表格
} //

// 声明 textField 属性
@property (nonatomic, retain) UITextField *textField;

// 声明 label 属性
@property (readonly, retain) UILabel *label;

//声明 delegate 属性
@property (nonatomic, assign) id <EditableCellDelegate> delegate;

- (void)setLabelText:(NSString *)text; // 设置文本标签
- (void)clearText; // 清除所有的文本的文本框
@end

@protocol EditableCellDelegate // delegate 协议

// 当用户开始编辑表格时调用
- (void)editableCellDidBeginEditing:(EditableCell *)cell;

// 当用户停止编辑表格时调用
- (void)editableCellDidEndEditing:(EditableCell *)cell;

// 当用户按下"Done"按钮时调用
```

```
- (void)editableCellDidEndOnExit:(EditableCell *)cell;
@end
```

文件 EditableCell.m 是 EditableCell.h 的实现文件，主要包括了如下所示的方法。

- - (id)initWithStyle：用于初始化表格区域。
- - (void)textFieldDidEndOnExit：当按下“Done”按钮时调用此方法。
- - (void)setLabelText:(NSString *)text：设置标签中显示的文本。

文件 EditableCell.m 的具体实现代码如下所示。

```
// EditableCell.m
// 定义类 EditableCell
#import "EditableCell.h"
@implementation EditableCell

@synthesize textField; // 获取和设置文本框合成方法
@synthesize label; // 获取和设置方法标签
@synthesize delegate; // 获取和设置方法 delegate

// 初始化表格区域
- (id)initWithStyle:(UITableViewCellStyle)style
   reuseIdentifier:(NSString *)reuseIdentifier
{
   // 调用基类
   if (self = [super initWithStyle:style reuseIdentifier:reuseIdentifier])
   {
      // 创建左侧标签
      label = [[UILabel alloc] initWithFrame:CGRectMake(20, 10, 0, 20)];

      // 在右侧创建文本字段标签
      textField =
         [[UITextField alloc] initWithFrame:CGRectMake(0, 10, 0, 20)];

      [textField setDelegate:self]; // 设置这个对象的接口

      // 按下"Done"按钮时关闭离开
      [textField addTarget:self action:@selector(textFieldDidEndOnExit)
         forControlEvents:UIControlEventEditingDidEndOnExit];
      [self.contentView addSubview:label]; // 添加标签
      [self.contentView addSubview:textField]; // 添加文本
   } // end if

   return self; // 返回这个正编辑的表格区域
} //

// 按下"Done"按钮时调用此方法
- (void)textFieldDidEndOnExit
{
   [textField resignFirstResponder]; //使键盘离开
   [delegate editableCellDidEndOnExit:self]; // 调用此方法
}

// 设置标签的文本
- (void)setLabelText:(NSString *)text
{
   label.text = text; //更新文本

   //获取文本的大小和字体
   CGSize size = [text sizeWithFont:label.font];
   CGRect labelFrame = label.frame; //获取有框的标签
   labelFrame.size.width = size.width; //设置框架大小以适应文本
   label.frame = labelFrame; // 更新标签生成新框架
 CGRect textFieldFrame = textField.frame; // 获取框架文本
//将文本框向右移动 30 像素
   textFieldFrame.origin.x = size.width + 30;
// 设置宽度，以填补余下的屏幕
   textFieldFrame.size.width =
```

```
    self.frame.size.width - textFieldFrame.origin.x;
    textField.frame = textFieldFrame; //指定新的框架
}
//清除文本框中的文本
- (void)clearText
{
    textField.text = @""; // 更新文本框与空字符串
}
// 当编辑字段时调用
- (void)textFieldDidBeginEditing:(UITextField *)textField
{
    [delegate editableCellDidBeginEditing:self];
}

// 当编辑一个文本字段结束时调用
- (void)textFieldDidEndEditing:(UITextField *)textField
{
    [delegate editableCellDidEndEditing:self];
}
// 释放编辑时占用的内存
- (void)dealloc
{
   [textField release];
   [label release];
   [super dealloc];
}
@end
```

执行后的效果如图 20-8 所示。单击某联系人前面的⊖，会在后面显示“Delete”按钮，如图 20-9 所示。

单击“Delete”按钮会删除这条联系人信息，如图 20-10 所示。

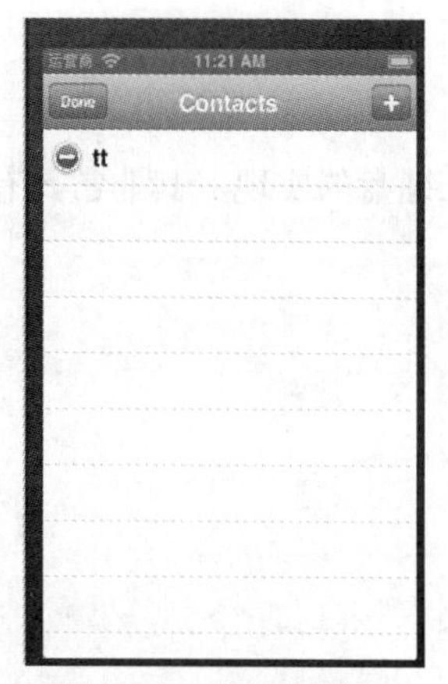

▲图 20-8　编辑界面效果

▲图 20-9　出现“Delete”按钮

▲图 20-10　删除后的主界面

20.6 视图配置

本项目的视图配置功能是通过文件 AddressBookAppDelegate.h 和 AddressBookAppDelegate.m 实现的。其中，文件 AddressBookAppDelegate.h 声明了接口各个视图的映射关系，具体代码如下所示。

```
#import <UIKit/UIKit.h>
@interface AddressBookAppDelegate : NSObject <UIApplicationDelegate> {
    IBOutlet UIWindow *window;
    IBOutlet UINavigationController *navigationController;
}
```

```
@property (nonatomic, retain) UIWindow *window;
@property (nonatomic, retain) UINavigationController *navigationController;
- (void)addContact;
@end
```

而文件 AddressBookAppDelegate.m 也比较简单，配置了视图窗口的调整和数据的更新关系，具体代码如下所示。

```
#import "AddressBookAppDelegate.h"
#import "RootViewController.h"
@implementation AddressBookAppDelegate
@synthesize window;
@synthesize navigationController;
- (id)init {
  if (self = [super init]) {
    //
  }
  return self;
}
- (void)applicationDidFinishLaunching:(UIApplication *)application {
// 配置和显示窗口
   [window addSubview:[navigationController view]];
   [window makeKeyAndVisible];
}
- (void)addContact {

}
- (void)applicationWillTerminate:(UIApplication *)application {
   //如果合适则保存数据
}
- (void)dealloc {
   [navigationController release];
   [window release];
   [super dealloc];
}
@end
```

到此为止，整个实例介绍完毕。读者可以重点看一下弹出输入键盘的实现，其非常具有代表性，如图 20-11 所示。

▲图 20-11　添加联系人信息时弹出输入键盘